住房和城乡建设行业专业人员知识丛书

通 用 知 识
（2021 年版）

《住房和城乡建设行业专业人员知识丛书》编委会　编

中国环境出版集团·北京

图书在版编目（CIP）数据

通用知识：2021年版/《住房和城乡建设行业专业人员知识丛书》
编委会编. —北京：中国环境出版集团，2021.8
（住房和城乡建设行业专业人员知识丛书）
ISBN 978-7-5111-4807-0

Ⅰ.①通…　Ⅱ.①住…　Ⅲ.①建筑施工—基本知识　Ⅳ.①TU7

中国版本图书馆CIP数据核字（2021）第151399号

出 版 人　武德凯
责任编辑　张于嫣
责任校对　任　丽
封面设计　彭　杉

出版发行　**中国环境出版集团**
　　　　　（100062　北京市东城区广渠门内大街16号）
　　　　　网　　址：http://www.cesp.com.cn
　　　　　电子邮箱：bjgl@cesp.com.cn
　　　　　联系电话：010-67112765（编辑管理部）
　　　　　　　　　　010-67112739（第三分社）
　　　　　发行热线：010-67125803，010-67113405（传真）
印　　刷　北京中科印刷有限公司
经　　销　各地新华书店
版　　次　2021年8月第1版
印　　次　2021年8月第1次印刷
开　　本　787×1092　1/16
印　　张　28
字　　数　700千字
定　　价　90.00元

中国环境出版集团郑重承诺：
中国环境出版集团合作的印刷单位、材料单位均具有中国环境标志产品认证；
中国环境出版集团所有图书"禁塑"。

前　　言

　　为深入推进房屋建筑与市政基础设施工程现场施工专业人员（以下简称现场施工专业人员）队伍建设，更好地指导、服务于专业人员的培训及人才评价工作，重庆市建设岗位培训中心组织编写了《住房和城乡建设行业专业人员知识丛书》，丛书紧扣现场施工专业人员职业能力标准，结合建设行业改革发展的新形势和新要求，坚持与现场施工专业人员的定位相结合、与现行的国家标准和行业标准相结合、与建设类"双证制"院校的专业设置相融合，力求体现科学性、针对性、实用性。

　　本书作为《住房和城乡建设行业专业人员知识丛书》中的一本，坚持以"职业素质"为基础、以"职业能力"为本位、以"实用易懂"为导向的编写思路，围绕与建设行业专业人员岗位能力要求相关的现行国家及地方标准规范、技术指南等，重点对建设行业专业人员的基础知识和能力点进行介绍，帮助读者学习基本的专业知识技能，能够胜任施工管理的基本工作。

　　随着建筑业的不断深化改革，装配式混凝土建筑技术逐渐推广应用，出现了一些新职业岗位，如装配式建筑施工员、构件工艺员、信息管理员等。为加快推动建筑业从传统建造方式向新型建造方式转变，原教材知识点已不能满足新职业施工专业人员的培训需求，修订工作势在必行。

　　根据装配式混凝土建筑相关规范的要求，本书这部分侧重于预制构件的原材料、识图、生产、安装等环节，分别在相应各章内进行了详细阐述。为了进一步提高住房和城乡建设行业专业人员的综合素质，补充了"职业道德及基本知识"的内容。

　　本书共13章，内容包括工程建设法律法规、工程建设标准体系、工程常用材料和设备、建筑构造与结构、工程力学、施工图识读、施工工艺和方法、施工项目管理、施工现场职业健康与个人安全保护、绿色施工、工程建设新技术、建筑工程信息化管理、职业道德及基本知识。本书与各岗位专业知识教材配套使用。

　　本书编写的具体分工：主编由重庆建工住宅建设有限公司正高级工程师张意、重庆工商职业学院教授唐春平担任，副主编由重庆市建设岗位培训中心正高级工程师王春萱、重庆市建筑业协会书记周锐角、重庆建工住宅建设有限公司工程师伍任雄、重庆大学教授华建民担任。重庆市建设岗位培训中心的张志远、段光尧、曹斌、张砚、杨旋、陈渝链，重庆市建筑业协会的梁汉之、袁勇、饶毅、邓海英，重庆工商职业学院的王清江、林昕、王志勇、武黎明、黄友林、胡肖一、谷伟，重庆建工集团股份有限公司的李晓倩、刘懿，重庆大学的叶建雄、余瑜、王春艳，重庆建工住宅建设有限公司的刘强、刘阳、刘习前、戴广亮、罗庆志、何敏、张健、邹倩、陈博、张宇、李潇、段文川、庞道济、余杰、刘远良、史灵玉、李津纬、陈思庆参与编写。

第一章由王清江、林昕、余瑜、曹斌、张砚合编；第二章由张意、何敏、张志远、段光尧合编；第三章由唐春平、叶建雄、邹倩、张宇合编；第四章由伍任雄、黄友林、胡肖一、陈思庆合编；第五章由林昕、黄友林、李晓倩、刘懿合编；第六章由梁汉之、袁勇、武黎明、段文川合编；第七章由张意、伍任雄、刘强、李潇、王春艳合编；第八章由张意、罗庆志、杨旋、陈渝链合编；第九章由王春萱、刘阳、刘习前、张健合编；第十章由饶毅、伍任雄、王志勇、舒唯合编；第十一章由周锐角、邓海英、余杰、刘远良合编；第十二章由华建民、谷伟、庞道济、李津纬合编；第十三章由戴广亮、陈博、伍任雄、史灵玉合编。

本书由唐小林、陈怡宏主审。

本书可作为现场施工专业人员岗位培训教材、"双证制"院校教学的参考用书，以及建筑类工程技术人员工作参考用书。

限于编写时间之仓促，囿于编者之水平，书中难免有不足之处，恳请广大同仁和读者批评指正。

目　　录

第一章　工程建设法律法规

第一节　建设法规概述

一、建设法规的定义

建设法规是调整国家行政管理机关、法人、法人以外的其他组织、公民在建设活动中产生的社会关系的法律规范的总称。建设法律和建设行政法规构成了建设法的主体。建设法是以市场经济中建设活动产生的社会关系为基础，规范国家行政管理机关对建设活动的监管、市场主体之间经济活动的法律法规。

二、法的形式

法的形式是指法律的创制方式和外部表现形式。它包括四层含义：

①法律规范创制机关的性质及级别。

②法律规范的外部表现形式。

③法律规范的效力等级。

④法律规范的地域效力。

法的形式取决于法的本质。在世界历史上存在过的法律形式主要有习惯法、宗教法、判例、规范性法律文件、国际惯例、国际条约等。在我国，习惯法、宗教法、判例不是法的形式。

我国法的形式是制定法形式，具体可分为以下 7 类：

1. 宪法

宪法是由全国人民代表大会依照特别程序制定的具有最高效力的根本法。宪法是集中反映统治阶级的意志和利益，规定国家制度、社会制度的基本原则，具有最高法律效力的根本大法。其主要功能是制约和平衡国家权力，保障公民权利。

宪法也是建设法律的最高形式，是国家进行建设管理、监督的权力基础。

2. 法律

法律是指由全国人民代表大会和全国人民代表大会常务委员会制定颁布的规范性法律文件，即狭义的法律。

法律分为基本法律和一般法律（又称非基本法律、专门法）两类。

基本法律是由全国人民代表大会制定的调整国家和社会生活中带有普遍性的社会关系的规范性法律文件的统称，如刑法、民法通则、诉讼法以及有关国家机构的组织法等法律。

一般法律是由全国人民代表大会常务委员会制定的调整国家和社会生活中某种具体社会关系或其中某一方面内容的规范性文件的统称。

全国人民代表大会和全国人民代表大会常务委员会通过的法律由国家主席签署主席令予以公布。

建设法律既包括专门的建设领域的法律（如《城乡规划法》《建筑法》《城市房地产管理法》等），也包括与建设活动相关的其他法律（如《行政许可法》等）。

3. 行政法规

行政法规是国家最高行政机关国务院根据宪法和法律就有关执行法律和履行行政管理职权的问题，以及依据全国人民代表大会及其常务委员会特别授权所制定的规范性文件的总称。行政法规由总理签署，国务院令公布。

依照《立法法》的规定，国务院根据宪法和法律，制定行政法规。行政法规可以就下列事项作出规定：

①为执行法律的规定需要制定行政法规的事项。

②宪法第八十九条规定的国务院行政管理职权的事项。

应当由全国人民代表大会及其常务委员会制定法律的事项，国务院根据全国人民代表大会及其常务委员会的授权决定先制定的行政法规，经过实践检验，制定法律的条件成熟时，国务院应当及时提请全国人民代表大会及其常务委员会制定法律。

现行的建设行政法规主要有《建设工程质量管理条例》《建设工程安全生产管理条例》《建设工程勘察设计管理条例》《城市房地产开发经营管理条例》《招标投标法实施条例》等。

4. 地方性法规、自治条例和单行条例

省、自治区、直辖市的人民代表大会及其常务委员会根据本行政区域的具体情况和实际需要，在不同宪法、法律、行政法规相抵触的前提下，可以制定地方性法规。

设区的市的人民代表大会及其常务委员会根据本市的具体情况和实际需要，在不同宪法、法律、行政法规和本省、自治区的地方性法规相抵触的前提下，可以对城乡建设与管理、环境保护、历史文化保护等方面的事项制定地方性法规。

设区的市的地方性法规须报省、自治区的人民代表大会常务委员会批准后施行。

省、自治区的人民代表大会常务委员会对报请批准的地方性法规，应当对其合法性进行审查，同宪法、法律、行政法规和本省、自治区的地方性法规不抵触的，应当在 4 个月内予以批准。

省、自治区的人民代表大会常务委员会在对报请批准的设区的市的地方性法规进行审查时，发现其同本省、自治区的人民政府的规章相抵触的，应当作出处理决定。

地方性法规可以就下列事项作出规定：

①为执行法律、行政法规的规定，需要根据本行政区域的实际情况作具体规定的事项。

②属于地方性事务需要制定地方性法规的事项。

省、自治区、直辖市的人民代表大会制定的地方性法规由大会主席团发布公告予以公布。省、自治区、直辖市的人民代表大会常务委员会制定的地方性法规由常务委员会发布公告予以公布。较大的市的人民代表大会及其常务委员会制定的地方性法规报经批准后，由较大的市的人民代表大会常务委员会发布公告予以公布。自治条例和单行条例报经批准后，分别由自治区、自治州、自治县的人民代表大会常务委员会发布公告予以公布。

目前，各地方都制定了大量的规范建设活动的地方性法规、自治条例和单行条例，如《北京市建筑市场管理条例》《天津市建筑市场管理条例》《新疆维吾尔自治区建筑市场管理条例》等。

5. 部门规章

国务院各部、委员会、中国人民银行、审计署和具有行政管理职能的直属机构，以及省、自治区、直辖市人民政府和较大的市的人民政府所制定的规范性文件统称规章。部门规章由部门首长签署命令予以公布。部门规章签署公布后，国务院公报或者部门公报和中国政府法制信息网以及在全国范围内发行的报纸应当及时予以刊载。

部门规章规定的事项应当属于执行法律或者国务院的行政法规、决定、命令的事项，其名称可以是"规定""办法"和"实施细则"等。目前，大量的建设法规是以部门规章的方式发布的，如住房和城乡建设部发布的《房屋建筑和市政基础设施工程质量监督管理规定》《房屋建筑和市政基础设施工程竣工验收备案管理办法》《市政公用设施抗灾设防管理规定》等。

涉及两个以上国务院部门职权范围的事项，应当提请国务院制定行政法规或者由国务院有关部门联合制定规章。

6. 地方政府规章

省、自治区、直辖市和设区的市、自治州的人民政府，可以根据法律、行政法规和本省、自治区、直辖市的地方性法规，制定地方政府规章。地方政府规章由省长或者自治区主席或者市长签署命令予以公布。地方政府规章签署公布后，及时在本级人民政府公报和中国政府法制信息网以及在本行政区域范围内发行的报纸上刊载。

地方政府规章可以就下列事项作出规定：

①为执行法律、行政法规、地方性法规的规定需要制定规章的事项。

②属于本行政区域的具体行政管理事项。

设区的市、自治州的人民政府根据上述事项范围制定地方政府规章，限于城乡建设与管理、环境保护、历史文化保护等方面的事项。

已经制定的地方政府规章，涉及上述事项范围以外的，继续有效。没有法律、行政法规、地方性法规的依据，地方政府规章不得设定减损公民、法人和其他组织权利或者增加其义务的规范。

7. 国际条约

国际条约是指我国与外国缔结、参加、签订、加入、承认的双边、多边的条约、协定和其他具有条约性质的文件。国际条约的名称，除条约外，还有公约、协议、协定、议定书、宪章、盟约、换文和联合宣言等。除我国在缔结时宣布持保留意见不受其约束的以外，这些条约的内容都与国内法具有一样的约束力，所以也是我国法的形式。例如，我国加入 WTO 后，WTO 中与工程建设有关的协定也对我国的建设活动产生约束力。

三、建设法规的法律关系

1. 法律的主体和客体

任何法律关系都是由主体、客体和内容三个要素构成的。

工程建设法律关系主体主要是指参加或管理、监督建设活动，受建设工程法律规范调整，在法律上享有权利、承担义务的自然人、法人或其他组织。

工程建设法律关系客体是指参加工程建设法律关系的主体享有的权利和承担的义务所共同指向的对象。

法人是指具有民事权利能力和民事行为能力，依法享有民事权利和承担民事义务的组织。

2. 代理的法律规定

（1）代理的概念

代理是指代理人在代理权限内，以被代理人的名义实施民事法律行为。被代理人对代理人的代理行为承担民事责任。由此可见，在代理关系中，通常涉及三个人，即被代理人、代理人和第三人。

（2）代理的种类

代理有委托代理、法定代理和指定代理三种形式。

1）委托代理。委托代理是指根据被代理人的委托而产生的代理。如公民委托律师代理诉讼即属于委托代理。

委托代理可采用口头形式委托，也可采用书面形式委托，如果法律明确规定必须采用书面形式委托的，则必须采用书面形式。如代签工程建设合同就必须采用书面形式。

在实际生活中，委托代理应注意下列问题：

①被代理人应慎重选择代理人。因为代理活动要由代理人来实施，且实施结果要由被代理人承担，如果代理人不能胜任工作，将会给被代理人带来不利的后果，甚至还会损害被代理人的利益。

②委托授权的范围要明确。由于委托代理是基于被代理人的委托授权而产生的，所以，被代理人的授权范围一定要明确。如果由于授权不明确而给第三人造成损失的，则被代理人要向第三人承担责任，代理人承担连带责任。

③委托代理的事项必须合法。被代理人自己不能亲自进行违法活动，也不能委托他人进行违法活动；同时，代理人也不能接受此类的委托，否则，被代理人、代理人要承担连带责任。

2）法定代理。法定代理是基于法律的直接规定而产生的代理。如父母作为监护人代理未成年人进行民事活动就是属于法定代理。法定代理是为了保护无民事行为能力的人或限制民事行为能力的人的合法权益而设立的一种代理形式，适用范围比较窄。

3）指定代理。指定代理是指根据主管机关或人民法院的指定而产生的代理。这种代理也主要是为无民事行为能力的人和限制民事行为能力的人而设立的。如人民法院指定一名律师作为离婚诉讼中丧失民事行为能力而又无其他法定代理人的一方当事人的代理人，就属于指定代理。

（3）代理人在代理活动中应注意的问题

1）代理人应在代理权限范围内进行代理活动。如果代理人在没有代理权、超越代理权限范围或代理权终止后进行活动，即属于无权代理，倘若被代理人不予以追认的话，则由行为人承担法律责任。

2）代理人应亲自进行代理活动。代理关系中，被代理人的委托授权是基于对代理人的信任，委托代理就是建立在这种人身信任的基础上的。因此，代理人必须亲自进行代理活动，完成代理任务。

3）代理人应认真履行职责。代理人接受了委托，就有义务尽职尽责地完成代理工作。如果不履行或不认真履行代理职责而给被代理人造成损害的，代理人应承担赔偿责任。

4）不得滥用代理权。滥用代理权表现为：

①以被代理人的名义同自己实施法律行为。如以被代理人的名义同自己订立合同，就属于此种情形。

②代理双方当事人实施同一个法律行为。例如，在同一诉讼中，律师既代理原告又代理被告，这就很可能损害一方或双方当事人的利益，因此，此种情形为法律所禁止。

③代理人与第三人恶意串通损害被代理人的利益。例如，代理人与第三人相互勾结，在订立合同时给第三人以种种优惠，从而损害了被代理人的利益，对此，代理人、第三人要承担连带责任。

（4）代理权的终止

由于代理的种类不同，代理关系终止的原因也不尽相同。

1）委托代理的终止：

①代理期限届满或代理事务完成。

②被代理人取消委托或代理人辞去委托。

③代理人死亡或丧失民事行为能力。

④作为被代理人或代理人的法人组织终止。

2）法定代理或指定代理的终止：

①被代理人或代理人死亡。

②代理人丧失民事行为能力。

③被代理人取得或恢复民事行为能力。

④指定代理的人民法院或指定单位取消指定。

⑤由于其他原因引起的被代理人和代理人之间的监护关系消灭。

四、工程建设法律责任

工程建设法律责任是指由于工程建设主体的违法行为、违约行为或者由于法律规定而应承受的某种不利的法律后果。

责任种类包括民事责任、行政责任、刑事责任。

五、工程项目建设程序

1. 基本建设的含义

基本建设是指以固定资产扩大再生产为目的而进行的各种新建、改建、扩建、迁建、恢复工程及与之相关的各项建设工作。

2. 基本建设程序

建设程序是指建设项目从设想、选择、评估、决策、设计、施工到竣工验收、投入生产等的整个建设过程中，各项工作必须遵循的先后次序的法则。这个法则是人们在认识客观规律的基础上制定出来的，是建设项目科学决策和顺利进行的重要保证。按照建设项目发展的内在联系和发展过程，建设程序分为若干个阶段，这些阶段是有严格的先后次序的，不能任意颠倒而违反它的发展规律。

目前，我国基本建设程序的主要阶段有项目建议书阶段、可行性研究报告阶段、设计阶段、建设准备阶段、建设实施阶段和竣工验收阶段，即决策阶段、实施阶段和运行阶段。其中每个阶段又有不同内容，我国基本建设程序与工程多次计价之间的关系如图 1-1 所示。

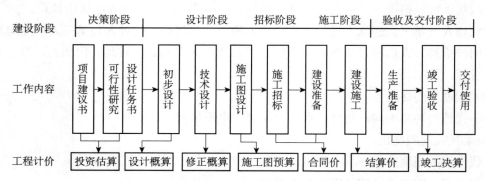

图 1-1 我国基本建设程序与工程多次计价之间的关系

主要阶段说明：

1）编制和报批项目建议书：大中型新建项目和限额以上的大型扩建项目，在上报项目建议书时必须附上初步可行性研究报告。项目建议书获得批准后即可立项。

2）编制和报批可行性研究报告：项目立项后即可由建设单位委托原编报项目建议书的设计院或咨询公司进行可行性研究，根据批准的项目建议书，在详细的可行性研究基础上，编制可行性研究报告，为项目的投资决策提供科学依据。

3）编制和报批设计文件：对于大型、复杂项目，可根据不同行业的特点和要求进行初步设计、技术设计和施工图设计的三阶段设计；一般工程项目可采用初步设计和施工图设计两阶段设计。初步设计文件要满足施工图设计、施工准备、土地征用、项目材料和设备订货的要求；施工图设计应能满足建筑材料、构配件及设备的购置和非标准构配件及非标准设备的加工。

4）建设准备工作：包括组建筹建机构，征地、拆迁和场地平整；落实和完成施工用水、用电、用路等工程和外部协调条件；组织设备和特殊材料订货，落实材料供应，准备必要的施工图纸；组织施工招标、投标，择优选定施工单位，签订承包合同，确定合同价；报批开工报告等工作。开工报告获得批准后，建设项目方能开工建设，进行施工安装和生产准备工作。

5）建设施工：包括组织施工和生产准备。

6）项目施工验收、投产经营和后评价。

第二节　建筑法

《建筑法》主要适用于各类房屋建筑及其附属设施的构造及与其配套的线路、管道、设备的安装活动，但其中关于施工许可、企业资质审查和工程发包、承包、禁止转包，以及工程监理、安全和质量管理的规定，也适用于其他建筑工程的建筑活动。

一、建筑从业资格的规定

建筑许可包括建筑工程施工许可和从业资格两个方面。

1. 建筑工程施工许可

（1）施工许可证的申领

建筑工程开工前，建设单位应当按照国家有关规定向工程所在地县级以上人民政府建设行政主管部门申请领取施工许可证（国务院建设行政主管部门确定的限额以下的小型工程除外）。按照国务院规定的权限和程序批准开工报告的建筑工程，不再领取施工许可证。

申请领取施工许可证，应当具备下列条件：

①已经办理该建筑工程用地的批准手续。

②依法应当办理建设工程规划许可证的，已经取得建设工程规划许可证。

③需要拆迁的，其拆迁进度符合施工要求。

④已经确定建筑施工企业。

⑤有满足施工需要的资金安排施工图纸及技术资料。

⑥有保证工程质量和安全的具体措施。

（2）施工许可证申请的时间要求

建设行政主管部门应当自收到申请之日起7日内，对符合条件的申请颁发施工许可证。

建设单位应当自领取施工许可证之日起3个月内开工。因故不能按期开工的，应当向发证机关申请延期；延期以2次为限，每次不超过3个月。既不开工又不申请延期或者超过延期时限的，施工许可证自行废止。

（3）中止施工和恢复施工

在建的建筑工程因故中止施工的，建设单位应当自中止施工之日起 1 个月内，向发证机关报告，并按照规定做好建筑工程的维护管理工作。

建筑工程恢复施工时，应当向发证机关报告；中止施工满 1 年的工程恢复施工前，建设单位应当报发证机关核验施工许可证。

按照国务院有关规定批准开工报告的建筑工程，因故不能按期开工或者中止施工的，应当及时向批准机关报告情况。因故不能按期开工超过 6 个月的，应当重新办理开工报告的批准手续。

2. 从业资格

（1）单位资质

从事建筑活动的建筑施工企业、勘察单位、设计单位和工程监理单位，应当具备下列条件：

①有符合国家规定的注册资本。

②有与其从事的建筑活动相适应的具有法定执业资格的专业技术人员。

③有从事相关建筑活动所应有的技术装备。

④法律、行政法规规定的其他条件。

从事建筑活动的建筑施工企业、勘察单位、设计单位和工程监理单位，按照其拥有的注册资本、专业技术人员、技术装备和已完成的建筑工程业绩等资质条件，划分为不同的资质等级，经资质审查合格，取得相应等级的资质证书后，方可在其资质等级许可的范围内从事建筑活动。

（2）专业技术人员资格

从事建筑活动的专业技术人员，应当依法取得相应的执业资格证书，并在执业资格证书许可的范围内从事建筑活动。

二、建筑安全生产管理的规定

1. 总体方针和原则

建筑工程安全生产管理必须坚持"安全第一、预防为主"的方针，建立健全安全生产的责任制度和群防群治制度。

建筑工程设计应当符合按照国家规定制定的建筑安全规程和技术规范，保证工程的安全性能。建筑施工企业在编制施工组织设计时，应当根据建筑工程的特点制定相应的安全技术措施；对专业性较强的工程项目，应当编制专项安全施工组织设计，并采取安全技术措施。

2. 建筑施工企业应当采取的安全管理措施

建筑施工企业应当在施工现场采取维护安全、防范危险、预防火灾等措施；有条件的，应当对施工现场实行封闭管理。施工现场对毗邻的建筑物、构筑物和特殊作业环境可能造成损害的，建筑施工企业应当采取安全防护措施。

建筑施工企业必须依法加强对建筑安全生产的管理，执行安全生产责任制度，采取有效措施，防止伤亡和其他安全生产事故的发生。建筑施工企业的法定代表人对本企业的安全生产负责。

施工现场安全由建筑施工企业负责。实行施工总承包的，由总承包单位负责。分包单位向总承包单位负责，服从总承包单位对施工现场的安全生产管理。

建筑施工企业应当建立健全劳动安全生产教育培训制度，加强对职工安全生产的教育培训；未经安全生产教育培训的人员，不得上岗作业。

建筑施工企业和作业人员在施工过程中，应当遵守有关安全生产的法律、法规和建筑行业安全规章、规程，不得违章指挥或者违章作业。作业人员有权对影响人身健康的作业程序和作业条件提出改进意见，有权获得安全生产所需的防护用品。作业人员对危及生命安全和人身健康的行为有权提出批评、检举和控告。

建筑施工企业应当依法为职工参加工伤保险缴纳工伤保险费。鼓励企业为从事危险作业的职工办理意外伤害保险，支付保险费。

3. 主体和结构变动

涉及建筑主体和承重结构变动的装修工程，建设单位应当在施工前委托原设计单位或者具有相应资质条件的设计单位提出设计方案；没有设计方案的，不得施工。房屋拆除应当由具备保证安全条件的建筑施工单位承担，由建筑施工单位负责人对安全负责。施工中发生事故时，建筑施工企业应当采取紧急措施减少人员伤亡和事故损失，并按照国家有关规定及时向有关部门报告。

三、建筑工程质量管理的规定

1. 认证

国家对从事建筑活动的单位推行质量体系认证制度。从事建筑活动的单位根据自愿原则可以向国务院产品质量监督管理部门或者国务院产品质量监督管理部门授权的部门认可的认证机构申请质量体系认证。经认证合格的，由认证机构颁发质量体系认证证书。

2. 建设各方的工程质量管理

建设单位不得以任何理由，要求建筑设计单位或者建筑施工企业在工程设计或者施工作业中，违反法律、行政法规和建筑工程质量、安全标准，降低工程质量。

建筑设计单位和建筑施工企业对建设单位违反前款规定提出的降低工程质量的要求，应当予以拒绝。

建筑工程实行总承包的，工程质量由工程总承包单位负责，总承包单位将建筑工程分包给其他单位的，应当对分包工程的质量与分包单位承担连带责任。分包单位应当接受总承包单位的质量管理。建筑工程的勘察、设计单位必须对其勘察、设计的质量负责。勘察、设计文件应当符合有关法律、行政法规的规定和建筑工程质量、安全标准，建筑工程勘察、设计技术规范以及合同的约定。设计文件选用的建筑材料、建筑构配件和设备，应当注明其规格、型号、性能等技术指标，其质量要求必须符合国家规定标准。

建筑设计单位对设计文件选用的建筑材料、建筑构配件和设备，不得指定生产厂、供应商。建筑施工企业对工程的施工质量负责。建筑施工企业必须按照工程设计图纸和施工技术标准施工，不得偷工减料。工程设计的修改由原设计单位负责，建筑施工企业不得擅自修改工程设计。建筑施工企业必须按照工程设计要求、施工技术标准和合同的约定，对建筑材料、建筑构配件和设备进行检验，不合格的不得使用。

3. 维修和保修

建筑物在合理使用寿命内，必须确保地基基础工程和主体结构的质量。建筑工程竣工时，屋顶、墙面不得留有渗漏、开裂等质量缺陷；对已发现的质量缺陷，建筑施工企业应当修复。

交付竣工验收的建筑工程，必须符合规定的建筑工程质量标准，有完整的工程技术经济资料和经签署的工程保修书，并具备国家规定的其他竣工条件。建筑工程竣工经验收合格后，方可交付使用；未经验收或者验收不合格的，不得交付使用。

建筑工程实行质量保修制度。

建筑工程的保修范围应当包括地基基础工程、主体结构工程、屋面防水工程和其他土建工程，以及电气管线、上下水管线的安装工程，供热、供冷系统工程等项目；保修的期限应当按照保证建筑物合理寿命年限内正常使用，维护使用者合法权益的原则确定。具体的保修范围和最低保修期限由国务院规定。

四、施工单位违法行为的规定

1. 施工资质

违反本法规定，未取得施工许可证或者开工报告未经批准擅自施工的，责令改正，对不符合开工条件的责令停止施工，可以处以罚款。发包单位将工程发包给不具有相应资质条件的承包单位的，或者违反本法规定将建筑工程肢解发包的，责令改正，处以罚款。超越本单位资质等级承揽工程的，责令停止违法行为，处以罚款，可以责令停业整顿，降低资质等级；情节严重的，吊销资质证书；有违法所得的，予以没收。未取得资质证书而承揽工程的，予以取缔，并处罚款；有违法所得的，予以没收。以欺骗手段取得资质证书的，吊销资质证书，处以罚款；构成犯罪的，依法追究刑事责任。建筑施工企业转让、出借资质证书或者以其他方式允许他人以本企业的名义承揽工程的，责令改正，没收违法所得，并处罚款，可以责令停业整顿，降低资质等级；情节严重的，吊销资质证书。对因该项承揽工程不符合规定的质量标准造成的损失，建筑施工企业与使用本企业名义的单位或者个人承担连带赔偿责任。

2. 安全生产

违反本法规定，涉及建筑主体或者承重结构变动的装修工程擅自施工的，责令改正，处以罚款；造成损失的，承担赔偿责任；构成犯罪的，依法追究刑事责任。建筑施工企业违反本法规定，对建筑安全事故隐患不采取措施予以消除的，责令改正，可以处以罚款；情节严重的，责令停业整顿，降低资质等级或者吊销资质证书；构成犯罪的，依法追究刑事责任。建筑施工企业的管理人员违章指挥、强令职工冒险作业，因而发生重大伤亡事故或者造成其他严重后果的，依法追究刑事责任。

3. 质量管理

建设单位违反本法规定，要求建筑设计单位或者建筑施工企业违反建筑工程质量、安全标准，降低工程质量的，责令改正，可以处以罚款；构成犯罪的，依法追究刑事责任。建筑设计单位不按照建筑工程质量、安全标准进行设计的，责令改正，处以罚款；造成工程质量事故的，责令停业整顿，降低资质等级或者吊销资质证书，没收违法所得，并处罚款；造成损失的，承担赔偿责任；构成犯罪的，依法追究刑事责任。

建筑施工企业在施工中偷工减料的，使用不合格的建筑材料、建筑构配件和设备的，或者有其他不按照工程设计图纸或者施工技术标准施工的行为的，责令改正，处以罚款；情节严重的，责令停业整顿，降低资质等级或者吊销资质证书；造成建筑工程质量不符合规定的质量标准的，负责返工、修理，并赔偿因此造成的损失；构成犯罪的，依法追究刑事责任。建筑施工企业违反本法规定，不履行保修义务或者拖延履行保修义务的，责令改正，可以处以罚款，并对在保修期内因屋顶、墙面渗漏、开裂等质量缺陷造成的损失，承担赔偿责任。

4. 承担责任

本法规定的责令停业整顿、降低资质等级和吊销资质证书的行政处罚，由颁发资质证书的机关决定；其他行政处罚，由建设行政主管部门或者有关部门依照法律和国务院规定的职权范围决定。依照本法规定被吊销资质证书的，由工商行政管理部门吊销其营业执照。违反本法规定，对不具备相应资质等级条件的单位颁发该等级资质证书的，由其上级机关责令收回所颁发的资质证书，对直接负责的主管人员和其他直接责任人员给予行政处分；构成犯罪的，依法追究刑事责任。政府及其所属部门的工作人员违反本法规定，限定发包单位将招标发包的工程发包给指定的承包单位的，由上级机关责令改正；构成犯罪的，依法追究刑事责任。负责颁发建筑工程施工许可证的部门及其工作人员对不符合施工条件的建筑工程颁发施工许可证的，负责工程质量监督检查或者竣工验收的部门及其工作人员对不合格的建筑工程出具质量合格文件或者按合格工程验收的，由上级机关责令改正，对责任人员给予行政处分；构成犯罪的，依法追究刑事责任；造成损失的，由该部门承担相应的赔偿责任。在建筑物的合理使用寿命内，因建筑工程质量不合格受到损害的，有权向责任者要求赔偿。

第三节　安全生产法

一、生产经营单位安全生产保障的规定

《安全生产法》为生产经营单位在安全生产的各个环节确立了必须遵循的行为准则。

1. 安全生产条件

生产经营单位应当具备《安全生产法》和有关法律、行政法规和国家标准或者行业标准

规定的安全生产条件；不具备安全生产条件的，不得从事生产经营活动。

2. 生产经营单位的主要负责人的安全生产职责

生产经营单位的主要负责人对本单位安全生产工作负有下列职责：

①建立、健全本单位全员安全生产责任制，加强安全生产标准化建设。

②组织制定本单位安全生产规章制度和操作规程。

③组织制订并实施本单位安全生产教育和培训计划。

④保证本单位安全生产投入的有效实施。

⑤组织建立并落实安全风险分级管控和隐患排查治理双重预防工作机制，督促、检查本单位的安全生产工作，及时消除生产安全事故隐患。

⑥组织制定并实施本单位的生产安全事故应急救援预案。

⑦及时、如实报告生产安全事故。

3. 安全生产责任制的建立和落实

生产经营单位的安全生产责任制应当明确各岗位的责任人员、责任范围和考核标准等内容。生产经营单位应当建立相应的机制，加强对安全生产责任制落实情况的监督考核，保证安全生产责任制的落实。

4. 安全生产资金投入

生产经营单位应当具备安全生产所必需的资金投入，由生产经营单位的决策机构、主要负责人或者个人经营的投资人予以保证，并对由于安全生产所必需的资金投入不足导致的后果承担责任。有关生产经营单位应当按照规定提取和使用安全生产费用，专门用于改善安全生产条件。安全生产费用在成本中据实列支。安全生产费用提取、使用和监督管理的具体办法由国务院财政部门会同国务院安全生产监督管理部门征求国务院有关部门意见后制定。

5. 安全生产管理机构和人员的设置和配备以及相关职责

矿山、金属冶炼、建筑施工、道路运输单位和危险物品的生产、经营、储存单位，应当设置安全生产管理机构或者配备专职的安全生产管理人员。其他生产经营单位，从业人员超过 100 人的，应当设置安全生产管理机构或者配备专职的安全生产管理人员；从业人员在 100 人以下的，应当配备专职或者兼职的安全生产管理人员。生产经营单位的安全生产管理机构以及安全生产管理人员应履行下列职责：

①组织或者参与拟订本单位的安全生产规章制度、操作规程和生产安全事故应急救援预案。

②组织或者参与本单位的安全生产教育和培训，如实记录安全生产教育和培训情况。

③组织开展危险源辨识和评估，督促落实本单位重大危险源的安全管理措施。

④组织或者参与本单位的应急救援演练。

⑤检查本单位的安全生产状况，及时排查生产安全事故隐患，提出改进安全生产管理的建议。

⑥制止和纠正违章指挥、强令冒险作业、违反操作规程的行为。

⑦督促落实本单位安全生产整改措施。

生产经营单位可以设置专职安全生产分管负责人，协助本单位主要负责人履行安全生产管理职责。

生产经营单位的安全生产管理机构以及安全生产管理人员应当恪尽职守，依法履行职责。生产经营单位作出涉及安全生产的经营决策时，应当听取安全生产管理机构以及安全生产管理人员的意见。生产经营单位不得因安全生产管理人员依法履行职责而降低其工资、福利等待遇，或者解除与其订立的劳动合同。危险物品的生产、储存单位以及矿山、金属冶炼单位的安全生产管理人员的任免，应当告知主管的负有安全生产监督管理职责的部门。生产经营单位的主要负责人和安全生产管理人员必须具备与本单位所从事的生产经营活动相应的安全生产知识和管理能力。危险物品的生产、经营、储存单位以及矿山、金属冶炼、建筑施工、道路运输单位的主要负责人和安全生产管理人员，应当由主管的负有安全生产监督管理职责的部门对其安全生产知识和管理能力考核合格。考核不得收费。危险物品的生产、储存单位以及矿山、金属冶炼单位应当有注册安全工程师从事安全生产管理工作。鼓励其他生产经营单位聘用注册安全工程师从事安全生产管理工作。注册安全工程师按专业分类管理，具体办法由国务院人力资源和社会保障部门、国务院安全生产监督管理部门会同国务院有关部门制定。

6. 安全生产教育培训和资格要求

生产经营单位应当对从业人员进行安全生产教育和培训，保证从业人员具备必要的安全生产知识，熟悉有关的安全生产规章制度和安全操作规程，掌握本岗位的安全操作技能，了解事故应急处理措施，知悉自身在安全生产方面的权利和义务。未经安全生产教育和培训合格的从业人员，不得上岗作业。生产经营单位使用被派遣劳动者的，应当将被派遣劳动者纳入本单位从业人员统一管理，对被派遣劳动者进行岗位安全操作规程和安全操作技能的教育和培训。劳务派遣单位应当对被派遣劳动者进行必要的安全生产教育和培训。生产经营单位接收中等职业学校、高等学校学生实习的，应当对实习学生进行相应的安全生产教育和培训，提供必要的劳动防护用品。学校应当协助生产经营单位对实习学生进行安全生产教育和培训。生产经营单位应当建立安全生产教育和培训档案，如实记录安全生产教育和培训的时间、内容、参加人员以及考核结果等情况。生产经营单位采用新工艺、新技术、新材料或者使用新设备，必须了解、掌握其安全技术特性，采取有效的安全防护措施，并对从业人员进行专门的安全生产教育和培训。

生产经营单位的特种作业人员必须按照国家有关规定通过专门的安全作业培训，取得相应资格，方可上岗作业。特种作业人员的范围由国务院应急管理部门会同国务院有关部门确定。

7. 安全设施"三同时"原则和安全评价

生产经营单位新建、改建、扩建工程项目（以下统称建设项目）的安全设施，必须与主体工程同时设计、同时施工、同时投入生产和使用。安全设施投资应当纳入建设项目概算。矿山、金属冶炼建设项目和用于生产、储存、装卸危险物品的建设项目，应当按照国家有关规定进行安全评价。

8. 安全设施设计、施工验收和监督核查

建设项目安全设施的设计人、设计单位应当对安全设施设计负责。矿山、金属冶炼建设项目和用于生产、储存、装卸危险物品的建设项目的安全设施设计应当按照国家有关规定报经有关部门审查，审查部门及其负责审查的人员对审查结果负责。矿山、金属冶炼建设项目和用于生产、储存、装卸危险物品的建设项目的施工单位必须按照批准的安全设施设计施工，并对安全设施的工程质量负责。矿山、金属冶炼建设项目和用于生产、储存危险物品的建设项目竣工投入生产或者使用前，应当由建设单位负责组织对安全设施进行验收；验收合格后，方可投入生产和使用。安全生产监督管理部门应当加强对建设单位验收活动和验收结果的监督核查。

9. 安全设备管理、特种设备及危险品容器、运输工具特殊管理

生产经营单位应当在有较大危险因素的生产经营场所和有关设施、设备上，设置明显的安全警示标志。安全设备的设计、制造、安装、使用、检测、维修、改造和报废，应当符合国家标准或者行业标准。生产经营单位必须对安全设备进行经常性维护、保养，并定期检测，保证正常运转。维护、保养、检测应当做好记录，并由有关人员签字。生产经营单位不得关闭、破坏直接关系生产安全的监控、报警、防护、救生设备和设施，或者篡改、隐瞒、销毁其相关数据、信息。餐饮等行业的生产经营单位使用燃气的，应当安装可燃气体报警装置，并保障其正常使用。生产经营单位使用的危险物品的容器、运输工具，以及涉及人身安全、危险性较大的海洋石油开采特种设备和矿山井下特种设备，必须按照国家有关规定，由专业生产单位生产，并经具有专业资质的检测、检验机构进行检测、检验合格后，取得安全使用证或者安全标志的，方可投入使用。检测、检验机构对检测、检验结果负责。

10. 严重危及生产安全的工艺、设备淘汰制度

国家对严重危及生产安全的工艺、设备实行淘汰制度，具体目录由国务院应急管理部门会同国务院有关部门制定并公布。生产经营单位不得使用应当淘汰的危及生产安全的工艺、设备。

11. 危险物品及废弃危险物品监督

生产、经营、运输、储存、使用危险物品或者处置废弃危险物品的，由有关主管部门依照有关法律、法规的规定和国家标准或者行业标准审批并实施监督管理。生产经营单位生产、经营、运输、储存、使用危险物品或者处置废弃危险物品，必须按有关法律、法规和国家标准或者行业标准执行，建立专门的安全管理制度，采取可靠的安全措施，接受有关主管部门依法实施的监督管理。

12. 重大危险源管理

生产经营单位对重大危险源应当登记建档，进行定期检测、评估、监控，并制定应急预案，告知从业人员和相关人员在紧急情况下应当采取的应急措施。生产经营单位应当按照国家有关规定将本单位重大危险源及有关安全措施、应急措施报有关地方人民政府应急管理部门和有关部门备案。有关地方人民政府应急管理部门和有关部门应当通过相关信息系统实现信息共享。生产经营单位应当建立安全风险分级管控制度，按照安全风险分级采取相应的管控措施。生产经营单位应当建立健全并落实生产安全事故隐患排查治理制度，采取技术、管理措施，及时发现并消除事故隐患。事故隐患排查治理情况应当如实记录，并通过职工大会或者职工代表大会、信息公示栏等方式向从业人员通报。其中，重大事故隐患排查治理情况应当及时向负有安全生产监督管理职责的部门和职工大会或者职工代表大会报告。县级以上地方各级人民政府负有安全生产监督管理职责的部门应当将重大事故隐患纳入相关信息系统，建立健全重大事故隐患治理督办制度，督促生产经营单位消除重大事故隐患。

13. 生产经营场所和宿舍安全要求

生产、经营、储存、使用危险物品的车间、商店、仓库不得与员工宿舍在同一座建筑物内，并应当与员工宿舍保持安全距离。生产经营场所和员工宿舍应当设有符合紧急疏散要求、标志明显、保持畅通的安全出口。禁止锁闭、封堵生产经营场所或者员工宿舍的出口。

14. 危险作业现场的安全管理

生产经营单位进行爆破、吊装以及国务院应急管理部门会同国务院有关部门规定的其他危险作业，应当安排专门人员进行现场安全管理，确保操作规程的遵守和安全措施的落实。

15. 安全检查和报告义务

生产经营单位应当教育和督促从业人员严格执行本单位的安全生产规章制度和安全操作规程，并向从业人员如实告知作业场所和工作岗位存在的危险因素、防范措施以及事故应急措施。生产经营单位应当关注从业人员的身体、心理状况和行为习惯，加强对从业人员的心理疏导、精神慰藉，严格落实岗位安全生产责任，防范从业人员行为异常导致事故发生。生产经营单位必须为从业人员提供符合国家标准或者行业标准的劳动防护用品，并监督、教育从业人员按照使用规则佩戴、使用。

16. 生产经营单位发包或者出租情况下的安全生产责任

生产经营单位的安全生产管理人员应当根据本单位的生产经营特点，对安全生产状况进行经常性检查；对检查中发现的安全问题，应当立即处理；不能处理的，应当及时报告本单位有关负责人，有关负责人应当及时处理。检查及处理情况应当如实记录在案。生产经营单位的安全生产管理人员在检查中发现重大事故隐患，依照前款规定向本单位有关负责人报告，有关负责人不及时处理的，安全生产管理人员可以向主管的负有安全生产监督管理职责的部门报告，接到报告的部门应当依法及时处理。

生产经营单位应当安排用于配备劳动防护用品、进行安全生产培训的经费。两个以上生产经营单位在同一作业区域内进行生产经营活动，可能危及对方生产安全的，应当签订安全生产管理协议，明确各自的安全生产管理职责和应当采取的安全措施，并指定专职安全生产管理人员进行安全检查与协调。

生产经营单位不得将生产经营项目、场所、设备发包或者出租给不具备安全生产条件或者相应资质的单位或者个人。生产经营项目、场所发包或者出租给其他单位的，生产经营单位应当与承包单位、承租单位签订专门的安全生产管理协议，或者在承包合同、租赁合同中约定各自的安全生产管理职责；生产经营单位对承包单位、承租单位的安全生产工作统一协调、管理，定期进行安全检查，发现安全问题的，应当及时督促整改。矿山、金属冶炼建设项目和用于生产、储存、装卸危险物品的建设项目的施工单位应当加强对施工项目的安全管理，不得倒卖、出租、出借、挂靠或者以其他形式非法转让施工资质，不得将其承包的全部建设工程转包给第三人或者将其承包的全部建设工程肢解以后以分包的名义分别转包给第三人，不得将工程分包给不具备相应资质条件的单位。

17. 生产安全事故及工伤处理

生产经营单位发生生产安全事故时，单位的主要负责人应当立即组织抢救，并不得在事故调查处理期间擅离职守。生产经营单位必须依法参加工伤保险，为从业人员缴纳保险费。国家鼓励生产经营单位投保安全生产责任保险；属于国家规定的高危行业、领域的生产经营单位，应当投保安全生产责任保险。具体范围和实施办法由国务院应急管理部门会同国务院财政部门、国务院保险监督管理机构和相关行业主管部门制定。

二、从业人员权利和义务的规定

《安全生产法》规定的从业人员权利和义务主要有：

①从业人员与生产经营单位订立的劳动合同应当载明与从业人员劳动安全有关的事项，以及生产经营单位不得以协议免除或者减轻安全事故伤亡责任。

②从业人员有权了解其作业场所和工作岗位存在的危险因素、防范措施及事故应急措施，有权对本单位的安全生产工作提出建议。

③从业人员有权对本单位存在的安全问题提出批评、检举、控告，有权拒绝违章指挥和强令冒险作业。

④从业人员发现直接危及人身安全的紧急情况时，有权停止作业或者在采取可能的应急措施后撤离作业场所。生产经营单位不得因从业人员在前款紧急情况下停止作业或者采取紧急撤离措施而降低其工资、福利等待遇或者解除与其订立的劳动合同。

⑤生产经营单位发生生产安全事故后，应当及时采取措施救治有关人员。因生产安全事故受到损害的从业人员，除依法享有工伤保险外，依照有关民事法律尚有获得赔偿的权利，有权提出赔偿要求。

⑥从业人员在作业过程中，应当严格落实岗位安全责任，遵守本单位的安全生产规章制度和操作规程，服从管理，正确佩戴和使用劳动防护用品。

⑦从业人员应当接受安全生产教育和培训，掌握本职工作所需的安全生产知识，提高安全生产技能，增强事故预防和应急处理能力。

⑧从业人员发现事故隐患或者其他不安全因素，应当立即向现场安全生产管理人员或者本单位负责人报告；接到报告的人员应当及时予以处理。

⑨生产经营单位使用被派遣劳动者的，被派遣劳动者享有《安全生产法》规定的从业人员的权利，履行从业人员的义务。

三、安全生产监督管理的规定

《安全生产法》对安全生产监督管理作出如下规定：

1. 政府及安全生产监督管理部门的职责

县级以上地方各级人民政府应当根据本行政区域内的安全生产状况，组织有关部门按照职责分工，对本行政区域内容易发生重大生产安全事故的生产经营单位进行严格检查。安全生产监督管理部门应当按照分类分级监督管理的要求，制订安全生产年度监督检查计划，并按照年度监督检查计划进行监督检查，发现事故隐患，应当及时处理。

2. 安全生产事项的审批

负有安全生产监督管理职责的部门依照有关法律、法规的规定，对涉及安全生产的事项需要审查批准（包括批准、核准、许可、注册、认证、颁发证照等，下同）或者验收的，必须严格依照有关法律、法规和国家标准或者行业标准规定的安全生产条件和程序进行审查；不符合有关法律、法规和国家标准或者行业标准规定的安全生产条件的，不得批准或者验收通过。对未依法取得批准或者验收不合格的单位擅自从事有关活动的，负责行政审批的部门发现或者接到举报后应当立即予以取缔，并依法予以处理。对已经依法取得批准的单位，负责行政审批的部门发现其不再具备安全生产条件的，应当撤销原批准。

3. 政府监管的要求

负有安全生产监督管理职责的部门对涉及安全生产的事项进行审查、验收，不得收取费用；不得要求接受审查、验收的单位购买其指定品牌或者指定生产、销售单位的安全设备、器材或者其他产品。

4. 监督检查的实施

安全生产监督管理部门和其他负有安全生产监督管理职责的部门依法开展安全生产行政执法工作，对生产经营单位执行有关安全生产的法律、法规和国家标准或者行业标准的情况进行监督检查，行使以下职权：

①进入生产经营单位进行检查，调阅有关资料，向有关单位和人员了解情况。

②对检查中发现的安全生产违法行为，当场予以纠正或者要求限期改正；对依法应当给予行政处罚的行为，依照本法和其他有关法律、行政法规的规定作出行政处罚决定。

③对检查中发现的事故隐患，应当责令立即排除；重大事故隐患排除前或者排除过程中无法保证安全的，应当责令从危险区域内撤出作业人员，责令暂时停产停业或者停止使用相关设施、设备；重大事故隐患排除后，经审查同意，方可恢复生产经营和使用。

④对有根据认为不符合保障安全生产的国家标准或者行业标准的设施、设备、器材以及违法生产、储存、使用、经营、运输的危险物品予以查封或者扣押，对违法生产、储存、使用、经营危险物品的作业场所予以查封，并依法作出处理决定。监督检查不得影响被检查单位的正常生产经营活动。

生产经营单位对负有安全生产监督管理职责的部门的监督检查人员（以下统称安全生产监督检查人员）依法履行监督检查职责，应当予以配合，不得拒绝、阻挠。安全生产监督检查人员应当忠于职守，坚持原则，秉公执法。

安全生产监督检查人员执行监督检查任务时，必须出示有效的监督执法证件；对涉及被检查单位的技术秘密和业务秘密，应当为其保密。安全生产监督检查人员应当将检查的时间、地点、内容、发现的问题及其处理情况进行书面记录，并由检查人员和被检查单位的负责人签字；被检查单位的负责人拒绝签字的，检查人员应当将情况记录在案，并向负有安全生产监督管理职责的部门报告。

负有安全生产监督管理职责的部门在监督检查中，应当互相配合，实行联合检查；确需分别进行检查的，应当互通情况，发现存在的安全问题应当由其他有关部门进行处理的，应当及时移送其他有关部门并形成记录备查，接受移送的部门应当及时进行处理。

负有安全生产监督管理职责的部门依法对存在重大事故隐患的生产经营单位作出停产停业、停止施工、停止使用相关设施或者设备的决定，生产经营单位应当依法执行，及时消除事故隐患。生产经营单位拒不执行，有发生生产安全事故的现实危险的，在保证安全的前提下，经本部门主要负责人批准，负有安全生产监督管理职责的部门可以采取通知有关单位停止供电、停止供应民用爆炸物品等措施，强制生产经营单位履行决定。通知应当采用书面形式，有关单位应当予以配合。

负有安全生产监督管理职责的部门依照前款规定采取停止供电措施，除有危及生产安全的紧急情形外，应当提前 24 小时通知生产经营单位。生产经营单位依法履行行政决定、采取相应措施消除事故隐患的，负有安全生产监督管理职责的部门应当及时解除前款规定的措施。监察机关依照行政监察法的规定，对负有安全生产监督管理职责的部门及其工作人员履行安全生产监督管理职责实施监察。

承担安全评价、认证、检测、检验职责的机构应当具备国家规定的资质条件，并对其作出的安全评价、认证、检测、检验结果的合法性、真实性负责。资质条件由国务院应急管理部门会同国务院有关部门制定。承担安全评价、认证、检测、检验职责的机构应当建立并实施服务公开和报告公开制度，不得租借资质、挂靠、出具虚假报告。负有安全生产监督管理职责的部门应当建立举报制度，公开举报电话、信箱或者电子邮件地址等网络举报平台，受理有关安全生产的举报；受理的举报事项经调查核实后，应当形成书面材料；需要落实整改措施的，报经有关负责人签字并督促落实。对不属于本部门职责，需要由其他有关部门进行调查处理的，转交其他有关部门处理。涉及人员死亡的举报事项，应当由县级以上人民政府组织核查处理。

5. 安全生产举报制度

任何单位或者个人发现事故隐患或者安全生产违法行为，均有权向负有安全生产监督管理职责的部门报告或者举报。因安全生产违法行为造成重大事故隐患或者导致重大事故，致使国家利益或者社会公共利益受到侵害的，人民检察院可以根据民事诉讼法、行政诉讼法的相关规定提起公益诉讼。居民委员会、村民委员会发现其所在区域内的生产经营单位存在事故隐患或者安全生产违法行为时，应当向当地人民政府或者有关部门报告。县级以上各级人民政府及其有关部门对报告重大事故隐患或者举报安全生产违法行为的有功人员，给予奖励。具体奖励办法由国务院应急管理部门会同国务院财政部门制定。

6. 安全生产舆论监督及信息记录公告

新闻、出版、广播、电影、电视等单位有进行安全生产公益宣传教育的义务，有对违反安全生产法律、法规的行为进行舆论监督的权利。负有安全生产监督管理职责的部门应当建立安全生产违法行为信息库，如实记录生产经营单位及其有关从业人员的安全生产违法行为信息；对违法行为情节严重的生产经营单位及其有关从业人员，应当及时向社会公告，并通报行业主管部门、投资主管部门、自然资源主管部门、生态环境主管部门、证券监督管理机构以及有关金融机构。有关部门和机构应当对存在失信行为的生产经营单位及其有关从业人员采取加大执法检查频次、暂停项目审批、上调有关保险费率、行业或者职业禁入等联合惩戒措施，并向社会公示。负有安全生产监督管理职责的部门应当加强对生产经营单位行政处罚信息的及时归集、共享、应用和公开，对生产经营单位作出处罚决定后 7 个工作日内在监督管理部门公示系统予以公布，强化对违法失信生产经营单位及其有关从业人员的社会监督，提高全社会安全生产诚信水平。

四、事故应急救援和调查处理的规定

《安全生产法》对生产安全事故的应急救援和调查处理作出如下规定：

1. 安全生产责任事故应急救援

1）县级以上地方各级人民政府应当组织有关部门制定本行政区域内特大生产安全事故应急救援预案，建立应急救援体系。乡镇人民政府和街道办事处，以及开发区、工业园区、港区、风景区等应当制定相应的生产安全事故应急救援预案，协助人民政府有关部门或者按照授权依法履行生产安全事故应急救援工作职责。

2）危险物品的生产、经营、储存单位以及矿山、建筑施工单位应当建立应急救援组织；生产经营规模较小的单位，可以不建立应急救援组织的，应当指定兼职的应急救援人员。

3）危险物品的生产、经营、储存单位以及矿山、建筑施工单位应当配备必要的应急救援器材、设备，并进行经常性维护、保养，保证正常运转。

2. 安全生产责任事故报告

1）生产经营单位发生生产安全事故后，事故现场有关人员应当立即报告本单位负责人。

2）负有安全生产监督管理职责的部门接到事故报告后，应当立即按照国家有关规定上报事故情况。负有安全生产监督管理职责的部门和有关地方人民政府对事故情况不得隐瞒不报、谎报或者迟报。

3）有关地方人民政府和负有安全生产监督管理职责部门的负责人接到重大生产安全事故报告后，应当立即赶到事故现场，组织事故抢救。

3. 安全生产责任事故调查处理

1）事故调查处理应当按照科学严谨、依法依规、实事求是、注重实效的原则，及时、准确地查清事故原因，查明事故性质和责任，评估应急处置工作，总结事故教训，提出整改措施，并对事故责任单位和人员提出处理建议。事故调查报告应当依法及时向社会公布。事故调查和处理的具体办法由国务院制定。事故发生单位应当及时全面落实整改措施，负有安全生产监督管理职责的部门应当加强监督检查。负责事故调查处理的国务院有关部门和地方人民政府应当在批复事故调查报告后 1 年内，组织有关部门对事故整改和防范措施落实情况进行评估，并及时向社会公布评估结果；对不履行职责导致事故整改和防范措施没有落实的有

关单位和人员，应当按照有关规定追究责任。

2）生产经营单位发生生产安全事故，经调查确定为责任事故的，除应当查明事故单位的责任并依法予以追究外，还应当查明对安全生产的有关事项负有审查批准和监督职责的行政部门的责任，对有失职、渎职行为的，追究法律责任。

3）任何单位和个人不得阻挠和干涉对事故的依法调查处理。

4）县级以上地方各级人民政府负责安全生产监督管理的部门应当定期统计分析本行政区域内发生生产安全事故的情况，并定期向社会公布。

五、施工单位违法行为的规定

《安全生产法》规定了安全生产违法行为的法律责任。包括行政责任、民事责任和刑事责任。

第四节 劳动法和劳动合同法

一、劳动安全卫生的规定

《劳动法》对劳动安全卫生的规定有 6 条，包括劳动安全卫生制度、劳动安全卫生设施、劳动防护用品、从业资格、劳动者义务和权益、伤亡事故和职业病统计报告和处理制度。

1. 劳动安全卫生制度

用人单位必须建立、健全劳动安全卫生制度，严格执行国家劳动安全卫生规程和标准，对劳动者进行劳动安全卫生教育，防止劳动过程中发生事故，减少职业危害。

2. 劳动安全卫生设施

劳动安全卫生设施必须符合国家规定的标准。新建、改建、扩建工程的劳动安全卫生设施必须与主体工程同时设计、同时施工、同时投入生产和使用。

3. 劳动防护用品

用人单位必须为劳动者提供符合国家规定的劳动安全卫生条件和必要的劳动防护用品，对从事有职业危害作业的劳动者应当定期进行健康检查。

4. 从业资格

从事特种作业的劳动者必须经过专门培训并取得特种作业资格。

5. 劳动者义务和权益

劳动者在劳动过程中必须严格遵守安全操作规程。劳动者对用人单位管理人员违章指挥、强令冒险作业的，有权拒绝执行；对危害生命安全和身体健康的行为，有权提出批评、检举和控告。

6. 伤亡事故和职业病统计报告和处理制度

国家建立伤亡事故和职业病统计报告和处理制度。县级以上各级人民政府劳动行政部门、有关部门和用人单位应当依法对劳动者在劳动过程中发生的伤亡事故和劳动者的职业病状况进行统计、报告和处理。

二、劳动合同和集体合同的规定

《劳动合同法》关于劳动合同和集体合同的规定如下：

1. 劳动合同

（1）劳动合同的订立

用人单位自用工之日起即与劳动者建立劳动关系。用人单位应当建立职工名册备查。用人单位招用劳动者时，应当如实告知劳动者工作内容、工作条件、工作地点、职业危害、安全生产状况、劳动报酬，以及劳动者要求了解的其他情况；用人单位有权了解劳动者与劳动合同直接相关的基本情况，劳动者应当如实说明。

用人单位招用劳动者，不得扣押劳动者的居民身份证和其他证件，不得要求劳动者提供担保或者以其他名义向劳动者收取财物。

已建立劳动关系，但未订立书面劳动合同的，应当自用工之日起 1 个月内订立书面劳动合同。用人单位与劳动者在用工前订立劳动合同的，劳动关系自用工之日起建立。

用人单位未在用工的同时订立书面劳动合同，与劳动者约定的劳动报酬不明确的，新招用的劳动者的劳动报酬按照集体合同规定的标准执行；没有集体合同或者集体合同未规定的，实行同工同酬。

（2）劳动合同的条款

劳动合同应当具备以下条款：

①用人单位的名称、住所和法定代表人或者主要负责人。

②劳动者的姓名、住址和居民身份证或者其他有效身份证件号码。

③劳动合同期限。

④工作内容和工作地点。

⑤工作时间和休息休假。

⑥劳动报酬。

⑦社会保险。

⑧劳动保护、劳动条件和职业危害防护。

⑨法律、法规规定应当纳入劳动合同的其他事项。

劳动合同除前款规定的必备条款外，用人单位与劳动者可以约定试用期、培训、保守秘密、补充保险和福利待遇等其他事项。

（3）劳动合同的期限

劳动合同期限 3 个月以上不满 1 年的，试用期不得超过 1 个月；劳动合同期限 1 年以上不满 3 年的，试用期不得超过 2 个月；3 年以上固定期限和无固定期限的劳动合同，试用期不得超过 6 个月。

（4）劳动合同无效情形

下列劳动合同无效或者部分无效：

①以欺诈、胁迫的手段或者乘人之危，使对方在违背真实意思的情况下订立或者变更劳动合同的。

②用人单位免除自己的法定责任、排除劳动者权利的。

③违反法律、行政法规强制性规定的。

对劳动合同的无效或者部分无效有争议的，由劳动争议仲裁机构或者人民法院给予确认。

（5）劳动合同的履行和变更

用人单位与劳动者应当按照劳动合同的约定，全面履行各自的义务。用人单位应当按照劳动合同约定和国家规定向劳动者及时足额支付劳动报酬。用人单位拖欠或者未足额支付劳动报酬的，劳动者可以依法向当地人民法院申请支付令，人民法院应当依法发出支付令。

用人单位应当严格执行劳动定额标准，不得强迫或者变相强迫劳动者加班。用人单位安排加班的，应当按照国家有关规定向劳动者支付加班费。

用人单位与劳动者协商一致，可以变更劳动合同约定的内容。变更劳动合同应当采用书面形式。变更后的劳动合同文本由用人单位和劳动者各执一份。

（6）劳动合同的解除和终止

①时间：劳动者提前 30 日以书面形式通知用人单位，可以解除劳动合同。劳动者在试用期内提前 3 日通知用人单位，可以解除劳动合同。

②用人单位有下列情形之一的，劳动者可以解除劳动合同：未按照劳动合同约定提供劳动保护或者劳动条件的；未及时足额支付劳动报酬的；未依法为劳动者缴纳社会保险费的；用人单位的规章制度违反法律、法规的规定，损害劳动者权益的；因《劳动合同法》第二十六条第一款规定的情形致使劳动合同无效的；法律、行政法规规定劳动者可以解除劳动合同的其他情形。

用人单位以暴力、威胁或者非法限制人身自由的手段强迫劳动者劳动的，或者用人单位违章指挥、强令冒险作业危及劳动者人身安全的，劳动者可以立即解除劳动合同，不需事先告知用人单位。

③劳动者有下列情形之一的，用人单位可以解除劳动合同：在试用期间被证明不符合录用条件的；严重违反用人单位的规章制度的；严重失职，营私舞弊，给用人单位造成重大损失的；劳动者同时与其他用人单位建立劳动关系，对完成本单位的工作任务造成严重影响，或者经用人单位提出，拒不改正的；因《劳动合同法》第二十六条第一款第一项规定的情形致使劳动合同无效的；被依法追究刑事责任的。

（7）不得解除劳动合同的情形

劳动者有下列情形之一的，用人单位不得解除劳动合同：

①从事接触职业病危害作业的劳动者未进行离岗前职业健康检查，或者疑似职业病病人在诊断或者医学观察期间的。

②在本单位患职业病或者因工负伤并被确认丧失或者部分丧失劳动能力的。

③患病或者非因工负伤，在规定的医疗期内的。

④女职工在孕期、产期、哺乳期的。

⑤在本单位连续工作满 15 年，且距法定退休年龄不足 5 年的。

⑥法律、行政法规规定的其他情形。

（8）劳动合同的终止

有下列情形之一的，劳动合同终止：

①劳动合同期满的。

②劳动者开始依法享受基本养老保险待遇的。

③劳动者死亡，或者被人民法院宣告死亡或者宣告失踪的。

④用人单位被依法宣告破产的。

⑤用人单位被吊销营业执照、责令关闭、撤销或者用人单位决定提前解散的。

⑥法律、行政法规规定的其他情形。

2. 集体合同

（1）集体合同的概念

企业职工一方与用人单位通过平等协商，可以就劳动报酬、工作时间、休息休假、劳动安全卫生、保险福利等事项订立集体合同。集体合同草案应当提交职工代表大会或者全体职工讨论通过。集体合同由工会代表企业职工一方与用人单位订立；尚未建立工会的用人单位，由上级工会指导劳动者推举的代表与用人单位订立。企业职工一方与用人单位可以订立劳动安全卫生、女职工权益保护、工资调整机制等专项集体合同。在县级以下区域内，建筑业、采矿业、餐饮服务业等行业可以由工会与企业方面代表订立行业性集体合同，或者订立区域性集体合同。

（2）集体合同的订立

集体合同订立后，应当报送劳动行政部门；劳动行政部门自收到集体合同文本之日起15日内未提出异议的，集体合同即行生效。

（3）集体合同的效力

依法订立的集体合同对用人单位和劳动者具有同等约束力。行业性、区域性集体合同对当地本行业、本区域的用人单位和劳动者具有同等约束力。

（4）集体合同劳动报酬的标准

集体合同中劳动报酬和劳动条件等标准不得低于当地人民政府规定的最低标准；用人单位与劳动者订立的劳动合同中劳动报酬和劳动条件等标准不得低于集体合同规定的标准。

（5）违反集体合同的处理

用人单位违反集体合同，侵犯职工劳动权益的，工会可以依法要求用人单位承担责任；因履行集体合同发生争议，经协商解决不成的，工会可以依法申请仲裁、提起诉讼。

第五节　消防法

一、建设工程火灾预防及灭火救援的相关规定

1. 建设工程火灾预防的相关规定

（1）建设工程消防质量责任

建设工程的消防设计、施工必须符合国家工程建设消防技术标准。建设、设计、施工、工程监理等单位依法对建设工程的消防设计、施工质量负责。

（2）消防设计审查和验收

①对按照国家工程建设消防技术标准需要进行消防设计的建设工程，实行建设工程消防

设计审查验收制度。

②国务院住房和城乡建设主管部门规定的特殊建设工程，建设单位应当将消防设计文件报送住房和城乡建设主管部门审查，住房和城乡建设主管部门依法对审查的结果负责。

上述①规定以外的其他建设工程，建设单位申请领取施工许可证或者申请批准开工报告时应当提供满足施工需要的消防设计图纸及技术资料。

③特殊建设工程未经消防设计审查或者审查不合格的，建设单位、施工单位不得施工；其他建设工程，建设单位未提供满足施工需要的消防设计图纸及技术资料的，有关部门不得发放施工许可证或者批准开工报告。

④国务院住房和城乡建设主管部门规定应当申请消防验收的建设工程竣工，建设单位应当向住房和城乡建设主管部门申请消防验收。

上述③规定以外的其他建设工程，建设单位在验收后应当报住房和城乡建设主管部门备案，住房和城乡建设主管部门应当进行抽查。

依法应当进行消防验收的建设工程，未经消防验收或者消防验收不合格的，禁止投入使用；其他建设工程经依法抽查不合格的，应当停止使用。

（3）消防产品的使用和监督检查

①消防产品必须符合国家标准；没有国家标准的，必须符合行业标准。禁止生产、销售或者使用不合格的消防产品以及国家明令淘汰的消防产品。依法实行强制性产品认证的消防产品，由具有法定资质的认证机构按照国家标准、行业标准的强制性要求认证合格后，方可生产、销售、使用。实行强制性产品认证的消防产品目录，由国务院产品质量监督部门会同国务院应急管理部门制定并公布。新研制的尚未制定国家标准、行业标准的消防产品，应当按照国务院产品质量监督部门会同国务院应急管理部门规定的办法，经技术鉴定符合消防安全要求的，方可生产、销售、使用。

②产品质量监督部门、工商行政管理部门、消防救援机构应当按照各自职责加强对消防产品质量的监督检查。

③建筑构件、建筑材料和室内装修、装饰材料的防火性能必须符合国家标准；没有国家标准的，必须符合行业标准。

人员密集场所室内装修、装饰，应当按照消防技术标准的要求，使用不燃、难燃材料。

④电器产品、燃气用具的产品标准，应当符合消防安全的要求。

电器产品、燃气用具的安装、使用及其线路、管路的设计、敷设、维护保养、检测，必须符合消防技术标准和管理规定。

（4）消防安全职责

施工单位的主要负责人是本单位的消防安全责任人。

施工单位应当履行下列消防安全职责：

①落实消防安全责任制，制定本单位的消防安全制度、消防安全操作规程，制定灭火和应急疏散预案。

②按照国家标准、行业标准配置消防设施、器材，设置消防安全标志，并定期组织检验、

维修，确保完好有效。

③对建筑消防设施每年至少进行一次全面检测，确保完好有效，检测记录应当完整准确，存档备查。

④保障疏散通道、安全出口、消防车通道畅通，保证防火防烟分区、防火间距符合消防技术标准。

⑤组织防火检查，及时消除火灾隐患。

⑥组织进行有针对性的消防演练。

⑦法律、法规规定的其他消防安全职责。

消防安全重点单位除应当履行以上规定的职责外，还应当履行下列消防安全职责：

①确定消防安全管理人，组织实施本单位的消防安全管理工作。

②建立消防档案，确定消防安全重点部位，设置防火标志，实行严格管理。

③实行每日防火巡查，并建立巡查记录。

④对职工进行岗前消防安全培训，定期组织消防安全培训和消防演练。

同一建筑物由两个以上单位管理或者使用的，应当明确各方的消防安全责任，并确定责任人对共用的疏散通道、安全出口、建筑消防设施和消防车通道进行统一管理。

（5）施工现场消防管理

①生产、储存、经营易燃易爆危险品的场所不得与居住场所设置在同一建筑物内，并应当与居住场所保持安全距离。

生产、储存、经营其他物品的场所与居住场所设置在同一建筑物内的，应当符合国家工程建设消防技术标准。

②禁止在具有火灾、爆炸危险的场所吸烟、使用明火。因施工等特殊情况需要使用明火作业的，应当按照规定事先办理审批手续，采取相应的消防安全措施；作业人员应当遵守消防安全规定。

进行电焊、气焊等具有火灾危险作业的人员和自动消防系统的操作人员，必须持证上岗，并遵守消防安全操作规程。

③生产、储存、运输、销售、使用、销毁易燃易爆危险品，必须执行消防技术标准和管理规定。

进入生产、储存易燃易爆危险品的场所，必须执行消防安全规定。禁止非法携带易燃易爆危险品进入公共场所或者乘坐公共交通工具。储存可燃物资仓库的管理，必须执行消防技术标准和管理规定。

④任何单位、个人不得损坏、挪用或者擅自拆除、停用消防设施、器材，不得埋压、圈占、遮挡消火栓或者占用防火间距，不得占用、堵塞、封闭疏散通道、安全出口、消防车通道。人员密集场所的门窗不得设置影响逃生和灭火救援的障碍物。

⑤负责公共消防设施维护管理的单位，应当保持消防供水、消防通信、消防车通道等公共消防设施的完好有效。在修建道路以及停电、停水、截断通信线路时有可能影响消防队灭火救援的，有关单位必须事先通知当地消防救援机构。

2. 建设工程灭火救援的相关规定

任何人发现火灾都应当立即报警。任何单位、个人都应当无偿为报警提供便利，不得阻拦报警。严禁谎报火警。

人员密集场所发生火灾，该场所的现场工作人员应当立即组织、引导在场人员疏散。任何单位发生火灾，必须立即组织力量扑救。邻近单位应当给予支援。消防队接到火警，必须立即赶赴火灾现场，救助遇险人员，排除险情，扑灭火灾。

对因参加扑救火灾或者应急救援受伤、致残或者死亡的人员，按照国家有关规定给予医疗、抚恤。

消防救援机构有权根据需要封闭火灾现场，负责调查火灾原因，统计火灾损失。火灾扑灭后，发生火灾的单位和相关人员应当按照消防救援机构的要求保护现场，接受事故调查，如实提供与火灾有关的情况。消防救援机构根据火灾现场勘验、调查情况和有关的检验、鉴定意见，及时制作火灾事故认定书，作为处理火灾事故的证据。

二、施工单位违法行为的规定

1）违反《消防法》规定，有下列行为之一的，由住房和城乡建设主管部门、消防救援机构按照各自职权责令停止施工、停止使用或者停产停业，并处 3 万元以上 30 万元以下罚款：

①依法应当进行消防设计审查的建设工程，未经依法审查或者审查不合格，擅自施工的。

②依法应当进行消防验收的建设工程，未经消防验收或者消防验收不合格，擅自投入使用的。

2）违反《消防法》规定，有下列行为之一的，由住房和城乡建设主管部门责令改正或者停止施工，并处 1 万元以上 10 万元以下罚款：

①建筑施工企业不按照消防设计文件和消防技术标准施工，降低消防施工质量的。

②工程监理单位与建设单位或者建筑施工企业串通，弄虚作假，降低消防施工质量的。

3）单位违反《消防法》规定，有下列行为之一的，责令改正，处 5 000 元以上 5 万元以下罚款：

①消防设施、器材或者消防安全标志的配置、设置不符合国家标准、行业标准，或者未保持完好有效的。

②损坏、挪用或者擅自拆除、停用消防设施、器材的。

③占用、堵塞、封闭疏散通道、安全出口或者有其他妨碍安全疏散行为的。

④埋压、圈占、遮挡消火栓或者占用防火间距的。

⑤占用、堵塞、封闭消防车通道，妨碍消防车通行的。

⑥人员密集场所在门窗上设置影响逃生和灭火救援的障碍物的。

⑦对火灾隐患经消防救援机构通知后不及时采取措施消除的。

个人有如②、③、④、⑤所述行为之一的，处警告或者 500 以下罚款。

有如③、④、⑤、⑥所述行为，经责令改正拒不改正的，强制执行，所需费用由违法行为人承担。

4）生产、储存、经营易燃易爆危险品的场所与居住场所设置在同一建筑物内，或者未与居住场所保持安全距离的，责令停产停业，并处 5 000 以上 5 万元以下罚款。

生产、储存、经营其他物品的场所与居住场所设置在同一建筑物内，不符合消防技术标准的，责令停产停业，并处 5 000 以上 5 万元以下罚款。

5）违反《消防法》规定，有下列行为之一的，处警告或者 500 以下罚款；情节严重的，处 5 日以下拘留：

①违反消防安全规定进入生产、储存易燃易爆危险品场所的。

②违反规定使用明火作业或者在具有火灾、爆炸危险的场所吸烟、使用明火的。

6）违反《消防法》规定，有下列行为之一，尚不构成犯罪的，处 10 日以上 15 日以下拘留，可以并处 500 元以下罚款；情节较轻的，处警告或者 500 元以下罚款：

①指使或者强令他人违反消防安全规定，冒险作业的。

②过失引起火灾的。

③在火灾发生后阻拦报警，或者负有报告职责的人员不及时报警的。

④扰乱火灾现场秩序，或者拒不执行火灾现场指挥员指挥，影响灭火救援的。

⑤故意破坏或者伪造火灾现场的。

⑥擅自拆封或者使用被消防救援机构查封的场所、部位的。

7）人员密集场所使用不合格的消防产品或者国家明令淘汰的消防产品的，责令限期改正；逾期不改正的，处 5 000 以上 5 万元以下罚款，并对其直接负责的主管人员和其他直接责任人员处 500 元以上 2 000 元以下罚款；情节严重的，责令停产停业。

8）电器产品、燃气用具的安装、使用及其线路、管路的设计、敷设、维护保养、检测不符合消防技术标准和管理规定的，责令限期改正；逾期不改正的，责令停止使用，可以并处 1 000 元以上 5 000 元以下罚款。

9）机关、团体、企业、事业等单位违反《消防法》第十六条、第十七条、第十八条、第二十一条第二款规定的，责令限期改正；逾期不改正的，对其直接负责的主管人员和其他直接责任人员依法给予处分或者给予警告处罚。

10）人员密集场所发生火灾，该场所的现场工作人员不履行组织、引导在场人员疏散的义务，情节严重，尚不构成犯罪的，处 5 日以上 10 日以下拘留。

11）消防设施维护保养检测、消防安全评估等消防技术服务机构，不具备从业条件从事消防技术服务活动或者出具虚假文件的，由消防救援机构责令改正，处 5 万元以上 10 万元以下罚款，并对直接负责的主管人员和其他直接责任人员处 1 万元以上 5 万元以下罚款；不按照国家标准、行业标准开展消防技术服务活动的，责令改正，处 5 万元以下罚款，并对直接负责的主管人员和其他直接责任人员处 1 万元以下罚款；有违法所得的，并处没收违法所得；给他人造成损失的，依法承担赔偿责任；情节严重的，依法责令停止执业或者吊销相应资格；造成重大损失的，由相关部门吊销营业执照，并对有关责任人员采取终身市场禁入措施。

消防设施维护保养检测、消防安全评估等消防技术服务机构出具失实文件，给他人造成损失的，依法承担赔偿责任；造成重大损失的，由消防救援机构依法责令停止执业或者吊销相应资格，由相关部门吊销营业执照，并对有关责任人员采取终身市场禁入措施。

第六节　建设工程安全生产管理条例

一、施工单位安全责任的规定

1. 工程承揽

施工单位从事建设工程的新建、扩建、改建和拆除等活动，应当具备国家规定的注册资本、专业技术人员、技术装备和安全生产等条件，依法取得相应等级的资质证书，并在其资质等级许可的范围内承揽工程。

2. 安全生产责任制度

施工单位主要负责人依法对本单位的安全生产工作全面负责。施工单位应当建立健全安全生产责任制度和安全生产教育培训制度，制定安全生产规章制度和操作规程，保证本单位安全生产条件所需资金的投入，对所承担的建设工程进行定期和专项安全检查，并做好安全检查记录。

施工单位的项目负责人应当由取得相应执业资格的人员担任，对建设工程项目的安全施工负责，落实安全生产责任制度、安全生产规章制度和操作规程，确保安全生产费用的有效使用，并根据工程的特点组织制定安全施工措施，消除安全事故隐患，及时、如实报告生产安全事故。

3. 安全施工费用管理

施工单位对列入建设工程概算的安全作业环境及安全施工措施所需费用，应当用于施工安全防护用具及设施的采购和更新、安全施工措施的落实、安全生产条件的改善，不得挪作他用。

4. 施工现场安全管理

施工单位应当设立安全生产管理机构，配备专职安全生产管理人员。专职安全生产管理人员负责对安全生产进行现场监督检查。发现安全事故隐患，应当及时向项目负责人和安全生产管理机构报告；对违章指挥、违章操作的，应当立即制止。专职安全生产管理人员的配备办法由国务院建设行政主管部门会同国务院其他有关部门制定。建设工程实行施工总承包的，由总承包单位对施工现场的安全生产负总责。总承包单位应当自行完成建设工程主体结构的施工。总承包单位依法将建设工程分包给其他单位的，分包合同中应当明确各自的安全生产方面的权利、义务。总承包单位和分包单位对分包工程的安全生产承担连带责任。分包单位应当服从总承包单位的安全生产管理，分包单位不服从管理导致生产安全事故的，由分包单位承担主要责任。

5. 安全生产教育培训

垂直运输机械作业人员、安装拆卸工、爆破作业人员、起重信号工、登高架设作业人员等特种作业人员，必须按照国家有关规定经过专门的安全作业培训，并取得特种作业操作资格证书后，方可上岗作业。施工单位的主要负责人、项目负责人、专职安全生产管理人员应当经建设行政主管部门或者其他有关部门考核合格后方可任职。施工单位应当对管理人员和作业人员每年至少进行一次安全生产教育培训，其教育培训情况记入个人工作档案。安全生产教育培训考核不合格的人员，不得上岗作业。

作业人员进入新的岗位或者新的施工现场前，应当接受安全生产教育培训。未经教育培训或者教育培训考核不合格的人员，不得上岗作业。施工单位在采用新技术、新工艺、新设备、新材料时，应当对作业人员进行相应的安全生产教育培训。

6. 安全技术措施和专项方案

施工单位应当在施工组织设计中编制安全技术措施和施工现场临时用电方案，对下列达到一定规模的危险性较大的分部分项工程编制专项施工方案，并附具安全验算结果，经施工单位技术负责人、总监理工程师签字后实施，由专职安全生产管理人员进行现场监督：

①基坑支护与降水工程。

②土方开挖工程。

③模板工程。

④起重吊装工程。

⑤脚手架工程。

⑥拆除、爆破工程。

⑦国务院建设行政主管部门或者其他有关部门规定的其他危险性较大的工程。

对前款所列工程中涉及深基坑、地下暗挖工程、高大模板工程的专项施工方案，施工单位还应当组织专家进行论证、审查。

建设工程施工前，施工单位负责项目管理的技术人员应当对有关安全施工的技术要求向施工作业班组、作业人员作出详细说明，并由双方签字确认。

7. 施工现场安全防护

施工单位应当在施工现场入口处、施工起重机械、临时用电设施、脚手架、出入通道口、楼梯口、电梯井口、孔洞口、桥梁口、隧道口、基坑边沿、爆破物及有害危险气体和液体存放处等危险部位设置明显的安全警示标志，安全警示标志必须符合国家标准。施工单位应当根据不同施工阶段和周围环境及季节、气候的变化，在施工现场采取相应的安全施工措施。施工现场暂时停止施工的，施工单位应当做好现场防护，所需费用由责任方承担，或者按照合同约定执行。

8. 施工现场卫生、环境与消防安全管理

施工单位应当将施工现场的办公区、生活区与作业区分开设置，并保持安全距离；办公区、生活区的选址应当符合安全性要求。职工的膳食、饮水、休息场所等应当符合卫生标准。施工单位不得在尚未竣工的建筑物内设置员工集体宿舍。施工现场临时搭建的建筑物应当符合安全使用要求。施工现场使用的装配式活动房屋应当具有产品合格证。

施工单位对因建设工程施工可能造成损害的毗邻建筑物、构筑物和地下管线等，应当采取专项防护措施。施工单位应当遵守有关环境保护法律、法规的规定，在施工现场采取防护措施，防止或者减少粉尘、废气、废水、固体废物、噪声、振动和施工照明对人和环境的危害和污染。在城市市区内的建设工程，施工单位应当对施工现场实行封闭围挡。

施工单位应当在施工现场建立消防安全责任制度，确定消防安全责任人，制定用火、用电、使用易燃易爆材料等各项消防安全管理制度和操作规程，设置消防通道、消防水源，配备消防设施和灭火器材，并在施工现场入口处设置明显标志。

9. 施工机具设备安全管理

施工单位应当向作业人员提供安全防护用具和安全防护服装，并书面告知危险岗位的操作规程和违章操作的危害。作业人员有权对施工现场的作业条件、作业程序和作业方式中存在的安全问题提出批评、检举和控告，有权拒绝违章指挥和强令冒险作业。在施工中发生危及人身安全的紧急情况时，作业人员有权立即停止作业或者在采取必要的应急措施后撤离危险区域。作业人员应当遵守安全施工的强制性标准、规章制度和操作规程，正确使用安全防护用具、机械设备等。施工单位采购、租赁的安全防护用具、机械设备、施工机具及配件，应当具有生产（制造）许可证、产品合格证，并在进入施工现场前进行查验。施工现场的安全防护用具、机械设备、施工机具及配件必须由专人管理，定期进行检查、维修和保养，建立相应的资料档案，并按照国家有关规定及时报废。

施工单位在使用施工起重机械和整体提升脚手架、模板等自升式架设设施前，应当组织有关单位进行验收，也可以委托具有相应资质的检验检测机构进行验收；使用承租的机械设备和施工机具及配件的，由施工总承包单位、分包单位、出租单位和安装单位共同进行验收，验收合格的方可使用。《特种设备安全监察条例》规定的施工起重机械，在验收前应当经有相应资质的检验检测机构监督检验合格止。

施工单位应当自施工起重机械和整体提升脚手架、模板等自升式架设设施验收合格之日起30日内，向建设行政主管部门或者其他有关部门登记。登记标志应当置于或者附着于该设备的明显位置。

施工单位应当为施工现场从事危险作业的人员办理意外伤害保险。意外伤害保险费由施工单位支付。实行施工总承包的，由总承包单位支付意外伤害保险费。意外伤害保险期限自建设工程开工之日起至竣工验收合格。

二、施工单位违法行为的规定

1）违反《建设工程安全生产管理条例》（以下简称本条例）的规定，施工起重机械和整体提升脚手架、模板等自升式架设设施安装、拆卸单位有下列行为之一的，责令限期改正，处5万元以上10万元以下的罚款；情节严重的，责令停业整顿，降低资质等级，直至吊销资质证书；造成损失的，依法承担赔偿责任：

①未编制拆装方案、制定安全施工措施的。

②未由专业技术人员现场监督的。

③未出具自检合格证明或者出具虚假证明的。

④未向施工单位进行安全使用说明，办理移交手续的。

施工起重机械和整体提升脚手架、模板等自升式架设设施安装、拆卸单位有前款规定的第①项、第③项行为，经有关部门或者单位职工提出后，对事故隐患仍不采取措施，因而发生重大伤亡事故或者造成其他严重后果，构成犯罪的，对直接责任人员，依照刑法有关规定追究刑事责任。

2）违反本条例的规定，施工单位有下列行为之一的，责令限期改正；逾期未改正的，责令停业整顿，依照《中华人民共和国安全生产法》的有关规定处以罚款；造成重大安全事故，构成犯罪的，对直接责任人员，依照刑法有关规定追究刑事责任：

①未设立安全生产管理机构、配备专职安全生产管理人员或者分部分项工程施工时无专职安全生产管理人员现场监督的。

②施工单位的主要负责人、项目负责人、专职安全生产管理人员、作业人员或者特种作业人员，未经安全教育培训或者经考核不合格即从事相关工作的。

③未在施工现场的危险部位设置明显的安全警示标志，或者未按照国家有关规定在施工现场设置消防通道、消防水源、配备消防设施和灭火器材的。

④未向作业人员提供安全防护用具和安全防护服装的。

⑤未按照规定在施工起重机械和整体提升脚手架、模板等自升式架设设施验收合格后登记的。

⑥使用国家明令淘汰、禁止使用的危及施工安全的工艺、设备、材料的。

3）违反本条例的规定，施工单位挪用列入建设工程概算的安全生产作业环境及安全施工措施所需费用的，责令限期改正，处挪用费用 20% 以上 50% 以下的罚款；造成损失的，依法承担赔偿责任。

4）违反本条例的规定，施工单位有下列行为之一的，责令限期改正；逾期未改正的，责令停业整顿，并处 5 万元以上 10 万元以下的罚款；造成重大安全事故，构成犯罪的，对直接责任人员，依照刑法有关规定追究刑事责任：

①施工前未对有关安全施工的技术要求作出详细说明的。

②未根据不同施工阶段和周围环境及季节、气候的变化，在施工现场采取相应的安全施工措施，或者在城市市区内的建设工程的施工现场未实行封闭围挡的。

③在尚未竣工的建筑物内设置员工集体宿舍的。

④施工现场临时搭建的建筑物不符合安全使用要求的。

⑤未对因建设工程施工可能造成损害的毗邻建筑物、构筑物和地下管线等采取专项防护措施的。

施工单位有前款规定第④项、第⑤项行为，造成损失的，依法承担赔偿责任。

5）违反本条例的规定，施工单位有下列行为之一的，责令限期改正；逾期未改正的，责令停业整顿，并处 10 万元以上 30 万元以下的罚款；情节严重的，降低资质等级，直至吊销资质证书；造成重大安全事故，构成犯罪的，对直接责任人员，依照刑法有关规定追究刑事责任；造成损失的，依法承担赔偿责任：

①安全防护用具、机械设备、施工机具及配件在进入施工现场前未经查验或者查验不合格即投入使用的。

②使用未经验收或者验收不合格的施工起重机械和整体提升脚手架、模板等自升式架设

设施的。

③委托不具有相应资质的单位承担施工现场安装、拆卸施工起重机械和整体提升脚手架、模板等自升式架设设施的。

④在施工组织设计中未编制安全技术措施、施工现场临时用电方案或者专项施工方案的。

6）违反本条例的规定，施工单位的主要负责人、项目负责人未履行安全生产管理职责的，责令限期改正；逾期未改正的，责令施工单位停业整顿；造成重大安全事故、重大伤亡事故或者其他严重后果，构成犯罪的，依照刑法有关规定追究刑事责任。

作业人员不服管理、违反规章制度和操作规程冒险作业造成重大伤亡事故或者其他严重后果，构成犯罪的，依照刑法有关规定追究刑事责任。

施工单位的主要负责人、项目负责人有前款违法行为，尚不够刑事处罚的，处2万元以上20万元以下的罚款或者按照管理权限给予撤职处分；自刑罚执行完毕或者受处分之日起，5年内不得担任任何施工单位的主要负责人、项目负责人。

第七节　建设工程质量管理条例

一、施工单位质量责任和义务的规定

1. 建设工程质量管理的基本制度

（1）工程质量监督管理制度

建设工程质量必须实行政府监督管理。政府对工程质量的监督管理主要以保证工程使用安全和环境质量为主要目的，以法律、法规和强制性标准为依据，以地基基础、主体结构、环境质量和与此有关的工程建设各方主体的质量行为为主要内容，以施工许可制度和竣工验收备案制度为主要手段。

（2）工程竣工验收备案制度

《建设工程质量管理条例》确立了建设工程竣工验收备案制度。该项制度是加强政府监督管理，防止不合格工程流向社会的一个重要手段。结合《建设工程质量管理条例》和《房屋建筑工程和市政基础设施工程竣工验收备案管理暂行办法》（2000年4月4日建设部令第78号发布）的有关规定，建设单位应当在工程竣工验收合格后的15天内到县级以上人民政府建设行政主管部门或其他有关部门进行备案。建设单位办理工程竣工验收备案应提交以下材料：

①工程竣工验收备案表。

②工程竣工验收报告（竣工验收报告应当包括工程报建日期，施工许可证号，施工图设计文件审查意见，勘察、设计、施工、工程监理等单位分别签署的质量合格文件及验收人员签署的竣工验收原始文件，市政基础设施的有关质量检测和功能性试验资料以及备案机关认为需要提供的有关资料）。

③法律、行政法规规定应当由规划、公安消防、环保等部门出具的认可文件或者准许使用文件。

④施工单位签署的工程质量保修书。

⑤法规、规章规定必须提供的其他文件。

⑥商品住宅还应当提交《住宅质量保证书》和《住宅使用说明书》。

建设行政主管部门或其他有关部门收到建设单位的竣工验收备案文件后，依据质量监督机构的监督报告，发现建设单位在竣工验收过程中有违反国家有关建设工程质量管理规定行为的，责令停止该工程的使用，重新组织竣工验收后再办理竣工验收备案。

（3）工程质量事故报告制度

建设工程发生质量事故后，有关单位应当在 24 小时内向当地建设行政主管部门和其他有关部门报告。对重大质量事故，事故发生地的建设行政主管部门和其他有关部门应当按照事故类别和等级向当地人民政府和上级建设行政主管部门和其他有关部门报告。

（4）工程质量检举、控告、投诉制度

《建筑法》与《建设工程质量管理条例》均明确，任何单位和个人对建设工程的质量事故、质量缺陷都有权检举、控告、投诉。工程质量检举、控告、投诉制度是为了更好地发挥群众监督和社会舆论监督的作用，是保证建设工程质量的一项有效措施。

2. 施工单位的质量责任和义务

《建设工程质量管理条例》第四章明确了施工单位的质量责任和义务。施工单位应当依法取得相应资质等级的证书，并在其资质等级许可的范围内承揽工程。施工单位不得转包或违法分包工程。总承包单位与分包单位对分包工程的质量承担连带责任。施工单位必须按照工程设计图纸和施工技术标准施工，不得擅自修改工程设计，不得偷工减料。

施工单位必须按照工程设计要求、施工技术标准和合同约定，对建筑材料、建筑构配件、设备和商品混凝土进行检验，未经检验或检验不合格的不得使用。施工人员对涉及结构安全的试块、试件以及有关材料，应在建设单位或工程监理单位监督下现场取样，并送至具有相应资质等级的质量检测单位进行检测。建设工程实行质量保修制度，承包单位应履行保修义务。

3. 建设工程质量保修

建设工程质量保修制度是指建设工程在办理竣工验收手续后，在规定的保修期限内，因勘察、设计、施工、材料等原因造成的质量缺陷，应当由施工承包单位负责维修、返工或更换，由责任单位负责赔偿损失的保修制度。建设工程实行质量保修制度是落实建设工程质量责任的重要措施。

1）建设工程承包单位在向建设单位提交竣工验收报告时，应当向建设单位出具质量保修书。质量保修书中应当明确建设工程的保修范围、保修期限和保修责任等。保修范围和正常使用条件下的最低保修期限为：

①基础设施工程、房屋建筑的地基基础工程和主体结构工程，其最低保修期限为设计文件规定的该工程的合理使用年限。

②屋面防水工程、有防水要求的卫生间、房间和外墙面的防渗漏，其最低保修期限为 5 年。

③供热与供冷系统，其最低保修期限为 2 个采暖期、供冷期。

④电气管线、给排水管道、设备安装和装修工程，其最低保修期限为 2 年。

其他项目的保修期限由发包方与承包方约定。建设工程的保修期，自竣工验收合格之日起计算。因使用不当或者第三方造成的质量缺陷，以及不可抗力造成的质量缺陷，不属于法律规定的保修范围。

2）建设工程在保修范围和保修期限内发生质量问题的，施工单位应当履行保修义务，并对造成的损失承担赔偿责任。

对在保修期限内和保修范围内发生的质量问题，一般应先由建设单位组织勘察、设计、施工等单位分析质量问题的原因，确定维修方案，由施工单位负责维修。但当问题较严重、复杂时，不管是什么原因造成的，只要在保修范围内，均先由施工单位履行保修义务，不得推诿。对于保修费用，则由质量缺陷的责任方承担。

二、施工单位违法行为的处罚规定

1. 违规承揽工程

1）违反本条例规定，勘察、设计、施工、工程监理单位超越本单位资质等级承揽工程的，责令停止违法行为，对勘察、设计单位或者工程监理单位处合同约定的勘察费、设计费或者监理酬金 1 倍以上 2 倍以下的罚款；对施工单位处工程合同价款 2% 以上 4% 以下的罚款，可以责令停业整顿，降低资质等级；情节严重的，吊销资质证书；有违法所得的，予以没收。

未取得资质证书而承揽工程的，予以取缔，依照前款规定处以罚款；有违法所得的，予以没收。以欺骗手段取得资质证书承揽工程的，吊销资质证书，依照本条第一款规定处以罚款；有违法所得的，予以没收。

2）违反本条例规定，勘察、设计、施工、工程监理单位允许其他单位或者个人以本单位名义承揽工程的，责令改正，没收违法所得，对勘察、设计单位和工程监理单位处以合同约定的勘察费、设计费和监理酬金 1 倍以上 2 倍以下的罚款；对施工单位处以工程合同价款 2% 以上 4% 以下的罚款；可以责令停业整顿，降低资质等级；情节严重的，吊销资质证书。

2. 违法转包分包

违反本条例规定，承包单位将承包的工程转包或者违法分包的，责令改正，没收违法所得，对勘察、设计单位处合同约定的勘察费、设计费 25% 以上 50% 以下的罚款；对施工单位处工程合同价款 0.5% 以上 1% 以下的罚款；可以责令停业整顿，降低资质等级；情节严重的，吊销资质证书。

施工单位取得资质证书后，降低安全生产条件的，责令限期改正；经整改仍未达到与其资质等级相适应的安全生产条件的，责令停业整顿，降低其资质等级直至吊销资质证书。

3. 分包和转包的概念

违法分包，是指下列行为：

①总承包单位将建设工程分包给不具备相应资质条件的单位的。

②建设工程总承包合同中未有约定，又未经建设单位认可，承包单位将其承包的部分建

设工程交由其他单位完成的。

③施工总承包单位将建设工程主体结构的施工分包给其他单位的。

④分包单位将其承包的建设工程再分包的。

转包，是指承包单位承包建设工程后，不履行合同约定的责任和义务，将其承包的全部建设工程转给他人或者将其承包的全部建设工程肢解以后以分包的名义分别转给其他单位承包的行为。

4. 偷工减料、质量管理不善

1）施工单位在施工中偷工减料，使用不合格的建筑材料、建筑构配件和设备的，或者有不按照工程设计图纸或者施工技术标准施工的其他行为的，责令改正，处工程合同价款 2%以上 4%以下的罚款；造成建设工程质量不符合规定的质量标准的，负责返工、修理，并赔偿因此造成的损失；情节严重的，责令停业整顿，降低资质等级或者吊销资质证书。

2）施工单位未对建筑材料、建筑构配件、设备和商品混凝土进行检验，或者未对涉及结构安全的试块、试件以及有关材料进行取样检测的，责令改正，处 10 万元以上 20 万元以下的罚款；情节严重的，责令停业整顿，降低资质等级或者吊销资质证书；造成损失的，依法承担赔偿责任。

3）施工单位不履行保修义务或者拖延履行保修义务的，责令改正，处以 10 万元以上 20 万元以下的罚款，并对在保修期内因质量缺陷造成的损失承担赔偿责任。

4）发生重大工程质量事故隐瞒不报、谎报或者拖延报告期限的，对直接负责的主管人员和其他责任人员依法给予行政处分。

5）建设单位、设计单位、施工单位、工程监理单位违反国家规定，降低工程质量标准，造成重大安全事故，构成犯罪的，对直接责任人员依法追究刑事责任。

第八节　民用建筑节能条例

一、民用建筑节能施工和验收的规定

1. 推进节能技术进步

国家鼓励、支持节能技术的研究、开发、示范和推广，促进节能技术的创新与进步。

（1）政府政策引导

国家鼓励和扶持在新建建筑和既有建筑节能改造中采用太阳能、地热能等可再生能源。在具备太阳能利用条件的地区，有关地方人民政府及其部门应当采取有效措施，鼓励和扶持单位、个人安装使用太阳能热水系统、照明系统、供热系统、采暖制冷系统等太阳能利用系统。

（2）政府资金扶持

县级以上人民政府应当安排民用建筑节能资金，用于支持民用建筑节能的科学技术研究和标准制定、既有建筑围护结构和供热系统的节能改造、可再生能源的应用，以及民用建筑节能示范工程、节能项目的推广。

2. 新建建筑节能

国家推广使用民用建筑节能的新技术、新工艺、新材料和新设备，限制使用或者禁止使用能源消耗高的技术、工艺、材料和设备。国务院节能工作主管部门、建设主管部门应当制定、公布并及时更新推广使用、限制使用、禁止使用目录。国家限制进口或者禁止进口能源消耗高的技术、材料和设备。建设单位、设计单位、施工单位不得在建筑活动中使用列入禁止使用目录的技术、工艺、材料和设备。

3. 民用建筑节能的设计和审查

编制城市详细规划、镇详细规划时，应当按照民用建筑节能的要求，确定建筑的布局、形状和朝向。

城乡规划主管部门依法对民用建筑进行规划审查，应当就设计方案是否符合民用建筑节能强制性标准征求同级建设主管部门的意见；建设主管部门应当自收到征求意见材料之日起10日内提出意见。征求意见时间不计算在规划许可的期限内。对不符合民用建筑节能强制性标准的，不得颁发建设工程规划许可证。

施工图设计文件审查机构应当按照民用建筑节能强制性标准对施工图设计文件进行审查；经审查不符合民用建筑节能强制性标准的，县级以上地方人民政府建设主管部门不得颁发施工许可证。

建设单位不得明示或者暗示设计单位、施工单位违反民用建筑节能强制性标准进行设计、施工，不得明示或者暗示施工单位使用不符合施工图设计文件要求的墙体材料、保温材料、门窗、采暖制冷系统和照明设备。

按照合同约定由建设单位采购墙体材料、保温材料、门窗、采暖制冷系统和照明设备的，建设单位应当保证其符合施工图设计文件要求。设计单位、施工单位、工程监理单位及其注册执业人员，应当按照民用建筑节能强制性标准进行设计、施工、监理。

施工单位应当对进入施工现场的墙体材料、保温材料、门窗、采暖制冷系统和照明设备进行查验；不符合施工图设计文件要求的，不得使用。

工程监理单位发现施工单位不按照民用建筑节能强制性标准施工的，应当要求施工单位改正；施工单位拒不改正的，工程监理单位应当及时报告建设单位，并向有关主管部门报告。

墙体、屋面的保温工程施工时，监理工程师应当按照工程监理规范的要求，采取旁站、巡视和平行检验等形式实施监理。

未经监理工程师同意并签字的墙体材料、保温材料、门窗、采暖制冷系统和照明设备不得在建筑上使用或者安装，施工单位不得进行下一道工序的施工。

4. 既有建筑节能

既有建筑节能改造应当根据当地经济、社会的发展水平、地理气候条件等实际情况，有计划、分步骤地实施分类改造。县级以上地方人民政府建设主管部门应当对本行政区域内既有建筑的建设年代、结构形式、用能系统、能源消耗指标、寿命周期等组织调查统计和分析，制定既有建筑节能改造计划，明确节能改造的目标、范围和要求，报本级人民政府批准后组织实施。中央国家机关既有建筑的节能改造，由有关管理机关事务工作的机构制定节能改造计划，并组织实施。国家机关办公建筑、政府投资和以政府投资为主的公共建筑的节能改造，应当先制定节能改造方案，经充分论证，并按照国家有关规定办理相关审批手续方可进行。各级人民政府及其有关部门、单位不得违反国家有关规定和标准，以节能改造的名义对此类既有建筑进行扩建、改建。

二、对施工单位违法行为的规定

1）违反本条例规定，施工单位未按照民用建筑节能强制性标准进行施工的，由县级以上地方人民政府建设主管部门责令改正，处民用建筑项目合同价款 2%以上 4%以下的罚款；情节严重的，由颁发资质证书的部门责令停业整顿，降低资质等级或者吊销资质证书；造成损失的，依法承担赔偿责任。

2）违反本条例规定，施工单位有下列行为之一的，由县级以上地方人民政府建设主管部门责令改正，并处以 10 万元以上 20 万元以下的罚款；情节严重的，由颁发资质证书的部门责令其停业整顿，降低其资质等级或者吊销其资质证书；造成损失的，依法承担赔偿责任：

①未对进入施工现场的墙体材料、保温材料、门窗、采暖制冷系统和照明设备进行查验的；

②使用不符合施工图设计文件要求的墙体材料、保温材料、门窗、采暖制冷系统和照明设备的；

③使用列入禁止使用目录的技术、工艺、材料和设备的。

第九节　建筑工程绿色施工规范

一、绿色施工的定义

绿色施工：工程建设中，在保证质量、安全等基本要求的前提下，通过科学管理和技术进步，最大限度地节约资源，减少对环境负面影响，实现节能、节地、节水、节材和环境保护（"四节一环保"）的建筑工程施工活动。

建筑垃圾：新建、扩建、改建和拆除各类建筑物、构筑物、管网等以及装饰装修房屋过程中产生的废物料。

建筑废弃物：建筑垃圾分类后，丧失施工现场再利用价值的部分。

绿色施工评价：对工程建设项目绿色施工水平及效果所进行的评估活动。

信息化施工：利用计算机信息化手段，将工程项目实施过程的信息进行有序存储、处理、传输和反馈的施工模式。

建筑工业化：以现代化工业生产方式，在工厂完成建筑构件、配件制造，在施工现场进行安装的建造模式。

二、绿色施工要点的规定

1. 施工组织管理

1）施工单位应履行下列职责：

①施工单位是建筑工程绿色施工的实施主体，应组织绿色施工的全面实施。

②实行总承包管理的建设工程，总承包单位应对绿色施工负总责。

③总承包单位应对专业承包单位的绿色施工实施管理，专业承包单位应对工程承包范围的绿色施工负责。

④施工单位应建立以项目经理为第一责任人的绿色施工管理体系，制定绿色施工管理制度，负责绿色施工的组织实施，进行绿色施工教育培训，定期开展自检、联检和评价工作。

⑤绿色施工组织设计、绿色施工方案或绿色施工专项方案编制前，应进行绿色施工影响因素分析，并据此制定实施对策和绿色施工评价方案。

2）关于工期、设备管理、资料管理、工艺管理、绿色施工评价及改进的规定。

参建各方应积极推进建筑工业化和信息化施工。建筑工业化宜重点推进结构构件预制化和建筑配件整体装配化。应做好施工协同，加强施工管理，协商确定工期。

施工现场应建立机械设备保养、限额领料、建筑垃圾再利用的台账和清单。工程材料和机械设备的存放、运输应制定保护措施。施工单位应强化技术管理，绿色施工过程技术资料应收集和归档。

施工单位应根据绿色施工要求，对传统施工工艺进行改进。施工单位应建立不符合绿色施工要求的施工工艺、设备和材料的限制、淘汰等制度。应按《建筑工程绿色施工评价标准》（GB/T 50640—2010）的规定对施工现场绿色施工实施情况进行评价，并根据绿色施工评价提出的意见，采取改进措施。

施工单位应按照国家法律、法规的有关要求，制定施工现场环境保护和人员安全等突发事件的应急预案。

2. 资源节约

资源节约涉及节材、节水、节能、节地等方面。

1）节材及材料利用应符合下列规定：

①应根据施工进度、材料使用时点、库存情况等制订材料的采购和使用计划。

②现场材料应堆放有序，并满足材料储存及质量保持的要求。

③工程施工使用的材料宜选用距施工现场 500 km 以内生产的建筑材料。

2）节水及水资源利用应符合下列规定：

①现场应结合给排水点位置进行管线线路和阀门预设位置的设计，并采取管网和用水器具防渗漏的措施。

②施工现场办公区、生活区的生活用水应采用节水器具。

③宜建立雨水、中水或其他可利用水资源的收集利用系统。

④应按生活用水与工程用水的定额指标进行控制。

⑤施工现场喷洒路面、绿化浇灌不宜使用自来水。

3）节能及能源利用应符合下列规定：

①应合理安排施工顺序及施工区域，减少作业区机械设备数量。

②应选择功率与负荷相匹配的施工机械设备，机械设备不宜低负荷运行，不宜采用自备电源。

③应制定施工能耗指标，明确节能措施。

④应建立施工机械设备档案和管理制度，机械设备应定期进行保养维修。

⑤生产、生活、办公区及主要机械设备宜分别进行耗能、耗水及排污计量，并做好相应记录。

⑥应合理布置临时用电线路，选用节能器具，采用声控、光控和节能灯具；照明照度宜按最低照度设计。

⑦充分利用太阳能、地热能、风能等可再生能源。

⑧施工现场宜错峰用电。

4）节地及土地资源保护应符合下列规定：

①应根据工程规模及施工要求布置施工临时设施。

②施工临时设施不宜占用绿地、耕地以及规划红线以外场地。

③施工现场应避让、保护场区及周边的古树名木。

3．环境保护

1）施工现场扬尘控制应符合下列规定：

①施工现场宜搭设封闭式垃圾站。

②细散颗粒材料、易扬尘材料应封闭堆放、存储和运输。

③施工现场出口应设冲洗池，施工场地、道路应采取定期洒水抑尘措施。

④土石方作业区内扬尘目测高度应小于 1.5 m，结构施工、安装、装饰装修阶段目测扬尘高度应小于 0.5 m，不得扩散到工作区域外。

⑤施工现场使用的热水锅炉等宜使用清洁燃料。不得在施工现场熔化沥青或焚烧油毡、油漆以及其他产生有毒、有害烟尘和恶臭气体的物质。

2）噪声控制应符合下列规定：

①施工现场应对噪声进行实时监测；施工场界环境噪声排放昼间不应超过 70 dB（A），夜间不应超过 55 dB（A）。噪声测量方法应符合《建筑施工场界环境噪声排放标准》（GB 12523—2011）的规定。

②施工过程宜使用低噪声、低振动的施工机械设备，对噪声控制要求较高的区域应采取隔声措施。

③施工车辆进出现场不宜鸣笛。

3）光污染控制应符合下列规定：

①应根据现场和周边环境采取限时施工、遮光和全封闭等避免或减少施工过程中光污染的措施。

②夜间室外照明灯应加设灯罩，光照方向应集中在施工范围内。

③在光线作用敏感区域施工时，电焊作业和大型照明灯具应采取防光外泄措施。

4）水污染控制应符合下列规定：

①污水排放应符合《污水排入城镇下水道水质标准》（GB/T 31962—2015）的有关要求。

②使用非传统水源和现场循环水时，宜根据实际情况对水质进行检测。

③施工现场存放的油料和化学溶剂等物品应设专门库房，地面应做防渗漏处理。废弃的油料和化学溶剂应集中处理，不得随意倾倒。

④易挥发、易污染的液态材料，应使用密闭容器存放。

⑤施工机械设备使用和检修时，应控制油料污染；清洗机具的废水和废油不得直接排放。

⑥食堂、盥洗室、淋浴间的下水管线应设置过滤网，食堂应另设隔油池。

⑦施工现场宜采用移动式厕所，并应定期清理。固定厕所应设化粪池。

⑧隔油池和化粪池应做防渗处理，并应进行定期清运和消毒。

5）施工现场垃圾处理应符合下列规定：

①垃圾应分类存放、按时处理。

②应制订建筑垃圾减量计划，建筑垃圾的回收利用应符合《工程施工废弃物再生利用技术规范》（GB/T 50743—2012）的规定。

③有毒有害废弃物的分类率应达到 100%；对有可能造成二次污染的废弃物应单独贮存，并设置醒目标识。

④现场清理时，应采用封闭式运输，不得将施工垃圾从窗口、洞口、阳台等处抛撒。

6）施工使用的乙炔、氧气、油漆、防腐剂等危险品、化学品的运输和贮存应采取隔离措施，污染物排放应达到国家现行有关排放标准的要求。

4. 施工准备

绿色施工组织设计、绿色施工方案或绿色施工专项方案编制应符合下列规定：

①应考虑施工现场的自然与人文环境特点。

②应有减少资源浪费和环境污染的措施。

③应明确绿色施工的组织管理体系、技术要求和措施。

④应选用先进的产品、技术、设备、施工工艺和方法，利用规划区域内的设施。

⑤应包含改善作业条件、降低劳动强度、节约人力资源等内容。

在绿色施工评价前，依据工程项目环境影响因素分析情况，应对绿色施工评价要素中一般项和优选项的条目数进行相应调整，并经工程项目建设和监理方确认后，作为绿色施工的相应评价依据。

5. 施工场地

1）施工总平面布置。

施工现场平面布置应符合下列原则：

①在满足施工需要的前提下，应减少施工用地。

②应合理布置起重机械和各项施工设施，统筹规划施工道路。

③应合理划分施工分区和流水段，减少专业工种之间交叉作业。

2）施工现场平面布置应根据施工各阶段的特点和要求，实行动态管理。

施工现场生产区、办公区和生活区应实现相对隔离。施工现场作业棚、库房、材料堆场等的布置应靠近交通线路和主要用料位置。施工现场的强噪声机械设备宜远离噪声敏感区。

3）场区围护及道路。施工现场大门、围挡和围墙宜采用可重复利用的材料和部件，并应工具化、标准化。施工现场入口应设置绿色施工制度图牌。施工现场道路布置应遵循永久道路和临时道路相结合的原则。施工现场主要道路的硬化处理宜采用可周转使用的材料和构件。施工现场围墙、大门和施工道路周边宜设绿化隔离带。

4）临时设施。临时设施的设计、布置和使用，应采取有效的节能降耗措施，并应符合下列规定：

①应利用场地的自然条件，临时建筑的外形应规整，应有自然通风和采光，并应满足节能要求。

②临时设施宜选用由高效保温、隔热、防火材料制成的复合墙体和屋面，以及密封保温隔热性能好的门窗。

③临时设施建设不宜使用一次性墙体材料。

6. 地基与基础工程

1）地基与基础工程施工应符合下列规定：

①现场土、料存放应采取加盖或植被覆盖措施。

②土方、渣土装卸车和运输车应有防止遗撒和扬尘的措施。

③对施工过程产生的泥浆应设置专门的泥浆池或泥浆罐车存储。

2）基础工程涉及的混凝土结构、钢结构、砌体结构工程应按《建筑工程绿色施工规范》（GB/T 50905—2014）第七章的有关要求执行。

3）土石方工程。土石方工程在开挖前应进行挖、填方的平衡计算，在土石方场内应有效利用、运距最短和工序衔接紧密。工程渣土应分类堆放和运输，其再生利用应符合《工程施工废弃物再生利用技术规范》（GB/T 50743—2012）的规定。土石方工程开挖宜采用逆作法或半逆作法进行施工，施工中应采取通风和降温等改善地下工程作业条件的措施。在受污染的场地进行施工时，应对土质进行专项检测和治理。土石方工程爆破施工前，应进行爆破方案的编制和评审；应采用防尘和飞石控制措施。4级风以上天气，严禁土石方工程爆破施工作业。

7. 主体结构工程

（1）一般规定

预制装配式结构构件，宜采取工厂化加工；构件的存放和运输应采取防止变形和损坏的措施；构件的加工和进场顺序应与现场安装顺序一致；不宜二次倒运。基础和主体结构施工应统筹安排垂直和水平运输机械。施工现场宜采用预拌混凝土和预拌砂浆。现场搅拌混凝土和砂浆时，应使用散装水泥；搅拌机棚应有封闭降噪和防尘措施。

（2）混凝土结构工程

1）钢筋工程。钢筋宜采用专用软件优化放样下料，根据优化配料结果确定进场钢筋的定尺长度；在满足相关规范要求的前提下，合理利用短筋。钢筋工程宜采用专业化生产的成型钢筋。钢筋现场加工时，宜采取集中加工方式。钢筋连接宜采用机械连接方式。进场钢筋原材料和加工半成品应存放有序、标识清晰、储存环境适宜，并应制定保管制度，采取防潮、防污染等措施。钢筋除锈时，应采取避免扬尘和防止土壤污染的措施。钢筋加工中使用的冷却液体，应过滤后循环使用，不得随意排放。钢筋加工产生的粉末状废料，应收集和处理，不得随意掩埋或丢弃。钢筋安装时，绑扎丝、焊剂等材料应妥善保管和使用，散落的余废料应收集利用。箍筋宜采用一笔箍或焊接封闭箍。

2）模板工程。应选用周转率高的模板和支撑体系。模板宜选用可回收利用高的塑料、铝合金等材料。宜使用大模板、定型模板、爬升模板和早拆模板等工业化模板体系及支撑体系。当采用木或竹制模板时，宜采取工厂化定型加工、现场安装的方式，不得在工作面上直接加工拼装。在现场加工时，应设封闭场所集中加工，并采取隔声和防粉尘污染措施。模板安装精度应符合《混凝土结构工程施工质量验收规范》（GB 50204—2015）的要求。

脚手架和模板支撑宜选用承插式、碗扣式、盘扣式等管件合一的脚手架材料搭设。高层建筑结构施工，应采用整体或分片提升的工具式脚手架和分段悬挑式脚手架。模板及脚手架施工应回收散落的铁钉、铁丝、扣件、螺栓等材料。短木方应叉接接长，木、竹胶合板的边角余料应拼接并合理利用。模板脱模剂应选用环保型产品，并由专人保管和涂刷，剩余部分应加以利用。模板拆除宜按支设的逆向顺序进行，不得硬撬或重砸。拆除平台楼层的底模，应采取临时支撑、支垫等防止模板坠落和损坏的措施，并应建立维护维修制度。

3）混凝土工程。在混凝土配合比设计时，应减少水泥用量，增加工业废料、矿山废渣的掺量；当混凝土中添加粉煤灰时，宜利用其后期强度。混凝土宜采用泵送、布料机布料浇筑；地下大体积混凝土宜采用溜槽或串筒浇筑。超长无缝混凝土结构宜采用滑动支座法、跳仓法和综合治理法施工；当裂缝控制要求较高时，可采用低温补仓法施工。混凝土振捣应采用低噪声振捣设备，也可采取围挡等降噪措施；在噪声敏感环境或钢筋密集时，宜采用自密实混凝土。混凝土宜采用塑料薄膜加保温材料覆盖保湿、保温养护；当采用洒水或喷雾养护时，养护用水宜使用回收的基坑降水或雨水；混凝土竖向构件宜采用养护剂进行养护。混凝土结构宜采用清水混凝土，其表面应涂刷保护剂。混凝土浇筑余料应制成小型预制件，或采用其他措施加以利用，不得随意倾倒。清洗泵送设备和管道的污水应经沉淀后回收利用，浆料分离后可作室外道路、地面等垫层的回填材料。

（3）砌体结构工程

砌体结构宜采用工业废料或废渣制作的砌块及其他节能环保的砌块。砌块运输宜采用托板整体包装，现场应减少二次搬运。砌块湿润和砌体养护宜使用检验合格的非自来水源。混合砂浆掺合料可使用粉煤灰等工业废料。砌筑施工时，落地灰应随即清理、收集和再利用。砌块应按组砌图砌筑；非标准砌块应在工厂加工按计划进场，现场切割时应集中加工，并采取防尘降噪措施。毛石砌体砌筑时产生的碎石块，应加以回收利用。

（4）钢结构工程

钢结构深化设计时，应结合加工、运输、安装方案和焊接工艺要求，确定分段、分节数量和位置，优化节点构造，减少钢材用量。钢结构安装连接宜选用高强螺栓连接，钢结构宜采用金属涂层进行防腐处理。大跨度钢结构安装宜采用起重机吊装、整体提升、顶升和滑移等机械化程度高、劳动强度低的方法。钢结构加工应制订废料减量计划，优化下料，综合利用余料，废料应分类收集、集中堆放、定期回收处理。钢材、零（部）件、成品、半成品件和标准件等应堆放在平整、干燥场地或仓库内。复杂空间钢结构制作和安装，应预先采用仿真技术模拟施工过程和状态。钢结构现场涂料应采用无污染、耐候性好的材料。防火涂料喷涂施工时，应采取防止涂料外泄的专项措施。

（5）其他

装配式混凝土结构安装所需的埋件和连接件以及室内外装饰装修所需的连接件，应在工厂制作时准确预留、预埋。钢混组合结构中的钢结构构件，应结合配筋情况，在深化设计时确定与钢筋的连接方式。钢筋连接、套筒焊接、钢筋连接板焊接及预留孔应在工厂加工时完成，严禁安装时随意割孔或后焊接。索膜结构施工时，索、膜应工厂化制作和裁剪，现场安装。

8. 装饰装修工程

（1）一般规定

施工前，块材、板材和卷材应进行排版优化设计。门窗、幕墙、块材、板材宜采用工厂化加工。装饰用砂浆宜采用预拌砂浆，落地灰应回收使用。装饰装修成品、半成品应采取保护措施。材料的包装物应分类回收。不得采用沥青类、煤焦油类等材料作为室内防腐、防潮处理剂。应制订材料使用的减量计划，材料损耗宜比额定损耗率降低 30%。室内装饰装修材料按《民用建筑工程室内外环境污染控制规范》（GB 50325—2010）的要求进行甲醛、氨、挥发性有机物和放射性等有害指标的检测。民用建筑工程验收时，必须进行室内环境污染物浓度检测，其限量应符合表 1-1 的规定。

表 1-1　民用建筑工程室内环境污染物浓度限量

污染物	I 类民用建筑工程	II 类民用建筑工程
氡/（Bq/m³）	≤200	≤400
甲醛/（mg/m³）	≤0.08	≤0.1
苯/（mg/m³）	≤0.09	≤0.09
氨/（mg/m³）	≤0.2	≤0.2
TVOC/（mg/m³）	≤0.5	≤0.6

（2）地面工程

1）地面基层处理应符合下列规定：

①基层粉尘清理应采用吸尘器；没有防潮要求的，可采用洒水降尘等措施。

②基层需要剔凿的，应采用低噪声的剔凿机具和剔凿方式。

2）地面找平层、隔汽层、隔声层施工应符合下列规定：

①找平层、隔汽层、隔声层厚度应控制在允许偏差的负值范围内。

②干作业应有防尘措施。

③湿作业应采用喷洒方式进行保湿养护。

3）水磨石地面施工应符合下列规定：

①应对地面洞口、管线口进行封堵，墙面应采取防污染措施。

②应采取水泥浆收集处理措施。

③其他饰面层的施工宜在水磨石地面完成后进行。

4）现制水磨石地面应采取控制污水和噪声的措施。施工现场切割地面块材时，应采取降噪措施；污水应集中收集处理。地面养护期内不得上人或堆物，对地面养护用水，应采用喷洒方式，严禁养护用水溢流。

（3）门窗及幕墙工程

木制、塑钢、金属门窗应采取成品保护措施。外门窗安装应与外墙面装修同步进行，宜采取遮阳措施。门窗框周围的缝隙填充应采用憎水保温材料。幕墙与主体结构的预埋件应在结构施工时埋设。连接件应采用耐腐蚀材料或采取可靠的防腐措施。硅胶使用前应进行相容性和耐候性复试。

（4）吊顶工程

吊顶施工应减少板材、型材的切割。应避免采用温湿度敏感材料进行大面积吊顶施工。高大空间的整体顶棚施工，宜采用地面拼装、整体提升就位的方式。高大空间吊顶施工时，宜采用可移动式操作平台等节能节材设施。

（5）隔墙及内墙面工程

隔墙材料宜采用轻质砌块砌体或轻质墙板，严禁采用实心烧结黏土砖。预制板或轻质隔墙板间的填塞材料应采用有弹性或微膨胀的材料。抹灰墙面应采用喷雾方法进行养护。使用溶剂型腻子找平或直接涂刷溶剂型涂料时，混凝土或抹灰基层含水率不得大于 8%，使用乳液型腻子找平或直接涂刷乳液型涂料时，混凝土或抹灰基层含水率不得大于 10%。木材基层的含水率不得大于 12%。涂料施工应采取遮挡、防止挥发和劳动保护等措施。

9. 保温和防水工程

（1）一般规定

保温和防水工程施工时，应分别满足建筑节能和防水设计的要求，保温和防水材料及辅助用材，应根据材料特性进行有害物质限量的现场复检。板材、块材和卷材施工应结合保温和防水的工艺要求，进行预先排版。保温和防水材料在运输、存放和使用时应根据其性能采取防水、防潮和防火措施。

（2）保温工程

保温施工宜选用结构自保温、保温与装饰一体化、保温板兼作模板、全现浇混凝土外墙与保温一体化和管道保温一体化等方案。采用外保温材料的墙面和屋顶，不宜进行焊接、钻孔等施工作业。确需施工作业时，应采取防火保护措施，并应在施工完成后，及时对裸露的外保温材料进行防护处理。

应对外门窗安装，水暖及装饰工程需要的管卡、挂件，电气工程的暗管、接线盒及穿线等施工完成后，进行内保温施工。

现浇泡沫混凝土保温层施工应符合下列规定：水泥、集料、掺合料等宜工厂干拌、封闭运输。拌制的泡沫混凝土宜泵送浇筑。搅拌和泵送设备及管道等冲洗水应收集处理。养护应采用覆盖、喷洒等节水方式。

保温砂浆施工应符合下列规定：保温砂浆材料宜采用预拌砂浆，现场拌和应随用随拌，落地浆体应收集利用。

玻璃棉、岩棉保温层施工应符合下列规定：玻璃棉、岩棉类保温材料应封闭存放；玻璃棉、岩棉类保温材料现场裁切后的剩余材料应封闭包装、回收利用；雨天、4级以上大风天气不得进行室外作业。

泡沫塑料类保温层施工应符合下列规定：聚苯乙烯泡沫塑料板余料应全部回收；现场喷涂硬泡聚氨酯时，应对作业面采取遮挡、防风和防护措施；现场喷涂硬泡聚氨酯时，环境温度宜在10～40℃，空气相对湿度宜小于80%，风力不宜大于3级；硬泡聚氨酯现场作业应预先计算使用量，随配随用。

（3）防水工程

基层清理应采取控制扬尘的措施。

卷材防水层施工应符合下列规定：宜采用自黏型防水卷材。采用热熔法施工时，应控制燃料泄漏，并控制易燃材料储存地点与作业点的间距。高温环境或封闭条件施工时，应采取措施加强通风。防水层不宜采用热粘法施工。采用的基层处理剂和胶黏剂应选用环保型材料，并封闭存放。防水卷材余料应回收处理。

涂膜防水层施工应符合下列规定：液态防水涂料和粉末状涂料应采用封闭容器存放，余料应及时回收。涂膜防水宜采用滚涂或涂刷工艺，当采用喷涂工艺时，应采取遮挡等防止污染的措施。涂膜固化期内应采取保护措施。

块瓦屋面宜采用干挂法施工。蓄水、淋水试验宜采用非自来水源。防水层应采取可靠的成品保护措施。

10. 机电安装工程

（1）一般规定

机电安装工程施工应采用工厂化制作、整体化安装的方法。机电安装工程施工前应对通风空调、给水排水、强弱电、末端设施布置及装修等进行综合分析，并绘制综合管线图。机电安装工程的临时设施安排应与工程总体部署协调。管线的预埋、预留应与土建及装修工程同步进行，不得现场临时剔凿。除锈、防腐宜在工厂内完成，现场涂装时应采用无污染、耐候性好的材料。机电安装工程应采用低能耗的施工机械。

（2）管道工程

管道连接宜采用机械连接方式。采暖散热片组装应在工厂完成。设备安装产生的油污应随即清理。管道试验及冲洗用水应有组织排放，处理后重复利用。污水管道、雨水管道试验及冲洗用水宜利用非自来水源。

（3）通风工程

预制风管宜进行工厂化制作。下料宜按先大管料，后小管料，先长料，后短料的顺序进行。预制风管安装前应将内壁清扫干净。预制风管连接宜采用机械连接方式。冷媒储存应采用压力密闭容器。

（4）电气工程

电线导管暗敷应做到线路最短。应选用节能型电线、电缆和灯具等，并应进行节能测试。预埋管线口应采取临时封堵措施。线路连接宜采用免焊接头和机械压接方式。不间断电源柜试运行时应进行噪声监测。不间断电源安装应采取防止电池液泄漏的措施，废旧电池应回收。电气设备的试运行不得低于规定时间，且不应超过规定时间的 1.5 倍。

11. 拆除工程

（1）一般规定

拆除工程应制定专项方案。拆除方案应明确拆除的对象及其结构特点、拆除方法、安全措施、拆除物的回收利用方法等。建筑物拆除过程应控制废水、废弃物、粉尘的产生和排放。建筑物拆除应按规定进行公示。4 级及以上风力、大雨或冰雪天气，不得进行露天拆除施工。建筑拆除物处理应符合充分利用、就近消纳的原则。拆除物应根据材料性质进行分类，并加以利用；剩余的废弃物应做无害化处理。

（2）拆除施工准备

拆除施工前，拆除方案应得到相关方批准；应对周边环境进行调查和记录，界定影响区域。拆除工程应按建筑构配件的情况，确定保护性拆除或破坏性拆除。拆除施工应依据实际情况，分别采用人工拆除、机械拆除、爆破拆除和静力破碎的方法。拆除施工前应制定应急预案。拆除施工前，应制定防尘措施；采取水淋法降尘时，应采取控制用水量和污水流淌的措施。

（3）拆除施工

人工拆除前应制定安全防护和降尘措施。拆除管道及容器时，应查清残留物性质并采取相应安全措施、方可进行拆除施工。机械拆除宜优先选用低能耗、低排放、低噪声机械；并应合理确定机械作业位置和拆除顺序，采取保护机械和人员安全的措施。在爆破拆除前，应进行试爆，并根据试爆结果，对拆除方案进行完善。

（4）拆除物的综合利用

建筑拆除物分类和处理应符合《工程施工废弃物再生利用技术规范》（GB/T 50743—2012）的规定；剩余的废弃物应做无害化处理。不得将建筑拆除物混入生活垃圾，不得将危险废弃物混入建筑拆除物。拆除的门窗、管材、电线、设备等材料应回收利用。拆除的钢筋和型材应经分拣后再生利用。

第二章 工程建设标准体系

第一节 工程建设标准体系的基本构架

一、工程建设标准体系的概念

1. 工程建设标准体系的定义

某一工程建设领域的所有工程建设标准，都存在着客观的内在联系，它们相互依存、相互制约、相互补充和衔接，构成一个科学的有机整体，这个科学的有机整体称为工程建设标准体系。

2. 工程建设标准体系的特性

1）目的性：宏观目标及主题目标的合理设定。

2）系统性：工程建设领域及环节的划分。

3）协调性：各部分协调规划、全面覆盖。

4）层级性：项目属性的层级划分及相互关联制约。

5）开放性：科技发展新成果与工程实践新经验的及时转化。

二、工程建设标准体系的基本框架

1. 工程建设标准体系框架

（1）每部分体系中的综合标准，如图2-1左侧所示，均是涉及质量、安全、卫生、环保和公众利益等方面的目标要求或为达到这些目标而必需的技术要求及管理要求。它对该部分所包含各专业的各层次标准均具有制约和指导作用。

（2）每部分体系中所含各专业的标准分体系，如图2-1右侧所示，按各自学科或专业内涵排列，在体系框图中竖向分为基础标准、通用标准和专用标准3个层次。上层标准的内容包括了其以下各层标准的某个或某些方面的共性技术要求，并指导其下各层标准，共同成为综合标准的技术支撑。

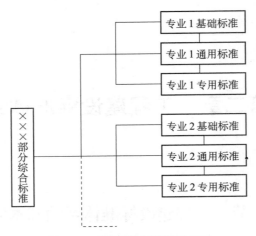

图 2-1　工程建设标准体系框架

2. 各专业的标准分体系

（1）基础标准

基础标准是指在某一专业范围内作为其他标准的基础并普遍使用，具有广泛指导意义的术语、符号、计量单位、图形、模数、基本分类、基本原则等的标准。如城市规划术语标准、建筑结构术语和符号标准等。

（2）通用标准

通用标准是指针对某一类标准化对象制定的覆盖面较大的共性标准。它可作为制定专用标准的依据。如通用的安全、卫生与环境保护要求，通用的质量要求，通用的设计、施工要求与试验方法，以及通用的管理技术等。

（3）专用标准

专用标准是指针对某一具体标准化对象或作为通用标准的补充、延伸制定的专项标准，它的覆盖面一般不大。如某种工程的勘察、规划、设计、施工、安装及质量验收的要求和方法，某个范围的安全、卫生、环境保护要求，某项试验方法，某类产品的应用技术以及管理技术等。

第二节　工程建设标准的分类

一、工程建设标准的定义、特点

1. 工程建设标准的定义

工程建设标准是指对基本建设中各类工程的勘察、规划、设计、施工、安装、验收等需要协调统一的事项所制定的标准。工程建设标准是为在工程建设领域内获得最佳秩序，对建设工程的勘察、规划、设计、施工、安装、验收、运营维护及管理等活动和结果需要协调统一的事项所制定的共同的、重复使用的技术依据和准则，对促进技术进步，保证工程的安全、质量、环境和公众利益，实现最佳社会效益、经济效益、环境效益和最佳效率等，具有直接作用和重要意义。

2. 工程建设标准的特点

（1）技术性

工程建设标准更多涉及技术领域的重复性事物，是全球通用的技术语言，是检验检测、合格评定等各项技术活动的依据。

（2）经济性

标准的经济性寓于技术先进性，任何一项先进的科技成果纳入标准时，重要考虑的一点是它对国民经济发展的影响，特别是社会的总体经济效益。

（3）政策性

标准的技术性、经济性客观上就要求其内容必须符合国家的法律法规、技术经济政策和行业发展政策。工程建设标准能更充分、更全面地体现节能、节地、节水、节材和环境保护的要求，体现以人为本的发展理念。工程建设强制性标准作为现阶段的技术法规主要形式，使直接涉及工程安全、卫生、环境保护等方面的规定得到更强制的实施，政策性更加突出。

（4）科学性

以科学、技术和实践经验的综合成果为基础来制定，经过综合研究、比较、选择并分析其在实践活动中的可行性、合理性后纳入标准之中，为获得最佳秩序"提供答案"。标准也是根据科技的快速发展而不断修订，始终反映最新技术状况，适应新技术、新工艺、新产品、新材料的应用，成为积累实践经验的一种形式。

（5）协调性

标准不是局部的、片面的经验总结，其不应反映局部的利益，更不应体现个别人的主观意志，它是协商一致的产物。标准化活动领域的广泛性、标准化对象的复杂性，决定了标准的制定必须经过标准涉及的各方对其内容进行充分协调，形成统一意见，体现民主性，以保证标准的全局性、公正性。

（6）权威性

所谓权威性，是指经公认机构批准，经过该机构对标准制定的过程、内容进行审查，确认标准的科学性、可行性，以规范性文件的形式批准发布。由此，也确立了标准的约束性，特别是强制性标准更具有法规性。

（7）综合性

工程建设是一项复杂的系统工程，涉及多行业、多学科、多环节。要获得相对最佳效益，就需要应用各领域的科技成果，经过综合分析，制定出工程建设标准。此外，工程建设标准不仅要考虑技术条件，也要考虑经济条件和管理水平，综合分析，统筹兼顾，以求在可能的条件下获得最佳效果。

（8）局限性

建设工程具有固定性，其建设理应考虑地质、气候、人文等诸多因素。因此，工程建设标准必须考虑不同地质情况、不同气候环境的需要；针对特殊地质、不同气候有时还需单独制定相应的标准；必要时，根据特殊条件和当地的建设经验，制定工程建设地方标准，满足各不同地域条件下的建设需要。

（9）时效性

标准的制定不能脱离经济技术发展水平，要与经济技术发展水平相适应。随着时间的推移和技术进步以及国家政策、法令和法规的调整、完善，原有的标准部分或全部内容已经不能够适应经济的发展和国家的产业政策，需要进行调整和修订。

二、工程建设标准的对象和内容

1. 工程建设标准的对象

工程建设标准的对象是指各类工程建设活动全过程中，具有重复特性的或需要共同遵守的事项。

2. 工程建设标准的内容

1）从工程类别上，其对象包括房屋建设、市政公路、铁路、水运、航空、电力、石油、化工、水利、轻工、机械、纺织、林业、矿业、冶金、通信、人防等各类建筑工程。

2）从建设程序上，其对象包括勘察、规划、设计、施工安装、验收、鉴定、使用、维护、加固、拆除以及管理等多个环节。

3）从需要统一的内容上包括以下6点：

①工程建设勘察、规划、设计、施工及验收等的技术要求。

②工程建设的术语、符号、代号、计量与单位、建筑模数和制图方法。

③工程建设中的有关安全、卫生环保的技术要求。

④工程建设的试验、检验和评定等的方法。

⑤工程建设的信息技术要求。

⑥工程建设的管理技术要求。

三、工程建设标准的分类

1）根据标准的约束性划分：强制性标准、推荐性标准。

①强制性标准：是指保障人体健康、人身财产安全的标准和法律，行政法规规定强制执行的标准属于强制性标准。省、自治区、直辖市政府标准化行政主管部门制定的工业产品的安全、卫生要求的地方标准，在本行政区域内是强制性标准。

对工程建设行业来说，下列标准属于强制性标准：工程建设勘察、规划、设计、施工（包括安装）及验收等通用的综合标准和重要的通用的质量标准；工程建设通用的有关安全、卫生和环境保护的标准；工程建设重要的术语、符号、代号、计量与单位、建筑模数和制图方法标准；工程建设重要的通用的试验、检验和评定等标准；工程建设重要的通用的信息技术标准；国家需要控制的其他工程建设通用的标准。

②推荐性标准：是指其他非强制性的国家和行业标准，国家鼓励企业自愿采用。

2）根据内容划分：设计标准、施工及验收标准、建设工程定额。

①设计标准：是指从事工程设计所依据的技术文件。

②施工及验收标准：是指国家制定、颁发的，在全国范围内统一实行的考核基本建设投

产项目的重要技术经济法规。它是进行基本建设项目竣工验收和检查建筑安装工程质量的依据和标准。

③建设工程定额：是指在正常的施工条件和合理劳动组织、合理使用材料及机械的条件下，完成单位合格产品所必须消耗资源的数量标准，其中的资源主要包括在建设生产过程中所投入的人工、机械、材料和资金等生产要素。建设工程定额反映了工程建设投入与产出的关系，它一般除规定的数量标准以外，还规定了具体的工作内容、质量标准和安全要求等建设工程定额是工程建设中各类定额的总称。

3）按属性分类：技术标准、管理标准、工作标准。

①技术标准：是指对标准化领域中需要协调统一的技术事项所制定的标准。

②管理标准：是指对标准化领域中需要协调统一的管理事项所制定的标准。

③工作标准：是指对标准化领域中需要协调统一的工作事项所制定的标准。

4）我国标准的分级：国家标准→行业标准→地方标准→团体标准→企业标准。

①国家标准：是对需要在全国范围内统一的技术要求所制定的标准。

②行业标准：是对没有国家标准，而又需要在全国某个行业范围内统一的技术要求所制定的标准。

③地方标准：是对没有国家标准和行业标准而又需要在该地区范围内统一的技术要求所制定的标准。

④团体标准：是由团体按照团体确立的标准制定程序自主制定发布，由社会自愿采用的标准。团体是指具有法人资格，且具备相应专业技术能力、标准化工作能力和组织管理能力的学会、协会、商会、联合会和产业技术联盟等社会团体。

⑤企业标准：是对企业范围内需要协调、统一的技术要求、管理事项和工作事项所制定的标准。

四、工程建设标准的作用

工程建设标准是为在工程建设领域内获得最佳秩序，对建设工程的勘察、规划、设计、施工、安装、验收、运营维护及管理等活动和结果需要协调统一的事项所制定的共同的、重复使用的技术依据和准则，对促进技术进步，保证工程的安全、质量、环境和公众利益，实现最佳社会效益、经济效益、环境效益和最佳效率等，具有直接作用和重要意义。

工程建设标准在保障建设工程质量安全、人民群众的生命财产与人身健康安全以及其他社会公共利益方面一直发挥着重要作用。具体就是通过行之有效的标准规范，特别是工程建设强制性标准，为建设工程实施安全防范措施、消除安全隐患提供统一的技术要求，以确保在现有的技术、管理条件下尽可能地保障建设工程安全，从而最大限度地保障建设工程的建造者、使用者和所有者的生命财产安全以及人身健康安全。

工程建设标准还与我们工作、生活、健康的方方面面息息相关。无论是供我们居住的住宅建筑，还是商场、写字楼、医院、影剧院、体育场、博物馆、车站、机场等大型公共建筑，抑或是供水、燃气、垃圾污水处理、城市轨道交通等基础设施，在其建筑结构、地基基础、抗震设防、工程质量、施工安全、室内环境、防火措施、供水水质、燃气管线、防灾减灾、运行管理等方面都有相关的标准条文规定，都有统一的安全技术要求和管理要求。严格执行这些标准的规定，必将会进一步提高我国建设工程的安全水平，增强建设工程抵御自然灾害的能力，减少和防止建设工程安全事故的发生，使人们更加放心地工作、生活在一个安全的环境当中。

第三节　有关强制性条文的规定

一、强制性条文产生的背景

改革开放以来，我国工程建设发展迅猛，基本建设投资规模加大。2000 年我国固定资产投资总额为 32 619 亿元，由建筑业直接完成的建筑安装工程总额为 20 536 亿元。建筑业完成的总产值持续增长，人民的住房条件、居住环境得到了明显的改善，这些为国家的经济建设和社会发展做出了巨大贡献。但是，在发展过程中也出现了一些不容忽视的问题。

特别是有些地方建设市场秩序比较混乱，有章不循、有法不依的现象突出，严重危及了工程质量和安全生产，给国家财产和人民群众的生命财产安全构成了巨大威胁，如重庆綦江大桥、云南昆禄公路等发生了一系列重大的恶性工程事故和火灾事故，在社会上引起了强烈的反映。对于这些事故，党中央、国务院十分重视，都做了专门的重要批示和讲话。血的教训警示人们，一定要加强工程建设全过程的管理，一定要把工程建设和使用过程中的质量、安全隐患消灭在萌芽状态。2000 年 1 月 30 日，国务院发布第 279 号令《建设工程质量管理条例》，这是国家对如何在市场经济条件下，建立新的建设工程质量管理制度和运行机制作出的重大决定。《建设工程质量管理条例》第一次对执行国家强制性标准作出了比较严格的规定，不执行国家强制性技术标准就是违法，就要受到相应的处罚。该条例的发布实施，为保证工程质量提供了必要和关键的工作依据和条件。

从 1988 年我国《标准化法》颁布以后，各级标准在批准时就明确了属性，既有强制性的，也有推荐性的。在随后的 10 年，我国批准发布的工程建设国家标准、行业标准、地方标准中，强制性标准有 2 700 多项，占整个标准数量的 75%，与标准相应的条文就有 15 万多条。如果按照这样庞大数量的条文去监督、去处罚，一是工作量太大，执行不便；二是突出不了重点。标准规范是科学技术的结晶，通过把这些成熟的、先进的技术和客观要求制定成为规则，指导人们的实践行为，减少损失，避免危险。标准在制定中通过严格程度不同的用词来提示人们对风险的认识，在内容上面既有强制性的"必须""严禁"，也有推荐性的"宜"和"可"等不同的表述。

因此，需要我们提炼以较少的条文作为重点监管和处罚的依据，带动标准的贯彻执行。为此建设部对当时 212 项国家标准的严格程度用词进行统计，其中"必须"和"应"用词规定的条文占总条文的 82%，数量还是太多，原建设部通过征求专家的意见并经过反复研究，采取从已经批准的国家、行业标准中将带有"必须"和"应"用词规定的条文里，对直接涉及人民生命财产安全、人身健康、环境保护和其他公众利益的条文进行摘录。原建设部自 2000 年以来相继批准了《工程建设标准强制性条文》共 15 部分，包括城乡规划、城市建设、房屋建筑、工业建筑、水利工程、电力工程、信息工程、水运工程、公路工程、铁道工程、石油和化工建设工程、矿山工程、人防工程、广播电影电视工程和民航机场工程，覆盖了工程建设的各主要领域。与此同时，原建设部颁布了《实施工程建设强制性标准监督规定》（建设部令　第 81 号），明确了工程建设强制性标准是指直接涉及工程质量、安全、卫生及环境保护等方面的工程建设标准强制性条文，从而确立了强制性条文的法律地位。

二、强制性条文的作用

1）实施《工程建设标准强制性条文》（以下简称强制性条文）是贯彻《建设工程质量管理条例》的一项重大举措。

国务院发布的《建设工程质量管理条例》（以下简称《条例》），是国家在市场经济条件下，为建立新的建设工程质量管理制度和运行机制作出的重要规定。《条例》对执行国家强制性标准作出了比较严格的规定，不执行国家强制性技术标准就是违法，就要受到相应的处罚。《条例》对国家强制性标准实施监督的严格规定，打破了传统的单纯依靠行政管理保证建设工程质量的概念，开始走上了行政管理和技术规范并重的保证建设工程质量的道路。

2）编制《工程建设标准强制性条文》是推进工程建设标准体制改革所迈出的关键性的一步。

工程建设标准化是国家、行业和地方政府从技术控制的角度，为建设市场提供运行规则的一项基础性工作，对引导和规范建设市场行为具有重要的作用。我国现行的工程建设标准体制是强制性和推荐性相结合的体制，这一体制是《标准化法》所规定的。在建立和完善社会主义市场经济体制和应对加入 WTO 的新形势下，需要进行改革和完善，需要与时俱进。

世界上大多数国家对建设活动的技术控制，采取的是技术法规与技术标准相结合的管理体制。技术法规是强制性的，是把建设领域中的技术要求法治化，严格贯彻在工程建设实际工作中，不执行技术法规就是违法，就要受到法律的处罚，而没有被技术法规引用的技术标准可自愿采用。这套管理体制，由于技术法规的数量比较少、重点内容比较突出，因此执行起来也就比较明确、比较方便，不仅能够满足建设日常运行管理的需要，而且也不会给建设市场的发展、技术的进步造成阻碍。应当说，这对我国工程建设标准体制的改革具有现实的借鉴作用。

但就目前而言，我国工程建设技术领域直接形成技术法规，按照技术法规与技术标准体制运作还需要有一个法律的准备过程，还有许多工作要做。为向技术法规过渡而编制的《工程建设标准强制性条文》标志着启动工程建设标准体制的改革，而且迈出了关键性的一步，今后通过对《工程建设标准强制性条文》内容的不断完善和改造，将会逐步形成我国的工程建设技术法规体系。

3）强制性条文对保证工程质量、安全、规范建筑市场具有重要的作用。

《工程建设标准强制性条文》是技术法规性文件，是工程质量管理的技术依据。

我国从 1999 年开始的连续 4 年建设执法大检查，均将是否执行强制性标准作为一项重要内容。从检查组联合检查的情况来看，工程质量问题不容乐观。一些工程建设中发生的质量事故和安全事故，虽然表现形式和呈现的结果是多种多样的，但其中的一个相同的重要原因都是违反标准的规定，特别是违反强制性标准的规定造成的。因此，如果严格执行标准、规范、规程，在正常设计、正常施工、正常使用的条件下，是能够保证工程的安全和质量的，不会出现桥垮屋塌的现象。由此，不论对人为原因造成的，还是对在自然灾害中垮塌的建设工程，都要审查有关单位贯彻执行强制性标准的情况，对违规者要追究法律责任。只有严格贯彻执行强制性标准，才能保证建筑的使用寿命，抵抗自然灾害带来的风险，保障人民的生命财产安全，使投资发挥最好的效益。

4）制定和严格执行强制性标准是应对加入世界贸易组织（WTO）的重要举措。

我国加入 WTO 后，对各项制度和要求提出了新的要求。WTO 为了消除贸易壁垒而制定的一系列协定，一般称为关税协定和非关税协定。技术贸易壁垒协定（WTO/TBT）作为非关税协定的重要组成部分，将技术标准、技术法规和合格评定作为三大技术贸易壁垒。根据多次与 WTO 谈判的结果，我国制定的强制性标准与技术贸易壁垒协定所规定的技术法规是等同的，我国制定的推荐性标准与贸易技术壁垒协定所规定的技术标准是等同的。技术法规是政府颁布的强制性文件，是国家的主权体现，必须执行；技术标准是竞争的手段并自愿采用，在中国境内从事工程建设活动的各个企业和个人必须严格执行中国的强制性标准。执行强制性标准既能保证工程质量安全、规范建筑市场，又能切实保护我国的民族工业，应对加入 WTO 之后的挑战，维护国家和人民的根本利益。

三、强制性条文的实施

《工程建设标准强制性条文》（房屋建筑部分）是在国家和人民的立场上，政府对工程建设活动提出的最基本的、必须做到的要求。从某种意义上讲，这就是目前阶段的具有中国特色的"技术法规"。所有工程建设活动的参与者，包括管理者和技术人员，都应当了解、掌握和遵守。不知法、不懂法、不执法，再好的行政法规和技术法规，也只能是纸上谈兵。所以，建设行政主管部门应将学习强制性标准作为重要任务，而且要加大对违反强制性标准监督检查的力度，这项工作是依法行政的组成部分，也是《条例》赋予县级以上建设行政主管部门的职能之一。如果不这样做，其本身就是失职。参与建设活动各方责任主体，应当严格按照强制性条文执行，否则就应当受到处罚。

1. 贯彻实施的要素

1）根据《标准化法》的规定，标准化工作的三大任务：制定标准、实施标准和对实施标准的监督，这三大任务是通过参与标准化的各个不同的主体来区别的。从制定标准的目的来看，制定出来的标准如果得不到执行，那么标准制定本身也是没有意义的。事实上，建立技术法制化秩序主要在于两个方面，一方面是制定一个法制化文件；另一方面是严格执行。目前，强制性条文已经制定出来，要得到贯彻执行，需要遵循"权威性、公众意识、监督执行"这三个要素，它们相互支撑，缺一不可。强制性条文的权威性是指在制定过程中按照标准化的原则，符合标准的程序，得到大家公认，通过广泛使用，产生了直接和间接的效益。使用者执行好的强制性条文以后，具有明显的效果，就会使大家自觉遵守执行。公众良好的贯彻执行标准的意识，主要靠自觉学习、掌握和执行。对标准的学习实际上也是对新技术的掌握，学习掌握了标准规范就能够自觉遵守标准，按照标准执行。监督执行是三个要素中最为关键的，因为执行特别是是否按强制性标准执行，如果缺乏监督，造成的危害是直接的。对违反强制性条文的处罚，不能简单地认为是作出罚款处罚的需要，更为重要的是，对执行强制性条文的监督，应当建立事前监督和事后处理的制度。

2）各地方、各单位应当采取多种方式宣传强制性条文，搞好培训工作。各级建设行政主管部门需要学习了解强制性条文的基本内容，提高对落实强制性条文的重要性、紧迫性的认识，提高依法查处违反强制性条文行为的能力；接受建设行政部门委托执法的建设工程质量监督机构、建设工程安全监督机构、施工图审查机构以及标准化机构的技术人员，需要熟练掌握强制性条文，提高工作质量和效率。标准规范是对重复性的技术共性问题作出的科学规定，具体到每一个工程，采用标准的情况是复杂的，执法人员除要熟练掌握强制性条文以外，还要在平时积累经验，对典型案例进行分析，查找落实强制性条文的薄弱环节，及时引导，把事故苗头消灭在萌芽状态；勘察、设计、施工、监理各单位的主要负责人，应带领工程技术人员和施工操作人员认真学习标准，提高意识，增强贯彻强制性条文的自觉性。

3）勘察、设计、施工、监理单位要把《工程建设标准强制性条文》落实到企业标准化具体工作中去。各有关单位要根据强制性条文，修改本单位的设计技术条件，完善施工操作工艺规程，细化监理大纲。通过消化、吸收、宣传、执行强制性条文，发展企业标准化，增加技术储备，提升企业的技术实力，增强企业竞争力。

4）要加强执法监督检查，依法查处违反《工程建设标准强制性条文》的单位和个人。各级建设行政主管部门应当切实依法行政，按照《实施工程建设强制性标准监督规定》（建设部令　第 81 号）的要求，将实施强制性条文的监督检查纳入行政执法的内容。原建设部从 1999 年开始，就将监督强制性标准的实施列入行政执法的重要内容，强制性条文发布实施后，已成为工程质量大检查和建筑市场专项治理的重要依据。不执行强制性标准，就要依法查处。同时，各级建设行政主管部门都要督促接受委托执法的有关机构，认真做好强制性条文的实施监督工作。接受委托执法的有关机构，要严格用强制性标准规范施工现场的安全生产、环境保护、文明施工等活动。在勘察、设计、施工各个阶段的各个环节，重视强制性标准的执行与监控。通过有法必依、执法必严、违法必究，增强工程建设有关各方落实强制性条文的自觉性。

2. 新技术、新工艺、新材料的应用

1）标准是以实践经验的总结和科学技术的发展为基础的，它不是某项科学技术研究成果，也不是单纯的实践经验总结，而是体现两者有机结合的综合成果。实践经验需要科学的归纳、分析、提炼，才能具有普遍的指导意义；科学技术研究成果必须通过实践检验才能确认其客观实际的可靠程度。

因此，任何一项新技术、新工艺、新材料要纳入标准中，必须具备：

①技术鉴定；

②通过一定规范内的试行；

③按照标准的制定程序提炼加工。

2）标准与科学技术发展密切相连，标准应当与科学技术同步发展，适时将科学技术纳入标准中去，科技进步是提高标准制定质量的关键环节。如果新技术、新工艺、新材料得不到推行，就难以获取实践的检验，也不能验证其正确性，纳入标准中也会不可靠。因此，给出适当的条件允许其发展，是建立标准与科学技术桥梁的重要机制。

3）标准的强制是技术内容法制化的体现，但是并不排斥新技术、新材料、新工艺的应用，更不是桎梏技术人员创造性的发挥。按照《实施工程建设强制性标准监督规定》（建设部令 第81号）第五条规定，"工程建设中拟采用的新技术、新工艺、新材料，不符合现行强制性标准规定的，应当由拟采用单位提请建设单位组织专题技术论证，报批准标准的建设行政主管部门或者国务院有关主管部门审定"。

4）不符合现行强制性标准规定的及现行强制性标准未作规定的，这两者情况是不一样的。对于新技术、新工艺、新材料不符合现行强制性标准规定的，是指现行强制性标准（实质是强制性条文）中已经有明确的规定或者限制，而新技术、新工艺、新材料达不到这些要求或者超过其限制条件。这时应当由拟采用单位提请建设单位组织专题技术论证，并按规定报送有关主管部门审定。如果新技术、新工艺、新材料的应用在现行强制性标准中未作规定，则不受《实施工程建设强制性标准监督规定》（建设部令 第81号）的约束。

3. 与国际标准和国外标准的衔接

1）积极采用国际标准和国外先进标准是我国标准化工作的原则之一。国际标准是指国际标准化组织（ISO）和国际电工委员会（IEO）所制定的标准，以及ISO确认并公布的其他国际组织制定的标准。

2）国外标准是指未经ISO确认并公布的其他国际组织的标准、发达国家的国家标准、区域性组织的标准、国际上有权威的团体和企业（公司）的标准。

3）由于国际标准和国外标准制定的条件不尽相同，在我国对此类标准推广实施时，如果工程中所采用的国际标准和国外标准规定的内容，不涉及强制性标准的内容，一般在双方约定或者合同中采用即可；如果涉及强制性标准的内容，即与安全、卫生、环境保护和公共利益有关，在执行上涉及国家主权等问题，应纳入标准实施的监督范畴。工程建设中采用国际标准或者国外标准，现行强制性标准未作规定的，建设单位应当向国务院建设行政主管部门或者国务院有关行政主管部门备案。

4. 违反强制性标准的处罚

《实施工程建设强制性标准监督规定》（建设部令 第81号）对参与建设活动各方责任主体违反强制性标准的处罚作出了具体的规定，这些规定与《条例》是一致的。

（1）建设单位

建设单位不履行或不正当履行其工程管理的职责的行为是多方面的，对于强制性标准方面，建设单位有下列行为之一的，责令改正，并处以20万元以上50万元以下的罚款：

1）明示或暗示施工单位使用不合格的建筑材料、建筑构配件和设备；

2）明示或暗示设计单位或施工单位违反建设工程强制性标准，降低工程质量。

（2）勘察、设计单位

勘察、设计单位违反工程建设强制性标准进行勘察、设计的，责令改正，并处以 10 万元以上 30 万元以下的罚款。

有上述行为，造成工程质量事故的，责令停业整顿，降低资质等级；情节严重的，吊销资质证书；造成损失的，依法承担赔偿责任。

（3）施工单位

施工单位违反工程建设强制性标准的，责令改正，处以工程合同价款 2%以上 4%以下的罚款；造成建设工程质量不符合规定的质量标准的，负责返工、返修，并赔偿因此造成的损失；情节严重的，责令停业整顿，降低资质等级或者吊销资质证书。

（4）工程监理单位

工程监理单位与建设单位或施工单位串通，弄虚作假、降低工程质量的；违反强制性标准规定，将不合格的建设工程以及建筑材料、建筑构配件和设备按照合格签字的，责令改正，并处以 50 万元以上 100 万元以下的罚款，降低资质等级或者吊销资质证书；有违法所得的，予以没收；造成损失的，承担连带赔偿责任。

（5）事故单位和人员

违反工程建设强制性标准造成工程质量、安全隐患或者工程事故的，按照《条例》有关规定，对事故责任单位和责任人进行处罚。

（6）建设行政主管部门和有关人员

建设行政主管部门和有关行政主管部门工作人员玩忽职守、滥用职权、徇私舞弊的，给予行政处分；构成犯罪的，依法追究刑事责任。

第四节　装配式混凝土建筑相关标准

一、国家标准和国家图集

为了规范我国装配式混凝土建筑的建设，国家相继出台了相关标准，对装配式混凝土建筑的设计、部品生产、施工等方面进行了的统一要求。装配式混凝土建筑施工中常用的国家标准和国家图集见表 2-1。

表 2-1　常用的国家标准和国家图集

序号	名称	编号	类型	备注
1	混凝土结构设计规范	GB 50010—2010（2015 年版）	强制性国标	明确了装配式、装配整体式混凝土结构中各类预制构件及连接构造、吊环的设计和验算原则

续表

序号	名称	编号	类型	备注
2	混凝土结构工程施工质量验收规范	GB 50204—2015	强制性国标	用于指导装配式混凝土的隐蔽工程、防水施工、预制构件成型质量、构件进场与性能检验、现场安装连接施工等环节的验收
3	混凝土结构工程施工规范	GB 50666—2011	强制性国标	用于指导装配式混凝土结构工程的构件制作、现场吊运与安装、构件连接固定、后处理等环节的施工
4	装配式建筑评价标准	GB/T 51129—2017	推荐性国标	采用装配率作为指标，明确了计算参数，对民用建筑进行装配式建筑等级评价
5	建筑结构检测技术标准	GB/T 50344—2019	推荐性国标	将装配式混凝土结构分成预制混凝土构件、局部现浇混凝土和连接节点等检测专项，提供检测指标，对预制构件质量、构件性能和安装质量等进行分项检测
6	装配式混凝土建筑技术标准	GB/T 51231—2016	推荐性国标	用于指导抗震设防烈度为8度及8度以下地区的装配式混凝土建筑的设计、生产运输、施工安装和质量验收
7	绿色建筑评价标准	GB/T 50378—2019	推荐性国标	在《装配式建筑评价标准》（GB/T 51129—2017）基础上进一步明确了要求。工业化内装部品主要包括整体卫浴、整体厨房、装配式吊顶、干式工法地面、装配式内墙、管线集成与设备设施等
8	装配式混凝土结构技术规程	JGJ 1—2014	行业技术规程	用于指导民用建筑非抗震设计及抗震设防烈度为6度至8度抗震设计的装配式混凝土结构的设计、施工及验收
9	钢筋机械连接技术规程	JGJ 107—2016	行业技术规程	用于指导装配式混凝土建筑工程中钢筋机械连接的设计、施工及验收
10	钢筋套筒灌浆连接应用技术规程	JGJ 355—2015	行业技术规程	用于指导装配式混凝土建筑工程中钢筋套筒灌浆连接的设计、施工及验收
11	预制预应力混凝土装配整体式框架结构技术规程	JGJ 224—2010	行业技术规程	用于指导非抗震设防区及抗震设防烈度为6度和7度地区的除甲类以外的预制预应力混凝土装配整体式框架结构和框架—剪力墙结构的设计、施工及验收
12	装配式住宅建筑设计标准	JGJ/T 398—2017	推荐性行业技术规程	用于指导装配式建筑结构体与建筑内装体集成化建造的新建、改建和扩建住宅建筑设计
13	装配式整体厨房应用技术标准	JGJ/T 477—2018	推荐性行业技术规程	用于指导住宅建筑装配式整体厨房的设计与选型、施工安装、质量验收和使用维护
14	装配式混凝土结构住宅建筑设计示例（剪力墙结构）	15J 939—1	国家图集	用于指导装配式混凝土结构住宅建筑的设计
15	装配式混凝土结构表示方法及示例（剪力墙结构）	15G 107—1	国家图集	用于指导装配式混凝土结构中的预制剪力墙构件的制作和吊装

序号	名称	编号	类型	备注
16	预制混凝土剪力墙外墙板	15G 365—1	国家图集	用于指导装配式混凝土结构中的预制混凝土剪力墙外墙板的制作和吊装
17	预制混凝土剪力墙内墙板	15G 365—2	国家图集	用于指导装配式混凝土结构中的预制混凝土剪力墙内墙板的制作和吊装
18	桁架钢筋混凝土叠合板（60 mm厚底板）	15G 366—1	国家图集	用于指导装配式混凝土结构中的预制桁架钢筋混凝土叠合板的制作和吊装
19	预制钢筋混凝土板式楼梯	15G 367—1	国家图集	用于指导装配式混凝土结构中的预制钢筋混凝土板式楼梯的制作和吊装
20	预制钢筋混凝土阳台板、空调板及女儿墙	15G 368—1	国家图集	用于指导装配式混凝土结构中的预制钢筋混凝土阳台板、空调板及女儿墙的制作和吊装
21	装配式混凝土结构连接节点构造（楼盖结构和楼梯）	15G 310—1	国家图集	用于指导装配式混凝土结构中的楼盖结构和楼梯连接节点构造的制作与施工
22	装配式混凝土结构连接节点构造（剪力墙结构）	15G 310—2	国家图集	用于指导装配式混凝土结构中的剪力墙结构连接节点构造的制作与施工

二、地方标准和地方图集

为了响应国家号召，进一步推动装配式混凝土建筑在重庆市的推广，结合重庆市的特点，重庆市住房和城乡建设委员会发布了多部标准和地方图集用于指导装配式混凝土建筑的设计、部品生产与施工。重庆市装配式混凝土建筑相关标准和地方图集见表2-2。

表2-2 重庆市相关标准和地方图集

序号	名称	编号	类型	备注
1	装配式混凝土建筑结构施工及质量验收标准	DBJ 50/T 192—2019	地方标准	用于指导重庆市的装配式混凝土建筑结构施工及质量验收
2	装配式叠合剪力墙结构技术标准	DBJ 50/T 339—2019	地方标准	用于指导重庆市抗震设防烈度为6度和7度地区的装配式叠合剪力墙结构的设计、施工及验收
3	装配式隔墙应用技术标准	DBJ 50/T 337—2019	地方标准	用于指导重庆市新建、改建、扩建项目的装配式自承重内隔墙的材料、设计、施工及验收
4	装配式建筑混凝土预制构件生产技术标准	DBJ 50/T 190—2019	地方标准	用于指导重庆市装配式建筑混凝土预制构件的模具设计与组装、预制构件的生产与质量检验
5	装配式混凝土建筑结构工程施工工艺标准	DBJ 50/T 348—2020	地方标准	用于指导装配式混凝土建筑预制构件的施工工艺控制

序号	名称	编号	类型	备注
6	装配式内装修—墙面装修	渝 21J01	地方图集	用于指导重庆市装配式混凝土建筑的内装修—墙面装修
7	《装配式混凝土建筑抗震墙（200 mm）》	渝 18J03	地方图集	用于指导重庆市装配式混凝土建筑的装配式混凝土建筑抗震墙的制作与安装
8	《装配式建筑内隔墙墙板图集（层高3 m）》	渝 18J04	地方图集	用于指导重庆市装配式混凝土建筑的内隔墙墙板的制作与安装
9	《装配式混凝土住宅楼板、阳台板图集》	渝 18J05	地方图集	用于指导重庆市装配式混凝土住宅楼板、阳台板的制作与安装
10	《装配式建筑外围护墙板（内嵌墙）图集》	渝 18J06	地方图集	用于指导重庆市装配式建筑外围护墙板的制作与安装

第三章　工程常用材料和设备

第一节　无机胶凝材料基本知识

一、无机胶凝材料的分类及特性

胶凝材料通常分为有机和无机两大类。有机胶凝材料是以天然或人工合成的高分子化合物为基本组分的胶凝材料，如沥青、树脂、橡胶等。无机胶凝材料是以无机矿物为主要成分的胶凝材料，其与水或水溶液拌和后形成的浆体，经过一系列的物理和化学变化后能产生胶结力而把其他材料胶结成具有强度的整体，如石灰、石膏、水泥等。无机胶凝材料一般又可分为水硬性胶凝材料和气硬性胶凝材料两大类。气硬性胶凝材料一般只能在空气中凝结硬化并保持其强度。水硬性胶凝材料既能在空气中硬化，又能在水中硬化并保持和发展其强度。

二、通用水泥的品种、特性及应用

以硅酸钙为主的硅酸盐水泥熟料，5%及以下的石灰石或粒化高炉矿渣，适量石膏磨细制成的水硬性胶凝材料，统称为硅酸盐水泥，通常也称纯水泥或波特兰水泥，分为 42.5、42.5R、52.5、52.5R、62.5、62.5R 6 个标号。

1. 硅酸盐水泥生产概况

硅酸盐水泥的生产技术简称为"两磨一烧"，如图 3-1 所示，配制并磨细水泥生料，将生料经煅烧使之部分熔融形成熟料，再将熟料与适量的石膏共同研磨成硅酸盐水泥。

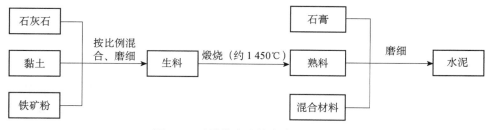

图 3-1　硅酸盐水泥的生产工艺流程

硅酸盐水泥熟料矿物的组成主要是硅酸三钙（$3CaO \cdot SiO_2$，简写为 C_3S）、硅酸二钙（$2CaO \cdot SiO_2$，简写为 C_2S）、铝酸三钙（$3CaO \cdot Al_2O_3$，简写为 C_3A）、铁铝酸四钙

（$4CaO \cdot Al_2O_3 \cdot Fe_2O_3$，简写为 C_4AF）。上述 4 种矿物中硅酸钙（包括 C_3S 与 C_2S）是主要的，占 70% 以上。这些矿物主要是依靠原料中所提供的 CaO、SiO_2、Al_2O_3、Fe_2O_3 等氧化物在高温下相互作用而形成。

2. 硅酸盐水泥的凝结、硬化

水泥加水拌和最初形成具有可塑性的浆体，然后逐渐变稠失去可塑性的过程称为凝结。此后，强度逐渐提高并变成坚硬的固体，这一过程称为硬化。实际上，水泥的凝结和硬化是一个连续而复杂的物理、化学变化过程，这些变化与水泥的技术性能密切相关，其变化的结果又直接影响硬化水泥石的结构和使用性能。

硅酸盐水泥水化后，生成的主要水化产物为水化硅酸钙、氢氧化钙、水化铝酸钙、水化铁酸钙、水化硫铝酸钙等，硅酸盐水泥熟料矿物特征见表 3-1。

表 3-1　硅酸盐水泥熟料矿物特征

矿物名称	密度/（g/cm^3）	水化反应速率	水化放热量	强度	耐腐蚀性
C_3S	3.25	快	大	高	差
C_2S	3.28	慢	小	早期低后期高	好
C_3A	3.04	最快	最大	低	最差
C_4AF	3.77	快	中	低	中

3. 影响水泥凝结、硬化的因素

（1）熟料矿物的组成

矿物组成是影响水泥凝结、硬化的主要原因。不同的熟料矿物与水作用时，水化反应的速度、强度的增长、水化放热各不相同。改变水泥的矿物组成，其凝结、硬化将发生明显的变化。

（2）水泥的细度

在同等条件下，水泥细度越细，与水接触的表面积越大，水化反应产物增长越快，水化热越多，凝结、硬化速度越快。但水泥颗粒过细，在生产过程中能耗越多，生产成本越高，且水泥在硬化时收缩增大，水泥的储存期缩短。

（3）石膏掺量

掺入石膏的目的是延缓水泥的凝结、硬化速度，但石膏的掺量必须严格控制。石膏掺量主要取决于水泥中铝酸三钙和石膏中 SO_3 的含量，同时与水泥细度及熟料中 SO_3 的含量有关，石膏掺量一般为水泥质量的 3%～5%。

（4）水灰比

水与水泥的质量比称为水灰比。拌和水泥浆时，为使浆体具有一定的可塑性和流动性，所加入的水量通常要大大超过水泥充分水化时所需用水量，多余的水在硬化的水泥石内形成毛细孔，拌和水越多，水泥石中的毛细孔就越多。在熟料矿物组成大致相近的情况下，水灰比是影响水泥石强度的主要因素。

（5）温度、湿度

温度对水泥的凝结、硬化影响很大，温度越高，水泥凝结、硬化速度越快，水泥强度增长也越快。而当温度低于 0℃ 时，强度不仅不增长，还会因为水的结冰而导致水泥石的破坏。

水泥的凝结、硬化实质上是水泥的水化过程，湿度是保证水泥水化的一个必备条件。因此，在缺乏水的干燥环境中，水化反应不能正常进行，硬化也将停止；潮湿环境下的水泥能够保持足够的水分进行水化和凝结、硬化，从而保证水泥石强度的不断发展。在工程中，保持环境一定的温度、湿度，使水泥石强度不断增长的措施称为养护，水泥混凝土在浇注后的一段时间里应注意养护的温度、湿度。水泥凝结、硬化过程如图 3-2 所示。

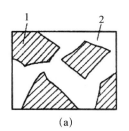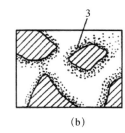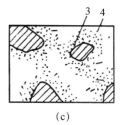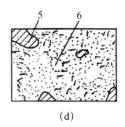

1—水泥颗粒；2—水；3—凝胶体；4—晶体；5—未水化水泥颗粒；6—毛细孔。

图 3-2　水泥凝结、硬化过程示意

（6）养护龄期

水泥的凝结、硬化是随龄期的增长而渐进的过程，在适宜的温度、湿度环境下，水泥的强度增长可持续若干年。在水泥和水作用的最初几天内强度增长最为迅速，如水化 7 d 的强度可达到 28 d 强度的 70% 左右，28 d 以后的强度增长明显减缓。影响水泥凝结、硬化的因素除上述主要因素之外，还与水泥的受潮程度及所掺外加剂种类等因素有关。

4. 硅酸盐水泥的主要技术要求

（1）细度

细度是指水泥颗粒的粗细程度，对水泥的凝结时间、强度、需水量和安定性有较大影响。水泥细度的评定可采用筛分析法和比表面积法。筛分析法是用方孔边长为 80 μm 的标准筛对水泥试样进行筛分析试验，用筛余百分数表示，80 μm 方孔筛筛余不大于 10%；比表面积是指单位质量的水泥粉末所具有的总表面积，以 m²/kg 表示，可用勃氏比表面积仪测定，该方法主要是根据一定量的空气通过具有一定孔隙率和固定厚度的水泥层时，所受阻力不同而引起流速的变化来测定水泥的比表面积。粉料越细，比表面积越大，空气透过时的阻力越大。

（2）凝结时间

凝结时间分初凝和终凝。初凝指水泥加入水后至水泥开始失去可塑性的时间；终凝指从水泥加入水拌和起，至水泥浆完全失去可塑性并开始产生强度所需的时间。硅酸盐水泥初凝时间不得早于 45 min，终凝时间不得迟于 6.5 h。水泥的凝结时间是采用标准稠度的水泥净浆在规定温度及湿度的环境下，用水泥净浆凝结时间测定仪测定。

（3）标准稠度用水量

在测定水泥的凝结时间、体积安定性时，为使所测得的结果有可比性，要求采用标准稠度的水泥净浆，净浆达到标准稠度时的用水量即为标准稠度用水量，以水占水泥质量的百分数表示。对于不同的水泥品种，水泥的标准稠度用水量各不相同，一般在24%～33%。

（4）体积安定性

水泥的体积安定性是指水泥浆硬化后体积变化是否均匀的性质。水泥浆体在硬化过程中体积发生不均匀变化时导致的膨胀开裂、翘曲等现象，称为体积安定性不良。安定性不良的水泥会使混凝土构件产生膨胀性裂缝，从而降低建筑物质量，引起严重事故。因此，国家标准中规定水泥安定性必须合格，否则水泥作为废品处理。引起水泥体积安定性不良的原因主要有含有过多的游离氧化钙和游离氧化镁、石膏掺量过多。

（5）强度及强度等级

强度是水泥力学性质的一项重要指标，是确定水泥强度等级的依据。在测定水泥强度时，采用水泥胶砂强度试验，用规定方法制成规格为40 mm×40 mm×160 mm的标准试件，在标准养护条件下养护，测定其3 d、28 d的抗压强度、抗折强度。

（6）水化热

水泥与水发生水化反应所放出的热量称为水化热。水化热的大小主要与水泥的细度及矿物组成有关。颗粒越细，水化热越大；矿物中C_3S、C_3A含量越多，水化热越高。大部分的水化热集中在早期3～7 d释放，以后逐步减少。

5. 水泥石的腐蚀与防护

硅酸盐水泥硬化后，在通常条件下有较高的耐久性，但水泥石长期处在侵蚀性介质（如流动的软水、酸性溶液、强碱等环境）中时，会逐渐受到侵蚀而变得疏松，强度下降，甚至破坏，这种现象称为水泥石的腐蚀。

（1）软水侵蚀

硅酸盐水泥作为水硬性胶凝材料的代表，对于一般江、河、湖水等硬水，具有足够的抵抗能力。但是受到冷凝水、雪水、蒸馏水等含重碳酸盐比较少的软水时，水泥石将遭受腐蚀。在静水及无压水的情况下，水泥石中的氢氧化钙很快溶于水并达到饱和，使溶解作用终止，此时溶出仅限于水泥石表层，危害不大。但在流动水及压力水的作用下，溶解的氢氧化钙会不断流失，而且水越纯净，水压越大，氢氧化钙流失越多。其结果是：一方面使水泥石变得疏松；另一方面也使水泥石的碱度降低，而水泥水化产物只有在一定的碱度环境中才能稳定生存，所以氢氧化钙的不断溶出又导致了其他水化产物的分解溶蚀，最终导致水泥石被破坏。

（2）酸性腐蚀

水泥水化产物呈碱性，其中含有较多的氢氧化钙，当遇到酸类或酸性水时则会发生中和反应，生成比氢氧化钙溶解度大的盐类，导致水泥石受损破坏。

碳酸的侵蚀：长期受这种反应影响会导致水泥石结构疏松，密度下降，强度降低。另外，水泥石中氢氧化钙浓度的降低又会导致其他水化产物的分解，进一步加剧水泥石的腐蚀。

一般酸的腐蚀：各种酸类都会对水泥石造成不同程度的损害。其损害机理是酸类与水泥石中的氢氧化钙发生化学反应，生成物或者易溶于水，或者体积膨胀导致水泥石中产生内应力从而导致水泥石被破坏。无机酸中的盐酸、硝酸、硫酸、氢氟酸和有机酸中的醋酸、蚁酸、乳酸的腐蚀作用尤为严重。

（3）盐类的腐蚀

镁盐的腐蚀：海水及地下水中常含有氯化镁等镁盐，它们可与水泥石中的氢氧化钙起置换反应生成易溶于水的氯化钙和松软无胶结能力的氢氧化镁。

硫酸盐的腐蚀：硫酸钠、硫酸钾等对水泥石的腐蚀同硫酸的腐蚀程度相同，而硫酸镁对水泥石的腐蚀包括镁盐和硫酸盐双重腐蚀作用。

（4）强碱腐蚀

碱类溶液如浓度不大时一般无害，但铝酸盐含量较高的硅酸盐水泥遇到强碱（如氢氧化钠）作用后会被腐蚀破坏，氢氧化钠与水泥熟料中未水化的铝酸盐作用，生成易溶于水的铝酸钠，出现溶出性侵蚀。

（5）防止水泥石腐蚀的措施

根据以上腐蚀原因的分析，欲减轻或阻止水泥石的腐蚀，可以采取以下措施：

①根据侵蚀环境特点选择合适的水泥品种。例如，选用氢氧化钙含量少的水泥，可提高对软水等侵蚀性液体的抵抗能力；选用含水化铝酸钙低的水泥，可抵抗硫酸盐的腐蚀；选择掺入混合材料的水泥可提高抗腐蚀能力。

②提高水泥石的密实度，降低孔隙率。在实际工程中，可通过降低水灰比、合理选择骨料、掺外加剂、改善施工方法等措施，提高水泥石的密实度，从而提高水泥石的抗腐蚀性能。

③设置保护层。当水泥石在较强的腐蚀性介质中使用时，根据不同的腐蚀性介质，在混凝土或砂浆表面覆盖塑料、沥青、耐酸陶瓷和耐酸石料等耐腐蚀性强且不透水的保护层，使水泥石与腐蚀性介质相隔离，从而起到保护作用。

6. 硅酸盐水泥的性质与应用

（1）快凝快硬高强

硅酸盐水泥的凝结、硬化速度快、强度高，尤其是早期强度增长率高。适用于有早期强度要求的冬期施工的混凝土工程，地上、地下重要结构物及高强混凝土和预应力混凝土。

（2）抗冻性好

硅酸盐水泥采用合理的配合比和充分养护后，可获得较低孔隙率的水泥石，并有足够的强度，因此具有良好的抗冻性，适用于冬期施工及遭受反复冻融的混凝土工程。

（3）抗腐蚀性差

硅酸盐水泥水化产物中有较多的氢氧化钙和水化铝酸钙，耐软水及耐化学腐蚀能力差。故硅酸盐水泥不适用于受海水、矿物水、硅酸盐等化学侵蚀性介质腐蚀的地方。

（4）碱度高，抗碳化能力强

碳化是指水泥石中的氢氧化钙与空气中的二氧化碳反应生成碳酸钙的过程。碳化会使水泥石内部碱度降低，从而使其中的钢筋发生锈蚀。硅酸盐水泥由于密实度高且碱性强，故抗碳化能力强，特别适用于重要的钢筋混凝土结构、预应力混凝土工程以及二氧化碳浓度较高的环境。

（5）耐热性差

水泥石的温度约为 300℃时，水泥的水化产物开始脱落，体积收缩，水泥石强度下降，当受热达 700℃以上时，强度降低更多，甚至完全破坏，所以硅酸盐水泥不宜用于耐热混凝土工程。

（6）耐磨性好

硅酸盐水泥强度高，耐磨性好，适用于道路、地面等对耐磨性要求高的工程。

（7）水化热大

硅酸盐水泥中含有大量的 C_3S、C_3A，在水泥水化时，放热速度快且放热量大，用于冬期施工可避免冻害。但高水化热对大体积混凝土工程不利，一般不适用于大体积混凝土工程。

三、工程常用水泥的品种、特性及应用

掺混合材料的硅酸盐水泥是指在硅酸盐水泥熟料的基础上，加入一定量的混合材料和适量石膏共同磨细制成的一种水硬性胶凝材料。掺混合材料的目的是调整水泥强度等级，扩大使用范围，改善水泥的某些性能，增加水泥的品种和产量，降低水泥成本并且充分利用工业废料，减轻对环境的负担。

1. 混合材料

混合材料是指在生产水泥及其制品和构件时，常掺入天然或人工的矿物材料。混合材料按照其参与水化的程度，分为活性混合材料和非活性混合材料。磨细的混合材料与石灰、石膏或硅酸盐水泥一起，加水拌和后能发生化学反应，生成有一定胶凝性的物质，且具有水硬性，这种混合材料称为活性混合材料。常用的活性混合材料有粒化高炉矿渣、火山灰质混合材料、粉煤灰等。在水泥中主要起填充作用而不与水泥发生化学反应的矿物材料称为非活性混合材料，主要是提高水泥产量，调节水泥强度等级，减小水化热等。非活性混合材料在水泥中仅起填充作用，所以又称为填充性混合材料。磨细的石英砂、石灰石、黏土、慢冷矿渣等都属于非活性材料。

2. 普通硅酸盐水泥

由硅酸盐水泥熟料、5%～20%混合材料、适量石膏磨细制成的水硬性胶凝材料，称为普通硅酸盐水泥（以下简称普通水泥）。

（1）技术要求

对普通硅酸盐水泥的技术要求如下：

①细度。80 μm 方孔筛筛余不得超过 10.0%。

②凝结时间。普通硅酸盐水泥初凝时间不得早于 45 min，终凝时间不得迟于 10 h。

③强度等级。根据 3 d 和 28 d 龄期的抗压、抗折强度，将普通水泥分为 42.5、42.5R、52.5、52.5R 共 4 个强度等级 2 个类型。

（2）性质与应用

普通水泥中绝大部分仍为硅酸盐水泥熟料，其性质与硅酸盐水泥相近，但由于掺入少量混合材料，其各项性质稍有区别，具体表现为：早期强度略低；水化热略低；耐腐蚀性略有提

高；耐热性稍好；抗冻性、耐磨性、抗碳化性略有降低。在应用范围方面，普通水泥与硅酸盐水泥基本相同，甚至在一些不能用硅酸盐水泥的地方也可采用普通水泥，使普通水泥成为建筑行业应用面最广、使用量最大的水泥品种。

3. 矿渣硅酸盐水泥、火山灰硅酸盐水泥、粉煤灰硅酸盐水泥

凡由硅酸盐水泥熟料和粒化高炉矿渣、适量石膏磨细制成的水硬性胶凝材料称为矿渣硅酸盐水泥（以下简称矿渣水泥），代号 P·S。水泥中粒化高炉矿渣掺量按质量百分比计为＞20%且≤70%，允许用石灰石、窑灰、粉煤灰和火山灰质混合材料中的一种材料代替矿渣，代替数量不得超过水泥质量的 8%，代替后水泥中粒化高炉矿渣量不得少于 20%。

凡由硅酸盐水泥熟料和火山灰质混合材料、适量石膏磨细制成的水硬性胶凝材料称为火山灰质硅酸盐水泥（以下简称火山灰水泥），代号 P·P。水泥中火山灰质混合材料掺量按质量百分比计为＞20%且≤40%。

凡由硅酸盐水泥熟料和粉煤灰、适量石膏磨细制成的水硬性胶凝材料称为粉煤灰硅酸盐水泥（以下简称粉煤灰水泥），代号 P·F。水泥中粉煤灰掺量按质量百分比计为 20%～40%。

4 种水泥的特性如下：

（1）矿渣水泥

①耐热性强。矿渣水泥中，矿渣含量较大，硬化后氢氧化钙含量少，且矿渣本身又是高温形成的耐火材料，故矿渣水泥的耐热性好，适用于高温车间、高炉基础及热气体通道等耐热工程。

②保水性差、泌水性大、干缩性大。粒化高炉矿渣难以磨得很细，加上矿渣玻璃体亲水性差，在拌制混凝土时泌水性大，容易形成毛细管通道和粗大孔隙，在空气中硬化时易产生较大干缩，水泥石的密实度低。所以矿渣水泥的抗渗性、抗冻性及抵抗干湿交替循环作用均不及普通水泥。

（2）火山灰水泥

火山灰混合材料含有大量的微细孔隙，使其具有良好的保水性，并且在水化过程中形成大量的水化硅酸钙凝胶，使火山灰水泥的水泥石结构密实，从而具有较高的抗渗性。火山灰水泥水化产物中含有大量胶体，长期处于干燥环境时，胶体会脱水产生严重的收缩，导致干缩裂缝，并且在水泥石的表面产生"起粉"现象。因此，火山灰水泥不宜用于长期干燥的环境中。

（3）粉煤灰水泥

粉煤灰水泥呈球形颗粒，比表面积小，吸附水的能力小，与其他掺混合材料的水泥相比，标准稠度需水量较小。因而这种水泥的干缩性小，抗裂性高。但致密的球形颗粒，保水性差，易泌水。粉煤灰由于表面积小，不易水化，所以活性主要在后期发挥。因此，粉煤灰水泥早期强度、水化热比矿渣水泥和火山灰水泥还要低，特别适合于大体积混凝土工程。

（4）复合水泥

复合水泥是一种新型通用水泥。与普通水泥相比，混合材料掺量不同，普通水泥掺量不超过 15%，而复合水泥掺量应大于 15%。复合硅酸盐水泥特性取决于所掺混合材料的种类、掺量及相对比例。与矿渣水泥、火山灰水泥、粉煤灰水泥有不同程度的类似，其使用根据所掺混合材料的种类，参照其他掺混合材料水泥的适用范围按工程实践经验选用。

硅酸盐水泥、普通硅酸盐水泥、矿渣水泥、火山灰水泥、粉煤灰水泥及复合水泥是我国广泛使用的 6 种水泥，其组成、性质及适用范围见表 3-2。

表 3-2　6 种常用水泥组成、性质比较

项目	硅酸盐水泥（P·Ⅰ、P·Ⅱ）	普通硅酸盐水泥（P·O）	矿渣水泥（P·S）	火山灰水泥（P·P）	粉煤灰水泥（P·F）	复合水泥（P·C）
组成	硅酸盐水泥熟料、适量石膏					
	无或很少量的混合材料	少量混合材料（>5%且≤20%）	>20%且≤70%粒化高炉矿渣	>20%且≤40%火山灰质混合材料	>20%且≤40%粉煤灰	>20%且≤50%规定的混合材料
性质	1.早期、后期强度高 2.耐腐蚀性差 3.水化热大 4.抗碳化性好 5.抗冻性好 6.耐磨性好 7.耐热性差	1.早期强度稍低，后期强度高 2.耐腐蚀性稍差 3.水化热略小 4.抗碳化性好 5.抗冻性好 6.耐磨性较好 7.抗渗性好	早期强度低，后期强度高		早期强度较高	
			1.对温度敏感，适合蒸汽养护；2.耐腐蚀性好；3.水化热小；4.抗冻性差；5.抗碳化性较差			
			1.泌水性大、抗渗性差 2.耐热性较好 3.干缩性大	1.保水性好、抗渗性好 2.干缩大 3.耐磨性差	1.保水性差，易泌水 2.干缩小、抗裂性好 3.耐磨性差	干缩较大

常用水泥选择见表 3-3。

表 3-3　常用水泥的选择

混凝土工程特点及所处环境条件			优先选用	可以选用	不宜选用
普通混凝土	1	在一般气候环境中的混凝土	普通水泥	矿渣水泥、火山灰水泥、粉煤灰水泥、复合水泥	
	2	在干燥环境中的混凝土	普通水泥	矿渣水泥	火山灰水泥、粉煤灰水泥
	3	在高温环境中或长期处于水中的混凝土	矿渣水泥、火山灰水泥、粉煤灰水泥、复合水泥	普通水泥	
	4	厚大体积混凝土	矿渣水泥、火山灰水泥、粉煤灰水泥、复合水泥	普通水泥	硅酸盐水泥
有特殊要求的混凝土	1	要求快硬、高强（>C40）的混凝土	硅酸盐水泥	普通水泥	矿渣水泥、火山灰水泥、粉煤灰水泥、复合水泥
	2	严寒地区的露天混凝土、寒冷地区处于水位升降范围内的混凝土	普通水泥	矿渣水泥（强度等级>32.5）	火山灰水泥、粉煤灰水泥

续表

混凝土工程特点及所处环境条件		优先选用	可以选用	不宜选用
有特殊要求的混凝土	3　严寒地区处于水位升降范围内的混凝土	普通水泥（强度等级＞42.5）		矿渣水泥、火山灰水泥、粉煤灰水泥、复合水泥
	4　有抗渗要求的混凝土	普通水泥、火山灰水泥		矿渣水泥
	5　有耐磨要求的混凝土	硅酸盐水泥、普通水泥	矿渣水泥（强度等级＞32.5）	火山灰水泥、粉煤灰水泥
	6　受侵蚀性介质作用的混凝土	矿渣水泥、火山灰水泥、粉煤灰水泥、复合水泥		硅酸盐水泥、普通水泥

第二节　混凝土基本知识

混凝土是胶凝材料，砂、石配以适量水、外加剂、掺合料或其他组分，经拌和、成型、养护等工艺过程而形成的人造石材，它是现代建筑技术发展的重要物质基础，其技术水平的高低是现代建筑技术发展水平的象征。

一、混凝土的分类及主要技术性质

按照其表观密度，可以把混凝土分成 3 类：

1）重混凝土：表观密度大于 2 800 kg/m³ 的混凝土，是由特别重或特别密实的骨料配制而成。如重晶石混凝土、铁矿石混凝土、钢屑混凝土等，它们具有防 X 射线和 γ 射线的性能，也称作防辐射混凝土，被广泛用于核工业屏蔽结构。

2）普通混凝土：表观密度为 2 000～2 800 kg/m³ 的混凝土，采用天然的砂、石为骨料配制成，在土建工程中最常用，如房屋及桥梁等承重结构，道路工程中的路面等。

3）轻混凝土：表观密度小于 1 950 kg/m³ 的混凝土，它又可以分为轻骨料混凝土、多孔混凝土和大孔混凝土 3 类。

除此之外，混凝土还可按其胶凝材料分为水泥混凝土、石膏混凝土、沥青混凝土、聚合物混凝土、水玻璃混凝土等；按其用途分为结构混凝土、防水混凝土、耐热混凝土、耐酸混凝土、大体积混凝土等；按其生产工艺和施工方法分为泵送混凝土、喷射混凝土、压力混凝土、离心混凝土、碾压混凝土、挤压混凝土等。

二、普通混凝土的组成材料及主要技术性质

混凝土的结构如图 3-3 所示，石子和砂起骨架作用，称为骨料。石子为粗骨料，砂为细骨料。砂子填充石子的空隙，砂石构成的坚硬骨架可抑制由于水泥浆硬化和水泥石干燥而产生的收缩。骨料约占混凝土体积的 70%，其余是水泥和水组成的水泥浆和少量残留的空气。

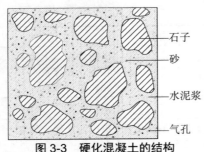
图 3-3 硬化混凝土的结构

石子
砂
水泥浆
气孔

在混凝土中，水泥浆作用是包裹在骨料表面并填满骨料间的空隙，作为骨料之间的润滑材料，使尚未凝固的混凝土拌合物具有流动性，并通过水泥浆的凝结硬化将骨料胶结成整体。为了保证混凝土的质量，对所用材料应进行选择，其组成材料必须满足一定的技术质量要求。混凝土的技术性质在很大程度上是由原材料的性质及其相对含量决定，同时也与施工工艺有关。

（1）水泥

水泥是混凝土组成中最重要的材料，也是影响混凝土强度、耐久性、经济性的最重要的因素。配制混凝土所用的水泥应符合国家现行标准有关规定，在配制时应合理地选择水泥品种和强度等级。根据工程特点、环境条件及设计、施工的要求合理选择水泥品种。水泥强度等级的选择应与混凝土的设计强度等级相适应。原则上是配制高强度等级的混凝土，选用高强度等级的水泥，配制低强度等级的混凝土，选用低强度等级的水泥。

（2）细骨料

粒径小于 4.75 mm 的骨料称为细骨料（砂）。混凝土用砂可分为天然砂、人工砂两类。天然砂是由自然风化、水流搬运和分选堆积形成的粒径小于 4.75 mm 的岩石颗粒。按产源不同，天然砂分为河砂、湖砂、山砂、淡化海砂。人工砂是经除土处理的机制砂、混合砂的统称。机制砂是由机械破碎、筛分制成的粒径小于 4.75 mm 的岩石颗粒，混合砂是由机制砂、天然砂混合制成的砂。

（3）粗骨料

普通混凝土用粗骨料是粒径大于 4.75 mm 的岩石颗粒，有卵石和碎石两大类。碎石是天然岩石或卵石经机械破碎、筛分制成的粒径大于 4.75 mm 的岩石颗粒；卵石是天然岩石经自然风化、水流搬运和分选、堆积而成的粒径大于 4.75 mm 的岩石颗粒。卵石表面光滑、无棱角，拌制混凝土时和易性较好且节省水泥，但卵石的有机杂质含量较多、表面光滑、缺少棱角，与水泥凝胶体之间的胶结能力较差，界面强度较低，所以难以配制高强度的混凝土。碎石粒径可以人为控制，表面粗糙、多棱角、含泥量较少，与水泥凝胶体的黏结能力较强，适合配制较高强度的混凝土。

（4）混凝土拌和及养护用水

混凝土拌和用水按水源可分为饮用水、地表水、地下水、海水以及经适当处理或处置后的工业废水。对混凝土拌和及养护用水的质量要求是：不得影响混凝土的和易性及凝结；不得有损于混凝土强度发展；不得降低混凝土的耐久性、加快钢筋腐蚀及导致预应力钢筋脆断；不得污染混凝土表面。

三、混凝土拌合物的和易性

（1）和易性

和易性是指混凝土拌合物易于施工操作并能获得质量均匀、成型密实的性能。和易性是一项综合的技术性质，包括有流动性、黏聚性和保水性 3 方面的含义。流动性是指混凝土拌合物在本身自重或机械振捣的作用下能产生流动并均匀密实地填满模板的性能。黏聚性是指混凝土拌合物在施工过程中其组成材料之间有一定的黏聚性，不致产生分层和离析的现象。保水性是指混凝土拌合物在施工过程中，具有一定的保水能力不致产生严重的泌水现象。

（2）和易性测定方法及指标

1）坍落度测定。

在工地和实验室，通常采用坍落度试验测定拌合物的流动性，并辅以直观经验评定黏聚性和保水性。测定流动性的方法是将混凝土拌合物按规定方法装入标准圆锥坍落度筒内，装满刮平后，垂直向上将筒提起后移到一旁，混凝土拌合物由于自重将会产生坍落现象，量出向下坍落的尺寸（mm）为坍落度，如图 3-4 所示。坍落度越大表示流动性越大。在做坍落度试验的同时，应观察混凝土拌合物的黏聚性、保水性及含砂等情况，全面地评定混凝土拌合物的和易性。

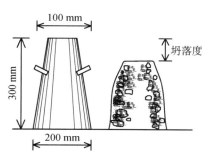

图 3-4　混凝土坍落度示意

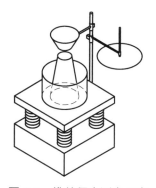

图 3-5　维勃稠度测定示意

2）维勃稠度测定。

对于干硬的混凝土拌合物常采用维勃稠度法测定其稠度。维勃稠度测试方法是：在坍落度筒中按照规定方法装满拌合物，提起坍落度筒，将维勃稠度仪上的透明圆盘转至拌合物顶面，开启振动台同时用秒表计时，振动至透明圆盘的底面完全为水泥浆所布满时，关闭振动台并停止秒表，由秒表读出的时间为该拌合物的维勃稠度值，如图 3-5 所示。该法适用于骨料最大粒不超过 40 mm，维勃稠度在 5～30 s 的混凝土拌合物。

（3）流动性（坍落度）的选择

选择混凝土拌合物的坍落度，要根据构件截面的大小、钢筋疏密和捣实方法来确定。当构件截面尺寸较小或钢筋较密，或采用人工插捣时，坍落度可选择大些。反之，如果构件截面尺寸较大或钢筋较疏，或采用振动器振捣时，坍落度可选择小些。

（4）影响和易性的主要因素

1）水泥浆的数量。

在水灰比不变的情况下，单位体积拌合物内，如果水泥浆越多，则拌合物的流动性越大。但水泥浆过多，将会出现流浆现象，使拌合物的黏聚性变差，同时对混凝土的强度与耐久性也会产生一定影响。水泥浆过少，而不能填满骨料空隙或不能很好包裹骨料表面时，就会产生崩坍现象，黏聚性变差。因此，混凝土拌合物中水泥浆的含量应以满足流动性要求为度，不宜过量。

2）水泥浆的稠度。

水泥浆的稠度是由水灰比决定的。在水泥用量不变的情况下，水灰比越小，水泥浆就越稠，混凝土拌合物的流动性就越差。当水灰比过小时，水泥浆干稠，混凝土拌合物的流动性过低，会使施工困难，不能保证混凝土的密实性。增加水灰比会使流动性加大。如果水灰比过大，又会造成混凝土拌合物的黏稠性和保水性不良，而产生流浆、离析现象，并严重影响混凝土的强度。所以水灰比不能过大或过小。一般应根据混凝土强度和耐久性要求合理选用。

3）砂率。

砂率是指混凝土中砂的质量占砂、石总质量的百分率。砂率的变动会使骨料的空隙率和骨料的总表面积有显著改变，因而对混凝土拌合物的和易性产生显著影响。从图 3-6 中可以看出同样粗细的砂空隙最大，如图 3-6（a）所示，两种粒径的砂搭配则空隙将减小，如图 3-6（b）所示，三种粒径的砂搭配空隙则更小，如图 3-6（c）所示。要减小砂粒间的空隙，就必须有大小不同的颗粒搭配。

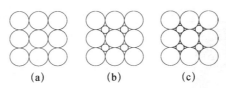

（a）　　　　　（b）　　　　　（c）

图 3-6　骨料颗粒级配

砂率过大时，骨料的表面积及空隙率都会增大，在水泥浆含量不变的情况下，减弱了水泥浆的润滑作用，而使混凝土拌合物的流动性降低。如砂率过小，又不能保证在粗骨料之间有足够的砂浆层，也会降低混凝土拌合物的流动性，而且会严重影响其黏聚性和保水性，容易造成离析、流浆等现象。因此，砂率有一个合理值，当采用合理砂率时，在用水量及水泥用量一定的情况下，能使混凝土拌合物获得最大的流动性且能保持良好的黏聚性和保水性。

4）水泥品种和骨料的性质。

在水泥用量和用水量一定的情况下采用矿渣水泥或火山灰水泥拌制的混凝土拌合物的流动性一般比普通水泥差。卵石拌制的混凝土拌合物比碎石拌制的流动性好，河砂拌制的混凝土拌合物比山砂拌制的流动性好，骨料级配好的混凝土拌合物的流动性也好。

5）外加剂。

在拌制混凝土时，加入少量的外加剂能使混凝土拌合物在不加水泥用量的条件下，获得很好的和易性，增大流动性和改善黏聚性、降低泌水性，提高混凝土的耐久性。

6）时间和温度。

拌合物拌制后，随时间的延长而逐渐变得干稠，流动性降低，原因是有一部分水供水泥水化，一部分水被骨料吸收，一部分水蒸发以及凝聚结构的逐渐形成，致使混凝土拌合物的流动性差。由于拌合物流动性的这种变化，在施工中测定和易性的时间，推迟至搅拌后约 15 min 为宜。

拌合物的和易性也受温度的影响。因为环境温度升高，水分蒸发及水泥水化反应加快，拌合物的流动性变差，坍落度损失变快。因此施工中为保证一定的和易性必须注意环境温度的变化，采取相应的措施。

四、混凝土的强度

1. 混凝土立方体抗压强度 f_{cu}

边长为 150 mm 的立方体试件，在标准条件（温度 20±2℃，相对湿度 95%以上）下养护 28 d 所测得的抗压强度值为混凝土立方体试件抗压强度，以 f_{cu} 表示。测定混凝土立方体试件抗压强度，也可以根据粗骨料最大粒径的尺寸而选用不同的试件尺寸，但在计算其抗压强度时，应乘以换算系数，以得到相当于标准试件的试验结果（选用边长为 100 mm 的立方体试件时，换算系数为 0.95；选用边长为 200 mm 的立方体试件时，换算系数为 1.05）。根据混凝土立方体抗压强度标准值（ $f_{cu,k}$ ）把混凝土分为若干强度等级，例如，C30 表示混凝土立方体抗压强度标准值为 30 MPa。

2. 混凝土的轴心抗压强度 f_c

确定混凝土强度等级采用立方体试件，但实际工程中，混凝土受压构件大部分是棱柱体或圆柱体，为使测得的混凝土强度接近于混凝土结构的实际情况，采用混凝土的轴心抗压强度作为设计依据，测混凝土轴心抗压强度时采用 150 mm×150 mm×300 mm 棱柱体作为标准试件。

3. 混凝土的抗拉强度 f_t

混凝土在受拉时，很小的变形就会开裂。混凝土的抗拉强度只有抗压强度的 1/10～1/20，且随着混凝土强度等级的提高，抗拉强度的增加仍不及抗压强度提高的快。混凝土抗拉强度是确定混凝土抗裂度的重要指标，有时也用它来间接衡量混凝土与钢筋的黏结强度。测定混凝土抗拉强度的试验方法主要有直接受拉试验和劈裂试验，直接受拉试验试件对中比较困难，常采用劈裂试验测定混凝土抗拉强度。

4. 影响混凝土强度的因素

普通混凝土受力破坏一般出现在骨料和水泥石的分界面上，这是常见的黏结面破坏的形式。当水泥石强度较低时，水泥石本身破坏也是常见的破坏形式。在普通混凝土中，骨料强度一般超过水泥石和黏结面的强度，混凝土强度主要取决于水泥石强度及其与骨料表面的黏结强度，而水泥石强度及其与骨料的黏结强度又与水泥强度等级、水灰比及骨料的性质有密切关系。此外，混凝土的强度还受施工质量、养护条件及龄期的影响。

五、混凝土的变形性能

1. 非荷载作用下的变形

非荷载作用下的变形有化学收缩、干湿变形及温度变形等。水泥水化后的体积比水化前的体积要小从而产生收缩，这种收缩称为化学收缩。其收缩量随混凝土硬化龄期的延长而增加，大致与时间的对数成正比，一般在混凝土成型后 40 多天内增长较快，后期逐渐稳定。干湿变形取决于周围环境的湿度变化。混凝土在干燥过程中，首先产生气孔水和毛细孔水的蒸发。气孔水的蒸发并不会引起混凝土的收缩。毛细孔水的蒸发使毛细孔中形成负压，导致混凝土收缩。混凝土的这种收缩在重新吸水后大部分可以恢复。当混凝土在水中硬化时，体积不变，甚至微膨胀，但膨胀值远比收缩值小，一般没有破坏作用。温度变形即混凝土热胀冷缩的性能。由于水泥水化放出热量，温度变形对大体积混凝土工程极为不利，容易引起内外膨胀不均而导致混凝土开裂。

2. 在荷载作用下的变形

1）在短期荷载作用下的变形。

①混凝土的弹塑性变形：混凝土内部结构中含有砂石骨料、水泥石、游离水分和气泡，这就决定了混凝土本身的不匀质性，不是一种完全的弹性体，而是一种弹塑性体。在受力时，既会产生可以恢复的弹性变形，又会产生不可恢复的塑性变形。

②混凝土的变形模量：在应力—应变曲线上任一点的应力与其应变的比值，称为混凝土在该应力下的变形模量。它反映混凝土所受应力与所产生应变之间的关系，在计算钢筋混凝土的变形，裂缝开展及大体积混凝土的温度应力时，均需混凝土的变形模量。钢筋混凝土构件的刚度与混凝土的弹性模量有关，建筑物须有足够的刚度才能发挥其正常使用功能，因此混凝土须有足够高的弹性模量。

2）在长期荷载作用下的变形：混凝土在长期荷载作用下，沿着作用力方向的变形会随着时间不断增长，即荷载不变而变形仍随时间增大，一般要延续2～3年才逐渐趋于稳定，这种在长期荷载作用下产生的变形，通常称为徐变。混凝土的水灰比较小或混凝土在水中养护时，同龄期的水泥石中未填满的孔隙较少，故徐变较小。水灰比相同的混凝土，其水泥用量越多，即水泥石相对含量越大，其徐变越大。混凝土所用骨料弹性模量较大时，徐变较小。此外，徐变与混凝土的弹性模量也有密切关系，一般弹性模量大者，徐变小。

六、常用混凝土外加剂

混凝土外加剂是在拌制混凝土过程中掺入，用以改善混凝土性能的物质，掺量一般不大于水泥质量的5%。

1. 外加剂的分类

混凝土外加剂按其主要功能分为4类：改善混凝土拌合物流变性能的外加剂，如各种减水剂、引气剂和泵送剂等；调节混凝土凝结时间、硬化性能的外加剂，如缓凝剂、早强剂和速凝剂等；改善混凝土耐久性的外加剂，如引气剂、防水剂和阻锈剂等；改善混凝土其他性能的外加剂，如加气剂、膨胀剂、防冻剂、着色剂、防水剂等。

2. 常用外加剂

（1）减水剂

减水剂是当前外加剂中品种最多、应用最广的一种，根据其功能分为普通减水剂、高效减水剂、引气减水剂、缓凝减水剂、早强减水剂等。减水剂按其主要化学成分分为木质素磺酸盐系、多环芳香族磺酸盐系、水溶性树脂磺酸盐系、糖钙以及腐植酸盐等。

（2）早强剂

早强剂是加速混凝土早期强度发展的外加剂。早强剂的主要种类有无机物类（氯盐类、硫酸盐类、碳酸盐类等）、有机物类（有机胺类、羟基盐类等）、矿物类（天然矿物如明矾石、合成矿物如氟铝酸钙等）。目前常用的早强剂有氯盐、硫酸盐、三乙醇胺三大类及以它们为基础的复合早强剂。

（3）缓凝剂

缓凝剂是能延长混凝土凝结时间的外加剂。缓凝剂的主要种类有羟基羧酸及其盐类，如酒石酸、柠檬酸、葡萄糖酸及其盐类以及水杨酸；含糖碳水化合物类，如糖蜜、葡萄糖、蔗糖等；无机盐类，如硼酸盐、磷酸盐、锌盐等；木质素磺酸盐类，如木钙、木钠等。

（4）引气剂

引气剂是在搅拌混凝土过程中能引入大量均匀分布、稳定而封闭的微小气泡的外加剂。引气剂的主要种类有松香树脂类（如松香热聚物、松香皂等）、烷基苯磺酸盐类（如烷基苯磺酸钠、烷基磺酸钠等）、脂肪醇类（如脂肪醇硫酸钠、高级脂肪醇衍生物）、非离子型表面活性剂（如烷基酚环氧乙烷缩合物等）、木质素磺酸盐类（如木质素磺酸钙等）。

（5）膨胀剂

膨胀剂是指使混凝土（砂浆）在水化过程中产生一定的体积膨胀，并在有约束条件下产生适宜自应力的外加剂。目前应用较多的有硫铝酸钙类如明矾石膨胀剂、CSA 膨胀剂；氯化钙类如石灰膨胀剂；氯化钙—硫铝酸钙类如复合膨胀剂；氧化镁类如氧化镁膨胀剂；金属类如铁屑膨胀剂。

（6）防冻剂

能使混凝土在负温下硬化，并在规定时间内达到足够防冻强度的外加剂称为防冻剂。在负温度条件下施工的混凝土工程须掺入防冻剂。常用的防冻剂有氯盐类（氯化钙、氯化钠）或以氯盐为主的其他早强剂、引气剂、减水剂复合的外加剂；氯盐阻锈剂类：氯盐与阻锈剂（亚硝酸钠）为主复合的外加剂；无氯盐类：以硝酸盐、亚硝酸盐、乙酸钠或尿素为主复合的外加剂。

防冻剂除能降低冰点外，还有促凝、早强、减水等作用，所以多为复合防冻剂。常用的复合防冻剂有 NON-F 型、NC-3 型、MN-F 型、FW2、FW3、AN-4 等。

七、混凝土的耐久性

1. 耐久性的概念

混凝土耐久性是指混凝土抵抗环境介质作用并长期保持其良好的使用性能和外观完整性，从而维持混凝土结构的安全、正常使用的能力。混凝土耐久性能主要包括抗渗性、抗冻性、抗侵蚀性、抗碳化等。

（1）抗渗性

混凝土的抗渗性是指混凝土抵抗压力液体渗透的能力，它直接影响混凝土的抗冻性和抗侵蚀性。混凝土的抗渗性主要与其密实度及内部孔隙的大小和构造有关。混凝土内部互相连通的孔隙和毛细管通路，以及由于在混凝土施工成型时，振捣不实产生的蜂窝、孔洞都会造成混凝土渗水。

对于混凝土的抗渗性，我国一般采用抗渗等级表示。抗渗等级是按标准试验方法进行试验，以不渗水时的所能承受的最大水压力来表示，分为 P4、P6、P8、P10、P12 等不同的抗渗等级，分别表示能抵抗 0.4 MPa、0.6 MPa、0.8 MPa、1.0 MPa 及 1.2 MPa 的水压力而不渗水。影响混凝土抗渗性的因素有水灰比、水泥品种、骨料的最大粒径、养护方法、外加剂及掺合料等。

（2）抗冻性

混凝土的抗冻性是指混凝土在水饱和状态下，经受多次冻融循环作用，能保持强度和外观完整性的能力。混凝土抗冻性一般以抗冻等级表示。抗冻等级是采用慢冻法以龄期 28 d 的试块在吸水饱和后承受反复冻融循环，以抗压强度下降不超过 25% 且质量损失不超过 5% 时所能承受的最大冻融循环次数来确定。对高抗冻性的混凝土，其抗冻性可采用快冻法确定，以相对动弹性模量值不小于 60%，而且质量损失率不超过 5% 时所能承受最大循环次数来表示。混凝土的抗冻性用抗冻等级表示。抗冻等级根据混凝土所能承受的反复冻融循环的次数，划分为 F25、F50、F100、F150、F200、F250、F300 等不同的等级。加入引气剂、减水剂和防冻剂或增强混凝土的密实度可提高混凝土的抗冻性。

（3）抗侵蚀性

当混凝土所处环境中含有侵蚀介质时，混凝土便会遭受侵蚀。通常有软水侵蚀、硫酸盐侵蚀、酸侵蚀、强碱侵蚀等。混凝土的抗侵蚀性与所用水泥的品种、混凝土的密实程度和孔隙特征有关。密实和孔隙封闭的混凝土，环境水不易侵入，故其抗侵蚀性较强。提高混凝土抗侵蚀性的方法，主要是合理选择水泥品种、降低水灰化、提高混凝土的密实度和改善孔结构。

（4）混凝土的碳化

混凝土的碳化作用是二氧化碳与水泥石中的氢氧化钙作用，生成碳酸钙和水。碳化过程是二氧化碳由表及里向混凝土内部逐渐扩散的过程，气体扩散规律决定了碳化速度的快慢。碳化引起水泥石化学组成及组织结构的变化，从而对混凝土的化学性能和物理力学性能有明显的影响，主要是对碱度、强度和收缩的影响。

（5）碱-骨料反应

混凝土的碱骨料反应，是指水泥中的碱（Na_2O 和 K_2O）含量较高时与骨料中的活性 SiO_2 发生反应，在骨料表面生成碱-硅酸凝胶，这种凝胶具有吸水膨胀的特性，会使包裹骨料的水泥石胀裂，这种现象称为碱-骨料反应。

2. 提高混凝土耐久性的措施

除原材料的选择外，增大混凝土的密实度是提高混凝土耐久性的一个重要环节。提高混凝土耐久性的措施主要有：根据工程所处环境及要求，合理选择水泥品种；适当控制混凝土的水灰比及水泥用量；选用质量良好的粗细骨料；改善粗细骨料的颗粒级配；掺用引气剂或减水剂。掺用引气剂或减水剂对提高抗渗、抗冻等有良好的作用，在某些情况下，还能节约水泥；加强混凝土质量的生产控制，浇筑和振捣密实及加强养护以保证混凝土的施工质量。

八、轻混凝土、高性能混凝土的特性及应用

1. 轻混凝土

轻混凝土是指表观密度小于 2 000 kg/m³ 的混凝土。轻混凝土具有轻质、高强、多功能等特性，在工程中使用可减轻结构自重、改善建筑物的保温和抗震性能、降低工程造价等，具有较好的技术、经济效果。轻混凝土又分为轻骨料混凝土、大孔混凝土和多孔混凝土。本节重点介绍轻骨料混凝土。

用轻骨料、轻砂（或普通砂）、水泥和水配制成的干表观密度不大于 2 000 kg/m³ 的混凝土称为轻骨料混凝土。轻骨料混凝土按粗骨料种类可划分为工业废料轻骨料混凝土（如粉煤灰陶粒混凝土）、天然轻骨料混凝土（如浮石混凝土）、人造轻骨料混凝土（如膨胀珍珠岩混凝土）。轻骨料混凝土按细骨料品种可划分为全轻混凝土和砂轻混凝土两类，前者全部粗细骨料均采用轻骨料，而后者的细骨料部分或全部采用普通砂。

（1）轻骨料

轻骨料有天然轻骨料（天然形成的多孔岩石，经加工而成的轻骨料如浮石、火山渣等）、工业废料轻骨料（以工业废料为原料经加工而成的轻骨料如粉煤灰陶粒、膨胀矿渣珠、炉渣及轻砂）和人造轻骨料（以地方材料为原料，经加工而成的轻骨料如黏土陶粒、膨胀珍珠岩等）。轻骨料与普通砂石的区别在于骨料中存在大量孔隙，质轻、吸水率大、强度低、表面粗糙等，轻骨料的技术性质直接影响到所配制混凝土的性质。轻骨料的技术性质主要包括堆积密度、粗细程度与颗粒级配、强度、吸水率等。

（2）轻骨料混凝土的技术性质

1）和易性。轻骨料混凝土由于其轻骨料具有颗粒表观密度小、表面粗糙、总表面积大、易于吸水等特点，因此其和易性同普通混凝土相比有较大的不同。轻骨料混凝土拌合物的黏聚性和保水性好，但流动性差。过大的流动性会使轻骨料上浮、离析，过小的流动性则会使捣实困难。

2）强度等级。轻骨料混凝土的强度等级，按立方体抗压强度标准值可划分为CL5.0、CL7.5、CL10、CL15、CL20、CL25、CL30、CL35、CL40、CL45、CL50、CL55、CL60 等。影响轻骨料混凝土强度大小的主要因素与普通混凝土基本相同，但由于轻骨料强度较低，因而轻骨料的强度是影响轻骨料混凝土强度高低的主要因素，且轻骨料用量越多，强度降低越大。此外，轻骨料的性质如堆积密度、颗粒形状、吸水性也是影响轻骨料混凝土强度的主要因素。

3）表观密度。轻骨料混凝土按干表观密度分为600、700、800、900、1 000、1 100、1 200、1 300、1 400、1 500、1 600、1 700、1 800、1 900 共 14 个等级，见表 3-4，导热系数在 0.18～1.01 W/(m·K)。

表 3-4　轻骨料混凝土密度等级和导热系数

密度等级	干表观密度/ （kg/m³）	导热系数/ ［W/（m·K）］	密度等级	干表观密度/ （kg/m³）	导热系数/ ［W/（m·K）］
600	560～650	0.18	1 300	1 260～1 350	0.421
700	660～750	0.20	1 400	1 360～1 450	0.49
800	760～850	0.23	1 500	1 460～1 550	0.57
900	860～950	0.26	1 600	1 560～1 650	0.66
1 000	960～1 050	0.28	1 700	1 660～1 750	0.76
1 100	1 060～1 150	0.31	1 800	1 760～1 850	0.87
1 200	1 160～1 250	0.36	1 900	1 860～1 950	1.01

4）弹性模量与变形。轻骨料混凝土的弹性模量小，一般只有同强度等级普通混凝土的 50%～70%。轻骨料混凝土的收缩和徐变比普通混凝土相应大 20%～50% 和 30%～60%，热膨胀系数比普通混凝土小 20% 左右。

（3）轻骨料混凝土施工及应用范围

轻骨料混凝土的施工工艺基本上与普通混凝土相同，但由于轻骨料的堆积密度小、呈多孔结构、吸水率较大等特点，因此在施工过程中应充分注意，才能确保工程质量。轻骨料吸水量很大，会使混凝土拌合物的和易性难以控制，因此，在气温 5℃ 以上的季节施工时，应对轻骨料进行预湿处理，在正式拌制混凝土前，应对轻骨料的含水率进行测定，以及时调整拌和用水量。轻骨料混凝土的拌制，宜采用强制式搅拌机。

由于轻骨料混凝土具有质轻、比强度高、保温隔热性好、耐火性好、抗震性好等特点，适合用于高层、大跨结构、耐火等级要求高及有节能要求的建筑。

2. 高性能混凝土

高性能混凝土是基于混凝土结构耐久性设计提出的一种全新概念的混凝土，以耐久性为首要设计指标。高性能混凝土由于具有高耐久性、高工作性、高强度和高体积稳定性等许多优良特性，被认为是目前全世界性能最为全面的混凝土，至今已在不少重要工程中被采用，特别是在桥梁、高层建筑、海港建筑等工程中显示出其独特的优越性。在工程安全使用期、经济合理性、环境条件的适应性等方面产生了明显的效益，是今后混凝土技术的发展方向。

第三节　砂浆基本知识

一、砂浆的分类、特性及应用

根据所用胶凝材料的不同，建筑砂浆分为水泥砂浆、石灰砂浆和混合砂浆等；根据用途又分为砌筑砂浆、抹面砂浆、防水砂浆、装饰砂浆及特种砂浆。水泥砂浆是由水泥、砂子和水搅拌而成，其强度高，耐久性好，但和易性差，一般用于对强度有较高要求的砌体中。混合砂浆是在水泥砂浆中掺入适量的塑化剂如水泥石灰砂浆、水泥黏土砂浆等，这种砂浆具有一定的强度和耐久性且和易性和保水性较好，是一般墙体中常用的砂浆类型。非水泥砂浆有石灰砂浆、黏土砂浆和石膏砂浆等，这类砂浆强度不高，耐久性不够好，只用于受力小的砌体或简易建筑、临时建筑中。

二、砌筑砂浆的组成材料、技术性质及主要技术要求

1. 砌筑砂浆的组成材料

（1）胶凝材料

砌筑砂浆主要的胶凝材料是水泥，常用的有普通水泥、矿渣水泥、火山灰水泥、粉煤灰水泥和砌筑水泥等。砌筑砂浆用水泥的强度等级应根据设计要求进行选择。通常水泥强度为砂浆强度等级的4～5倍为宜，对于特定环境应选用相适应的水泥品种，以保证整个砌体的耐久性。石灰、石膏和黏土也可作为砂浆的胶凝材料，也可与水泥混合使用配制混合砂浆，以节约水泥改善砂浆的和易性。

（2）砂

砌筑砂浆用砂应符合建筑用砂的技术要求。由于砂浆层较薄，对砂子的最大粒径应有限制。用于毛石砌体的砂浆，宜选用粗砂，砂子最大粒径应小于砂浆层厚度的1/5～1/4；用于砖砌体使用的砂浆，宜选用中砂，最大粒径不大于2.5 mm；用于抹面及勾缝的砂浆应使用细砂。为保证砂浆的质量，应选用洁净的砂，砂中黏土杂质的含量不宜过大，砂的含泥量一般不应超过5%，其中强度等级为M2.5的水泥混合砂浆中砂的含泥量不应超过10%。

（3）水

拌和砂浆用水与混凝土拌和用水的要求基本相同，配制砂浆用水应选用不含有害杂质的洁净水来拌制砂浆。

（4）掺合料及外加剂

为改善砂浆的和易性和节约水泥，可在砂浆中加入一些无机掺合料，如石灰膏、黏土膏、粉煤灰等。为了使砂浆具有良好的和易性及其他施工性能，可在砂浆中掺入外加剂。

2. 砌筑砂浆的主要技术性质

（1）砂浆拌合物的密度

水泥砂浆拌合物的密度不宜小于1 900 kg/m³；水泥混合砂浆拌合物的密度不宜小于1 800 kg/m³。

（2）砂浆拌合物的和易性

砂浆拌合物的和易性是指砂浆易于施工并能保证质量的综合性质，包括流动性和保水性两个方面。和易性好的砂浆不仅在运输过程和施工过程中不宜产生分层、离析、泌水，而且能在粗糙的砖面上铺成均匀的薄层，与底面保持良好的黏结，便于施工操作。

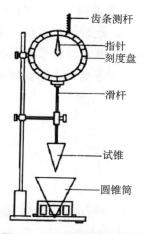

齿条测杆

指针
刻度盘

滑杆

试锥

圆锥筒

图 3-7　砂浆的稠度测定仪

1）流动性。砂浆的流动性又称稠度，是指砂浆在自重或外力作用下流动的性能。砂浆流动性的大小用沉入度表示，通常用砂浆稠度测定仪测定，如图 3-7 所示。沉入度越大，表示砂浆的流动性越好。砂浆流动性的选择与砌体种类、施工方法及天气情况有关。流动性过大，说明砂浆过稀，过稀的砂浆不仅铺砌困难，而且硬化后强度降低；流动性过小，砂浆太稠，难以铺平。一般情况下多孔吸水的砌体材料或干热的天气，砂浆的流动性应大些；而密实不吸水的材料或湿冷的天气，其流动性应小些。

2）保水性。保水性是指砂浆保持水分的能力，即搅拌好的砂浆在运输、存放、使用的过程中，水与胶凝材料及骨料分离快慢的性质。保水性良好的砂浆水分不易流失，易于摊铺成均匀密实的砂浆层；反之，保水性差的砂浆，在施工过程中容易泌水、分层离析，使流动性变差；同时由于水分易被砌体吸收，影响胶凝材料的正常硬化，从而降低砂浆的黏结强度。

砂浆的保水性用分层度表示，用砂浆分层度筒测定。保水性好的砂浆分层度以 10～30 mm 为宜。分层度小于 10 mm 的砂浆，虽保水性良好，无分层现象，但往往是由于胶凝材料用量过多或砂过细，以至于过于黏稠而不易施工；分层度大于 30 mm 的砂浆保水性差、易于离析。

（3）砂浆的强度和强度等级

砂浆的强度是以 70.7 mm×70.7 mm×70.7 mm 的立方体试块，在标准条件下养护 28 d 后，用标准试验方法测得的抗压强度平均值来确定。砂浆的强度等级划有 M30、M25、M20、M15、M10、M7.5、M5。

（4）砂浆的黏结力

砌筑砂浆应有足够的黏结力，以便将块状材料黏结成坚固的整体。一般来说，砂浆的抗压强度越高其黏结力越强。砌筑前，保持基层材料一定的湿润程度也有利于提高砂浆的黏结力。此外，黏结力大小还与砖石表面状态、清洁程度及养护条件等因素有关。粗糙的、洁净的、湿润的表面黏结力较好。

（5）砂浆的耐久性

砂浆的耐久性指砂浆在使用条件下经久耐用的性质，包括抗冻性、抗渗性等。抗冻性指砂浆抵抗冻融循环的能力，影响砂浆抗冻性的因素有砂浆的密实度、内部孔隙特征及水泥品种、水灰比等。抗渗性指砂浆抵抗压力水渗透的能力，它主要与砂浆的密实度及内部孔隙的大小和构造有关。

三、抹面砂浆的分类及应用

抹面砂浆也称抹灰砂浆，以薄层涂抹在建筑物内外表面。抹面砂浆既可以保护墙体不受风雨、潮气等侵蚀，提高墙体的耐久性，同时也使建筑表面平整、光滑、清洁美观。与砌筑砂浆不同，对抹面砂浆的要求不是抗压强度，而是和易性以及与基底材料的黏结力。

为了保证抹灰层表面平整，避免开裂脱落，通常抹面砂浆分为底层、中层和面层，各层所用的砂浆各不相同。底层砂浆主要起与基层黏结作用，要求沉入度较大（10～12 cm）。砖墙底层抹灰多用石灰砂浆，有防水、防潮要求时用水泥砂浆。混凝土底层抹灰多用水泥砂浆或混合砂浆，板条墙及顶棚的底层抹灰多用混合砂浆或石灰砂浆。中层砂浆主要起找平作用，多用混合砂浆或石灰砂浆，沉入度比底层稍小（7～9 cm）。面层砂浆主要起保护和装饰作用，多用细砂配制的混合砂浆、麻刀石灰砂浆、纸筋石灰砂浆。在容易碰撞和潮湿的部位的面层，如墙裙、踢脚板、雨篷、水池、窗台等均应采用细砂配制的水泥砂浆。

四、预拌砂浆的品种、特性及应用

预拌砂浆是指由专业化厂家生产，用于建设工程中的各种砂浆拌合物。根据砂浆的生产方式，将预拌砂浆分为湿拌砂浆和干混砂浆两大类。湿拌砂浆是加水拌和而成的湿拌拌合物，干混砂浆是干态材料混合而成的固态混合物。

1. 湿拌砂浆

湿拌砂浆是指胶凝材料、细集料、外加剂和水以及根据性能确定的各种组分，按一定比例在搅拌站经计量、拌制后，用搅拌运输车运至使用地点，放入专用容器储存，并在规定时间内使用完毕的砂浆拌合物。湿拌砂浆的工作原理类似于商品混凝土，商品混凝土搅拌站即可同时进行湿拌砂浆的生产。按用途分为湿拌砌筑砂浆、湿拌抹灰砂浆、湿拌地面砂浆和湿拌防水砂浆。湿拌砌筑砂浆的砌体力学性能应符合国家规范的规定，湿拌砌筑砂浆拌合物的表观密度不应小于 1 800 kg/m³。湿拌砌筑砂浆性能应符合表 3-5 的规定。

表 3-5　湿拌砌筑砂浆性能指标

项目		湿拌砌筑砂浆	湿拌抹灰砂浆	湿拌地面砂浆	湿拌防水砂浆
保水率/%		≥88	≥88	≥88	≥88
14 d 拉伸黏结强度/MPa		—	M5：≥0.15 >M5：≥0.20	—	≥0.20
28 d 收缩率/%		—	≤0.20	—	≤0.15
抗冻性	强度损失率/%	≤25			
	质量损失率/%	≤5			

注：有抗冻性要求的，应进行抗冻性试验。

2. 干混砂浆

干拌砂浆是指经干燥筛分处理的集料与水泥以及根据性能确定的各种组分，按一定比例在专业生产厂混合而成，在使用地点按规定比例加水或配套液体拌和使用的干混拌合物。干拌砂浆也称干混砂浆。按用途分为干混砌筑砂浆（DM）、干混抹灰砂浆（DP）、干混地面砂浆（DS）、干混普通防水砂浆（DW）、干混陶瓷砖黏结砂浆（DTA）、干混界面砂浆（DIT）、干混保温板黏结砂浆（DEA）、干混保温板抹面砂浆（DBI）、干混聚合物水泥防水砂浆（DWS）、干混自流平砂浆（DSL）、干混耐磨地坪砂浆（DFH）和干混饰面砂浆（DDR）。

粉状产品应均匀、无结块。双组分产品液料组分经搅拌后应呈均匀状态、无沉淀；粉料组分应均匀、无结块。干混砌筑砂浆的砌体力学性能应符合要求，干混砌筑砂浆拌合物的表观密度不应小于 1 800 kg/m³。干混砌筑砂浆、干混抹灰砂浆、干混地面砂浆和干混普通防水砂浆性能应符合国家标准的规定。

五、钢筋连接用套筒灌浆料的特性及应用

钢筋连接用套筒灌浆料是指以水泥为基本材料，并配以细骨料、外加剂及其他材料混合而成的用于钢筋套筒灌浆连接的干混料，简称灌浆料。现场按照要求加水搅拌均匀后形成自流浆体，具有黏度低、流动性好、强度高、微膨胀、不收缩等优点，适合于装配式混凝土预制构件的连接，也可用于大型设备基础的二次灌浆、钢结构柱角的灌浆等。

灌浆料一般分为常温型套筒灌浆料和低温型套筒灌浆料。常温是指灌浆施工及养护过程中，24 h 内灌浆部位环境温度不低于 5℃；低温是指灌浆施工及养护过程中，24 h 内灌浆部位环境温度范围为−5～10℃。常温型套筒灌浆料的性能指标应满足表 3-6 的要求，低温型套筒灌浆料的性能指标应满足表 3-7 的要求。

表 3-6　常温型套筒灌浆料的性能指标

检测项目		性能指标
流动度/mm	初始	≥300
	30 min	≥260
抗压强度/MPa	1 d	≥35
	3 d	≥60
	28 d	≥85
竖向膨胀率/%	3 h	0.02～2
	24 h 与 3 h 差值	0.02～0.40
28 d 自干燥收缩/%		≤0.045
氯离子含量/%		≤0.03
泌水率/%		0

注：氯离子含量以灌浆料总量为基准。

表 3-7　低温型套筒灌浆料的性能指标

检测项目		性能指标
−5℃流动度/mm	初始	≥300
	30 min	≥260
8℃流动度/mm	初始	≥300
	30 min	≥260
抗压强度/MPa	−1 d	≥35
	−3 d	≥60
	−7 d+21 d	≥85
竖向膨胀率/%	3 h	0.02～2
	24 h 与 3 h 差值	0.02～0.40

续表

检测项目	性能指标
28 d 自干燥收缩/%	≤0.045
氯离子含量/%	≤0.03
泌水率/%	0

注：1. −1 d 代表在负温养护 1 d，−3 d 代表在负温养护 3 d，−7 d+21 d 代表在负温养护 7 d 再转标准养护 21 d。
2. 氯离子含量以灌浆料总量为基准。

第四节　石材、砖和砌块基本知识

一、砖的分类、主要技术要求及应用

砌墙砖是指以黏土、工业废料或其他地方材料为主要原料，以不同工艺制造的、用于砌筑承重和非承重墙体的墙砖。砌墙砖按照生产工艺分为烧结砖和非烧结砖。经焙烧制成的砖为烧结砖，经碳化或蒸汽（压）养护硬化而成的砖为非烧结砖。按照孔洞率的大小，砌墙砖分为实心砖、多孔砖和空心砖。

1. 烧结砖

（1）烧结普通砖

烧结普通砖是以黏土、页岩、煤矸石、粉煤灰等为主要原料，经焙烧而成的普通砖，可分为烧结黏土砖（N）、烧结页岩砖（Y）、烧结煤矸石砖（M）和烧结粉煤灰砖（F）。以黏土、页岩、煤矸石、粉煤灰等为原料烧制普通砖时，其生产工艺基本相同：采土→配料调制→制坯→干燥→焙烧→成品。砖的焙烧温度要适当，以免出现欠火砖和过火砖。在焙烧温度范围内生产的砖称为正火砖，未达到焙烧温度范围生产的砖称为欠火砖，而超过焙烧温度范围生产的砖称为过火砖。欠火砖颜色浅、敲击时声音哑、空隙率高、强度低、耐久性差，工程中不得使用欠火砖。过火砖颜色深、敲击声音响亮、强度高，但往往变形大，变形不大的过火砖可用于基础等部位。

1）烧结普通砖的主要技术性能指标。

①尺寸规格。烧结普通砖的公共尺寸是 240 mm×115 mm×53 mm，通常将 240 mm×115 mm 面称为大面，240 mm×53 mm 面称为条面，115 mm×53 mm 面称为顶面。

②外观质量。烧结普通砖的外观质量包括两条面高度差、弯曲、杂质凸出高度、缺棱掉角、裂纹、完整面、颜色等内容。

③泛霜和石灰爆裂。在新砌筑的砖砌体表面，有时会出现一层白色的粉状物，这种现象称为泛霜。出现泛霜的原因是砖内含有较多可溶性盐类，这些盐类在砌筑施工时溶解进入砖内的水中，当水分蒸发时在砖的表面结晶成霜状。这些结晶的粉状物有损于建筑物的外观，而且结晶膨胀也会引起砖表层的疏松甚至剥落。石灰爆裂是指烧结砖的原料中夹杂着石灰石，焙烧时石灰石被烧成石灰石块，在使用过程中生石灰吸水熟化为熟石灰，体积膨胀而引起砖裂缝，严重时使砖砌体强度降低，直至破坏。

④强度等级。烧结普通砖根据抗压强度等级分为 MU30、MU25、MU20、MU15、MU10 5 个等级。

⑤抗风化性能。抗风化性能是指在干湿变化、温度变化、冻融变化的物理因素作用下，材料不破坏并长期保持原有性质的能力，它是材料耐久性的重要内容之一。

2）烧结普通砖的应用。

烧结普通砖具有较高的强度、较好的耐久性及隔热、隔声、价格低廉等优点，加之原料广泛、工艺简单，所以是应用历史最久、应用范围最为广泛的墙体材料。烧结普通砖也可以用来砌筑柱、拱、烟囱、地面及基础等，还可与轻骨料混凝土、加气混凝土、岩棉等复合砌筑成各种轻质墙体，在砌筑中配置适当的钢筋或钢丝网也可制作柱、过梁等，代替钢筋混凝土柱、过梁使用。

（2）烧结多孔砖和烧结空心砖

①烧结多孔砖

烧结多孔砖通常指孔洞率不小于 25%的烧结砖。烧结多孔砖的外形如图 3-8 所示。

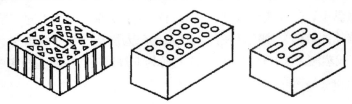

图 3-8　烧结多孔砖的外形

烧结多孔砖内的孔洞尺寸小而数量多，孔洞分布在大面而且均匀合理，非孔部分砖体较密实，所以强度较高。工程中使用时常以孔洞垂直于承压面，以充分利用砖的抗压强度。烧结多孔砖根据抗压强度分为 MU30、MU25、MU20、MU15、MU10 5 个强度等级。

②烧结空心砖

烧结空心砖是指孔洞率大于 40%，孔尺寸大而孔数量少的烧结砖。烧结空心砖的尺寸一般较大，孔洞通常平行于承压面，抗压强度较低，如图 3-9 所示。依据抗压强度可分为 MU10、MU7.5、MU5.0、MU3.5 和 MU2.5 5 个强度等级。

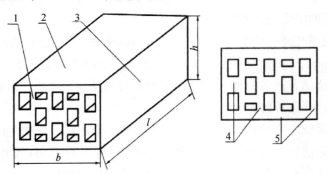

1—顶面；2—大面；3—条面；4—肋；5—凹线槽；6—外壁；
l—长度；b—宽度；h—高度。

图 3-9　烧结空心砖的外形

2. 非烧结砖

不经焙烧而制成的砖均为非烧结砖，如碳化砖、免烧免蒸砖、蒸养（压）砖等。目前应用较广的是蒸养（压）砖，这类砖是以含钙材料（石灰、电石渣等）和含硅材料（砂子、粉煤灰、煤矸石、灰渣、炉渣等）与水拌和，经压制成型、常压或高压蒸汽养护而成，主要品种有灰砂砖、粉煤灰砖、煤渣砖等。

二、砌块的分类、主要技术要求及应用

砌块的分类方法很多，按用途可分为承重砌块和非承重砌块；按空心率可分为实心砌块和空心砌块；按材质又可分为硅酸盐砌块、轻骨料混凝土砌块、普通混凝土砌块等。工程中常用的砌块有水泥混凝土砌块、轻骨料混凝土砌块、炉渣砌块、粉煤灰砌块及其他硅酸盐砌块、水泥混凝土铺地砖等。

1. 蒸压加气混凝土砌块（ACB）

蒸压加气混凝土砌块是用钙质材料（如水泥、石灰）和硅质材料（如砂子、粉煤灰、矿渣）的配料中加入铝粉作加气剂，经加水搅拌、浇注成型、发气膨胀、切割，再经高压蒸汽养护而成的多孔硅酸盐砌块。

2. 粉煤灰砌块（FB）

粉煤灰砌块属硅酸盐类制品，是以粉煤灰、石灰、石膏和骨料（炉渣、矿渣）等为原料，经配料、加水搅拌、振动成型、蒸汽养护而制成的砌块。粉煤灰砌块的干缩值比水泥混凝土大，弹性模量低于同强度的水泥混凝土制品。粉煤灰砌块适用于一般工业与民用建筑的墙体和基础，但不宜用于长期受高温（如炼钢车间）和经常受潮的承重墙，也不宜用于有酸性介质侵蚀的建筑部位。

3. 普通混凝土空心砌体（NHB）

工程中常用的混凝土空心砌块尺寸一般为 390 mm×190 mm×190 mm、290 mm×190 mm×190 mm 和 190 mm×190 mm×190 mm。混凝土小型空心砌块外形尺寸，孔洞率一般为 35%～60%。强度等级分别为 MU3.5、MU5.0、MU7.5、MU10、MU15.0 和 MU20.0 6 个等级。

混凝土砌块使用前，应首先检验外观质量和尺寸偏差，合格后再检验其抗压强度及相对含水率。必要时检验其抗渗性和抗冻性。

三、砌筑用石材的分类及应用

常用的砌筑石材有毛石和料石。

（1）毛石

毛石也称片石，是采石场由爆破直接获得的形状不规则的石块。根据平整程度将其分为乱毛石和平毛石两类。乱毛石的形状不规则，一般厚度不应小于 150 mm，一个方向长度达300～400 mm，重 20～30 kg。平毛石由乱毛石略经加工而成，基本上有 6 个面，但表面粗糙。毛石可用于砌筑基础、勒脚、墙身、堤坝、挡土墙等，乱毛石也可用作毛石混凝土的骨料。

（2）料石

料石是由人工或机械开采出的较规则的六面体石块，再略经琢磨而成。根据表面加工的平整程度分为毛料石、粗料石、半细料石和细料石 4 种。

①毛料石：外形大致方正，一般不加工或稍加修整，高度不小于 200 mm，长度为高的 1.5～3 倍，叠砌面凸凹深度不大于 25 mm。

②粗料石：外形较方正，截面的宽度和高度都不小于 200 mm，且不小于长度的 1/4，叠砌面凸凹深度不大于 20 mm。

③半细料石：外形方正，规格尺寸同粗料石，叠砌面凸凹深度不大于 15 mm。

④细料石：经过细加工，外形规则，规格尺寸同粗料石，叠砌面凸凹深度不大于 10 mm。

料石一般由致密均匀的砂岩、石灰岩、花岗岩加工而成。用于砌筑墙身、踏步、地坪、拱和纪念碑等；形状复杂的料石制品可用作柱头、柱基、窗台板、栏杆和其他装饰等。

第五节　钢材基本知识

一、钢材的分类及主要技术性能

铁是将铁矿石在炼铁炉内熔化，并以碳还原其中的氧化铁而得到的金属。这种冶炼得到的铁中，含有较多的碳和其他杂质。将含碳量在 2.06% 以上的，性质比较硬、脆的铁，称为生铁或铸铁。将铁在炼炉内熔炼，熔炼过程中使铁中大部分碳氧化至含量在 2.06% 以下，并使铁水中的杂质尽量除掉，得到比较纯净的铁称为钢。钢的强度、韧性、塑性和可加工性能都比铁好，因此在工程中得到广泛的应用。钢有以下几种分类方式：

1. 按主要化学成分分类

①碳素钢。钢的化学成分主要是铁，其次是碳，还有少量的硅、锰、硫、氧、氮等。其中碳的含量较多，且对钢的性质影响比较显著。根据碳在钢中的含量不同，碳素钢又分为低碳钢（含碳量为 C≤0.25%）、中碳钢（含碳量为 0.25%≤C≤0.6%）、高碳钢（含碳量为 C>0.6%）。

②合金钢。炼钢过程中，在钢中引入一种或几种合金元素，如硅、锰、铬、镍、钛、钒等，将这种钢称为合金钢。按照合金元素掺入总量，将合金钢分为低合金钢（合金总量小于 5%）、中合金钢（合金总量为 5%～10%）、高合金钢（合金总量大于 10%）。

2. 按质量分类

按照生产钢材时杂质含量的控制程度，将碳钢分为普通钢（磷含量≤0.045%，硫含量≤0.055%）、优质钢（磷含量≤0.035%，硫含量≤0.035%）、高级优质钢（磷含量≤0.035%，硫含量≤0.03%）。

3. 按用途不同分类

按用途不同可分为结构钢、工具钢、特殊钢等。

4. 按冶炼方法分类

按冶炼方法可分为转炉钢、电炉钢和平炉钢。为使氧化铁还原成金属铁，常在炼钢的后期阶段，加入硅铁、锰铁或铝锭进行精炼，其目的就是脱氧。按照脱氧的程度不同，钢又分为沸腾钢、镇静钢和半镇静钢。

二、钢材的主要力学性能

1. 抗拉性能

抗拉性能是建筑钢材最常用、最重要的性能。钢材受拉后的屈服强度、抗拉强度以及伸长率是钢材的重要技术性能指标。低碳钢受拉过程可划分为弹性阶段、屈服阶段、强化阶段和颈缩阶段 4 个阶段。

2. 冲击韧性

冲击韧性指钢材抵抗冲击荷载的能力。它是用试验机摆锤冲击带有 V 形缺口的标准试件的背面，将其折断后试件单位截面积上所消耗的功，如图 3-10 所示，作为钢材的冲击韧性指标。同一种钢材的冲击韧性常随温度下降而降低。影响钢材冲击韧性的因素很多，钢的化学成分、组织状态，以及冶炼、轧制质量都会影响冲击韧性。

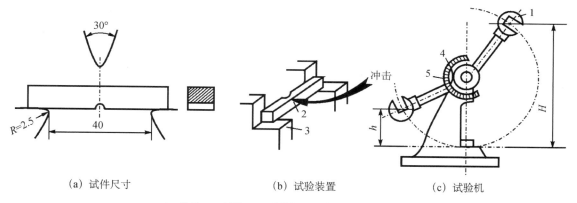

（a）试件尺寸　　　　　　（b）试验装置　　　　　　（c）试验机

1—摆锤；2—试件；3—试验台；4—刻度盘；5—指针。

图 3-10　钢材冲击韧性示意

3. 耐疲劳性

钢材在交变应力的反复作用下，往往在应力远小于其抗拉强度时就发生破坏，这种现象称为疲劳破坏。疲劳破坏的危险应力用疲劳极限来表示，它是指疲劳试验时试件在交变应力作用下，于规定周期基数内不发生断裂所能承受的最大应力。一般认为，钢材的疲劳破坏是由拉应力引起的，抗拉强度高，其疲劳极限也较高。钢材的疲劳极限与其内部组织和表面质量有关。

4. 硬度

硬度是指材料抵抗另一更硬物体压入其表面的能力。钢材的硬度常用压痕的深度或压痕单位面积上所受压力作为衡量指标。建筑钢材常用的硬度指标是布氏硬度。硬度的大小，既可以判断钢材的软硬，又可以近似地估计钢材的抗拉强度，还可以检验热处理的效果。

三、钢材的工艺性能

冷弯性能和可焊接性能是建筑钢材重要的工艺性能。

1. 冷弯性能

冷弯性能是指钢材在常温下承受弯曲变形的能力，是建筑钢材的重要工艺性能。钢材的冷弯性能指标用弯曲角度以及弯心直径对试件厚度（直径）的比值来衡量。试验时弯曲角度越大，弯心直径对试件厚度（直径）的比值越小，表明冷弯性能越高。

2. 可焊接性能

在焊接过程中，由于高温作用以及焊接后的急剧冷却作用，会使焊缝及附近的过热区发生晶体组织及结构的变化，产生局部变形，降低焊接质量。钢的可焊性能，主要受其化学成分及含量的影响。当含碳量超过 0.3%后，钢的可焊性变差，其他元素（如锰、硅、硫等）也会对钢的可焊性产生影响，特别是硫能使焊接处产生热裂纹并硬脆。其他杂质含量增多，也会降低钢材的可焊性。采取焊前预热以及焊后热处理的方法，可以使可焊性较差的钢材的焊接质量得到保证。此外，正确选用焊条和操作方法可防止产生焊渣、气孔、裂纹等缺陷。

四、钢结构用钢材的品种

钢结构在使用过程中要承受各种形式的作用，要求钢材必须具有能够抵抗各种作用的能力，这种能力统称为力学性能或称钢材的机械性能。钢材的机械性能主要指屈服强度、抗拉强度、伸长率、冷弯性能及冲击韧性等。

1. 钢材的品种

在我国常用的建筑钢材主要为碳素结构钢和低合金高强度结构钢两种。结构钢又分为建筑用钢和机械用钢。碳素结构钢按质量等级分为 A、B、C、D 四级，从 A～D 表示质量等级由低到高。除 A 级外，其他 3 个级别的含碳量均在 0.2%以下，焊接性能好。钢的牌号由代表屈服点的字母 Q、屈服点数值、质量等级符号（A、B、C、D）和脱氧方法符号 4 个部分按顺序组成。符号"F"代表沸腾钢，"b"代表半镇静钢，符号"Z"和"TZ"分别代表镇静钢和特种镇静钢。低合金高强度结构钢采用与碳素结构钢相同的钢的牌号表示方法，根据钢材的厚度（直径）≤16 mm 时的屈服点数值，分为 Q345、Q390、Q420、Q460、Q500、Q550、Q620、Q690。钢的牌号质量等级符号分为 A、B、C、D、E 5 个等级，E 级主要是要求−40℃的冲击韧性。钢的牌号如 Q345-B、Q390-C 等。低合金高强度结构钢一般为镇静钢，因此钢的牌号中不注明脱氧方法。

2. 钢材的规格

钢结构采用的钢材有热轧成型的钢板、型钢以及冷加工成型的薄壁型钢。

（1）热轧钢板

热轧钢板分为厚钢板（厚度 4.5～60 mm，宽度 700～3 000 mm，长度 4～12 m）、薄钢板（厚度 0.35～4 mm，宽度 500～1 500 mm，长度 0.5～4 m）以及扁钢（厚度 4～60 mm，宽度

12～200 mm，长度 3～9 m）。钢板的表达方法为在符号"—"后加"宽度×厚度×长度"，如—600×10×1 200，单位为 mm。

（2）热轧型钢

热轧型钢有角钢、工字钢、槽钢和钢管，如图 3-11 所示。

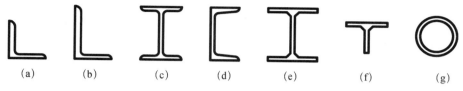

图 3-11　热扎型钢截面

角钢分为等边（等肢）和不等边（不等肢）两种。不等边角钢的表示方法为"∟"后加"长边宽×短边宽×厚度"，如∟140×90×8。等边角钢"∟"后加"边宽×厚度"，如∟12×8。

工字钢有普通工字钢和轻型工字钢。其型号用符号"I"加截面高度厘米数来表示，腹板的厚度用 a、b、c 进行分类。如 I30a 表示高度为 30 cm、腹板厚度为 a 类的工字钢。轻型工字钢的翼缘要比普通工字钢的翼缘宽而薄，回转半径较大。H 型钢的翼缘板的内外表面平行，便于与其他构件的连接，可分为宽翼缘（HW）、中翼缘（HM）及窄翼缘（HN）3 种，规格标记均用"高度 H×宽度 B×腹板厚度 t_1×翼缘厚度 t_2"表示，如 HW400×400×13×21 和 TW200×400×13×21。

槽钢有普通槽钢和轻型槽钢 2 种。其型号用符号"["加截面高度厘米数来表示，腹板的厚度用 a、b、c 进行分类。型号与工字钢相似，如[32a 表示截面高度 32 cm，腹板为 a 类。

钢管分为无缝钢管和焊接钢管两种，符号用"$\varPhi$外径×壁厚"表示，如 $\varPhi$300×8，单位为 mm。

（3）薄壁型钢

薄壁型钢，如图 3-12 所示，是用薄钢板经模压或弯曲而制成，其壁厚一般为 1.5～6 mm，在国外薄壁型钢厚度有加大范围的趋势，如美国可用到 1 英寸（25.4 mm）厚。有防锈涂层的彩色压型钢板，所用钢板厚度为 0.3～1.6 mm，用作轻型屋面及墙面等构件。

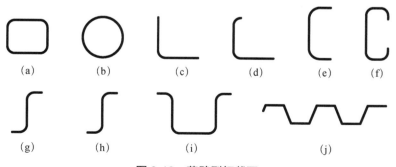

图 3-12　薄壁型钢截面

五、钢筋混凝土结构用钢材的品种及特性

1. 热轧钢筋

钢筋混凝土用热轧钢筋有热轧带肋钢筋、热轧光圆钢筋及余热处理钢筋等。根据屈服强度标准值的高低，普通钢筋分为4个强度等级：300 MPa、335 MPa、400 MPa、500 MPa。普通钢筋分为8个牌号：HPB300、HRB335、HRBF335、HRB400、HRBF400、RRB400、HRB500、RRB500。牌号中HPB系列是热轧光圆钢筋；HRB系列是普通热轧带肋钢筋；HRBF系列是采用控温轧制生产的细晶粒带肋钢筋；RRB系列是余热处理钢筋，由轧制钢筋经高温淬水、余热处理后提高钢筋强度，其延性、可焊性、机械性能及施工适应性降低，一般可用于对变形性能及加工性能要求不高的构件中。牌号中的数值表示的是钢筋的屈服强度标准值。如HPB300表示的是屈服强度标准值为300 MPa的热轧光圆钢筋。

2. 冷轧带肋钢筋

冷轧带肋钢筋是用低碳钢或低合金高强度钢热轧圆盘条，经冷轧后，在其表面形成二面或三面横肋的钢筋。冷轧带肋钢筋分为CRB550、CRB650、CRB800、CRB600H、CRB680H和CRB800H共6个牌号。CRB650、CRB800、CRB600H为预应力混凝土用钢筋，CRB680H可作为普通钢筋混凝土用钢筋，也可作为预应力混凝土用钢筋。

3. 预应力钢筋

我国目前用于预应力混凝土结构中的预应力钢筋，主要分为3种：预应力钢丝、钢绞线、预应力螺纹钢筋。

（1）预应力钢丝

常用的预应力钢丝公称直径有5 mm、7 mm和9 mm等规格。主要采用消除应力光面钢丝和螺旋肋钢丝。根据其强度级别可分为：中强度预应力钢丝，其极限强度标准值为800～1 270 MPa；高强度预应力钢丝，其极限强度标准值为1 470～1 860 MPa。

（2）钢绞线

钢绞线是由冷拉光圆钢丝，按一定数量捻制而成钢绞线，再经过消除应力的稳定化处理，以盘卷状供应。常用3根钢丝捻制的钢绞线表示为1×3，公称直径为8.6～12.9 mm。常用7根钢丝捻制的标准型钢绞线表示为1×7，公称直径为9.5～21.6 mm。

预应力筋通常由多根钢绞线组成。钢绞线的主要特点是强度高和抗松弛性能好。钢绞线要求内部不应有折断、横裂和相互交叉的钢丝，表面不得有油污等物质，以免降低钢绞线与混凝土之间的黏结力。

（3）预应力螺纹钢筋

预应力螺纹钢筋是采用热轧、轧后余热处理或热处理等工艺制作而成带有不连续无纵肋的外螺纹的直条钢筋，该钢筋在任意截面处可用带有匹配形状的内螺纹的连接器或锚具进行连接或锚固。直径为18～50 mm，具有高强度、高韧性等特点。要求钢筋端部平齐，不影响连接件通过，表面不得有横向裂缝、结疤，但允许有不影响钢筋力学性能和连接的其他缺陷。

第六节　防水材料基本知识

防水材料是保证建筑工程能够防止雨水、地下水及其他水分渗透的材料。防水材料在公路、桥梁、水利工程等方面也有广泛的应用，其质量的优劣直接影响到人们的居住环境、卫生条件及建筑物的使用寿命。近年来，我国的防水材料发展很快，由传统的沥青基防水材料逐渐向高聚物改性沥青防水材料和合成高分子防水材料发展。

一、防水卷材的品种及特性

防水卷材是建筑工程重要的防水材料之一。根据其主要防水组成材料分为沥青防水卷材、高聚物改性沥青防水卷材和合成高分子防水卷材三大类。沥青防水卷材是传统的防水材料，但其胎体材料已有很大的发展，在我国目前仍广泛应用于地下、水工、工业及其他建筑物和构筑物中，特别是被普遍应用于屋面工程中。高聚物改性沥青防水卷材和高分子防水卷材性能优异，代表了新型防水卷材的发展方向。

1. 沥青防水卷材

由于沥青具有良好的防水性能，而且资源丰富、价格低廉，所以沥青防水卷材的应用在我国占据主导地位。沥青防水卷材最具代表性的是纸胎石油沥青防水卷材，简称油毡，是用低软化点的石油沥青浸渍原纸，然后再用高软化点的石油沥青涂盖油纸的两面，再涂或撒布粉状（称"粉毡"）或片状（称"片毡"）隔离材料制成。油毡按原纸 1 m² 的质量克数分为 200号、350 号、500 号 3 种标号，200 号油毡适用于简易防水、临时性建筑防水、建筑防潮及包装等；350 号和 500 号粉毡适用于多层、叠层防水；片毡适用于单层防水。为了克服纸胎沥青油毡耐久性差、抗拉强度低等缺点，可用玻璃布等代替纸胎。玻璃布胎沥青油毡是用石油沥青浸涂玻璃纤维织布的两面，再涂或撒隔离材料所制成的以无机纤维为胎体的沥青防水卷材。玻璃布胎油毡的抗拉强度、耐久性等均优于纸胎油毡，柔韧性好、耐腐蚀性强，适用于耐久性、耐蚀性、耐水性要求较高的工程（地下工程防水、防腐层、屋面防水以及金属管道，但热水管除外的防腐保护层等）。

2. 高聚物改性沥青防水卷材

高聚物改性沥青防水卷材是指以纤维组织或塑料薄膜为胎体，以合成高分子聚合物改性沥青为涂盖层，以粉状、粒状、片状和薄膜材料为防黏隔离层制成的防水卷材。高聚物改性沥青防水卷材克服了沥青防水卷材的温度稳定性差、延伸率小、难以适应基层开裂及伸缩的缺点，具有高温不流淌、低温不脆裂、拉伸强度较高、延伸率较大等优异性能。

（1）弹性体改性沥青防水卷材

弹性体改性沥青防水卷材（SBS）是以玻纤毡或聚酯毡为胎基，以苯乙烯-丁二烯-苯乙烯（SBS）热塑性弹性体作改性剂，两面覆以隔离材料所制成的建筑防水卷材，简称 SBS 卷材。

SBS 卷材按胎基分为聚酯胎（PY）和玻纤胎（G）两类。按上表面隔离材料分为聚乙烯膜（PE）、细砂（S）与矿物粒料（M）3 种。按物理力学性能分为Ⅰ型和Ⅱ型。SBS 卷材宽 1 000 mm，聚酯胎卷材厚度为 3 mm 和 4 mm；玻纤胎卷材厚度为 2 mm、3 mm 和 4 mm。每卷面积有 15 m²、10 m²、7.5 m² 3 种。SBS 卷材适用于工业与民用建筑的屋面及地下防水工程，尤其适用于较低气温环境的建筑防水。

（2）塑性体改性沥青防水卷材

塑性体改性沥青防水卷材是以聚酯毡或玻纤毡为胎基，无规聚丙烯（APP）或聚烯烃类聚合物（APAO、APO）作改性剂，两面覆以隔离材料所制成的建筑防水卷材，统称 APP 卷材。APP 卷材的品种、规格与 SBS 卷材相同。APP 卷材适用于工业与民用建筑的屋面和地下防水工程，以及道路、桥梁等建筑物的防水，尤其适用于较高气温环境的建筑防水。

（3）合成高分子防水卷材

合成高分子防水卷材是以合成橡胶、合成树脂或共混体为基料，加入适量的助剂和填充料等，经过特定工序制成的。合成高分子防水卷材具有拉伸强度高、断裂伸长率大、抗撕裂强度高、耐热性能好、低温柔性好、耐腐蚀、耐老化以及可以冷施工等一系列优异性能，是我国大力发展的新型高档防水卷材。

1）三元乙丙橡胶防水卷材：是指以乙烯、丙烯和少量双环戊二烯三种单体共聚合成的以三元乙丙橡胶为主体，掺入适量的丁基橡胶、硫化剂、促进剂、软化剂、补强剂和填充料等，经密炼、压延或挤出成型、硫化和分卷包装等工序而制成的一种高碳型的防水卷材。三元乙丙橡胶防水卷材具有优良的耐候性、耐臭氧性和耐热性，还具有抗老化性好、质量轻、抗拉强度高、断裂伸长率大、低温柔性好及耐酸碱腐蚀等优点，使用寿命可达 20 年以上，可用于防水要求高、耐久年限长的各类防水工程。

2）聚氯乙烯防水卷材：是指以聚氯乙烯为主要原料，掺加适量的改性剂、增塑剂和填充料等，经捏合、混炼、压延或挤出成型、分卷包装等工序制成的柔性防水卷材。聚氯乙烯防水卷材具有抗拉强度高、断裂伸长率大、低温柔韧性好、使用寿命长及尺寸稳定、耐热、耐腐蚀等较好的特性。适用于新建和翻修工程的屋面防水，也适用于水池、堤坝等防水工程。

3）氯化聚乙烯-橡胶共混防水卷材：是指以氯化聚乙烯树脂和合成橡胶为主体，加入适量的硫化剂、促进剂、稳定剂、软化剂和填充料，经混炼、过滤、压延或挤出成型、硫化等工序制成的高弹性防水卷材。它不仅具有氯化聚乙烯所特有的高强度和优异的耐臭氧、耐老化性能，而且具有橡胶类材料所特有的高弹性、高延伸性和良好的低温柔性。特别适用于寒冷地区或变形较大的建筑防水工程，也可用于有保护层的屋面、地下室、贮水室等的防水工程。合成高分子防水卷材除以上 3 个品种外，还有氯丁橡胶、丁基橡胶、氯化聚乙烯、聚乙烯、氯磺化聚乙烯等多种防水卷材。

二、防水涂料的品种及特性

防水涂料按成膜物质的主要成分分为沥青类防水涂料、高聚物改性沥青防水涂料和合成高分子防水涂料 3 类；按涂料的介质不同，又可分为溶剂型、乳液型和反应型 3 类。

1. 沥青类防水涂料

（1）沥青胶

沥青胶又称玛琋脂，是在沥青中加入滑石粉、云母粉、石棉粉、粉煤灰等填充料加工而成，分冷用、热用两种，分别称为冷沥青胶和热沥青胶，两者又均有石油沥青胶及煤沥青胶两类。石油沥青胶适用于粘贴石油沥青类卷材，煤沥青胶适用于粘贴煤沥青类卷材。加入填充料是为了提高耐热性、增加韧性、降低低温脆性及减少沥青的用量，通常掺量为 10%～30%。沥青胶的标号以耐热度表示，如"S—60"指石油沥青胶的耐热度为 60℃，"J—60"指煤沥青的耐热度为 60℃，依此类推。

（2）冷底子油

冷底子油是石油沥青加入溶剂配制而成的一种沥青溶剂。冷底子油黏度小，涂刷后能很快渗入混凝土、砂浆或木材的毛细孔隙中，溶剂挥发，沥青颗粒则留在基底的微孔中，与基底表面牢固结合，并使基底具有一定的憎水性，为粘贴同类防水卷材创造有利条件。由于形成的涂膜较薄，一般不单独作为防水材料使用，往往仅作为某些防水材料的配套材料使用。

（3）水乳型沥青防水涂料

水乳型沥青防水涂料即水性沥青防水材料，石油沥青在乳化剂水溶液作用下，经乳化机（搅拌机）强烈搅拌而成的一种冷施工的防水涂料。沥青在搅拌机的作用下，被分散成微小颗粒，并被乳化剂包裹起来悬浮在水中，涂到基层上后，水分逐渐蒸发，沥青颗粒凝聚成膜，形成了均匀、稳定、黏结牢固的防水层。

2. 高聚物改性沥青防水涂料

高聚物改性沥青防水涂料是以沥青为基料，合成高分子聚合物进行改性，制成的水乳型或溶剂型防水涂料。品种有再生橡胶改性沥青防水涂料、水乳型氯丁橡胶沥青防水涂料和 SBS 橡胶防水涂料等。这类涂料由于用橡胶进行改性，所以在柔韧性、抗裂性、拉伸强度、耐高低温性能、使用寿命等方面比沥青基涂料都有很大的改善，具有成膜快、强度高、耐候性和抗裂性好、难燃、无毒等优点，适用于Ⅱ级及以下的防水等级的屋面、地面、地下室和卫生间的部位的防水工程。

氯丁橡胶沥青防水涂料分为溶剂型和水乳型两种。溶剂型氯丁橡胶沥青防水涂料是氯丁橡胶和石油沥青溶解于甲基苯或二甲苯而形成的一种混合胶体溶液，主要成膜物质是氯丁橡胶和石油沥青。水乳型氯丁橡胶沥青防水涂料是以阳离子型氯丁胶乳与阳离子型石油沥青乳液混合，稳定分散在水中而制成的一种乳液型防水涂料，具有成膜快、强度高、耐候性好、抗裂性好、难燃、无毒等优点。水乳型再生橡胶防水涂料是水乳型双组分（A 液、B 液）防水冷胶结料。A 液为乳化橡胶，B 液为阴离子型乳化沥青，两液分别包装，现场配制使用。涂料为黑色黏稠液体，无毒。经涂刷或喷涂后形成具有弹性的防水薄膜，温度稳定性好，耐老化性及其他各项技术性能均优于纯沥青和玛琋脂。

3. 合成高分子防水涂料

高分子防水涂料是以合成橡胶和合成树脂为主要成膜物质制成的单组分或多组分的防水涂料，比沥青及改性沥青基防水涂料具有更好的弹性和塑性、耐久性及耐高低温性能。品种有聚氨酯防水涂料、石油沥青聚氨酯防水涂料、硅橡胶防水涂料和丙烯酸酯防水涂料等。

1）聚氨酯防水涂料：属于双组分反应型涂料。甲组分是含有异氰酸基的预聚体，乙组分是由含多羟基的固化剂与增塑剂、填充料、稀释剂等组成的。甲乙组分混合后，经固化反应，形成均匀而富有弹性的防水涂膜。聚氨酯防水涂料固化时几乎不产生体积收缩，易成厚膜，操作简便、弹性好、延伸率大，并具有优异的耐候、耐油、耐磨、耐臭氧、耐海水、不燃烧、使用年限长等性能，在中高级建筑的卫生间、水池及地下室防水工程和有保护层的屋面防水工程中得到广泛应用。

2）石油沥青聚氨酯防水涂料：是双组分反应固化型的高弹性、高延伸的防水涂料，其中甲组分是以聚醚树脂和二异氰酸酯等原料，经氢转移加聚合反应制成含有多异氰酸酯基的氨基甲酸酯预聚物；乙组分是由硫化剂、催化剂，经调配的石油沥青及助溶剂等材料，经真空脱水、混合搅拌和研磨分散等工序加工制成。甲乙组分混合后经固化反应形成无毒、无异味、连续、弹性、无缝、整体的涂膜防水层。石油沥青聚氨酯防水涂料操作简便，具有足够的拉伸强度和延伸能力及弹性，对防水基层伸缩或开裂变形的适应性较强；施工过程中，容易成膜，特别是对于复杂形状、管道纵横和变截面的基层表面容易施工，便于提高建筑工程的防水抗渗功能，保证防水工程质量。适用于外防外刷的地下室防水工程和厕浴间、喷水池、水渠等防水工程，也可用于有刚性保护层的屋面防水工程。

3）硅橡胶防水涂料：是以硅橡胶乳液为基本材料和其他合成高分子乳液，掺入无机填料和各种助剂配制而成的乳液型防水涂料。硅橡胶防水涂料可形成抗渗性较高的防水膜，以水为分散介质，无毒、无味、不燃、安全性好，可在潮湿基层上施工、成膜速度快，耐候性好，涂膜无色透明、可配成各种颜色，具有优良的耐水性、延伸性、耐高低温性能、耐化学微生物腐蚀性，可以冷施工。适用于地下工程、输水和贮水构筑物的防水、防潮，各类建筑的厨房、厕所、卫生间及楼地面的防水，防水等级为 III 级、IV 级的屋面防水，也可用做 I 级、II 级屋面多道防水设防中的一道防水层。

三、防水砂浆及防水混凝土

1. 防水砂浆

用作防水层的砂浆叫作防水砂浆，防水砂浆又叫刚性防水层，适用于不受振动和具有一定刚度的混凝土或砖石砌体工程，应用于地下室、水塔、水池等防水工程。常用的防水砂浆主要有以下 3 种：

1）多层抹面的防水砂浆：多层抹面防水砂浆是指通过人工多层抹压以减少内部连通毛细孔隙，增大密实度，以达到防水效果的砂浆。其水泥宜选用强度等级 32.5 级以上的普通硅酸盐水泥，砂子宜采用洁净的中砂或粗砂，水灰比控制在 0.40～0.50，体积配合比控制在 1∶2～

1：3（水泥：砂）。

2）掺加各种防水剂的防水砂浆：常用的防水剂有氯化物金属盐类防水剂、水玻璃防水剂和金属皂类防水剂等。在水泥砂浆中掺入防水剂，可促使砂浆结构密实，填充和堵塞毛细管道和孔隙，提高砂浆的抗渗能力。

3）膨胀水泥或无收缩水泥配制的防水砂浆：这种砂浆的抗渗性主要是由于膨胀水泥或无收缩水泥具有微膨胀或补偿收缩性能，提高砂浆的密实度，具有良好的防水效果。砂浆配合比为水泥：砂子＝1：2.5，水灰比为 0.4～0.5，常温下配制的砂浆必须在 1 h 内用完。

防水砂浆的施工操作要求较高，配制防水砂浆时先将水泥和砂子干拌均匀，再把量好的防水剂溶于拌和水中与水泥、砂搅拌均匀后即可使用。涂抹时，每层厚度约 5 mm，共涂抹 4～5 层，20～30 mm 厚。在涂抹前先在润湿清洁的底面上抹一层纯水泥浆，然后抹一层 5 mm 厚的防水砂浆，在初凝前用木抹子压实一遍，第二层、第三层、第四层都是同样的操作方法，最后一层进行压光。抹完后要加强养护，保证砂浆的密实性，以获得理想的防水效果。

2. 抗渗混凝土和防水混凝土

抗渗混凝土是指抗渗等级等于或大于 P6 级的混凝土。抗渗混凝土通过提高混凝土的密实度，改善孔隙结构，从而减少渗透通道，提高抗渗性。常用的办法是掺用引气型外加剂，使混凝土内部产生不连通的气泡，截断毛细管通道，改变孔隙结构，从而提高混凝土的抗渗性。此外，减小水灰比，选用适当品种及强度等级的水泥，保证施工质量，特别是注意振捣密实、养护充分等，都对提高抗渗性能有重要作用。

防水混凝土是以调整混凝土的配合比、掺外加剂或使用新品种水泥等方法提高自身的密实性、憎水性和抗渗性，使其满足抗渗压力大于 0.6 MPa 的不透水性混凝土。防水混凝土一般可分为普通防水混凝土、外加剂防水混凝土和膨胀水泥防水混凝土三大类。

防水和抗渗有着很多相似之处，只是由于设计要求的建筑物抗渗性的不同或建筑物不可以使用其他附加防水材料而使用不同的混凝土。对抗渗有明确要求时就用抗渗混凝土。使用防水混凝土主要是因为使用其他防水材料（卷材或涂料）不能满足结构的其他要求。

第七节　建筑节能材料基本知识

一般把用于控制室内热量外流的材料叫作保温材料，把防止室外热量进入室内的材料叫作隔热材料。保温、隔热材料统称为绝热材料。绝热材料是用于减少结构物与环境热交换的一种功能材料，是保温材料和隔热材料的总称。在建筑工程中绝热材料主要用于墙体、屋顶的保温隔热、热工设备、热力管道的保温，有时也用于冬期施工的保温，一般在空调房间、冷藏室、冷库等的围护结构上也大量使用。

一、绝热材料的性能要求

1. 导热系数

当材料两侧存在温度差时，热量从材料的一侧传递至材料另一侧的性质，称为材料的导热性。导热性大小可以用导热系数 λ 表示，其计算公式为

$$\lambda = \frac{Qd}{A(T_1 - T_2) \cdot t} \tag{3-1}$$

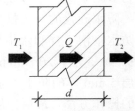

图 3-13　材料导热示意

式中，λ ——导热系数，W/(m·K)；

　　　Q ——传导的热量，J；

　　　d ——材料的厚度，m；

　　　A ——传热面积，m²；

　　　$(T_1 - T_2)$ ——材料两侧的温度差，K；

　　　t ——传热时间，s。

导热系数 λ 的物理意义：表示单位厚度的材料，当两侧温差为 1 K 时，在单位时间内通过单位面积的热量，如图 3-13 所示。导热系数是评定建筑材料保温、隔热性能的重要指标，导热系数越小，材料的保温隔热性能越好。影响材料导热系数的主要因素有材料的化学成分、分子结构、表观密度和孔隙率，此外材料所处环境的温度、湿度、热流转移方向都对其有一定影响。

2. 热容量和比热

材料在受热时吸收热量，冷却时放出热量的性质称为材料的热容量。质量一定的材料，温度发生变化时，则材料吸收或放出热量与质量成正比，与温差成正比，用公式表示为

$$Q = cm(T_2 - T_1) \tag{3-2}$$

式中，Q ——材料吸收或放出的热量，J；

　　　c ——材料比热，J/(g·K)；

　　　m ——材料质量，g；

　　　$(T_2 - T_1)$ ——材料受热或冷却前后的温差，K。

比热 c 表示 1 g 材料温度升高或降低 1 K 所吸收或放出的热量，比热与材料质量的乘积为材料的热容量值。热量一定的情况下，热容量值越大，温差越小。作为墙体、屋面等围护结构材料，应采用导热系数小、热容量值大的材料，这对于维护室内温度稳定，减少热损失，节约能源起着重要作用。几种典型材料的热工性质指标见表 3-8。

3. 强度

绝热材料在运载、存放、使用过程中会遭到拉伸、弯曲、挤压等荷载的作用，如果这些作用超过材料的极限，材料就会产生破损。为了避免这种破坏，要求承受振动荷载的硬原材料自身抗压强度不小于 0.3 MPa。保冷的硬质材料抗压强度大于或等于 0.3 MPa。如果有特殊需要，还要提供材料的抗折强度。

表 3-8 几种典型材料的热工性质指标

材料	导热系数/ [W/(m·K)]	比热/ [J/(g·K)]	材料	导热系数/ [W/(m·K)]	比热/ [J/(g·K)]
铜	370	0.38	泡沫塑料	0.03	1.70
钢	58	0.46	水	0.58	4.20
花岗岩	2.90	0.80	冰	2.20	2.05
普通混凝土	1.80	0.88	密闭空气	0.023	1.00
普通黏土砖	0.57	0.84	石膏板	0.30	1.10
松木顺纹	0.35	2.50	绝热纤维板	0.05	1.46
松木横纹	0.17				

4. 含水率

绝热材料的含水率对导热系数、强度、表观密度都有很大的影响。水的导热系数远远高于空气的导热系数。材料含水率增加后其导热系数将明显随之增加，因此规定保温材料的含水率小于或等于 7.5%。当受潮材料再受冻，水变成冰，冰的导热系数远远大于水的导热系数，即材料在不同的温湿环境中，导热系数将会有很大的差别。保温材料在其储存、运输、施工过程中应特别注意防潮、防冻。除以上性能外，绝热材料还有其他的性能要求，应具有一定的强度、抗冻性、防火性、耐热性和耐低温性腐蚀性、吸湿性或吸水性等。

5. 燃烧性

被绝热材料的设备或管道表面温度高于或等于 50℃时，要求采用复合隔热结构或耐高温的隔热材料。被绝热材料的设备和管道表面温度高于或等于 100℃时，绝热材料应符合不燃类 A 级材料性能要求。温度低于或等于 100℃，绝热材料应符合不燃类 B1 级材料性能要求。温度小于或等于 50℃，绝热材料应符合不燃类 B2 级材料性能要求。

6. 化学稳定性

材料的化学稳定性主要是指 pH 和氯离子的含量，这是考虑绝热材料是否对被绝热目标产生腐蚀。良好的化学稳定性对绝热的金属表面无腐蚀作用，另外还要考虑绝热目标一旦泄漏所发生的化学反应和环境气体对绝热材料的腐化。

二、常用绝热材料

1. 常用的无机绝热材料

（1）无机纤维状绝热材料

无机纤维状绝热材料主要有石棉、矿物棉、玻璃纤维、陶瓷纤维等。石棉属于天然矿物纤维，主要化学成分是含水硅酸镁，具有耐火、耐热、耐酸碱、绝热、隔声及绝缘等特性。最高适用温度是 500~600℃。松散的石棉基本较少单独使用，常制成石棉粉、石棉纸板、石棉毡等制品，用于建筑工程的高效能保温及防火覆盖等；矿物棉是岩棉和矿渣棉的统称，岩棉是由熔融的岩石经喷吹制成的纤维材料。矿物棉具有轻质、不燃、绝热和电绝缘等性能，且原料来源广、成本较低，可制成矿棉板、矿棉毡等，可用作建筑物的墙壁、屋顶、天花板等处的保温和吸声材料，也可用于热力管道的保温材料；玻璃纤维分为长纤维和短纤维两种类型，短纤维彼此互相纵横交织在一起，组成了多孔结构的玻璃棉，经常作为绝热材料使用。用玻璃纤维作为主要原料制成的保温隔热制品主要有沥青玻璃棉毡、各类玻璃毡、玻璃毯等，玻璃纤维通常用来作为房屋建筑的墙体保温层；陶瓷纤维是由氧化硅、氧化铝为主要原料，经过高温熔融、蒸汽喷吹或离心喷吹工序制作而成，主要可作为高温绝热、吸声材料使用等。

（2）无机泡沫状绝热材料

无机泡沫状绝热材料主要有泡沫玻璃、泡沫石棉、微孔硅酸钙制品、多孔混凝土等。泡沫玻璃是用玻璃粉为基础材料和 1%～2% 的石灰石、碳化钙、焦炭，经粉磨、混合、装模、煅烧形成含有大量封闭气泡的制品，具有导热系数小、抗压强度高、抗冻性、耐久性能好等特点。泡沫石棉是以温石棉为主要原料，使石棉纤维在阴离子表面活性剂作用下充分松解制浆、发泡成型、干燥制成的星网状的多孔状材料，主要特点是表观密度小、导热系数小、吸声性强、抗震性好、低温不脆、高温无毒气释放，可用于房屋的保温、保冷、吸声和防震。微孔硅酸钙制品是用粉状二氧化硅、石灰、纤维增强材料及水等经搅拌成型、蒸压处理和干燥等工序而制成，特点是表观密度小、强度高，导热系数小，主要用于围护结构及管道保温。多孔混凝土是由许多分布均匀、直径小于 2 mm 的封闭气孔组成的轻质混凝土，主要分为泡沫混凝土和加气混凝土两类。其绝热效果随着表观密度减小面增加，但强度则随着表观密度减小而下降。

（3）多孔轻质无机绝热材料

多孔轻质无机绝热材料又称粉末状绝热材料，是建筑和热工设备上使用较广的高效绝热材料，以表现密度小的非金属粉末状或短纤维状、颗粒状材料为集料制成的定型或不定型绝热吸声材料，包括膨胀珍珠岩及其制品、膨胀蛭石及其制品、泡沫混凝土制品、泡沫石棉及轻质烧结黏土制品等。

2. 常用的有机绝热材料

常用有机绝热材料主要有橡塑海绵保温材料、泡沫塑料、泡沫橡胶、软木板、植物纤维复合板等。橡塑海绵保温材料是闭孔弹性材料，其特点是导热系数低、阻燃性能好、安装方便、弹性好，能够最大限度地减少冷冻水和热水管道在使用过程中的振动和共振。泡沫塑料是以各种合成树脂为基料，加入一定剂量的发泡剂、催化剂、稳定剂及辅助材料，经加热发泡制得的轻质、保温、隔热、吸声、防震材料，属于高分子化合物或聚合物的一种。泡沫塑料是目前广泛使用的保温材料，具有表观密度小、保温性能好、电绝缘性优良、耐腐蚀、耐霉菌性能佳、加工使用方使等特点。泡沫橡胶呈海绵状又称海绵橡胶，是由许多小孔组成的橡胶，是在生橡胶中加起泡剂或用浓缩胶乳边搅拌边鼓入空气，再经硫化制成。具有质轻柔软、隔热隔声、耐油、无特殊异味、表干快、贴得牢、耐水、耐候性好等特点。泡沫橡胶分为软泡沫橡胶和硬泡沫橡胶两种类型。泡沫橡胶可用于各种软硬质材料的互黏和自黏，如 PVC 软材、塑料膜、软质纤维料、铝板、木材、石材、瓷砖等的互黏，可适用于装饰及钢结构工程。但需要注意，泡沫橡胶使用不当会对应用物品造成腐蚀。软木也叫栓木，软木板是以栓皮、栎树皮或黄菠萝树皮为原料，经破碎后与皮胶溶液拌和，再加压成型，在 80℃ 的干燥室中干燥一昼夜而制成。软木板具有表观密度小、导热性低、抗渗和防腐蚀性能好等特点。植物纤维复合板是以植物纤维为主要材料加入胶结料和填料而制成。

三、吸声与隔声材料

1. 吸声材料

声音源于物体的振动，它迫使邻近的空气跟着振动而形成声波，并在空气介质中向四周传播。声音在室外空旷处传播过程中，一部分声能因传播距离增加而扩散；另一部分因空气分子的吸收而减弱。但在室内体积不大的房间，声能的衰减不是靠空气，而主要是靠墙壁、天花板、地板等材料表面对声能的吸收。当声波遇到材料表面时，一部分被反射；另一部分穿透材料；其余部分则被材料吸收。这些被吸收的能量（包括穿透部分的声能）与入射声能之比，称为吸声系数 α，即

$$\alpha = \frac{E_1 + E_2}{E_0} \tag{3-3}$$

式中，α——材料的吸声系数；

　　　E_1——材料吸收的声能；

　　　E_2——穿透材料的声能；

　　　E_0——入射的全部声能。

材料的吸声性能除与材料本身性质、厚度及材料的表面特征有关外，还与声音的频率及声音的入射方向有关。为了全面反映材料的吸声性能，通常采用 125 Hz、250 Hz、500 Hz、1 000 Hz、2 000 Hz、4 000 Hz 共 6 个频率的吸声系数表示材料吸声的频率特征。通常把 6 个频率的平均吸声系数大于 0.2 的材料称为吸声材料。

（1）影响材料吸声性能的主要因素

影响材料吸声性能的主要因素有材料的表观密度、材料的厚度、材料的孔隙特征、吸声材料设置的位置等。对同一种多孔材料来说，当其表观密度增大即孔隙率减小时，对低频的吸声效果有所提高，而对高频的吸声效果则有所降低。增加材料厚度，可以提高低频的吸声效果但对高频吸声没有多大影响。材料孔隙越多越细小，吸声效果越好。如果孔隙太大，则吸声效果较差。互相连通开放的孔隙越多，材料的吸声效果越好。当多孔材料表面涂刷油漆或材料吸湿时，由于材料的孔隙大多被水分或涂料堵塞，吸声效果将大大降低。悬吊在空中的吸声材料，可以控制室内的混响时间和降低噪声。多孔材料或饰物悬吊在空中，其吸声效果比布置在墙面或顶棚上要好，而且使用和安置也较为便利。

（2）建筑上常用的吸声材料

工程中常用吸声材料有石膏砂浆、水泥膨胀珍珠岩板、矿渣棉、沥青矿渣棉毡、玻璃棉、泡沫玻璃、泡沫塑料、软木板、地毯、帷幕等。除采用多孔吸声材料吸声外，还可将材料组成不同的吸声结构，达到更好的吸声效果。常用的吸声结构形式有薄板共振吸声结构和穿孔板吸声结构。薄板共振吸声结构系采用薄板钉牢在靠墙的木龙骨上，薄板与板后的空气层构成了薄板共振吸声结构。穿孔板吸声结构是用穿孔的胶合板、纤维板、金属板或石膏板等为结

构主体，与板后墙面之间的空气层（空气层中有时可填充多孔材料）构成吸声结构。

2. 隔声材料

隔声是指材料阻止声波透过的能力。隔声性能的好坏用材料的入射声能与透过声能相差的分贝数表示，差值越大，隔声性能越好。通常要隔绝的声音按照传播途径可分为空气声和固体声两种。对于隔绝空气声，根据声学中的"质量定律"，墙或板传声的大小，主要取决于其单位面积的质量，质量越大，越不易振动，隔声效果越好，故应选择密实、沉重的材料作为隔声材料。对于隔绝固体声最有效的措施是采用不连续的结构处理，即在墙壁和承重梁之间、房屋的框架和墙板之间加弹性衬垫，如毛毡、软木、橡皮等材料或在楼板上加弹性地毯。

第八节　配件基本知识

一、门窗材料

门窗是居住空间中不可缺少的部分，从古至今门窗材料经历过木门窗、钢门窗、铝合金门窗、塑钢门窗 4 个阶段。

1. 木门窗

木门窗是一种传统的建筑制品。我国的木门种类主要有高级木门、中级木门、镶板门、夹板门、木制防火门、隔声保温门、木制防盗门、蜂窝夹芯门等。木门窗按开启方式分为平开门窗、推拉门窗两类。平开门窗具有密封性好的特点，推拉门窗具有占用空间少的特点，根据需要和爱好选择。

2. 金属门窗

（1）钢焊门窗

钢焊门窗分普通钢门窗和涂色镀锌钢板门窗两大类。普通钢门窗简称钢门窗，又分为实腹钢门窗和空腹钢门窗两种。涂色镀锌钢板门窗，又称彩板钢门窗。彩板钢门窗是一种新型的金属门窗。涂色镀锌钢板门窗是以涂色镀锌钢板和 4 mm 厚平板玻璃或双层中空玻璃为主要材料，经过机械加工而制成，色彩有红色、绿色、乳白色、棕色、蓝色等。

（2）铝合金门窗

铝合金门窗外观敞亮、坚固耐用，是采用铝合金挤压型材为框、梃、扇料制作的门窗，简称铝门窗，具有质轻、高强、密封性能好、造型美观、耐腐蚀性强的特点。

（3）塑钢门窗

塑钢门窗是目前新型门窗材料之一，以聚氯乙烯树脂为主要原料，加上一定比例的稳定剂、着色剂、填充剂、紫外线吸收剂等，经挤出成型，然后通过切割、焊接或螺接的方式制成门窗框扇，配装密封胶条、毛条、五金件等，同时为增强型材的刚性，超过一定长度的型材空腔内需要填加钢衬，以提高塑钢门窗的强度。

二、预埋件的种类及应用

1. 预埋件的分类

预埋件是指预先安装在预制构件中的，起到保温，减重，吊装，连接，定位，锚固，通水、通电、通气，互动，便于作业，防雷、防水，装饰灯作用的配件。

常见预埋件按用途可分为以下几种：

1）结构连接件：连接构件与构件（钢筋与钢筋）或起到锚固作用的预埋件。

2）支模吊装件：便于现场支模、支撑、吊装的预埋件。

3）填充物：起到保温、减重或填充预留缺口的预埋件。

4）水电暖通等功能件：通水、通电、通气或连接外部互动部件的预埋件。

5）其他常见功能件：利于防水、防雷、定位、安装等的预埋件。

2. 常用的结构连接件

（1）灌浆套筒

灌浆套筒是装配式混凝土建筑结构中构件连接使用的钢筋连接套筒，一般分为全灌浆连接套筒、半灌浆连接套筒和异型套筒。全灌浆连接套筒上下两端均插入钢筋灌浆连接；半灌浆连接套筒一端为直螺纹套丝连接，一端为插入钢筋灌浆连接。全灌浆连接套筒如图 3-14 所示，半灌浆连接套筒如图 3-15 所示。

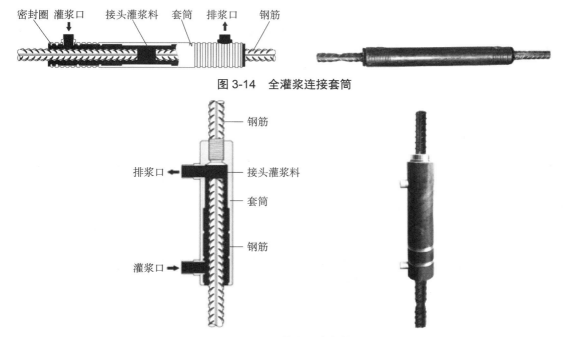

图 3-14　全灌浆连接套筒

图 3-15　半灌浆连接套筒

（2）钢筋锚固板

钢筋锚固板是设置于钢筋端部用于锚固钢筋的承压板，锚固板与钢筋通过直螺纹连接方式相连。锚固板可与钢筋正向连接，也可与钢筋反向连接，如图 3-16 所示。应用锚固板时应满足《钢筋锚固板应用技术规程》（JGJ 255—2011）的相关规定。

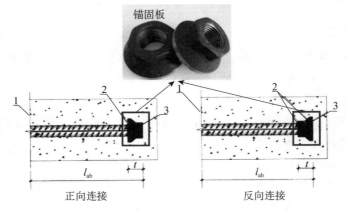

1—锚固区钢筋应力最大处截面；2—锚固板承压面；3—锚固板端面。

图 3-16　钢筋锚固板连接

（3）钢筋直螺纹套筒

钢筋直螺纹套筒是用于传递钢筋轴向拉力或压力的钢套筒。施工中将钢筋端头直接滚轧或剥肋后滚轧制作的直螺纹与套筒螺纹咬合，使钢筋与套筒形成整体，如图 3-17 所示。钢筋直螺纹套筒应用时应满足《钢筋机械连接技术规程》（JGJ 107—2016）的相关规定。

图 3-17　钢筋直螺纹连接

（4）金属波纹管

金属波纹管可以用在受力结构构件的浆锚搭接连接上，也可以当作非受力填充墙预制构件限位连接筋的预成孔模具使用（不能脱出）。金属波纹管是浆锚搭接连接方式用的材料，预埋于预制构件中，形成浆锚孔内壁，如图 3-18 所示。直径大于 20 mm 的钢筋连接不宜采用金属波纹管浆锚搭接连接，直接承受动力荷载的构件纵向钢筋连接不应采用金属波纹管浆锚搭接连接。

图 3-18　浆锚搭接连接用金属波纹管

（5）内外叶墙体拉结件

内外叶墙体拉结件是用于连接预制保温墙体内、外层混凝土墙板，传递墙板剪力，以使内层、外层墙板形成整体的连接器。这类拉结件宜选用纤维增强复合材料或使用不锈钢薄钢板加工制成。供应商应提供明确的材料性能和连接性能技术标准要求。当有可靠依据时，也可以采用其他类型连接件。常用的拉结件及其安装如图 3-19～图 3-22 所示。

图 3-19　外墙保温拉结件

图 3-20　外墙保温拉结件连接

图 3-21　不锈钢拉结件

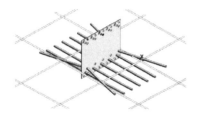

图 3-22　不锈钢拉结件埋设

3. 常用支模吊装件

（1）临时支撑预埋件

常用的临时支撑预埋件为螺栓套筒，如图 3-23 所示。将螺栓套筒预埋在预制混凝土构件中，在构件安装时，用来连接支撑杆件，稳固构件，如图 3-24 所示。

图 3-23　螺栓套筒

图 3-24　临时支撑连接

（2）预埋吊钉

预制构件的预埋吊件过去主要为吊环，现在多采用吊钉。吊钉的形式有圆头吊钉、套筒吊钉和平板吊钉。

1）圆头吊钉：圆头吊钉适用于所有预制混凝土构件的起吊，如墙体、柱子、横梁、水泥管道。它的特点是无须加固钢筋，拆装方便，性能卓越，使用操作简便。圆头吊钉中还有一种带眼圆头吊钉，在其尾部的孔中拴上锚固钢筋，可以增强圆头吊钉在预制混凝土中的锚固力，如图 3-25 所示。圆头吊钉的安装如图 3-26 所示。

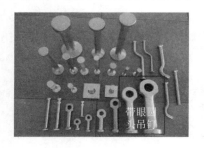

图 3-25　圆头吊钉

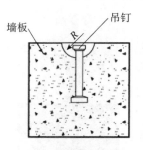

图 3-26　圆头吊钉的安装

2）套筒吊钉：套筒吊钉如图 3-27 所示，适用于所有预制混凝土构件的起吊。其优点是预制混凝土构件表面平整，缺点是采用螺纹接驳器时，需要将接驳器的丝杆完全拧入套筒中，如果驳器的丝杆没有拧到位或接驳器的丝杆受到损伤时可能降低其起吊能力，因此，较少在大型构件中使用套筒吊钉。套筒吊钉的安装如图 3-28 所示。

图 3-27　套筒吊钉

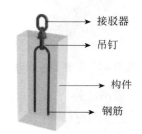

图 3-28　套筒吊钉的安装

3）平板吊钉：平板吊钉如图 3-29 所示，适用于所有预制混凝土构件的起吊，尤其适合墙板类薄型构件，平板吊钉种类繁多，选用时应根据厂家的产品手册和指南选用。平板吊钉的优点是起吊方式简单，安全可靠，使用广泛。平板吊钉的安装如图 3-30 所示。

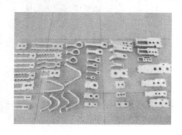

图 3-29　平板吊钉

图 3-30　平板吊钉的安装

三、水电材料

1. 水管类材料

用于供水的管道主要是铸铁管，室外主要用砂模铸铁管，室内用镀锌铸铁管，但是使用中容易产生大量锈垢，滋生细菌，严重危害人体的健康。国家已淘汰砂模铸造管件和冷镀锌铸铁管，逐步限制热镀铸铁管的使用，推广使用铝塑复合管、新型塑料管等。涉及饮用水管道和配件，必须有卫生部门的批件方可销售。目前给排水常用管材主要有 3 类：第一类是金属管，如内搪塑料的热镀铸铁管、铜管、不锈钢管等；第二类是塑复金属管，如塑复钢管、铝塑复合管等；第三类是塑料管，如 PB、PP-R 等。

2. 电线类材料

电线是由一根或几根柔软的导线组成，外面包以轻软的护层。电缆是由一根或几根绝缘包导线组成，外面再包以金属或橡皮制的坚韧外层。电缆与电线一般都由芯线、绝缘包皮和保护外皮 3 个部分组成。线芯用铜、铝、铜包钢、铜包铝等导电性能优良的有色金属制成。绝缘层是包覆在导线外围四周起着电气绝缘作用的构件，主要材料有 PVC、PE、XLPE、聚丙烯 PP、氟塑料等。

四、五金材料

1. 钉类

钉类主要有圆钉、麻花钉、拼钉、水泥钢钉、木螺钉、自攻螺钉、射钉、螺栓等。

圆钉也称铁钉，头部为圆扁形，下身为光滑圆柱形，底部为尖形。常见规格为 10～220 mm。普通圆钉主要用于木质结构的连接。麻花钉的钉身如麻花状，头部为圆扁形，十字或一字头，底部为尖底，着钉力特别强，适用于一些需要很强着钉力的地方，如抽屉、木制顶棚吊杆等处。拼钉是一种两头都是尖的钉子，中间为光滑表面。拼钉比其他钉更容易合并和固定木材，特别适用于木板拼合时作销钉用，常见规格有 25～120 mm。水泥钢钉在外形上与圆钉很相似，头部略厚一点。但水泥钢钉是用优质钢材制成，具有坚硬、抗弯的优点，可以直接钉入混凝土和砖墙内，常见规格有 7～35 mm。木螺钉又称木牙螺钉，比起其他钉子更容易与木结合，多用在金属和其他材料与木制材料的结合中。自攻螺钉钉身螺牙较深，硬度高，价格便宜，比起其他钉子能更好地结合两个金属零件，多用于金属构件的连接固定，如铝合金门窗的制作。射钉形态与水泥钉相似，但它是在射枪中射出来，射钉紧固要比人工施工更好且经济，同时比其他钉子更便于施工。射钉多用于木制工程的施工中，如细木制作和木制照面工程等。装修工程中常用的螺栓主要分为塑料和金属两种，用于替代预埋螺栓使用，适用于各种墙面、地面锚固建筑配件和物体。

2. 合页类

合页俗称铰链，通常由销钉连接的一对金属叶片组成，用于连接或转动的装置，使门、盖或其他摆动部件可以转动。合页分为普通合页、弹簧合页、大门合页、其他合页。普通合页可以用于橱柜门、窗、门等，材质有铁质、铜质、不锈钢质。弹簧铰链也称烟斗合页，主要用于橱门、衣柜门，材质有镀锌铁、锌合金等。大门铰链分普通型和轴承型，轴承型从材质上可分铜质、不锈钢质，从规格上分 100 mm×75 mm、125 mm×75 mm、150 mm×90 mm、100 mm×100 mm、125 mm×100 mm、150 mm×100 mm，厚度有 2.5 mm、3 mm，轴承有二轴承、四轴承。其他铰链有台面铰链、翻门铰链、玻璃铰链。

3. 滑轨材料

滑轨又称导轨、滑道，是指固定在家具的柜体上，供家具的抽屉或柜板出入活动的五金连接部件。滑轨适用于橱柜、家具、公文柜、浴室柜等木制与钢制抽屉等家具的抽屉连接。滑轨分类主要有滚轮式、钢珠式、齿轮式等。滚轮式滑轨结构较为简单，由一个滑轮、两根轨道构成，但承重力较差也不具备缓冲和反弹功能，常用于电脑键盘抽屉、轻型抽屉等。钢珠式滑轨一般安装在抽屉侧面，安装较为简单，并且节省空间。钢珠式滑轨推拉顺滑，承重力大，正逐渐取代滚轮式滑轨，成为现代家居滑轨的主力军。齿轮式有隐藏式滑轨、骑马抽滑轨等类型，属于中高档滑轨。由于使用齿轮结构从而使滑轨非常顺滑和同步，但价格比较贵，很少在现代家具中使用。

4. 门锁、拉手材料

（1）门锁

门锁的分类很多，使用场合不同对门锁的要求不一样。门锁因制锁技术与应用不同，可分为球形门锁、三杆式执手锁、插芯执手锁、玻璃门锁、电子门锁等。球形门锁的把手为球形，制作工艺相对简单、造价低，但安全性较差，一般用于室内门锁，产品材质主要有铁、不锈钢和钢。三杆式执手锁一般用于室内门锁，产品材质主要为铁、不锈钢、铜、锌合金，铁用于产品内部结构，外壳多用不锈钢，锁芯用铜，锁把手为锌合金材质。插芯执手锁产品材质较多，主要有锌合金、不锈钢、铜等，产品安全性比较好，常用于入户门、房间门等，在写字楼应用较为普遍。玻璃门锁的优点是玻璃不需要开孔，安全性能较好。电子门锁随着电子技术的发展而出现，在使用的方便性、防非法开启、智能管理等方面是机械锁无法相比的，因此在对安全要求较高的行业中得到广泛应用，市场上常见的主要是磁卡、IC 卡、TM 卡、射频卡电子门锁。

（2）拉手

拉手按材料分有锌合金拉手、铜拉手、铁拉手、铝拉手、胶木拉手、原木拉手、陶瓷拉手、塑胶拉手、水晶拉手、不锈钢拉手、亚克力拉手、大理石拉手等；按材质分单一金属、合金、塑料、陶瓷、玻璃等；按外形分有管形、条形、球形及各种几何形状等；按式样分有单条式、双头式、外露式、封闭式等；按款式分有前卫式、休闲式、怀古式；按用途分有家装用拉手、工业用拉手、箱包柜拉手。

第九节　建筑安装基本知识

一、建筑给水、排水及消防设备

1. 建筑给水设备

1）建筑给水系统的组成：一般情况下，建筑内部给水系统由引入管、给水附件、管道系统、水表节点、升压和贮水设备与室内消防设备 6 部分组成，如图 3-31 所示。

引入管是联络室内和室外管网之间的管段。给水附件有闸阀、止回阀等控制附件、水嘴、水表等。管道系统由水平干管、立管、支管等组成。水表设置在引入管上，在其前后分设闸门和泄水装置。室内消防设备有消火栓、自动喷水系统或水幕灭火设备等。升压和贮水设备常用的有贮水池、高位水箱、水泵和气压给水装置等。

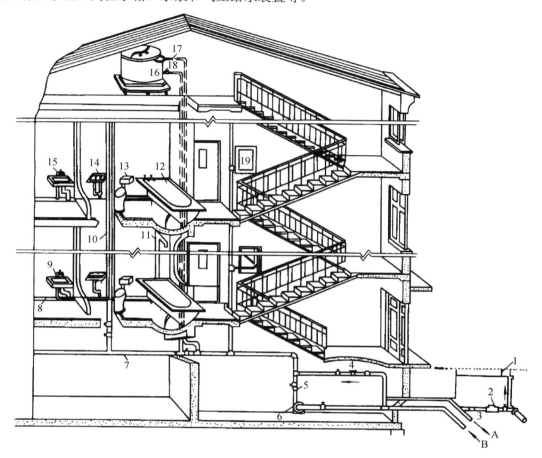

1—阀门井；2—闸阀；3—引入管；4—水表；5—逆止阀；6—水泵；7—干管；8—支管；9—水龙头；10—立管；11—淋浴器；
12—浴盆；13—大便器；14—洗脸盆；15—洗涤盆；16—水箱；17—进水管；18—出水管；19—消火栓。

图 3-31 建筑内部给水系统

2）室外给水系统由相互联系的一系列构筑物和输配水管网组成。它的任务是从水源取水，按照用户对水质的要求进行处理，然后将水输送到给水区，并向用户配水。取水构筑物用以从选定的水源（包括地表水和地下水）取水，并输往水厂。水处理构筑物用以将从取水构筑物的来水加以处理，以符合用户对水质的要求。这些构筑物常集中布置在水厂范围内。泵站用以将所需水量提升到要求的高度，可分抽取原水的一级泵站、输送清水的二级泵站和设于管网中的增压泵站。输水管渠和管网输水管渠是将原水送到水厂或将水厂的水送到管网的管渠。调节构筑物包括各种类型的贮水构筑物，如高地水池、水塔、清水池等。

2. 建筑排水设备

建筑排水系统由污水和废水的收集器具（汇水设备或卫生洁具）、排水管道（引出管、立管、支管等）、通气管、水封装置、清通部件、提升设备、污水局部处理设备组成。室内排水系统分为生活污废水系统、生产污废水系统、雨雪水系统。室内排水系统如图 3-32 所示。

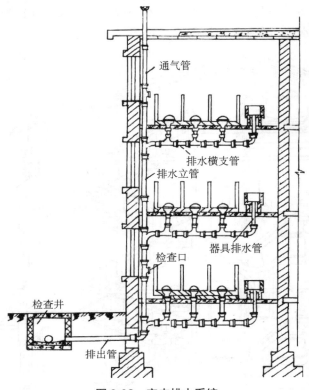

图 3-32　室内排水系统

3. 消防设备

建筑消火栓给水系统一般由水枪、水带、消火栓、消防管道、消防水箱、消防水池、水泵接合器及增压水泵等组成。

消火栓灭火设备由水枪、水带和消火栓组成，通常安装在消火栓箱内。消火栓箱有明装、暗装、半明半暗装 3 种安装形式。如果供水方式中采用水泵，消火栓箱内还应有直接启动水泵的按钮，按钮应设保护措施。有的消火栓箱中还设有消防卷盘，称为共用消火栓箱。

消防管道包括消防干管、消防立管和消火栓短支管。用于消火栓给水系统的管材，管径＞100 mm 时采用焊接钢管或无缝钢管，连接方式为焊接或法兰盘连接；管径≤100 mm 时宜用镀锌钢管或镀锌无缝钢管，连接方式为丝扣连接或法兰盘连接；室外埋地消防给水管管径＞100 mm，工作压力不大于 0.8 MPa 时宜采用给水铸铁管，工作压力大于 0.8 MPa 时采用钢管，内外壁必须做防腐层。

水泵接合器属于临时供水设施。它一端连接室内消防给水管道，另一端连接消防车，由消防车从室外消火栓取水向室内消防管网供水。水泵接合器应设在室外便于消防车使用的地点，距室外消火栓或消防水池的距离宜为 15～40 m。水泵接合器的数量，应按室内消防用水量计算确定，每个水泵接合器的流量按 10～15 L/s 计算。水泵接合器宜采用地上式；当采用地下式水泵接合器时，应有明显标志。建筑消防给水系统中均应设置水泵接合器。

消防水箱的主要作用是供给建筑初期火灾所需要的消防水量，水箱应设在建筑物的最高位置，水箱的容积应能保证火灾初期 10 min 的消防用水量。采用高压给水系统时，可不设高位消防水箱。当采用临时高压给水系统时，应设高位消防水箱。

消防水池的作用是贮水和消防水泵吸水。消防水池可设于室内地下室或与室内游泳池、水景水池兼用。消防水池的容量应满足在火灾持续时间内室内外消防用水量的要求。消防水池可与生活或生产贮水池合用，也可单独设置。如消防水池与其他贮水池合用，必须有保证消防水量不被动用的技术措施。

二、建筑采暖通风设备

1. 建筑采暖设备

采暖系统包括以下 3 个基本组成部分：

1）热源：热源是采暖系统中生产热能的部分，如锅炉房、热交换站等。

2）输热管道：输热管道是指热源和散热设备之间的连接管道。输热管道将热媒由热源输送到各个散热设备。

3）散热设备：散热设备将热量散发到室内的设备，如散热器、暖风机等。

2. 建筑通风设备

机械送风系统一般由进风室、空气处理设备、风机、风道和送风口等组成；机械排风系统一般由排风口、排风罩、净化除尘设备、排风机、排风道和风帽等组成。此外还应设置必要的调节通风量和启闭系统运行的各种控制部件，即各式阀门。

三、建筑电气照明设备

照明按其用途可分为正常照明、值班照明、彩灯和装饰照明、事故照明、障碍照明。正常照明分为一般照明、局部照明和混合照明。

常用的电光源有热致发光电光源（如白炽灯、卤钨灯等）、气体放电发光电光源（如荧光灯、汞灯、钠灯、金属卤化物灯等）、固体发光电光源（如 LED 和场致发光器件等）。供配电设备如变压器、配电屏、发电设备等。照明设备如电光源。动力设备如吊车、搅拌机、水泵、风机、电梯等。弱电设备如电话、电视、音响、网络、报警设备等。空调与通风设备如制冷、防排烟、温湿度控制装置等。运输设备如电梯。

第十节　常见建筑工程起重设备

一、塔式起重机的类型及应用

1. 塔式起重机的类型

塔式起重机是把吊臂、平衡臂等结构和起升、变幅等机构安装在金属塔身上的一种起重机，其特点是提升高度高、工作半径大、工作速度快、吊装效率高等，如图3-33所示。

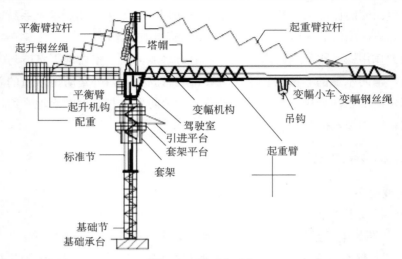

图3-33　塔式起重机

目前，用于建筑工程的塔式起重机按架设方式分为固定式、附着式、内爬式，按变幅形式分为小车变幅和动臂变幅两种。

2. 塔式起重机的型号

以塔式起重机QTZ 125（6018）为例，型号识读如图3-34所示。

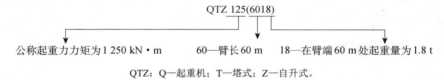

图3-34　塔式起重机型号识读

塔式起重机的臂长是指塔身中心到起重小车吊钩中心的距离。塔式起重机的臂长随着小车的行走不断变化，随着塔式起重机臂长的变化，塔式起重机的起重能力也不断变化。通常以塔式起重机的最大工作幅度作为塔式起重机的臂长的参数，QTZ125（6018）塔式起重机实际工作臂长是3～60 m，3～27.155 m的臂长起重量最大。即最大起重量为5 t，最大起重臂为60 m时，塔式起重机起重能力最小，仅为1.8 t。

3. 塔式起重机选型的要点

塔式起重机的型号取决于装配式混凝土建筑的工程规模，如小型多层装配式混凝土建筑工程，可选择小型的经济型塔式起重机；高层建筑的塔式起重机选择，宜选择与之相匹配的塔式起重机。对于装配式结构，首先要满足起重高度的要求，塔式起重机的起重高度应该等于建筑物高度、安全吊装高度、预制构件最大高度、索具高度之和。除考虑起重高度外，还应注意塔式起重机的覆盖面和最大起重能力。

（1）塔式起重机覆盖面的要求。塔式起重机的型号决定了塔式起重机的臂长幅度，布置塔式起重机时，塔臂应覆盖堆场构件，避免出现覆盖盲区，减少预制构件的二次搬运。对于含有主楼、裙房的高层建筑，塔臂应全面覆盖主体结构部分和堆场构件的存放位置，裙楼力求塔臂全部覆盖。当出现难以解决的楼边覆盖时，可以考虑采用临时租用汽车起重机以解决裙房边角的垂直运输问题，不能盲目加大塔机型号，应认真进行技术经济分析和比较后确定方案。

（2）最大起重能力的要求。在塔式起重机的选型中，应结合塔式起重机的尺寸及起重量荷载的特点，重点考虑工程施工过程中最重的预制构件对塔式起重机吊运能力的要求，应根据其存放的位置、吊运的部位、与塔中心的距离，确定该塔式起重机是否具备相应的起重能力（起重量×工作幅度＝起重力矩）。确定塔式起重机方案时应留有余地，一般实际起重力矩在额定起重力矩的 75% 以下。

4. 塔式起重机的使用要点

1）塔式起重机的定位：塔式起重机与外脚手架的距离应该大于 0.6 m，当群塔施工时，两台塔式起重机的水平吊臂间的安全距离应大于 2 m，一台塔式起重机的水平吊臂与另一台塔式起重机的塔身之间的安全距离也应大于 2 m。

2）塔式起重机作业前应进行以下检查和试运转：

①各安全装置、传动装置、指示仪表、主要部位连接螺栓、钢丝绳磨损情况、供电电缆等必须符合相关规定。

②按相关规定进行试验和试运转。

3）当同一施工地点有两台以上起重机时，应保持两台起重机之间任何接近的部位（包括吊重物）间距不得小于 2 m。

4）在吊钩提升、起重小车或行走大车运行到限位装置前，均应减速缓行到停止位置，并应与限位装置保持一定距离（吊钩不得小于 1 m，行走轮不得小于 2 m）。严禁采用限位装置作为停止运行的控制开关。

5）动臂式起重机的起升、回转、行走可以同时进行，变幅应单独进行。每次变幅后应对变幅部位进行检查。允许带载变幅的，当载荷达到额定起重量的 90% 及以上时，严禁变幅。

6）塔式起重机提升重物时，严禁自由下降。重物就位时，可采用慢就位机构或利用制动器使之缓慢下降。

7）塔式起重机提升重物作水平移动时，应高出其跨越的障碍物 0.5 m 以上。装有上下两套操纵系统的起重机，不得上下同时使用。

8）作业中如遇大雨、雾、雪及 6 级以上大风等恶劣天气，应立即停止作业，将回转机构的制动器完全松开，起重臂应能随风转动。对轻型俯仰变幅起重机，应将起重臂落下并与塔身结构锁紧在一起。

9）作业中，操作人员临时离开操纵室时，必须切断电源。

10）作业完毕后，起重臂应转到顺风方向，并松开回转制动器，小车及平衡重应置于非工作状态，吊钩宜升到距起重臂顶端 2～3 m 处。

11）停机时，应将每个控制器拨回零位，依次断开各开关，关闭操纵室门窗。下机后，使起重机与轨道固定，断开电源总开关，打开高空指示灯。

12）动臂式和尚未附着的自升式塔式起重机，塔身上不得悬挂标语牌。

图 3-35　履带式起重机

二、履带式起重机

1. 履带式起重机的类型

履带式起重机是在行走的履带底盘上装有起重装置的起重机械，主要由动力装置、传动装置、行走机构、工作机械、起重滑车组、变幅滑车组及平衡重等组成。它具有起重能力较大、自行式、全回转、工作稳定性好、操作灵活、使用方便、在其工作范围内可载荷行驶作业、对施工现场吊装地面要求不高等特点。它是结构安装工程中常用的起重机械，如图 3-35 所示。履带式起重机按传动方式不同可分为机械式、液压式（Y）和电动式（D）。

2. 履带式起重机的使用要点

1）驾驶员应熟悉履带式起重机技术性能，启动前应按规定进行各项检查和保养。启动后应检查各仪表指示值及运转是否正常。

2）履带式起重机必须在平坦坚实的地面上作业，当起吊荷载达到额定重量的 90% 及以上时，工作动作应慢速进行，并禁止同时进行两种及以上动作。

3）应按规定的起重性能作业，严禁超载作业，如确需超载时应进行验算并采取可靠措施。

4）作业时，起重臂的最大仰角不应超过规定，无资料可查时，最大不大于 78°，最小不得小于 45°。

5）进行双机抬吊作业时，两台起重机的性能应相近，抬吊时统一指挥，动作协调、互相配合，起重机的吊钩滑轮组均应保持垂直。抬吊时，单机的起重载荷不得超过允许载荷值的 80%。

6）起重机带载行走时，载荷不得超过允许起重量的 70%。

7）起重机带载行走时，道路应坚实平整，起重臂与履带平行，重物离地不能大于 500 mm，并拴好拉绳，缓慢行驶，严禁长距离带载行驶，上下坡道时，应无载行驶。上坡时，应将起重臂扬角适当放小，下坡时应将起重臂的仰角适当放大，严禁下坡空挡滑行。

8）停止作业后，吊钩应提升至接近顶端处，起重臂降至 40°～60°，关闭电门，各操纵杆置于空挡位置，各制动器加保险固定，操纵室和机棚应关闭门窗并加锁。

9）遇大风、大雪、大雨天气时应停止作业，并将起重臂转至顺风方向。

3. 履带式起重机的转移

履带式起重机的转移有自行、平板拖车运输和铁路运输 3 种形式。

（1）对于普通路面且运距较近时，可采用自行转移，在行驶前，应对行走机构进行检查，并做好润滑、紧固、调整和保养工作。每行驶 500～1 000 m 时，应对行走机构进行检查和润滑。对沿途空中架线情况进行察看，以保证符合安全距离要求。

2）采用平板拖车运输时，要了解所运输的履带式起重机的自重、外形尺寸、运输路线及桥梁的安全承载能力、线路限高等情况，选用相应载重量平板拖车。起重机在平板拖车上停放牢固，位置合理。应将起重臂和配重拆下，刹住回转制动器，插销销牢，为了降低高度，可将起重机上部人字架放下。

3）当采用铁路运输时，应将支垫起重臂的高凳或道木垛搭在起重机停放的同一个平板上，固定起重臂的绳索也绑在该平板上，如起重臂长度超过该平板时，应另挂一个辅助平板，但可不设支垫也不用绳索固定，同时吊钩钢丝绳应抽掉。

三、轮胎式起重机

1. 轮胎式起重机的类型

轮胎式起重机是将起重机构安装在普通载重汽车或专用汽车底盘上的起重机。轮胎式起重机机动性能好，运行速度快，对路面破坏性小，但不能带负荷行驶，吊重物时必须支腿，对工作场地的要求较高。轮胎式起重机如图 3-36 所示。

图 3-36　轮胎式起重机

轮胎式起重机按起重量大小分轻型、中型和重型 3 种（起重量在 20 t 以内的为轻型，20～50 t 的为中型，50 t 及以上的为重型）；按起重臂形式分析架臂和箱形臂两种；按传动装置形式分机械传动（Q）、电力传动（QD）、液压传动（QY）3 种。目前，液压传动的轮胎式起重机应用较广。

2. 轮胎式起重机的使用要点

1）轮胎式起重机的使用应遵守操作规程及交通规则。

2）作业场地应坚实平整。

3）作业前，应伸出起重机的全部支腿，并在撑脚下垫合适的方木。调整机体，使回转支撑面的倾斜度在无荷载时不大于 1/1 000（水准泡居中）。支腿有定位销的应插上。底盘为弹性悬挂的起重机伸出支腿前应收紧稳定器。

4）作业中严禁振动支腿操纵阀。调整支腿在无载荷情况下进行起重臂伸缩时，应按规定程序进行，当限制器发出警报时，应停止伸臂。起重臂伸出后，当前节臂杆的长度大于后节伸出长度时，应调整正常后，方可作业。

5）作业时，汽车驾驶室内不得有人，发现起重机出现倾斜、不稳等异常情况时，应立即采取措施。

6）起吊重物达到额定起重量的 90% 以上时，严禁同时进行两种及以上的动作。

7）作业后，收回全部起重臂，收回支腿，挂牢吊钩，撑牢车架尾部两撑杆并锁定，销牢锁式制动器，以防旋转。

第四章　建筑构造与结构

第一节　建（构）筑物构造基本知识

一、建（构）筑物的基本组成

建筑物是指供人们生活、学习、工作、居住以及从事生产和各种文化活动的房屋。构筑物是指间接为人们提供服务的设施，如水池、水塔、支架、烟囱等。

建筑的基本要素包括 3 个方面：建筑功能、建筑技术和建筑艺术形象。

1. 建筑的分类

（1）按建筑的使用性质分类

根据建筑的使用性质不同，可分为民用建筑、工业建筑和农业建筑。

1）民用建筑：指的是供人们工作、学习、生活、居住等类型的建筑。

①居住建筑：如住宅、单身宿舍、公寓、招待所等。

②公共建筑：如办公、科教、文体、商业、医疗、邮电、广播、交通和其他建筑等。

2）工业建筑：指的是各类生产用房和为生产服务的附属用房。

3）农业建筑：是指供人们进行农牧业生产和加工活动的建筑，如种植、养殖、储存用的温室、畜禽饲养场、水产品养殖场、农畜产品加工厂、粮库等。

（2）按建筑的层数或总高度分类

1）住宅建筑按层数划分：1～3 层为低层；4～6 层为多层；7～9 层为中高层；10 层以上或建筑高度大于 27 m 的为高层。

2）公共建筑及综合性建筑总高度超过 24 m 的为高层（不包括总高度超过 24 m 的单层主体建筑）。

3）建筑物高度超过 100 m 时，不论住宅或公共建筑均为超高层。

（3）按承重结构的材料分类

1）木结构建筑：是指以木材作为房屋承重骨架的建筑。这种结构自重轻，防火性能差。

2）砌体结构建筑：以砖、石材或砌块作为承重结构的建筑。这种结构自重大，抗震性能差。

3）混凝土结构建筑：整个结构系统的构件均采用钢筋混凝土材料的建筑。它具有坚固耐久、防火和可塑性强等优点，是我国目前房屋建筑中应用最为广泛的一种结构形式。如框架结构、剪力墙结构、框架-剪力墙结构（框剪结构）、板柱结构、板柱-剪力墙结构、部分框支剪力墙结构、筒体结构等。

4）钢结构建筑：以型钢、钢板等钢材作为房屋承重骨架的建筑。钢结构强度高、塑性好、韧性好，便于制作和安装，工期短，结构自重轻，适宜在超高层和大跨度建筑中采用。

5）混合结构建筑：采用两种或两种以上材料作承重结构的建筑。如由砖墙、木楼板构成的砖木结构建筑；由砖墙、钢筋混凝土楼板和屋架构成的砖混结构建筑；由钢屋架和混凝土（或柱）构成的钢-混凝土结构建筑等。

2. 民用建筑的等级划分

（1）按耐火性能分级

我国《建筑设计防火规范》（GB 50016—2014）将建筑物的耐火等级分为 4 级，一级最高，四级最低。耐火等级是按照组成房屋构配件的燃烧性能和耐火极限来确定的。

（2）按耐久性能分级

建筑物的耐久等级主要根据建筑物的重要性和规模大小划分，采用设计使用年限指标来分级，一般把设计使用年限分为 4 类，见表 4-1。

表 4-1 设计使用年限分类

类别	设计使用年限/a	示例
1	5	临时性建筑
2	25	易于替换结构构件的建筑
3	50	普通建筑和构筑物
4	100	纪念性建筑和特别重要的建筑

3. 建筑模数协调统一标准

为了实现工业化大规模生产，使不同材料、不同形式和不同制造方法的建筑构配件、组合件具有一定的通用性和互换性，在建筑业中必须共同遵守《建筑模数协调统一标准》（GB/T 50002—2013）。

1）基本模数：基本模数的数值规定为 100 mm，表示符号为 M，即 1M 等于 100 mm，整个建筑物或其中一部分以及建筑组合件的模数化尺寸均应是基本模数的倍数。

2）扩大模数：是指基本模数的整倍数，扩大模数的基数应符合下列规定：

①水平扩大模数为 3M、6M、12M、15M、30M、60M 6 个，其相应的尺寸分别为 300 mm、600 mm、1 200 mm、1 500 mm、3 000 mm、6 000 mm。

②竖向扩大模数的基数为 3M、6M 2 个，其相应的尺寸为 300 mm、600 mm。

3）分模数：是指基本模数的分数值，分模数的基数为 M/10、M/5、M/2 共 3 个，其相应的尺寸为 10 mm、20 mm、50 mm。

4）模数数列：是指由基本模数、扩大模数、分模数为基础扩展成的一系列尺寸。

4. 民用建筑的构造组成

一幢民用建筑，一般是由基础、墙或柱、楼地层、屋顶、楼梯和门窗六大部分所组成，如图 4-1、图 4-2 所示。

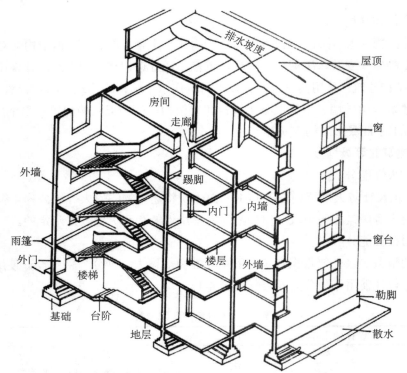

图 4-1 民用建筑的构造组成（墙承重结构–砌体结构）

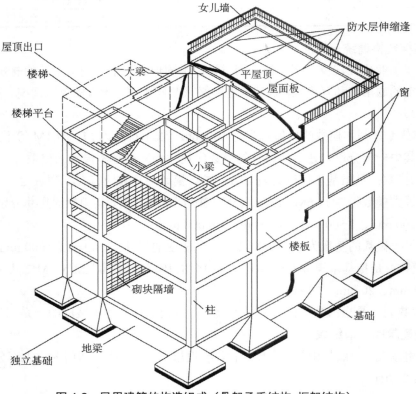

图 4-2 民用建筑的构造组成（骨架承重结构–框架结构）

（1）基础

基础是房屋底部与地基接触的承重构件，它的作用是把房屋上部的荷载传给地基。基础应具有足够的强度、刚度和耐久性，且能经受冰冻、地下水及所含化学物质的侵蚀。基础的大小、形式取决于荷载大小、土壤性能、材料形状和承重方式。

（2）墙和柱

在墙体承重结构体系中，如砌体结构、剪力墙结构，部分墙体是房屋的竖向承重构件，它承受着由屋盖和各楼层传来的各种荷载，并把这些荷载可靠地传到基础上，再传给地基。在骨架承重的框架结构体系中，墙体主要起分隔空间的作用，柱则是房屋的竖向承重构件。若是外墙，还有围护的功能，抵御风、霜、雪、雨及寒暑对室内的影响；内墙有分隔房间的作用。因此，墙体应具有足够的强度、稳定性和保温、隔热、隔声、防火、防水等能力。

（3）楼地层

楼地层包括楼板层和地坪层。楼板层包括面层、结构层（楼板、梁）和顶棚层等。楼层直接承受着各楼层上的家具、设备、人的重量和楼层自重；同时楼板层对墙或柱有水平支撑的作用，传递着风、地震等侧向水平荷载，并把上述各种荷载传递给墙或柱。对楼层的要求是要有足够的强度和刚度，以及良好的防水、防火、隔声性能。地坪层是首层室内地面，包括面层、垫层、素土夯实层等，承受着室内的活载以及自重，并将荷载通过垫层传到地基。因人们的活动直接作用在楼地层面层上，所以对其要求还包括美观、耐磨损、易清洁、防潮性能等。

（4）屋顶

屋顶包括屋面、附加层（防水层、保温层）、结构层（屋面板、梁）和顶棚层等。屋顶既是承重构件又是围护构件。作为承重构件，与楼板层相似，承受着直接作用于屋顶的各种荷载，同时在房屋顶部起着水平传力构件的作用，并把本身承受的各种荷载直接传给墙或柱。屋面层可以抵御自然界的风、霜、雪、雨和太阳辐射等寒暑作用。屋面板应有足够的强度和刚度，还要满足保温、隔热、防水、隔汽等构造要求。

（5）楼梯和电梯

楼梯是建筑的竖向交通设施，也是发生火灾、地震等紧急事故时的疏散通道。楼梯应有足够的通行能力和足够的承载能力，并且应满足坚固、耐磨、防滑等要求。电梯和自动扶梯可用于平时疏散人流，但不能用于消防疏散。消防电梯应满足消防安全的要求。

（6）门和窗

门与窗属于围护构件，都有采光通风的作用。门的基本功能还有保持建筑物内部与外部或各内部空间的联系与分隔。门应满足交通、消防疏散、热工、隔声、防盗等功能。对窗的要求有保温、隔热、防水。

二、地基基础与地下室构造

1. 基础基本知识

（1）基础和地基的区别

基础是建筑物与土层直接接触的部分，是建筑物的重要组成部分。地基是指建筑物基础底面以下，受到荷载作用影响范围内的土体或岩体，它承受着基础传来的建筑物的全部荷载，它不是建筑物的组成部分。在地基中直接承受上部荷载的土层为持力层，持力层以下的土层为下卧层。

地基有天然地基和人工地基两类。天然地基是不需要人工加固的天然土层。天然地基土分为四大类：岩石、碎石土、砂土、黏性土。人工地基需要人工加固处理，常见有石屑垫层、砂垫层、混合灰土回填再夯实等。

（2）基础的埋置深度

基础的埋置深度，简称基础埋深，是指室外设计地坪到基础底面的垂直距离，如图4-3所示。室外地坪分自然地坪与设计地坪，自然地坪是指施工场地的原有地坪，设计地坪是指按设计要求工程竣工后室外场地经过填垫或下挖后的地坪。

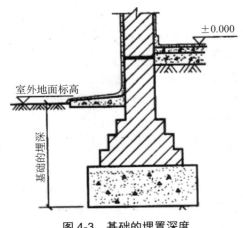

图 4-3　基础的埋置深度

基础按其埋置深度大小分为深基础和浅基础。基础埋深超过 5 m 时为深基础，小于 5 m 时为浅基础。从经济角度看，基础埋深越小，工程造价越低。但基础对其底面的土有挤压作用，为防止基础因此产生滑移而失去稳定，基础需要有足够厚度的土层来包围，因此基础应有一个合适的埋深，既保证建筑物的坚固稳定，又能节约用材，加快施工。基础的埋置深度不应小于 500 mm。

（3）影响基础埋深的因素

基础埋深的影响因素很多，针对不同的项目，其影响因素可能只有一两项。设计时，需从实际出发，抓住影响基础埋深的主要因素进行考虑。基础埋置深度的影响因素主要有：建筑物的用途，有无地下室、设备基础和地下设施，基础的形式和构造的影响；作用在地基上的荷载大小和性质的影响；工程地质和水文地质条件的影响；相邻建筑物基础埋深的影响；地基土冻胀和融陷的影响。

2. 基础的结构形式

（1）独立基础

独立基础简称为独基，是柱基础的主要类型，如图4-4所示。它适用于多层框架结构或厂房排架柱下基础，其常用断面形式有阶梯形、锥形、杯形等。多层框架结构中多采用现浇独立基础。厂房排架中的柱采用预制钢筋混凝土构件时，把基础做成杯口形，待柱子插入杯口后，用细石混凝土将柱周围缝隙填实，使其嵌固其中，称为杯形独立基础。

（2）条形基础

条形基础简称为条基，基础长度远大于其宽度，也称带形基础。一般用于多层混合结构的承重墙下，多采用钢筋混凝土条形基础，如图 4-5 所示。

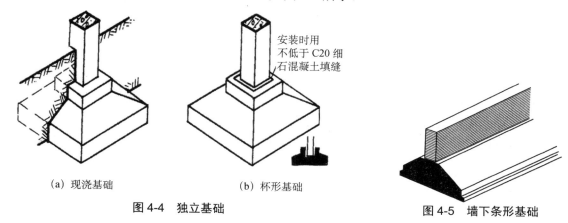

（a）现浇基础　　　（b）杯形基础

图 4-4　独立基础

图 4-5　墙下条形基础

当上部结构为框架结构或排架结构，荷载较大或荷载分布不均匀时，地基承载力偏低，为了增加基底面积或增强整体刚度，以减少不均匀沉降，可用钢筋混凝土条形基础将各柱下基础用基础梁相互连接成一体，形成柱下条形基础、柱下十字交叉基础，如图 4-6 所示。

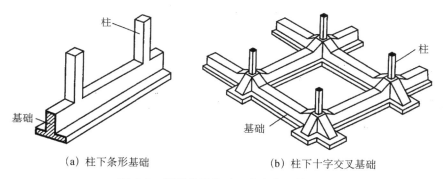

（a）柱下条形基础　　　（b）柱下十字交叉基础

图 4-6　柱下条形基础、十字交叉基础

（3）筏板基础

建筑物的基础由整片的钢筋混凝土板组成，板承担上部荷载并传给地基，简称为筏基，也称满堂基础，如图 4-7 所示。筏板基础的结构形式可分为平板式和梁板式两类。

（4）箱形基础

将地下室的底板、顶板和墙体整浇成箱子状的基础，称为箱形基础，如图 4-8 所示。它可增加基础刚度，减少基底附加应力。其适用于地基软弱土层厚、建筑物上部荷载大，对地基不均匀沉降要求严格的高层建筑、重型建筑等。

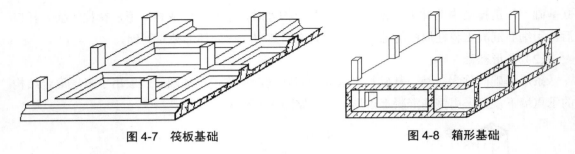

图 4-7　筏板基础　　　　　　　　　图 4-8　箱形基础

（5）桩基础

当浅层地基上不能满足建筑物对地基承载力和变形的要求，而又不适宜采取地基处理措施时，就要考虑以下部坚实土层或岩层作为持力层的深基础，工程中应用最多的深基础是桩基础。桩基础通常由桩和桩顶上承台（梁、板）两部分组成，如图 4-9 所示。桩基础的类型较多，按桩的形状与竖向受力情况分为摩擦桩和端承桩。按桩的制作方法分为预制桩和灌注桩。

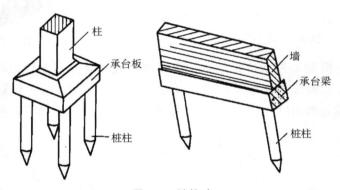

图 4-9　桩基础

3. 地下室的分类

建筑物下部的地下使用空间称为地下室。地下室一般由墙身、底板、顶板、门窗、楼梯等部分组成。按埋入地下深度分全地下室和半地下室。全地下室是地下室地面低于室外地坪的高度超过该房间净高的 1/2。半地下室是地下室地面低于室外地坪的高度为该房间净高的 1/3～1/2。按使用功能分普通地下室和人防地下室。普通地下室一般用作高层建筑的地下停车库、设备用房；根据用途及结构需要可做成一层或二层、三层、多层地下室。人防地下室是结合人防要求设置的地下空间，用以应付战时情况下人员的隐蔽和疏散，并有具备保障人身安全的各项技术措施。

4. 地下室的防潮

当地下水的常年水位和最高水位均在地下室地坪标高以下时，须在地下室外墙外面设垂直防潮层。其常见的做法是在墙体外表面先抹一层 20 mm 厚的 1∶2.5 水泥砂浆找平，再涂一道冷底子油和两道热沥青；然后在外侧回填低渗透性土壤，如黏土、灰土等，并逐层夯实，土层宽度为 500 mm 左右，以防地面雨水或其他地表水的影响。另外，地下室的所有墙体都应设两道水平防潮层，一道设在地下室地坪附近；另一道设在室外地坪以上 150～200 mm 处，使整个地下室防潮层连成整体，以防地潮沿地下墙身或勒脚处进入室内。

5. 地下室的防水

当设计最高水位高于地下室地坪时，地下室的外墙和底板都浸泡在水中，应考虑进行防水处理。常采用的防水措施有卷材防水、涂料防水、混凝土防水、水泥砂浆防水等。卷材防水分为外防水和内防水。外防水是将防水层贴在地下室外墙的外表面，这对防水有利，但维修困难。内防水是将防水层贴在地下室外墙的内表面，施工方便，容易维修，但对防水不利，故常用于修缮工程。涂料防水如聚氨酯涂膜防水材料，有利于形成完整的防水涂层，对在建筑内有管道、转折和高差等特殊部位的防水处理极为有利。当地下室地坪和墙体均为钢筋混凝土结构时，应采用抗渗性能好的防水混凝土材料，常采用的防水混凝土有普通混凝土和外加剂混凝土。水泥砂浆防水做法有多层普通水泥砂浆防水层及掺外加剂水泥砂浆防水层两种，属刚性防水。适用于主体结构刚度较大，建筑物变形小及面积较小（不超过 300 m^2）的工程，不适用于有侵蚀性、剧烈震动的工程。

三、墙体与门窗构造

1. 墙体的作用

墙体是建筑物的重要组成部分，一般有以下 3 个作用：承重作用、围护作用、分隔作用。

2. 墙体的分类

1）按墙体所处的位置可分为内墙和外墙。内墙在房屋内部，主要起分隔内部空间的作用。外墙位于房屋的四周，又称为外围护墙。

2）按墙体布置的方向可分为纵墙和横墙。沿建筑物长轴方向布置的墙体称为纵墙，外纵墙也称檐墙；沿建筑物短轴方向布置的墙体称为横墙，外横墙俗称山墙，如图 4-10 所示。此外，根据墙体和门窗的位置关系，窗洞口之间、门与窗之间的墙体称为窗间墙；窗洞口下部的墙体称为窗下墙或窗肚墙。

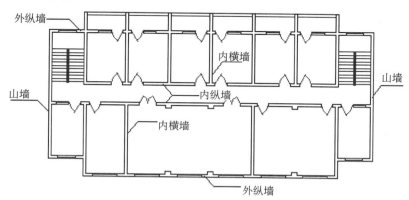

图 4-10　墙体类型

3）按照墙体受力情况可分为承重墙和非承重墙，承重墙指支撑着上部楼层重量的墙体，拆除会破坏整个建筑结构；非承重墙是指不支撑着上部楼层重量的墙体，有没有这堵墙对建筑结构的安全没什么大的影响。

4）按墙体材料可以分为砖墙、石墙、土墙、砌块墙及钢筋混凝土墙。其中，砌块墙是采用工业废料加粉煤灰、矿渣等制作的各种砌块砌筑的墙体，主要用作非承重墙。

3. 墙体结构布置方案

一般情况下，砖混结构建筑的墙体结构布置方案有横墙承重、纵墙承重、纵横墙承重3种，如图4-11所示。

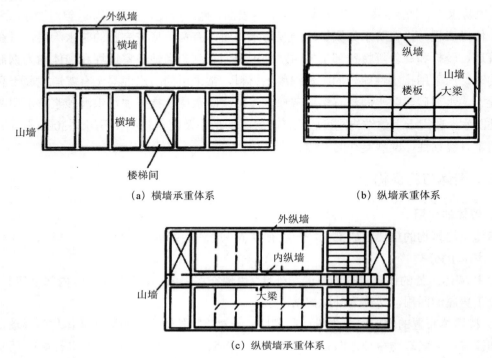

(a) 横墙承重体系　　　　　　　　　　(b) 纵墙承重体系

(c) 纵横墙承重体系

图4-11　墙体结构布置方案

横墙承重是指将楼板两端搁置在横墙上，楼板、屋顶上的荷载均由横墙承受，纵向墙只起纵向稳定和拉结的作用。它的主要特点是横墙间距密，加上纵墙的拉结，使建筑物的整体性好、横向刚度大，对抵抗地震力等水平荷载有利。但横墙承重方案的开间尺寸不够灵活，适用于房间开间尺寸不大的宿舍、住宅及病房楼等小开间建筑。

纵墙承重是指将楼板两端搁置在纵墙上，楼板、屋顶上的荷载均由纵墙承受，横墙只起分隔房间的作用，有的起横向稳定作用。纵墙承重可使房间开间的划分灵活，多适用于需要较大房间的办公楼、商店、教学楼等公共建筑。

凡由纵向墙和横向墙共同承受楼板、屋顶荷载的结构布置称纵横墙（混合）承重方案。该方案房间布置较灵活，建筑物的刚度亦较好。混合承重方案多用于开间、进深尺寸较大且房间类型较多的建筑和平面复杂的建筑中，前者如教学楼、住宅等建筑。

4. 墙体材料

建筑墙体是由块材和砂浆砌筑而成的。块材包括石材、砖和砌块。砖的强度等级由其抗压强度来确定，由高到低有MU30、MU25、MU20、MU15、MU10等。砌筑用的砂浆有水泥砂浆、混合砂浆和石灰砂浆。水泥砂浆由水泥、砂和水按一定的比例拌和而成，属水硬性材料，强度高，较适合用于砌筑潮湿环境下的砌体、地下工程等。混合砂浆由水泥、石灰膏、砂加水拌和而成，和易性和保水性较好，适合于砌筑地面以上的砌体。石灰砂浆由石灰膏、砂加水拌和而成，其强度不高，目前已很少使用。砂浆的强度等级有 M30、M25、M20、M15、M10、M7.5、M5 等。

5. 承重墙体砌筑方式

组砌方式是指块材在砌体中的排列方式。习惯上把长边方向垂直于墙面砌筑的砖称为丁砖，把长边方向平行于墙面砌筑的砖称为顺砖。上下两皮砖之间的水平缝称为横缝，左右两块砖之间的缝称为竖缝，灰缝的尺寸为 10±2 mm。常见砖墙厚度见表 4-2。在砌筑时应遵循"错缝搭接、避免通缝、横平竖直、砂浆饱满"的基本原则，以提高墙体整体稳定性、避免墙体开裂。

表 4-2　常见砖墙厚度

墙厚名称	半砖墙	3/4 砖墙	一砖墙	一砖半墙	两砖墙	两砖半墙
构造尺寸/mm	115	178	240	365	490	615
标志尺寸/mm	120	180	240	370	490	620
习惯称谓	12 墙	18 墙	24 墙	37 墙	49 墙	62 墙

实体砖墙的组砌方式有全顺式、上下皮一顺一丁式、多顺一丁式（三、五、七、九顺等）、每皮丁顺相间式（梅花丁、十字式）、两平一侧式等，如图 4-12 所示。

（a）240 砖墙（一顺一丁式） 　　　　（b）240 砖墙（多顺一丁式） 　　　　（c）240 砖墙（十字式）

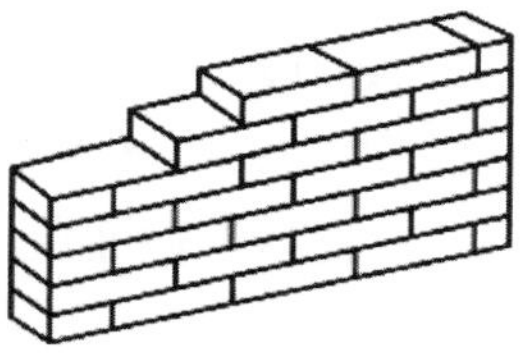

（d）120 砖墙 　　　　（e）180 砖墙 　　　　（f）370 砖墙

图 4-12　实体墙的组砌方式

6. 墙体细部构造

（1）勒脚

勒脚是外墙墙身接近室外地面的部分，为防止雨水上溅墙身和机械力等的影响，所以要求墙脚坚固耐久和防潮，一般采用抹灰、贴面等构造做法，勒脚也可采用石材，如条石等。抹灰可采用 20 厚 1∶3 水泥砂浆抹面，1∶2 水泥白石子浆水刷石或斩假石抹面，此法多用于一

般建筑。贴面可采用天然石材或人工石材，如花岗石、水磨石板等，其耐久性、装饰效果好，用于较高标准建筑。

（2）防潮层

1）防潮层的位置：防潮层的位置如图4-13所示。

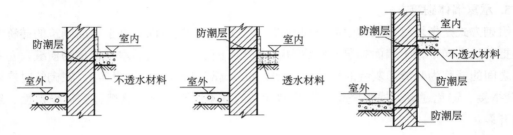

图4-13　墙身防潮层的位置

2）墙身水平防潮层的构造做法。

第一，防水砂浆防潮层，使用1:2水泥砂浆加水泥用量3%～5%防水剂，厚度为20～25mm或用防水砂浆砌三皮砖作防潮层。此种做法构造简单，但砂浆开裂或不饱满时影响防潮效果。

第二，细石混凝土防潮层，使用60mm厚的细石混凝土带，内配3根Φ6mm钢筋，其防潮性能好。

第三，油毡防潮层，先抹20mm厚水泥砂浆找平层，上铺一毡二油，此种做法防水效果好，但有油毡隔离，削弱了砖墙的整体性，不应在刚度要求高或地震区采用。

如果墙脚使用不透水的材料（如条石或混凝土等）或设有钢筋混凝土地圈梁时，可以不设防潮层。

（3）散水与明沟

建筑物外墙四周靠近勒脚部位的地面设置排水用的散水或明沟，将建筑物四周的地表积水及时排走，保护外墙基础和地下室的结构免受水的不利影响。为了将积水排出建筑物，把建筑物外墙四周地面做成向外的倾斜坡面即为散水。散水又称排水坡或护坡。散水的坡度为3%～5%，既利于排水又方便行走。散水的宽度一般为600～1000mm，当屋面为自由落水时，其宽度应比屋檐挑出宽度宽150～200mm。散水一般采用素混凝土浇筑，水泥砂浆做面层，或用砖石材料铺砌，再做水泥砂浆抹面。

明沟是设置在外墙四周的排水沟，将水有组织地导向集水井，并排入排水系统，明沟一般用素混凝土现浇，或用砖石铺砌沟槽，再用水泥砂浆抹面。明沟的沟底应有不小于1%的坡度，以保证排水通畅。

（4）窗台

窗台是窗洞下部的排水构造，设于室外的称为外窗台，设于室内的称为内窗台。外窗的作用是排除窗外侧流下的雨水，并防止流入室内。内窗台的作用则是排除窗上的凝结水，保护室内的墙面及存放东西、摆放花盆等。外窗台底面外缘处应做滴水，即做成锐角或半圆凹槽，以免排水时沿底面流至墙身。

（5）过梁

为了承担墙体洞口上传来的荷载，并把这些荷载传递给洞口两侧的墙体，需要在洞口上方设置过梁。过梁的形式有砖拱过梁、钢筋砖过梁和钢筋混凝土过梁 3 种。

砖拱过梁分为平拱和弧拱。由竖砌的砖做拱圈，一般将砂浆灰缝做成上宽下窄，上宽不大于 20 mm，下宽不小于 5 mm。砖砌平拱过梁净跨宜小于 1.2 m，不应超过 1.8 m，中部起拱高约为 1/50 L。

钢筋砖过梁一般在洞口上方先支木模，砖平砌，下设 3～4 根 Φ6 钢筋要求伸入两端墙内不少于 240 mm，梁高砌 5～7 皮砖或 ≥L/4，钢筋砖过梁净跨宜为 1.5～2 m。

钢筋混凝土过梁有现浇和预制两种，梁高及配筋由计算确定。为了施工方便，梁高应与砖的皮数相适应，以方便墙体连续砌筑，故常见梁高为 60 mm、120 mm、180 mm、240 mm，即 60 mm 的整倍数。梁宽一般同墙厚，梁两端支承在墙上的长度不少于 240 mm，以保证足够的承压面积。

（6）壁柱和门垛

当墙体的窗间墙上出现集中荷载，而墙厚又不足以承担其荷载；或当墙体的长度和高度超过一定限度并影响到墙体稳定性时，常在墙身局部适当位置增设凸出墙面的壁柱以提高墙体刚度。壁柱突出墙面的尺寸一般为 120 mm×370 mm、240 mm×370 mm、240 mm×490 mm 或根据结构计算确定。当在较薄的墙体上开设门洞时，为便于门框的安置和保证墙体的稳定，须在门靠墙转角处或丁字接头墙体的一边设置门垛，门垛凸出墙面不少于 120 mm，宽度同墙厚。

（7）圈梁

圈梁是沿外墙四周及部分内墙设置在楼板处的连续闭合的梁，可提高建筑物的空间刚度及整体性，增加墙体的稳定性，减少由于地基不均匀沉降而引起的墙身开裂。对于抗震设防地区，利用圈梁加固墙身更加必要。圈梁有钢筋砖圈梁和钢筋混凝土圈梁两种。钢筋砖圈梁就是将前述的钢筋砖过梁沿外墙和部分内墙一周连通砌筑而成。钢筋混凝土圈梁的高度不小于 120 mm，宽度与墙厚相同。当圈梁被门窗洞口截断时，应在洞口上部增设相同截面的附加圈梁，其配筋和混凝土强度等级均不变。

（8）构造柱

钢筋混凝土构造柱是从构造角度考虑设置的，是防止房屋倒塌的一种有效措施。构造柱必须与圈梁及墙体紧密相连，从而加强建筑物的整体刚度，提高墙体抗震性能和抗变形能力。构造柱最小截面为 180 mm×240 mm，纵向钢筋宜用 4Φ12，箍筋间距不大于 250 mm，且在柱上下端宜适当加密，房屋角部的构造柱可适当加大截面及配筋。构造柱在施工时应当先砌墙体，留出马牙槎，并应沿墙高每 500 mm 设 2Φ6 拉接筋，每边伸入墙内不少于 1 m。构造柱可不单独设基础，但应伸入室外地坪下 500 mm，或锚入浅于 500 mm 的基础梁内。

（9）变形缝

变形缝有伸缩缝、沉降缝、防震缝 3 种。伸缩缝是在长度或宽度较大的建筑物中，为避免由于温度变化引起材料的热胀冷缩导致构件开裂，而沿建筑物的竖向将基础以上部分全部断开的垂直缝隙。有关规范规定砌体结构和钢筋混凝土结构伸缩缝的最大间距一般为 50～75 mm。伸缩缝的宽度一般为 20～40 mm。为减少地基不均匀沉降对建筑物造成危害，在建筑物某些部位设置从基础到屋面全部断开的垂直缝称为沉降缝。防震缝是为了防止建筑物的各部分在地震时相互撞击造成变形和破坏而设置的垂直缝。防震缝应将建筑物分成若干体形简单、结构刚度均匀的独立单元。

7. 门窗的构造

（1）门窗的组成

门一般由门框、门扇、腰窗、五金零件及附件组成，如图 4-14 所示。门框是门与墙的连接部分，由上框、边框、中横框和中竖框组成。门扇一般由上冒头、中冒头、下冒头和边梃组成骨架，中间固定门芯板。腰窗俗称亮子、气窗，在门的上方，主要作用是辅助采光和通风。五金零件包括铰链、插销、门锁、拉手等。附件有贴脸板、筒子板。

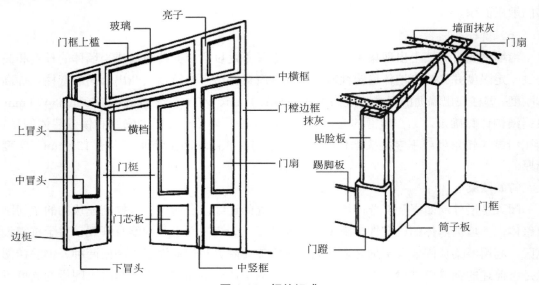

图 4-14　门的组成

窗一般由窗框、窗扇和五金零件组成。窗扇通过五金零件固定于窗框上。窗框是窗与墙体的连接部分，由上框、下框、边框、中横框和中竖框组成。窗扇是窗的主体部分，分为活动扇和固定扇两种，一般由上冒头、下冒头、边梃和窗芯组成骨架，中间固定玻璃、窗纱或百叶。五金零件包括铰链、插销、风钩、拉手等。当建筑的室内装修标准较高时，窗洞口周围可增设贴脸、筒子板、压条、窗台板及窗帘合等附件。

（2）门窗的分类

1）门的分类：按位置可分为外门和内门。按控制方式可分为手动门、传感控制自动门等。按功能可分为普通门、保温隔声门、防火门、防盗门、人防门、防爆门、防 X 射线门等。按材料可分为木门、钢门、铝合金门及塑钢门等。开启方式可分为平开门、弹簧门、推拉门、折叠门、转门等。

2）窗的分类：按材料可分为木窗、钢窗、铝合金和塑钢窗等。按层数可分为单层窗和多层窗。按镶嵌材料可分为玻璃窗、百叶窗和纱窗。按开启方式可分为固定窗、平开窗、上悬窗、中悬窗、下悬窗、立式转窗、垂直推拉窗和水平推拉窗。

（3）门窗的宽度

门的宽度要根据各种不同的使用情况来确定，通常有单扇、双扇、多扇组合几种宽度形式。供少数人出入，如居室、办公室的门洞宽度一般为 900 mm（实际通行宽度等于洞口宽度减去门框厚度）；住宅中的厨房、阳台和厕所门洞宽度一般为 700 mm；医院病房的门常用 1 100～1 400 mm 的双扇门；住宅单元入口外门常用 1 500～1 800 mm 的双扇门；公共建筑中使用人数较多的房间，如会议室、展览厅、餐厅等一般采用 1 800 mm 双扇门或由几组双扇门组合在一起；至于某些有特殊使用要求的门，如汽车库、剧场舞台侧门等需要通行车辆或搬运大型设备，门宽度应根据实际需要来确定。门的高度不宜小于 2 100 mm。如门设有亮子时，亮子高度一般为 300～600 mm，则门洞高度为 2 400～3 000 mm。公共建筑大门高度可视需要适当提高。

窗的尺度应根据采光、通风的需要来确定，同时兼顾建筑造型和《建筑模数协调统一标准》等的要求。按照门窗工业化定型生产及建筑模数制要求，窗洞口尺寸应符合 3M 模数系列尺寸，其高度和宽度尺寸主要有 600 mm、900 mm、1 200 mm、1 500 mm、1 800 mm、2 100 mm等尺寸。当洞口尺寸较大时，可进一步进行窗扇的组合。

（4）门窗的安装

门框和窗框的安装根据施工方法的不同可分为立口法和塞口法两种，目前多采用塞口法。塞口法是在墙砌好后再安装门框和窗框，而立口法是在砌墙前先用支撑将门框和窗框原位立好，然后砌墙。门框与窗框的安装方法基本相同。

四、屋面构造

1. 屋面的作用

屋顶主要有 3 个作用：承重作用、围护作用、装饰建筑立面。屋顶应满足坚固耐久、防水排水、保温隔热、抵御侵蚀等使用要求，同时还应做到自重轻、构造简单、施工方便、造价经济，并与建筑整体形象协调。

2. 屋面的类型

屋面的类型可分为平屋面、坡屋面和其他形式的屋面。平屋顶通常是指排水坡度小于 5%的屋面，常用坡度为 2%～3%。坡屋顶通常是指屋面坡度大于 10%。随着科学技术的发展，出现了许多新型的屋顶结构形式，如拱结构、薄壳结构、悬索结构、网架结构屋顶等，这类屋顶多用于较大跨度的公共建筑。

3. 屋面的排水

平屋顶的屋面应有 1%～5%的排水坡，用得最多的坡度为 2%～3%。排水坡度可通过材料找坡和结构找坡两种方法形成。材料找坡也称垫置坡度或填坡，它是在水平搁置的屋面板上用轻质材料，如水泥炉渣、膨胀珍珠岩等垫置成所需的坡度，然后在上面再做防水层。结构找坡也称搁置坡度或撑坡，它是将屋面板按所需的屋面排水坡度倾斜布搁置，然后在上面铺设防水层等。

屋顶的排水方式分为无组织排水和有组织排水两类。无组织排水是指屋面雨水直接从檐口滴落至地面的一种排水方式，因为不用天沟、雨水管等导流雨水，故又称自由落水。无组织排水构造简单、造价低、不易漏雨和堵塞，适用于少雨地区和低层建筑。但是，因雨水四处流淌，给人们的使用带来不便，所以目前无组织排水方式已很少使用。有组织排水是指雨水经由天沟、雨水管等排水装置被引导至地面或地下管沟的一种排水方式。有组织排水构造复杂、造价高，但雨水不会冲刷墙面，因而被广泛应用于各类建筑中。有组织排水又可分为内排水和外排水两种。内排水的雨水管设于建筑物内，构造复杂，易造成渗漏，目前很少使用。有组织外排水通常又分为檐沟外排水和女儿墙外排水两种形式。

4. 屋顶的防水

平屋面的防水主要是采用材料防水的方案，即在屋面找坡后，在上面铺设一道或多道防水材料作为防水层。根据所用防水材料的不同，平屋顶防水方案又可分为卷材防水、刚性材料防水以及涂膜防水等几种。目前绝大部分采用的是卷材防水屋面。卷材防水屋面的主要构造层次有结构层、找平层、结合层、防水层、保护层等。刚性防水是指用砂浆或细石混凝土等材料作为防水层。屋面防水层与垂直墙面交接处的防水构造称为泛水。

5. 屋顶的保温、隔热

保温材料的类型主要有以下几种类型：

1）松散保温材料，如膨胀矿渣、粉煤灰、膨胀蛭石、膨胀珍珠岩、矿棉、岩棉、玻璃棉等。

2）整体保温材料，用水泥或沥青等与松散保温材料拌和而成，如沥青膨胀珍珠岩、水泥膨胀珍珠岩、水泥蛭石、水泥炉渣等。

3）板状保温材料，如加气混凝土板、泡沫混凝土板、矿棉板、泡沫塑料板、岩棉板等。应根据建筑物的使用性质、工程造价、铺设的具体位置及构造来综合考虑选择保温材料。

根据屋面防水层与保温层施工的先后顺序可分为正置式屋面和倒置式屋面。正置式屋面是指保温层位于防水层下方的保温屋面，该保温方式是传统的屋面保温方式，优点是对保温材料要求条件较低，价廉；缺点为施工程序复杂，使用寿命短，屋面易漏水。倒置式屋面是指保温层位于防水层之上的保温屋面，其构造层次（自上而下）为保温层、防水层、结构层，其优点是由于保温材料的保护作用，使防水层避免了室外温度剧变、紫外线辐射作用及施工人员踩踏等带来的损害，从而极大地延长了防水材料的使用年限，但对采用的保温材料有特殊的要求，应当使用吸湿性低、耐气候性强的憎水材料作为保温层（如聚苯乙烯泡沫塑料板或聚氯酯泡沫塑料板），并在保温层上加设钢筋混凝土、卵石、砖等较重的覆盖层。

五、楼地面构造

1. 楼地层的构成

（1）楼板层的构成

楼板层主要由面层、结构层、附加层和顶棚层构成。面层位于楼板层的最上层，起着保护楼板层、分布荷载和绝缘的作用，同时对室内起美化装饰作用。结构层主要功能在于承受楼板层上的全部荷载并将这些荷载传给墙或柱；同时还对墙身起水平支撑作用，以加强建筑物的整体刚度。附加层又称功能层，根据楼板层的具体要求而设置，主要作用是隔声、隔热、保温、防水、防潮、防腐蚀、防静电等。根据需要，有时和面层合二为一，有时又和吊顶合为一体。顶棚层位于楼板层最下层，主要作用是保护楼板、安装灯具、遮挡各种水平管线、改善使用功能、装饰美化室内空间。

（2）地坪层的构成

地坪层由面层、附加层、垫层、素土夯实层构成。

2. 楼板的类型

根据所用材料不同，楼板可分为木楼板、钢筋混凝土楼板和钢衬板组合楼板等多种类型。根据楼板的受力情况不同，可分为板式楼板、梁板式楼板、无梁楼板以及压型钢板混凝土组合楼板等。

3. 楼地面的类型

按面层所用材料和施工方式不同，常见楼地面做法可分为整体地面（如水泥砂浆地面、细石混凝土地面、水泥石屑地面、水磨石地面等）、块材地面（如砖铺地面、面砖、缸砖及陶瓷锦砖地面等）、塑料地面（如聚氯乙烯塑料地面、涂料地面）、木地面（如条木地面和拼花木地面）。

六、民用建筑的一般装饰构造

1. 墙面装饰

（1）墙面装饰的作用

墙面装饰可以保护墙体，增强墙体的坚固性、耐久性，延长墙体的使用年限；改善墙体的使用功能；提高墙体的保温、隔热和隔声能力；提高建筑的艺术效果，美化环境。

（2）墙面装饰做法

1）抹灰类墙面装饰：抹灰分为一般抹灰和装饰抹灰两类。一般抹灰有石灰砂浆、混合砂浆、水泥砂浆等。外墙抹灰一般为 20～25 mm，内墙抹灰为 15～20 mm，顶棚抹灰为 12～15 mm。在构造上和施工时须分层操作，一般分为底层、中层和面层，各层的作用和要求不同。底层抹灰主要起到与基层墙体黏结和初步找平的作用，中层抹灰在于进一步找平以减少打底砂浆层干缩后可能出现的裂纹，面层抹灰主要起装饰作用，因此要求面层表面平整、无裂痕、颜色均匀。装饰抹灰有水刷石、干粘石、斩假石、水泥拉毛等。装饰抹灰一般是指采用水泥、石灰砂浆等抹灰的基本材料，除对墙面做一般抹灰之外，利用不同的施工操作方法将其直接做成饰面层。

2）涂料类墙面装饰：涂料系指喷涂、刷于基层表面后，能与基层形成完整而牢固的保护膜的涂层饰面装修。涂料按其主要成膜物的不同，可以分为有机涂料和无机涂料两大类。

3）贴面类墙面装饰：贴面类装饰指在内外墙面上粘贴各种天然石板、人造石板、陶瓷面砖等。

4）石材类贴面类墙面装饰：石材分天然石材和人造石材。常见天然板材饰面有花岗石、大理石和青石板等，具有强度高、耐久性好，多作高级装饰用。常见人造石板有预制水磨石板、人造大理石板等。

5）裱糊类墙面装饰：裱糊类墙面装饰是将各种装饰性的墙纸、墙布、织锦等材料裱糊在内墙面上的一种装修饰面。墙纸品种很多，目前国内使用最多的是塑料墙纸和玻璃纤维墙布等。

2. 楼地面装修

（1）整体地面

整体地面有水泥砂浆地面、水泥石屑地面、水磨石地面等。

（2）块材地面

块材地面是利用各种人造的和天然的预制块材、板材镶铺在基层上面，主要有铺砖地面、缸砖、地面砖及陶瓷锦砖地面、天然石板地面等。

（3）木地面

按构造方式有架空、实铺和粘贴3种。

3. 顶棚装饰的构造

（1）直接式顶棚

在屋面板或楼板的底面直接进行喷刷、抹灰、贴面而形成饰面的顶棚。特点是简单、层次少、厚度小、节省室内空间、施工速度快、造价低、装饰效果普通；没有足够的空间隐藏管线设备。直接抹灰顶棚是在屋面板或楼板的底面上抹灰后再喷刷涂料的顶棚。常用抹灰有水泥砂浆抹灰和纸筋灰抹灰等。贴面顶棚是在屋面板或楼板的底面上用砂浆打底找平，然后用黏结剂粘贴壁纸、泡沫塑料板、铝塑板或装饰吸声板等，形成贴面顶棚。

（2）悬吊式顶棚及其构造组成

1）吊筋：吊筋是连接龙骨与楼板的承重传力构件，其作用是承受吊顶面层和龙骨的荷载，并将这一荷载传递给屋面板、楼板或屋架等构件；利用吊筋还能调节吊顶的悬挂高度，满足不同的吊顶要求。吊筋与屋面板或楼板的连接固定方式有预埋钢筋锚固、预埋锚件锚固、膨胀螺栓锚固和射钉锚固等。

2）龙骨：龙骨与吊筋连接，承担吊顶的面层荷载，并为面层装饰板提供安装节点，龙骨又称隔栅。吊顶龙骨一般由主龙骨、次龙骨和小龙骨组成，主龙骨由吊筋固定在屋面板或楼板等构件上，次龙骨固定在主龙骨上，小龙骨固定在次龙骨上并起支承和固定面板的作用。龙骨按材料有木龙骨和金属龙骨，常用的金属龙骨有铝合金龙骨和轻钢龙骨。龙骨断面的大小应根据结构计算确定。

3）面层：吊顶的面层分为抹灰类、板材类和隔栅类，其作用是装饰室内空间，满足使用功能。抹灰面层为湿作业，有板条抹灰、板条钢丝网抹灰等；板材面层有木质板、防火石膏板、铝合金板等。隔栅类面层吊顶也称为开敞式吊顶，有木隔栅、金属隔栅和灯饰隔栅等。隔栅类吊顶具有既遮又透的效果，可减少吊顶产生的压抑感。

七、工业厂房的一般构造

1. 承重结构的类型

一般单层工业厂房的承重结构有墙承重结构和骨架承重结构两种。

墙承重结构造价较低，能节约钢材和水泥，便于就地取材，施工方便。一般由带壁柱的砖墙和钢筋混凝土屋架（或屋面梁）组成。承重结构所用的材料可称为砖混结构。如果厂房设有吊车，则可在壁柱上设置吊车梁。为了节约材料的用量，也可将吊车轨道铺在砖墙上。为保证吊车的行驶，砖壁柱和吊车梁以上的砖墙可向外移。但由于受到砖强度的限制，只适用于跨度不大于 15 m、檐口高度在 8 m 以下、吊车吨位不超过 5 t 的小型厂房。

骨架承重结构是由横向骨架及纵向联系构件组成的承重系统。横向骨架由屋架（或屋面大梁）、柱和基础组成。承受天窗、屋顶及墙等各部分传递的荷载以及构建自重。纵向联系构件由连系梁、吊车梁、屋面板（或檩）、柱间和屋架间的支撑等组成。骨架结构的外墙只起围护作用，除承受风力和自重外，不承受其他荷载。骨架承重结构按其所用的材料不同，可以分为钢筋混凝土结构、钢和钢筋混凝土混合结构及钢结构 3 种。

2. 装配式钢筋混凝土骨架结构

装配式钢筋混凝土骨架结构的柱、基础、连系梁、吊车梁及屋顶承重结构（薄腹梁、桁架及屋面板）等都采用钢筋混凝土预制构件。

（1）柱

在无吊车的厂房中，柱截面常采用矩形，其尺寸不小于 300 mm×300 mm。在有吊车的厂房中，一般在柱身伸出牛腿以及承重车梁。这时常用的柱截面有矩形、工字形以及双肢柱等。双肢柱的腹杆有平腹杆和斜腹杆两种。

（2）基础

装配式钢筋混凝土柱下面的独立基础，通常都使用杯形基础，柱安装在基础的杯口内。

（3）吊车梁

吊车梁按截面形状分有等截面的 T 形和工字形吊车梁及变截面的鱼腹式吊车梁。

（4）屋顶结构

屋顶结构的主要构件有屋架、屋面梁、屋面板、檩条等。根据其构件布置的不同屋顶结构可分为无檩结构和有檩结构两种。无檩结构屋面较重，刚度大，多用于大中型厂房。有檩结构屋面重量轻，省材料，但屋面刚度差，一般只用于中小型的厂房。

3. 围护结构构造

骨架结构的外墙与墙承重结构的外墙不同，它不承受荷载而只起围护作用。其材料有黏土砖、砌块、石棉水泥瓦、大型墙板等。

（1）外墙墙身构造

为简化构造和便于施工，一般厂房的外墙多砌筑在柱的外边，并支承在基础梁上。墙的厚度根据保温要求决定。由于受砖砌体自身强度所限，砖墙的高度一般不得超过 15 m。

（2）基础梁

在钢筋混凝土骨架结构的厂房中，外墙下一般不设基础，而将外墙砌筑在基础梁上。基础梁两端搁置在柱基础的杯口上。

（3）屋顶

厂房屋顶除应满足与民用建筑屋顶相同的防水、保温、隔热、通风等要求外，还应考虑吊车传来的冲击、振动荷载以及散热和防爆等要求。为了提高施工速度，屋顶应尽量采用预制装配式结构和构件。

4. 地面

厂房地面材料及构造做法的选择主要取决于生产使用上的要求，在有工人操作的地段，还应满足劳动卫生安全方面的要求。工业厂房地面构造与民用建筑的地面构造大致相同，一般由面层、垫层和基层组成。有特殊要求时，可增设结合层、找平层、隔离层等。

八、城市道路的一般构造

城市道路由路基和路面构成。路基是在地表按道路的线型（位置）和断面（几何尺寸）的要求开挖或堆填而成的岩土结构物。路面是在路基顶面的行车部分用不同粒料或混合料铺筑而成的层状结构物。城市道路主要分为刚性路面和柔性路面两大类，前者以水泥混凝土路面为代表，后者以各种形式的沥青路面为代表。

1. 路基与路面的性能要求

（1）路基的性能要求

路基既为车辆在道路上行驶提供基本条件，也是道路的支撑结构物，对路面的使用性能有重要影响。对路基性能要求的主要指标有整体稳定性、变形量等。

（2）路面的使用要求

路面直接承受行车的作用。设置路面结构可以改善汽车的行驶条件，提高道路服务水平（包括舒适性和经济性），以满足汽车运输的要求。路面的使用要求指标是平整度、承载能力、温度稳定性、抗滑能力、透水性、噪声量。

2. 城市道路沥青路面的结构组成

（1）路基

路基的断面型式有：路堤——路基顶面高于原地面的填方路基；路堑——全部由地面开挖出的路基（又分重路堑、半路堑、半山峒 3 种形式）；半填、半挖——横断面一侧为挖方，另一侧为填方的路基。从材料上分，路基可分为土路基、石路基、土石路基 3 种。

（2）路面

行车载荷和自然因素对路面的影响随深度的增加而逐渐减弱，对路面材料的强度、刚度和稳定性的要求也随深度的增加而逐渐降低。为适应这一特点，绝大部分路面的结构是多层次的。按使用要求、受力状况、土基支承条件和自然因素影响程度的不同，在路基顶面采用不同规格和要求的材料分别铺设垫层、基层和面层等结构层。

①面层是直接同行车和大气相接触的层位承受行车荷载引起的竖向力、水平力和冲击力

的作用，同时又受降水的侵蚀作用和温度变化的影响。因此面层应具有较高的强度、刚度、耐磨、不透水和高低温稳定性，并且其表面层还应具有良好的平整度和粗糙度。面层可由一层或数层组成，高等级路面面层可划分为磨耗层、面层上层、面层下层，或称为上（表）面层、中面层、下（底）面层。

②基层是路面结构中的承重层，主要承受车辆荷载的竖向力，并把由面层下传的应力扩散到土基，故基层应具有足够的、均匀一致的承载力和刚度。基层受自然因素的影响虽不如面层强烈，但沥青类面层下的基层应有足够的水稳定性，以防基层湿软后变形大导致面层损坏。

③垫层是介于基层和土基之间的层位，其作用为改善土基的湿度和温度状况，保证面层和基层的强度稳定性和抗冻胀能力，扩散由基层传来的荷载应力以减小土基所产生的变形。因此，通常在土基湿度、温度状况不良时设置。垫层材料应具备良好的水稳定性。

第二节　建筑结构基本知识

一、基础、配筋扩展基础和桩基础的基本知识

1. 基础的概念

基础是指建筑物地面以下的承重结构，其作用是承受建筑物上部结构传下来的荷载，并把它们连同自重一起传给地基。按使用的材料分为灰土基础、砖基础、毛石基础、混凝土基础、钢筋混凝土基础。按埋置深度可分为不埋式基础、浅基础、深基础。埋置深度不超过 5 m 称为浅基础，大于 5 m 称为深基础。按受力性能可分为刚性基础和柔性基础。按构造形式可分为条形基础、独立基础、满堂基础和桩基础。满堂基础又分为筏形基础和箱形基础。

2. 扩展基础

扩展基础的作用是把墙或柱的荷载侧向扩展到土中，使之满足地基承载力和变形的要求。扩展基础包括无筋扩展基础和钢筋混凝土扩展基础。无筋扩展基础系指由砖、毛石、混凝土或毛石混凝土、灰土和三合土等材料组成的无须配置钢筋的墙下条形基础或柱下独立基础。现浇柱下钢筋混凝土基础的截面常做成台阶形或角锥形；预制柱下的基础一般做成杯形基础。墙下钢筋混凝土条形基础多用于地质条件较差的多层建筑物，其截面形式可做成无肋式或有肋式两种。

3. 桩基础

桩基础又称桩基，是一种深基础，由延伸到地层深部的基桩和连结桩顶的承台组成，如图 4-15 所示。桩基既可以承受竖向荷载，也可以承受横向荷载。

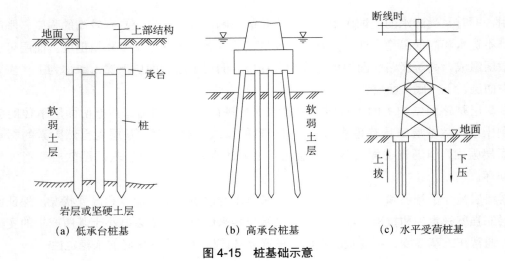

（a）低承台桩基　　　　　（b）高承台桩基　　　　　（c）水平受荷桩基

图 4-15　桩基础示意

（1）桩基础按承载性状分类

根据摩阻力和端阻力占外荷载的比例大小将桩基分为摩擦型桩（纯摩擦桩、端承摩擦桩）和端承型桩（纯端承桩、摩擦端承桩）两大类，如图 4-16 所示。

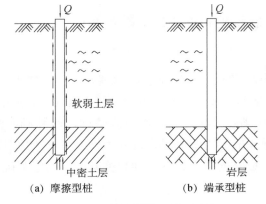

（a）摩擦型桩　　　　　（b）端承型桩

图 4-16　摩擦型桩和端承型桩

1）纯摩擦桩。在极限承载力状态下，桩顶荷载由桩侧阻力承受，桩端阻力忽略不计。例如，桩底残留虚土或沉渣的灌注桩；桩端脱空的打入桩等。

2）端承摩擦桩。在极限承载力状态下，桩顶荷载主要由桩侧阻力承受，桩端阻力占少量比例。例如，置于软塑状态黏土中的长桩。

3）纯端承桩。在极限承载力状态下，桩顶荷载由桩端阻力承受。当桩的长径比较小，桩端设置在密实砂类、碎石类土层中或位于中、微风化及新鲜基岩中时，桩侧阻力可忽略不计，属纯端承桩。

4）摩擦端承桩。在极限承载力状态下，桩顶荷载主要由桩端阻力承受。通常桩端进入中密以上的砂类、碎石类土层中或位于中、微风化及新鲜基岩顶面。这类桩的侧阻力虽属次要，但不可忽略。

（2）桩基础按成桩方式分类

1）非挤土桩。干作业挖孔桩、泥浆护壁钻（冲）孔桩、套管护壁灌注桩，这类在成桩过程中基本上对桩相邻土不产生挤土效应的桩。

2）部分挤土桩。当挤土桩无法施工时，可采用预钻小孔后打较大直径预制或灌注桩的施工方法；或打入部分敞口桩，如部分挤土沉管灌注桩，预钻孔打入式预制桩，打入式敞口桩等。

3）挤土桩。打入式预制桩或沉管灌注桩，在成桩过程中，桩周围土被压密或挤开，使周围土层受到严重扰动，土的原始结构会遭到破坏。

（3）桩基础按桩径大小分类

小直径桩：$d \leqslant 250$ mm；中等直径桩：250 mm $< d < 800$ mm；大直径桩：$d \geqslant 800$ mm。

桩基础主要用于高层建筑基础；道路、铁路、轨道交通等桥梁工程基础；工业厂房基础；精密机械设备基础；油罐、烟囱、塔楼等特殊建筑物基础；抗震工程、滑坡治理工程，基础托换工程等工程领域。桩基作为深基础具有承载力高、稳定性好、沉降量小而均匀、沉降速率低而收敛快等特性。桩基础缺点：桩基础工程造价较高；桩基础的施工比一般浅基础复杂（但比沉井、沉箱等深基础简单）；以打入等方式沉桩存在振动及噪声等环境问题；泥浆护壁钻孔灌注桩对场地环境卫生带来影响。

二、钢筋混凝土受弯、受压、受扭构件的基本知识

1. 钢筋混凝土受弯构件

截面上有弯矩和剪力共同作用，而轴力可以忽略不计的构件称为受弯构件。梁和板是建筑工程中典型的受弯构件，也是应用最广泛的构件。二者的区别仅在于梁的截面高度一般大于截面宽度，而板的截面高度则远小于截面宽度。梁的截面形式主要有矩形、T形、倒T形、L形、I形、十字形、花篮形等，如图 4-17 所示。其中，矩形截面由于构造简单，施工方便而被广泛应用。T形截面虽然构造较矩形截面复杂，但受力较合理，因而应用也较多。板的截面形式一般为矩形板、空心板、槽形板等，如图 4-18 所示。

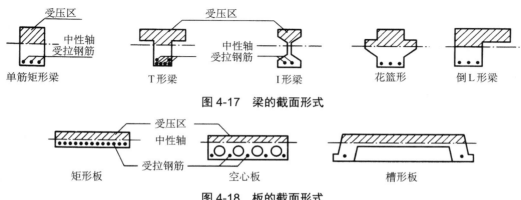

图 4-17　梁的截面形式

图 4-18　板的截面形式

梁、板的截面尺寸必须满足承载力、刚度和裂缝控制要求，同时还应满足模数，以利于模

板定型化。按模数要求，梁的截面高度 h 一般可取 250 mm、300 mm、800 mm、900 mm、1 000 mm 等，$h \leqslant 800$ mm 时以 50 mm 为模数，$h > 800$ mm 时以 100 mm 为模数；矩形梁的截面宽度和 T 形截面的肋宽 b 宜采用 100 mm、120 mm、150 mm、180 mm、200 mm、220 mm、250 mm，大于 250 mm 时以 50 mm 为模数。梁适宜的截面高宽比为 h/b：矩形截面为 2～3.5，T 形截面为 2.5～4。现浇板的厚度一般取为 10 mm 的倍数，工程中现浇板的常用厚度为 60 mm、70 mm、80 mm、100 mm、120 mm。

（1）梁、板钢筋

梁中纵向受力钢筋的直径应当适中，太粗不便于加工，与混凝土的黏结力也差；太细则根数增加，在截面内不好布置，甚至降低受弯承载力。梁纵向受力钢筋的常用直径 $d = 12$～25 mm。当 $h < 300$ mm 时，$d \geqslant 8$ mm；当 $h \geqslant 300$ mm 时，$d \geqslant 10$ mm。一根梁中同一种受力钢筋最好为同一种直径；当有两种直径时，其直径相差不应小于 2 mm，以便施工时辨别。梁中受拉钢筋的根数不应少于 2 根，最好不少于 3～4 根。纵向受力钢筋应尽量布置成一层。当一层排不下时，可布置成两层，但应尽量避免出现两层以上的受力钢筋，以免过多地影响截面受弯承载力。

架立钢筋设置在受压区外缘两侧，并平行于纵向受力钢筋。其作用一是固定箍筋位置以形成梁的钢筋骨架；二是承受因温度变化和混凝土收缩而产生的拉应力，防止发生裂缝。受压区配置的纵向受压钢筋可兼作架立钢筋。

当梁的截面高度较大时，为了防止在梁的侧面产生垂直于梁轴线的收缩裂缝，同时也为了增强钢筋骨架的刚度，增强梁的抗扭作用，当梁的腹板高度 $h_w \geqslant 450$ mm 时，应在梁的两个侧面沿梁高度配置纵向构造钢筋（亦称腰筋），并用拉筋固定。每侧纵向构造钢筋（不包括梁的受力钢筋和架立钢筋）的截面面积不应小于腹板截面面积 bh_w 的 0.1%，且其间距不宜大于 200 mm。此处 h_w 的取值为矩形截面取截面有效高度；T 形截面取有效高度减去翼缘高度；I 形截面取腹板净高。纵向构造钢筋一般不必做弯钩。拉筋直径一般与箍筋相同，间距常取为箍筋间距的两倍。

箍筋主要用来承受由剪力和弯矩在梁内引起的主拉应力，并通过绑扎或焊接把其他钢筋联系在一起，形成空间骨架。箍筋的形式可分为开口式和封闭式两种。除无振动荷载且计算不需要配置纵向受压钢筋的现浇 T 形梁的跨中部分可用开口箍筋外，均应采用封闭式箍筋。箍筋的肢数，当梁的宽度 $b \leqslant 150$ mm 时，可采用单肢；当 $b \leqslant 400$ mm，且一层内的纵向受压钢筋不多于 4 根时，可采用双肢箍筋；当 $b > 400$ mm，且一层内的纵向受压钢筋多于 3 根，或当梁的宽度不大于 400 mm 但一层内的纵向受压钢筋多于 4 根时，应设置复合箍筋。梁中一层内的纵向受拉钢筋多于 5 根时，宜采用复合箍筋。

板通常只配置纵向受力钢筋和分布钢筋。梁式板的受力钢筋沿板的短跨方向布置在截面受拉一侧，用来承受弯矩产生的拉力。板的纵向受力钢筋的常用直径为 6 mm、8 mm、10 mm、12 mm。为了正常地分担内力，板中受力钢筋的间距不宜过稀也不宜过密。当 $h \leqslant 150$ mm 时，不宜大于 200 mm；当 $h > 150$ mm 时，不宜大于 1.5 h，且不宜大于 300 mm。板的受力钢筋间距通常不宜小于 70 mm。分布钢筋垂直于板的受力钢筋方向，在受力钢筋内侧按构造要求配置。分布钢筋的作用，一是固定受力钢筋的位置，形成钢筋网；二是将板上荷载有效地传到受力钢筋上去；三是防止温度或混凝土收缩等原因沿跨度方向的裂缝。分布钢筋宜采用 HPB300、HRB400 级钢筋，常用直径为 6 mm、8 mm。梁式板中单位长度上分布钢筋的截面面积不宜小于单位宽度上受力钢筋截面面积的 15%，且不宜小于该方向板截面面积的 0.15%。分布钢筋的直径不宜小于 6 mm，间距不宜大于 250 mm；当集中荷载较大时，分布钢筋截面面积应适当增加，间距不宜大于 200 mm。分布钢筋应沿受力钢筋直线段均匀布置，并且受力钢筋所有转折处的内侧也应配置。

（2）受弯构件正截面承载力计算

钢筋混凝土受弯构件正截面的破坏形式与钢筋和混凝土的强度以及纵向受拉钢筋配筋率有关。根据梁纵向钢筋配筋率的不同，钢筋混凝土梁可分为少筋梁、适筋梁和超筋梁 3 种类型。

1）单筋矩形截面受弯构件正截面承载力计算。

根据静力平衡条件，可得出单筋矩形截面梁正截面承载力计算的基本公式：

$$f_y A_s = \alpha_1 f_c b x \tag{4-1}$$

$$M = \alpha_1 f_c b x (h_0 - x/2) \tag{4-2}$$

$$\text{或 } M = A_s f_y (h_0 - x/2) \tag{4-3}$$

式中，f_y——钢筋抗拉强度设计值；

A_s——受拉钢筋截面面积，mm^2；

α_1——简化系数；

f_c——混凝土轴心抗压强度设计值；

b——矩形截面宽度，T 形、工形截面的腹板宽度，mm；

x——混凝土受压区高度，mm；

M——弯矩设计值；

h_0——截面有效高度，mm。

为防止发生超筋破坏，需满足 $\xi \leqslant \xi_b$ 或 $x \leqslant \xi_b h_0$，其中 ξ、ξ_b 分别称为相对受压区高度和界限相对受压区高度；防止发生少筋破坏，应满足 $\rho \geqslant \rho_{min}$ 或 $A_s \geqslant A_{smin}$，$A_{smin} = \rho_{min} bh$，其中 ρ_{min} 为截面最小配筋率。取 $x = \xi_b h_b$，即得到单筋矩形截面所能承受的最大弯矩的表达式：

$$M_{u\,max} = \alpha_1 f_c b h_0^2 \xi_b (1 - 0.5 \xi_b) \tag{4-4}$$

2）双筋矩形截面受弯构件正截面承载力设计。

通常双筋矩形截面梁适用的情况：当截面承受的弯矩较大时；当截面尺寸受到使用条件限制不允许继续加大时，如加大后不满足使用净高要求时；当混凝土的强度等级不宜提高时；当某些受弯构件截面在不同的荷载组合下产生变号弯矩时，如风荷载或地震作用下的框架梁的设计；为了提高截面的延性及减小使用阶段的变形时，如结构的抗震设计。

根据截面受力简图，由力的平衡条件可得到如下基本公式：

$$\alpha_1 f_c b x + f_y' A_s' = f_y A_s \tag{4-5}$$

$$M \leqslant M_u = \alpha_1 f_c b x \left(h_0 - \frac{x}{2} \right) + f_y' A_s' (h_0 - a_s') \tag{4-6}$$

式中，f_y'——钢筋的抗压强度设计值；

A_s'——受压钢筋的截面面积，mm^2；

a_s'——受压钢筋的合力作用点到截面受压边缘的距离，一般可近似取为 35 mm。

为了防止超筋破坏和保证受压钢筋达到规定的抗压强度设计值，应满足 $2a_s' \leqslant x \leqslant x_b = \xi_b h_0$，一般不必验算 ρ_{min}，当 $x < 2a_s'$ 时，由 $\sum M_C = 0$ 可得

$$M \leqslant M_u = f_y A_s (h_0 - a_s') \tag{4-7}$$

（3）受弯构件斜截面承载力计算

1）受弯构件斜截面受剪破坏形态。

受弯构件斜截面受剪破坏形态主要取决于箍筋数量和剪跨比 λ。$\lambda = a/h_0$，其中 a 称为剪跨，即集中荷载作用点至支座的距离。随着箍筋数量和剪跨比的不同，受弯构件主要有斜拉破坏、剪压破坏、斜压破坏 3 种斜截面受剪破坏形态。剪压破坏通过计算避免，斜压破坏和斜拉破坏分别通过采用截面限制条件与按构造要求配置箍筋来防止。剪压破坏形态是建立斜截面受剪承载力计算公式的依据。

2）斜截面受剪承载力计算的基本公式。

①仅配箍筋的受弯构件：

对矩形、T 形及 I 形截面一般受弯构件，其受剪承载力计算基本公式为

$$V \leqslant V_{cs} V_p = \alpha_{cv} f_t b h_0 + f_{yv} \frac{A_{sv}}{s} h_0 \tag{4-8}$$

式中，V_{cs}——构件斜截面上混凝土和箍筋的受剪承载力设计值；

V_p——由预加力所提高的构件受剪承载力设计值；

α_{cv}——斜截面上受剪承载力系数，对于一般受弯构件取 0.7，对集中荷载作用下（包括作用有多种荷载，其中集中荷载对支座截面或节点边缘所产生的剪力值占总剪力的 75% 以上的情况）的独立梁，取 α_{cv} 为 $\dfrac{1.75}{\lambda + 1}$，$\lambda$ 为计算截面的剪跨比，可取 λ 等于 a/h_0，当 λ 小于 1.5 时，取 1.5；当 λ 大于 3 时，取 3，a 取集中荷载作用点至支座截面或节点边缘的距离，mm；

A_{sv}——配置在同一截面内箍筋各肢的全部截面面积：$A_{sv} = n A_{sv\tau}$，其中 n 为箍筋肢数，$A_{sv\tau}$ 为单肢箍筋的截面面积，mm^2；

s——沿构件长度方向的箍筋间距；

f_{yv}——箍筋抗拉强度设计值。

②同时配置箍筋和弯起钢筋的受弯构件：

同时配置箍筋和弯起钢筋的受弯构件，其受剪承载力计算基本公式为

$$V \leqslant V_u = V_{cs} + 0.8 f_y A_{sb} \sin\alpha \tag{4-9}$$

式中，f_y——弯起钢筋的抗拉强度设计值；

A_{sb}——同一弯起平面内的弯起钢筋的截面面积，mm^2。

为了防止斜压破坏，必须限制截面最小尺寸。实际上，截面最小尺寸条件也就是最大配

箍率的条件。为了避免出现斜拉破坏，构件配箍率应满足

$$\rho_{sv} = \frac{A_{sv}}{bs} = \frac{nA_{sv1}}{bs} \geqslant \rho_{sv\,min} = 0.24\frac{f_t}{f_{yv}} \tag{4-10}$$

式中，A_{sv}——配置在同一截面内箍筋各肢的全部截面面积：$A_{sv}=nA_{sv1}$，其中 n 为箍筋肢数，

　　　　A_{svt} 为单肢箍筋的截面面积；

　　　b——矩形截面的宽度，T 形、I 形截面的腹板宽度，mm；

　　　s——箍筋间距，mm。

2. 钢筋混凝土受压构件

当在结构构件的截面上作用有与其形心相重合的力时，该构件称为轴心受力构件。当其轴心力为压力时称为轴心受压构件，当其轴心力为拉力时称为轴心受拉构件，如图 4-19 所示。

在实际结构中，严格按轴心受压构件计算的很少，对于承受节点荷载作用的桁架中的受压腹杆可近似按轴心受压构件设计。由于轴心受压构件计算简便，也可作为受压构件初步估算截面、复核强度的手段。按照轴心受压构件中箍筋配置方式和作用的不同，轴心受压构件又分为配置普通钢箍受压构件和配置螺旋钢箍的受压构件，如图 4-20 所示。普通箍筋受压构件中，承载力主要由混凝土承担，其纵向钢筋可协助混凝土抗压以减少截面尺寸，也可承受可能存在的不大弯矩，还可防止构件突然脆性破坏。普通箍筋的作用是防止纵筋压屈，承受可能存在的不大剪力，并与纵筋形成钢筋骨架以便于施工。螺旋钢箍是在纵筋外围配置的连续环绕、间距较密的螺旋筋，或焊接钢环，其作用是使截面核心部分的混凝土形成约束混凝土，提高构件的承载力和延性。

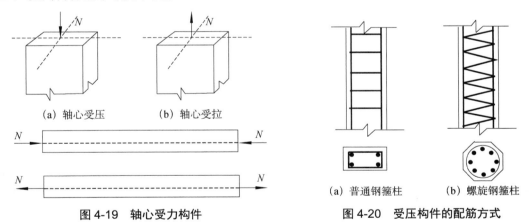

(a) 轴心受压　　　　(b) 轴心受拉

图 4-19　轴心受力构件

(a) 普通钢箍柱　　　(b) 螺旋钢箍柱

图 4-20　受压构件的配筋方式

（1）受压构件构造要求

混凝土抗压强度较高，为了减小柱截面尺寸，节约钢筋，应采用强度等级较高的混凝土，一般采用 C30、C35、C40，但不宜低于 C20。对于高层建筑的底层柱，必要时可采用高强度混凝土。纵向钢筋一般采用 HRB400 级、RRB400 级和 HRB500 级钢筋，箍筋一般采用 HRB335级、HRB400 级钢筋，也可采用 HPB 级钢筋。但也不宜选用高强度钢筋，因为受混凝土压应变的控制，当混凝土被压碎时，高强度钢筋的强度得不到充分利用。轴心受压构件一般采用正方形或矩形截面，只是在建筑上有美观要求时采用圆形截面。为施工方便，截面尺寸一般不小于

250 mm×250 mm，而且要符合相应模数，800 mm 以下的采用 50 mm 的模数，800 mm 以上则采用 100 mm 的模数。

纵筋是钢筋骨架的主要组成部分，为方便施工和保证骨架有足够刚度，纵筋直径不宜小于 12 mm。通常选用 16～28 mm。纵筋要沿截面周边均匀布置，并不少于 4 根（矩形）或 6 根（圆形）。全部受压钢筋的最小配筋率为 0.6%，最大一般不宜大于 5%。纵筋的净距一般不小于 50 mm。

箍筋与纵筋组成骨架，同时防止纵筋在构件破坏前压屈，所以箍筋除沿构件截面周边设置外，还应保证纵筋至少每隔一根位于箍筋的转角处，故有时还需设置附加箍筋。对于配置普通箍筋的受压柱，箍筋间距应不大于构件截面的短边尺寸；不大于 15 d，d 为纵筋的最小直径；不大于 400 mm。

当柱中全部纵向受力钢筋配筋百分率超过 3% 时，则箍筋直径不宜小于 8 mm，且应焊接成封闭环式，其间距不应大于 10 d，且不应大于 200 mm。对于螺旋箍筋或焊接圆环箍筋，由于要对核心混凝土起约束作用，故其间距 s 应不大于 80 mm，亦不应大于 $d_{cor}/5$（d_{cor} 为核心混凝土的直径），但也不小于 40 mm。对于截面形状复杂的柱，箍筋形式不可采用具有内折角的箍筋；被同一箍筋所箍的纵向钢筋根数，在构件的角边上应不多于 3 根。若多于 3 根，则应设置附加箍筋。

（2）混凝土受压构件的正截面承载力计算

1）混凝土轴心受压构件。

混凝土轴心受压构件的正截面承载力计算公式为

$$N \leqslant 0.9\varphi(f_c A + f_y' A_s') \tag{4-11}$$

式中，N——轴向力设计值，N；

$\qquad \varphi$——稳定系数；

$\qquad A$——构件截面面积，mm^2，当纵向钢筋配筋率大于 0.03 时，式中 A 应改用 $A_c = A - A_s'$；

$\qquad A_s'$——全部纵向钢筋的截面面积，mm^2；

$\qquad f_c$、f_y'——分别为混凝土和钢筋的抗压强度，MPa。

2）偏心受压构件。

偏心受压构件的破坏特征主要与荷载的偏心距及纵向受力钢筋的数量有关。根据偏心距和受力钢筋数量的不同，偏心受压构件的破坏特征分为以下两类：

①大偏心受压情况——受拉破坏。

轴向力 N 的偏心距较大，且纵筋的配筋率不高时，构件受荷后部分截面受压，部分受拉。拉区混凝土较早地出现横向裂缝，由于配筋率不高，受拉钢筋（A_s）应力增长较快，首先到达屈服。随着裂缝的开展，受压区高度减小，最后受压钢筋（A_s'）屈服，压区混凝土压碎。

因为这种偏心受压构件的破坏是由于受拉钢筋首先到达屈服，而导致的压区混凝土压坏，其承载力主要取决于受拉钢筋，故称为受拉破坏。这种破坏有明显的预兆，横向裂缝显著开展，变形急剧增大，具有塑性破坏的性质。形成这种破坏的条件是偏心距 e_0 较大，且纵筋配筋率不高，因此称为大偏心受压情况。

②小偏心受压情况——受压破坏。

当偏心距 e_0 较大，纵筋的配筋率很高时，虽然同样是部分截面受拉，但拉区裂缝出现后，受拉钢筋应力增长缓慢。破坏是由于受压区混凝土到达其抗压强度被压碎，破坏时受压钢筋（A_s'）到达屈服，而受拉一侧钢筋应力未达到其屈服强度，破坏形态与超筋梁相似。

3. 钢筋混凝土受扭构件

扭转是构件的基本受力形式之一，在钢筋混凝土结构中经常遇到。例如，框架的边梁、支撑悬臂板的雨篷梁、曲梁、吊车梁和螺旋楼梯等均承受扭矩的作用。在这些构件中，处于纯扭矩作用的情况是极少数的，绝大多数都是处于弯矩、剪力和扭矩共同作用的复合受扭情况。

1）矩形截面剪扭构件的受剪扭承载力计算。

同时受到剪力和扭矩作用的构件，其抗扭承载力和抗剪承载力都将有所降低，这就是剪力和扭矩的相关性。也就是说，构件中剪力的存在会使构件的受扭承载力有所降低，扭矩的存在也会引起构件受剪承载力的降低。这是因为由剪力和扭矩产生的剪应力总会在构件的一个侧面上叠加，其受力性能也是复杂的，完全按照其相关关系对承载力进行计算是很困难的。由于受剪力和受扭承载力中均包含有钢筋和混凝土两部分，其中箍筋可按受扭承载力和受剪承载物分别计算其用量，然后进行叠加。

①一般剪扭构件。

$$受剪承载力：V \leqslant 0.7(1.5 - \beta_t)f_t bh_0 + 1.25 f_{yv} \frac{A_{sv}}{s} h_0 \tag{4-12}$$

$$受扭承载力：T \leqslant 0.35 \beta_t f_t W_t + 1.2\sqrt{\zeta} f_{yv} \frac{A_{st1} A_{cor}}{s} \tag{4-13}$$

式中，剪扭构件承载力降低系数 $\beta_t = \dfrac{1.5}{1 + 0.5 \dfrac{VW_t}{Tbh_0}}$，当 β_t 小于 0.5 时取 0.5；当 β_t 大于 1.0 时取 1.0。

②集中荷载作用下的独立剪扭构件。

受剪承载力：

$$V \leqslant \frac{1.75}{\lambda + 1}(1.5 - \beta_t)f_t bh_0 + f_{yv} \frac{A_{sv}}{s} h_0 \tag{4-14}$$

受扭承载力：

受扭承载力仍按式（4-13）计算，但式中的 β_t 应按式（4-15）计算：

$$\beta_t = \frac{1.5}{1 + 0.2(\lambda + 1)\dfrac{VW_t}{Tbh_0}} \tag{4-15}$$

2）矩形截面剪扭构件的受弯扭承载力计算。

构件在弯矩和扭矩作用下的承载能力也存在一定的相关关系。对于一给定的截面，当扭矩起控制作用时，随着弯矩的增加，截面抗扭承载力增加；当弯矩起控制作用时，随着扭矩的减小，截面抗弯承载力增强。

对于弯扭构件，构件的抗弯能力与抗扭能力之间也具有相关性，其中涉及的因素有很多，用计算式表达准确相当复杂，不便用实用计算。对弯扭构件可采用简便实用的"叠加法"进行设计。

三、现浇钢筋混凝土楼盖、钢筋混凝土框架的基本知识

1. 现浇钢筋混凝土楼盖

钢筋混凝土楼盖按其施工方法可分为现浇整体式、装配式和装配整体式 3 种类型。现浇钢筋混凝土楼盖按楼板受力和支承条件的不同，又可分为肋梁楼盖[图 4-21（a）、（b）]、无梁楼盖[图 4-21（c）]和井式楼盖[图 4-21（d）]。其中肋梁楼盖多用于公共建筑、高层建筑以及多层工业厂房。无梁楼盖适用于柱网尺寸不超过 6 m 的公共建筑以及矩形水池的顶板和底板等结构井式楼盖适用于方形或接近方形的中小礼堂、餐厅以及公共建筑的门厅，其用钢量和造价较高。对于四边支撑的板，当板的长短边比值 $l_2/l_1 \geqslant 3$ 时，可按沿短边方向的单向板计算；当板的长短边比值 $l_2/l_1 \leqslant 2$ 时，应按双向板计算；当板的长短边比值 $3 > l_2/l_1 > 2$ 时，宜按双向板计算，亦可按沿短边方向的单向板计算，但应沿长边方向布置足够数量的钢筋。

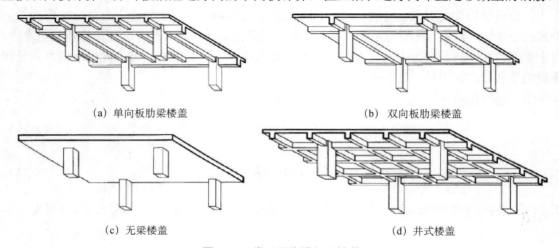

(a) 单向板肋梁楼盖	(b) 双向板肋梁楼盖
(c) 无梁楼盖	(d) 井式楼盖

图 4-21 常见现浇混凝土楼盖

（1）单向板肋梁楼盖的布置

在满足房屋使用要求的基础上，板、次梁和主梁的布置应力求简单、规整，以使结构受力合理、节约材料、降低造价。同时板厚和梁的截面尺寸也应尽可能统一，以便于设计、施工及满足美观要求。主梁的跨度一般为 5～8 m，次梁的跨度一般为 4～6 m。板的跨度（即次梁的间距）一般为 1.7～2.7 m。荷载较大时取较小位，一般不超过 3 m，在一个主梁跨度内，次梁不宜少于 2 根，故板的跨度通常为 2 m 左右。板的混凝土用量占整个楼盖的一半以上，因此应尽量使板厚接近板的构造厚度，并且板厚不小于板跨的 1/40。民用建筑的单向板厚度常取 60～100 mm。

单向板肋梁楼盖结构平面布置方案主要有主梁沿横向布置次梁沿纵向布置、主梁纵向布置次梁横向布置、只布置次梁不设置主梁。

（2）双向板的破坏特征及受力特点

试验表明，四边简支的双向板在荷载的作用下，第一批裂缝出现在板底中间部分，并平行于长边，且沿对角线方向向四角扩展。当荷载增加到板临近破坏时，板面四角附近出现垂直于对角线方向且大体上呈圆弧状的裂缝，这种裂缝的出现，进一步促进板对角线方向裂缝的发展，最终因跨中钢筋达到屈服而使整个板破坏，如图 4-22 所示。在加载过程中，板四角

均有翘起趋势，板传给支座的压力并不均匀，而是两端较小，中间较大。

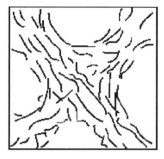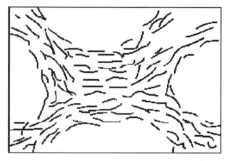

（a）正方形板板底裂缝　　　（b）正方形板板面裂缝　　　（c）矩形板板底裂缝

图 4-22　双向板裂缝示意

2. 框架结构

框架结构体系是以梁、柱组成的框架作为房屋的竖向承重结构，并同时承受水平荷载的结构体系。按施工方法的不同，框架可分为现浇整体式、装配式和装配整体式 3 种。现浇整体式框架的承重构件梁、板、柱均在现场浇注而成。装配式框架的构件全部为预制，在施工现场进行吊装和连接。装配整体式框架是将预制梁、柱和板现场安装就位后，在构件连接处浇捣混凝土使之形成整体，其优点是省去了预埋件，减少了用钢量，整体性比装配式提高，但节点施工复杂。

（1）框架布置

根据承重框架布置方向的不同，框架的结构布置方案可划分为以下 3 种：横向框架承重、纵向框架承重和纵横向框架混合承重，如图 4-23 所示。

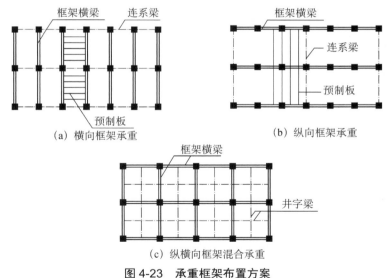

（a）横向框架承重　　　（b）纵向框架承重

（c）纵横向框架混合承重

图 4-23　承重框架布置方案

（2）框架上的荷载

框架结构承受的荷载包括竖向荷载和水平荷载。竖向荷载包括恒载（结构自重及建筑装修材料重量等）及活载（楼面及屋顶均布活荷载、雪荷载等）。这些荷载取值根据《建筑结构荷载规范》（GB 50009—2012）进行计算。对于楼面均布活荷载在设计楼面梁、墙、柱及基础时，要根据承荷面积（对于梁）及承荷层数（对于墙、柱及基础）的多少，对其乘以相应的折减系数。水平荷载主要为风荷载和水平地震作用。

（3）框架结构的计算简图

框架结构是一个空间受力体系。为了方便通常可以忽略相互之间的空间联系，简化为一系列横向和纵向平面框架进行分析计算。

在计算简图中，框架的杆件一般用其截面形心轴线表示；杆件之间的连接用节点表示，对于现浇整体式框架各节点视为刚节点，认为框架柱在基础顶面处为固接；杆件的长度用节点间的距离表示；梁跨度取柱轴线间距；柱高一般层即取层高，对于底层柱的长度偏安全地取基础顶面到二层梁面间的距离，如图 4-24 所示。

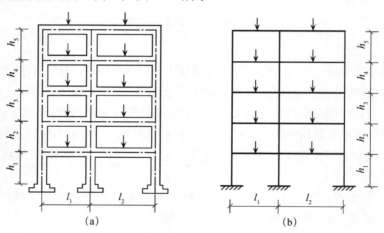

图 4-24　框架计算简图

3. 框架结构的内力

（1）竖向荷载作用下的内力

图 4-25（a）为某多层框架在竖向荷载作用下的计算简图，图 4-25（b）为竖向荷载作用下的弯矩图，图 4-25（c）为竖向荷载作用下的剪力图和轴力图。由图可知，在竖向荷载作用下，框架梁、柱截面上均有弯矩，框架梁中的弯矩为抛物线，跨中截面的正弯矩最大，支座截面的负弯矩最大。最大剪力在梁端，框架柱中有轴力，最大轴力在柱的下端。

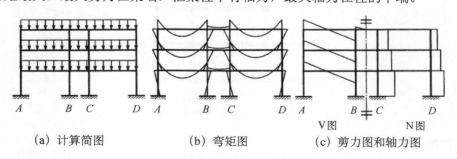

（a）计算简图　　　　　（b）弯矩图　　　　　（c）剪力图和轴力图

图 4-25　竖向荷载作用下的内力示意

（2）水平荷载作用下的内力

图 4-26（a）为某多层框架在水平荷载作用下的计算简图，图 4-26（b）为水平荷载作用

下的弯矩图，图4-26（c）为水平荷载作用下的剪力图和轴力图。

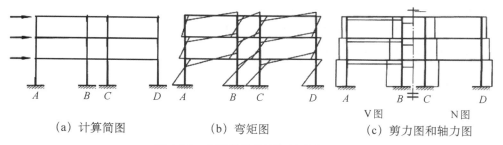

| （a）计算简图 | （b）弯矩图 | （c）剪力图和轴力图 |

图 4-26　水平荷载作用下的内力示意

在水平荷载作用下，框架梁、柱弯矩均呈线性变化，梁、柱的支座截面弯矩最大，同一柱中弯矩由上而下逐层增大。剪力在梁的各跨长度范围内均匀分布。部分框架柱受拉，部分受压，同一根柱中由上到下轴力逐层增大，最大轴力在柱的下端。

四、梁式桥梁的基本知识

1. 桥梁的分类

按结构体系划分有梁式桥、拱桥、刚架桥、悬索桥 4 种基本体系以及由基本体系组合而成的组合体系等。按用途划分有公路桥、铁路桥、公路铁路两用桥、农桥、人行桥、运水桥（渡槽）及其他专用桥梁（如通过管路、电缆等）。按桥梁全长和跨径的不同，分为特大桥、大桥、中桥和小桥。按主要承重结构所用的材料划分为圬工桥（包括砖、石、混凝土桥）、钢筋混凝土桥、预应力混凝土桥、钢桥和木桥等。按跨越障碍的性质可分为跨河桥、跨线桥（立体交叉）、高架桥和栈桥。按上部结构的行车道位置可分为上承式桥、下承式桥和中承式桥。

2. 桥梁的组成

桥梁由上部结构、下部结构、支座系统和附属设施 4 个基本部分组成，如图 4-27 所示。上部结构通常又称为桥跨结构，是在线路中断时跨越障碍的主要承重结构；下部结构包括桥墩、桥台和基础；桥梁附属设施包括桥面系、伸缩缝、桥头搭板和锥形护坡等，桥面系包括桥面铺装（或称行车道铺装）、排水防水系统、栏杆（或防撞栏杆）、灯光照明等。

图 4-27　桥梁的组成

梁为承重结构，主要以其抗弯能力来承受荷载；在竖向荷载作用下，其支承反力也是竖直的；简支的梁部结构只受弯受剪，不承受轴向力。增加中间支承，可减少跨中弯矩，更合理地分配内力，加大跨越能力。梁式体系分实腹式和空腹式，前者的梁截面为 T 形、工字形和箱形等，后者指桁架结构；梁的高度可等高或变高。

五、砌体结构的基本知识

1. 砌体结构的概述

采用块材（砖、砌块）和砂浆砌筑而成的结构称为砌体结构。砌体结构的优点：砌体材料抗压性能好，保温、耐火、耐久性能好；材料经济，就地取材；施工简便，管理、维护方便。砌体结构的应用范围广，它可用作住宅、办公楼、学校、旅馆、跨度小于 15 m 的中小型厂房的墙体、柱和基础。砌体结构的缺点：砌体的抗压强度相对于块材的强度来说还很低，抗弯、抗拉强度则更低；黏土砖所需土源要占用大片良田，更要耗费大量的能源；自重大，施工劳动强度高，运输损耗大。

砌体按照所用材料不同可分为砖砌体、砌块砌体及石砌体。按砌体中有无配筋可分为无筋砌体与配筋砌体。按实心与否可分为实心砌体与空心砌体。按在结构中所起的作用不同可分为承重砌体与自承重砌体等。砌体结构材料主要有砖、砌块、石材。砖有烧结普通砖、烧结多孔砖、硅酸盐砖（蒸压灰砂砖、蒸压粉煤灰砖）等。砌块一般用混凝土或水泥炉渣浇制而成，也可用粉煤灰蒸养而成。主要有混凝土空心砌块、加气混凝土砌块、水泥炉渣空心砌块、粉煤灰硅酸盐砌块。石材分为料石和毛石两种。

2. 砌体的力学性能

（1）砌体的受压性能

试验研究表明，砌体轴心受压从加载直到破坏，按照裂缝的出现、发展和最终破坏，大致经历 3 个阶段。

第一阶段：从砌体受压开始，当压力增大至 50%～70%的破坏荷载时，砌体内出现第一（批）裂缝。对于砖砌体，在此阶段，单块砖内产生细小裂缝，但一般均不穿过砂浆层，如果不再增加压力，单块砖内的裂缝也不继续发展，如图 4-28（a）所示。对于混凝土小型空心砌块，在此阶段，砌体内通常只产生一条细小的裂缝，但裂缝往往在单个块体的高度内贯通。

第二阶段：随着荷载的增加，当压力增大至 80%～90%的破坏荷载时，单个块体内的裂缝将不断发展，裂缝沿着竖向灰缝通过若干皮砖或砌块，并逐渐在砌体内连接成一段段连续的裂缝。此时荷载即使不再增加，裂缝仍会继续发展，砌体已临近破坏，在工程实践中可视为处于十分危险状态，如图 4-28（b）所示。

第三阶段：随着荷载继续增加，砌体中的裂缝迅速延伸、宽度扩展，连续的竖向贯通裂缝把砌体分割形成小柱体，砌体个别块体材料可能被压碎或小柱体失稳，从而导致整个砌体的破坏，如图 4-28（c）所示。

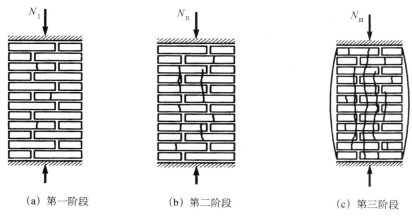

(a) 第一阶段　　　　　(b) 第二阶段　　　　　(c) 第三阶段

图 4-28　砌体的受压性能

（2）砌体的受拉、受弯和受剪性能

在实际工程中，因砌体具有良好的抗压性能，故多将砌体用作承受压力的墙、柱等构件。与砌体的抗压强度相比，砌体的轴心抗拉、弯曲抗拉以及抗剪强度都低很多。但有时也用它来承受轴心拉力、弯矩和剪力，如砖砌的圆形水池、承受土壤侧压力的挡土墙以及拱或砖过梁支座处承受水平推力的砌体等。

1）砌体的受拉性能：砌体轴心受拉时，依据拉力作用于砌体的方向，有 3 种破坏形状。当轴心拉力与砌体水平灰缝平行时，砌体可能沿灰缝 Ⅰ—Ⅰ 齿状截面（或阶梯形截面）破坏，即为砌体沿齿状灰缝截面轴心受拉破坏，如图 4-29（a）所示。在同样的拉力作用下，砌体也可能沿块体和竖向灰缝 Ⅱ—Ⅱ 较为整齐的截面破坏，即为砌体沿块体（及灰缝）截面的轴心受拉力破坏。当轴心拉力与砌体的水平灰缝垂直时，砌体可能沿 Ⅲ—Ⅲ 通截面破坏，即为砌体沿水平通缝截面轴心受拉破坏，如图 4-29（b）所示。

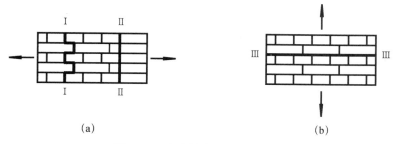

(a)　　　　　　　　　　　　　(b)

图 4-29　砌体轴心受拉破坏形态

砌体的抗拉强度主要取决于块材与砂浆连接面的黏结强度。由于块材和砂浆的黏结强度主要取决于砂浆强度等级，所以砌体的轴心抗拉强度可由砂浆的强度等级来确定。

2）砌体的受弯性能：砌体结构弯曲受拉时，按其弯曲拉应力使砌体截面破坏的特征，同样存在 3 种破坏形态，即沿齿缝截面受弯破坏、沿块体与竖向灰缝截面受弯破坏以及沿通缝截面受弯破坏。沿齿缝截面和通缝截面的受弯破坏与砂浆的强度有关。

3）砌体的受剪性能：砌体在剪力作用下的破坏，均为沿灰缝的破坏，故单纯受剪力时砌体的抗剪强度主要取决于水平灰缝中砂浆及砂浆与块体的黏结强度。

3. 砌体受压构件

（1）无筋砌体受压构件

对无筋砌体轴心受压构件、偏心受压承载力均按下式计算：

$$N \leqslant \varphi f A \tag{4-16}$$

式中，N——轴向力设计值，N；

　　　　φ——高厚比和轴向力偏心距对受压构件承载力的影响系数；

　　　　f——砌体抗压强度设计值，MPa；

　　　　A——截面面积，mm^2，对各类砌体均按毛截面计算。

高厚比 β 和轴向力偏心距 e 对受压构件承载力的影响系数按下式计算：

$$\varphi = \frac{1}{1 + 12\left[\dfrac{e}{h} + \sqrt{\dfrac{1}{12}\left(\dfrac{1}{\varphi_0} - 1\right)}\right]^2} \tag{4-17}$$

$$\varphi_0 = \frac{1}{1 + \alpha\beta^2} \tag{4-18}$$

式中，e——轴向力的偏心距，mm，按内力设计值计算；

　　　　h——矩形截面轴向力偏心方向的边长，mm，当轴心受压时为截面较小边长，若为 T 形截面，则 $h = h_T$，h_T 为 T 形截面的折算厚度，可近似按 $3.5\,i$ 计算（i 为截面回转半径）；

　　　　φ_0——轴心受压构件的稳定系数，当 $\beta \leqslant 3$ 时，$\varphi_0 = 1$；

　　　　α——与砂浆强度等级有关的系数，当砂浆强度等级大于或等于 M5 时，α 等于 0.001 5；当砂浆强度等级等于 M2.5 时，α 等于 0.002；当砂浆强度等级等于 0 时，α 等于 0.009。

计算影响系数 φ_0 时，构件高厚比 β 按下式确定：

$$\beta = \gamma_\beta \frac{H_0}{h} \tag{4-19}$$

式中，γ_β——不同砌体的高厚比修正系数，见表 4-3，该系数主要考虑不同砌体种类受压性能的差异性；

　　　　H_0——受压构件计算高度，mm。

表 4-3　高厚比修正系数

砌体材料类别	γ_β	砌体材料类别	γ_β
烧结普通砖、烧结多孔砖砌体、灌孔混凝土砌块	1.0	蒸压灰砂砖、蒸压粉煤灰砖、细料石和半细料石砌体	1.2
混凝土、轻骨料混凝土砌块砌体	1.1	粗料石、毛石	1.5

（2）网状配筋砌体

当砖砌体受压构件的承载力不足而截面尺寸又受到限制时，可以考虑采用网状配筋砌体，如图 4-30 所示。常用的形式有方格网和连弯网。当采用连弯形钢筋网时，网的钢筋方向互相垂直，沿砌体高度交错设置。

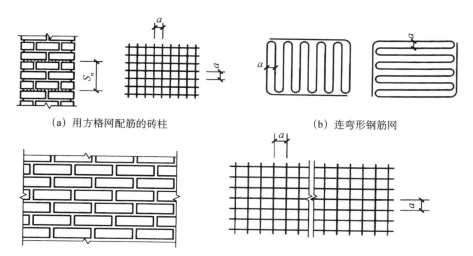

（a）用方格网配筋的砖柱　　　　　　（b）连弯形钢筋网

（c）用方格网配筋的砖墙

图 4-30　网状配筋砌体

砌体承受轴向压力时，除产生纵向压缩变形外，还会产生横向膨胀，当砌体中配置横向钢筋网时，由于钢筋的弹性模量大于砌体的弹性模量，因此，钢筋能够阻止砌体的横向变形，同时，钢筋能够连接被竖向裂缝分割的小砖柱，避免了因小砖柱的过早失稳而导致整个砌体的破坏，从而间接地提高了砌体的抗压强度。网状配筋砖砌体受压构件的承载力按下式计算：

$$N \leqslant \varphi_{\mathrm{n}} f_{\mathrm{n}} A \qquad (4-20)$$

$$f_{\mathrm{n}} = f + 2\left(1 - \frac{2e}{y}\right)\frac{\rho}{100} f_{\mathrm{y}} \qquad (4-21)$$

$$\rho = 100\left(V_s / V\right) \qquad (4-22)$$

式中，N——轴向力设计值，N；

　　　φ_{n}——高厚比和配筋率以及轴向力的偏心距对网状配筋砖砌体受压构件承载力的影响系数；

　　　f_{n}——网状配筋砖砌体的抗压强度设计值，MPa；

　　　A——截面面积，mm^2；

　　　e——轴向力的偏心距，mm；

　　　ρ——体积配筋率。

当采用截面面积为 A_{s} 的钢筋组成的方格网，网格尺寸为 a 和钢筋网的竖向间距为 s_{n} 时，

$$\rho = 100\left(\frac{2A_{\mathrm{s}}}{as_{\mathrm{n}}}\right) \qquad (4-23)$$

　　　V_s、V——分别为钢筋和砌体的体积，mm^3；

　　　f_{y}——钢筋的抗拉强度设计值，MPa，当 f_{y} 大于 320 MPa 时，取 320 MPa。

4. 砌体局部受压

砌体局部均匀受压时的承载力应按下式计算：

$$N_{\mathrm{l}} \leqslant \gamma f A_{\mathrm{l}} \qquad (4-24)$$

式中，N_{l}——局部受压面积上的轴向力设计值，N；

γ ——砌体局部抗压强度提高系数；

f ——砌体局部抗压强度设计值，MPa，可不考虑强度调整系数 γ_a 的影响；

A_1 ——局部受压面积，mm^2。

由于砌体周围未直接受荷载部分对直接受荷载部分砌体的横向变形起着约束的作用，因而砌体局部抗压强度高于砌体抗压强度。用局部抗压强度提高系数 γ 来反映砌体局部受压时抗压强度的提高程度。砌体局部抗压强度提高系数，按下式计算：

$$\gamma = 1 + 0.35 \sqrt{\frac{A_0}{A_1} - 1} \qquad (4\text{-}25)$$

式中，A_0 ——影响砌体局部抗压强度的计算面积，mm^2，按图 4-31 规定采用。

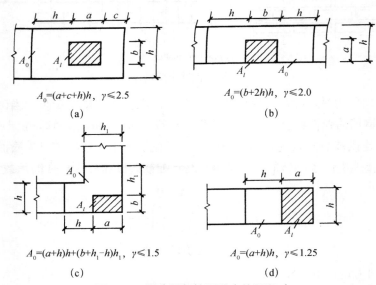

$A_0 = (a+c+h)h, \quad \gamma \leqslant 2.5$
(a)

$A_0 = (b+2h)h, \quad \gamma \leqslant 2.0$
(b)

$A_0 = (a+h)h + (b+h_1-h)h_1, \quad \gamma \leqslant 1.5$
(c)

$A_0 = (a+h)h, \quad \gamma \leqslant 1.25$
(d)

图 4-31　影响局部抗压强度的面积 A_0

a、b ——矩形局部受压面积 A_1 的边长，mm；

h、h_1 ——分别为厚墙或柱的较小边长、墙厚，mm；

c ——矩形局部受压面积的外边缘至构件边缘的较小边距离，当大于 h 时，应取 h。

5. 墙、柱高厚比验算

墙、柱高厚比验算应按下式计算：

$$\beta = \frac{H_0}{h} \leqslant \mu_1 \mu_2 [\beta] \qquad (4\text{-}26)$$

式中，$[\beta]$ ——墙、柱的允许高厚比；

H_0 ——墙、柱的计算高度，mm；

h ——墙厚或与矩形柱 H_0 相对应的边长，mm；

μ_1 ——自承重墙允许高厚比的修正系数，按下列规定采用：$h=240$ mm，$\mu_1=1.2$；$h=90$ mm，$\mu_1=1.5$；240 mm $> h >$ 90 mm，μ_1 可按插入法取值；

μ_2 ——门窗洞口墙允许高厚比的修正系数，按下式计算：

$$\mu_2 = 1 - 0.4\frac{b_s}{s} \qquad\qquad (4\text{-}27)$$

式中，b_s——在宽度 s 范围内的门窗洞口总宽度，mm；

s——相邻窗间墙、壁柱或构造柱之间的距离，mm。

当按式（4-30）计算得到的 μ_2 值小于 0.7 时，应采用 0.7，当洞口高度等于或小于墙高的 1/5 时，可取 $\mu_2 = 1$。

6. 过梁

设置在门窗洞口的梁称为过梁。它用以支承门窗上面部分墙砌体的自重，以及距洞口上边缘高度不太大的梁板下来的荷载，并将这些荷载传递到两边窗间墙上。过梁的种类主要有砖砌过梁和钢筋混凝土过梁两大类。钢筋砖过梁的跨度不宜超过 1.5 m，砂浆强度等级不宜低于 M5。砖砌平拱过梁的跨度不宜超过 1.2 m，砂浆的强度等级不宜低于 M5。砖砌弧拱过梁竖砖砌筑的高度不应小于 115 mm（半砖）。弧拱最大跨度一般为 2.5～4 m。砖砌弧拱由于施工较为复杂，目前较少采用。

六、钢结构的连接及轴线受力、受弯构件的基本知识

1. 钢结构的连接方法

钢结构是由钢板、型钢等钢材通过一定的连接方式所形成的结构。钢结构采用的连接方法有焊缝连接、螺栓连接、铆钉连接，如图 4-32 所示。

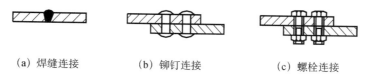

（a）焊缝连接　　　（b）铆钉连接　　　（c）螺栓连接

图 4-32　钢结构连接方法

（1）焊缝连接

焊缝连接按被连接钢材的相互位置可分为对接（也称为平接）连接、搭接连接、T 形连接、角部连接形式，如图 4-33 所示。焊缝连接按焊缝本身的构造区分，通常有对接焊缝、角焊缝等形式。对接焊缝位于被连接板件或其中一个板件的平面内；角焊缝位于两个被连接板件的边缘位置。对接焊缝的静力和动力工作性能较好而且省料，但加工要求较高。角焊缝构造简单，施工方便，但静力性能特别是动力性能较差。

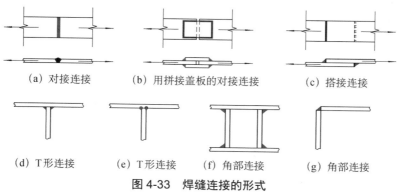

（a）对接连接　　（b）用拼接盖板的对接连接　　（c）搭接连接

（d）T 形连接　　（e）T 形连接　　（f）角部连接　　（g）角部连接

图 4-33　焊缝连接的形式

对接焊缝按所受力的方向分为正对接焊缝（也称直缝）和斜对接焊缝（也称斜缝），如图4-34所示。角焊缝可分为正面角焊缝（也称端缝）、侧面角焊缝（也称侧缝）和斜焊缝。

(a) 正对接焊缝　　　　(b) 斜对接焊缝　　　　(c) 角焊缝

图4-34　焊缝形式

焊缝按施焊位置分为平焊、横焊、立焊及仰焊，如图4-35所示。平焊（又称俯焊）施焊方便，质量最好。立焊和横焊的质量及生产效率比平焊差一些。仰焊的操作条件最差，焊缝质量不易保证，因此应尽量避免采用仰焊。

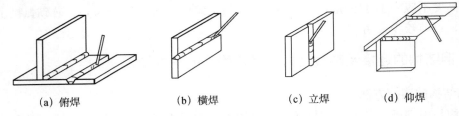

(a) 俯焊　　　　(b) 横焊　　　　(c) 立焊　　　　(d) 仰焊

图4-35　焊缝施焊位置

焊缝按沿长度方向的分布情况来分，有连续角焊缝和断续角焊缝两种形式，如图4-36所示。连续角焊缝受力性能较好，为主要的角焊缝形式。断续角焊缝的起、灭弧处容易引起应力集中，重要结构中应避免采用，它只用于一些次要构件的连接或次要焊缝中，断续焊缝的间断距离 L 不宜太长，以免因距离过大使连接不紧密，潮气侵入而引起锈蚀。间断距离 L 一般在受压构件中不应大于 $15\,t$，在受拉构件中不应大于 $30\,t$，t 为较薄构件的厚度。

图4-36　连续角焊缝与间断角焊缝

①轴心受力对接焊缝的计算。

在与焊缝长度方向垂直的轴心拉力或轴心压力作用下，可按下式计算：

$$\sigma = \frac{N}{l_w t} \le f_t^w \ \text{或} \ f_c^w \tag{4-28}$$

式中，N——轴心拉力或压力，N；

l_w——焊缝计算长度，mm，当采用引弧板时取焊缝的实际长度，当未采用引弧板时取实际长度减去 $2\,t$，即 $l_w = l - 2t$；

t——焊缝厚度，mm，在对接连接中为连接件的较小厚度，不考虑焊缝的余高；在 T 形连接中为腹板厚度；

f_t^w、f_c^w——对接焊缝的抗拉、抗压强度设计值。

②斜对接焊缝受轴心力作用，如图 4-37 所示，焊缝可按下式计算：

$$\sigma = \frac{N\sin\theta}{l_w t} \leqslant f_t^w \qquad (4\text{-}29)$$

$$\tau = \frac{N\cos\theta}{l_w t} \leqslant f_v^w \qquad (4\text{-}30)$$

式中，θ——轴向力与焊缝长度方向的夹角。

斜向受力的焊缝用在焊缝强度低于构件强度的平接中，采用斜缝后承载能力可以提高，抗动力荷载也较好，但材料较费。斜缝分别按正应力和剪应力验算是近似的。当斜焊缝倾角 $\theta \leqslant 56.3°$，即 $\tan\theta \leqslant 1.5$ 时，斜焊缝的强度不低于母材强度，不用计算。

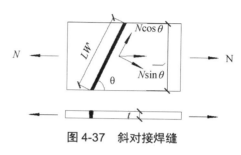

图 4-37　斜对接焊缝

（2）螺栓连接

螺栓连接依据扭紧螺帽时螺栓产生的预拉力的大小可分为普通螺栓连接和高强螺栓连接。

普通螺栓依据其加工精度可分为两种：一种是 A 级、B 级螺栓（精制螺栓）；另一种是 C 级螺栓（粗制螺栓）。C 级螺栓一般用 Q235 钢制成，材料性能等级为 4.6 级或 4.8 级。小数点前的数字表示螺栓成品的抗拉强度不小于 $400\ N/mm^2$，小数点及小数点以后数字表示其屈强比（屈服点与抗拉强度之比）为 0.6 或 0.8。A 级、B 级螺栓一般用 45 号钢和 35 号钢制成，其材料性能等级则为 8.8 级。A 级、B 两级的区别只是尺寸不同，其中 A 级包括 $d \leqslant 24\ mm$，且 $L \leqslant 150\ mm$ 的螺栓，B 级包括 $d > 24\ mm$ 或 $L > 150\ mm$ 的螺栓，d 为螺杆直径，L 为螺杆长度。C 级螺栓加工粗糙，尺寸不够准确，只要求 II 类孔，成本低，栓径和孔径之差，通常为 1.5~3 mm。由于螺栓杆与螺孔之间存在着较大的间隙，传递剪力时，连接较早产生滑移，但传递拉力的性能仍较好，所以 C 级螺栓广泛用于承受拉力的安装连接、不重要的连接或用作安装时的临时固定。A 级、B 级螺栓需要机械加工，尺寸准确，要求 I 类孔，栓径和孔径的公称尺寸相同，容许偏差为 0.18~0.25 mm 间隙。这种螺栓连接传递剪力的性能较好，变形很小，但制造和安装比较复杂，价格昂贵，目前在钢结构中较少采用。

螺栓的排列有并列和错列两种基本形式，如图 4-38 所示，并列式简单、整齐，比较常用。螺栓在构件上的排列应满足如下要求：

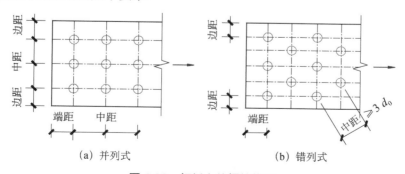

（a）并列式　　　　　　（b）错列式

图 4-38　钢板上的螺栓排列

1）抗剪螺栓连接的计算。

单个普通螺栓的抗剪承载力：普通螺栓受剪承载力主要由栓杆受剪和孔壁承压两种破坏模式控制，分别计算，取其小值进行设计。

①抗剪承载力设计值。假定螺栓受剪面上的剪应力是均匀分布的。单个抗剪螺栓的抗剪承载力设计值为

$$N_v^b = n_v \frac{\pi d^2}{4} f_v^b \tag{4-31}$$

式中，n_v——受剪面数目，单剪 $n_v=1$，双剪 $n_v=2$，四剪 $n_v=4$（图 4-39）；

　　　　d——螺杆直径，mm；

　　　　f_v^b——螺栓抗剪强度设计值，N/mm²。

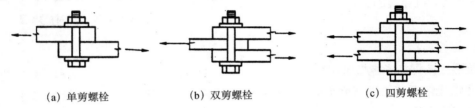

(a) 单剪螺栓　　　　　　(b) 双剪螺栓　　　　　　(c) 四剪螺栓

图 4-39　剪力螺栓的剪面数和承压厚度

②承压承载力设计值。假定螺栓承压应力分布于螺栓直径平面上，而且该承压面上的应力为均匀分布。单个抗剪螺栓的承压承载力设计值为

$$N_c^b = d \sum t f_c^b \tag{4-32}$$

式中，$\sum t$——在同一受力方向的承压构件的较小总厚度，mm；

　　　　f_c^b——螺杆承压强度设计值，N/mm²。

单个普通螺栓的抗剪承载力 $N_{\min}^b = \min[N_v^b, N_c^b]$

高强度螺栓连接有两种类型：一种是只依靠摩擦阻力传力，并以剪力不超过接触面摩擦力作为设计准则，称为摩擦型连接；另一种是允许接触面滑移，以连接达到破坏的极限承载力作为设计准则，称为承压型连接。

高强度螺栓一般采用 45 号钢、40B 钢和 20MnTiB 钢加工而成。摩擦型连接高强度螺栓的孔径比螺栓公称直径 d 大 1.5～2 mm；承压型连接高强度螺栓的孔径比螺栓公称直径 d 大 1.0～1.5 mm。摩擦型连接的剪切变形小，弹性性能好，施工较简单，可拆卸，耐疲劳，特别适用于承受动力荷载的结构。承压型连接的承载力高于摩擦型，连接紧凑，但剪切变形大，故不得用于承受动力荷载的结构中。

2）单个摩擦型高强螺栓的承载力计算。

螺栓受剪时为

$$N_v^b = 0.9 n_f \mu P \tag{4-33}$$

式中，n_f——传力摩擦面数；

　　　　μ——摩擦面的抗滑移系数；

　　　　P——一个高强度螺栓的预拉力，kN。

在抗剪连接中，每个承压型连接高强度螺栓的承载力设计值的计算方法与普通螺栓相同，但当剪切面在螺纹处时，其受剪承载力设计值应按螺纹处的有效面积进行计算。在杆轴方向受拉的连接中，每个承压型连接高强度螺栓的承载力设计值的计算方法与普通螺栓相同。

2. 轴心受力构件

在钢结构建筑中，两端铰接的工作平台柱、屋架、塔架、网架以及支撑系统中的杆件通常均为轴心受力的压杆或者拉杆。按照构件的用途、所受的荷载、长度等不同，采用不同的截面形式，通常有实腹式和格构式，如图 4-40 所示。格构式柱的柱肢由缀材连接，缀材一般为角钢。

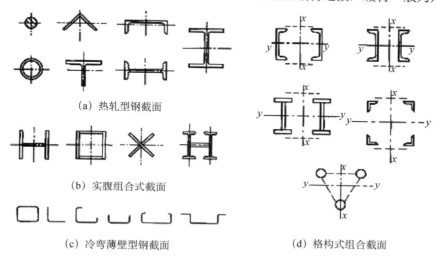

（a）热轧型钢截面

（b）实腹组合式截面

（c）冷弯薄壁型钢截面

（d）格构式组合截面

图 4-40　轴心受力构件的截面形式

3. 受弯构件

受弯构件通常称为梁式构件，主要用以承受横向荷载。钢梁在工业与民用建筑中常见到的有平台梁、楼盖梁、墙架梁、吊车梁以及檩条等。一般可分为型钢梁和组合梁。型钢梁加工简单、制作方便、成本较低，被广泛用作小型钢梁。当跨度较大时，由于工厂轧制条件限制，型钢尺寸有限，不能满足构件承载能力和刚度的要求，必须采用组合钢梁。钢梁的截面形式如图 4-41 所示。

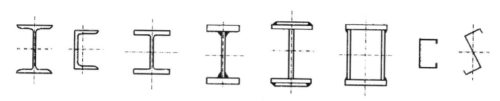

图 4-41　钢梁的截面形式

七、建筑抗震的基本知识

1. 地震的概念

地壳在地球内力、外力的作用下，发生能量的聚集，当聚集的能量突然得到释放，就会发生地震。地震按形成的原因可分为诱发地震和自然地震。自然地震可分为构造地震、火山地震和塌陷地震。构造地震是由于地下深处的岩层错动、碰撞或者破裂造成的地震。火山地震是由于火山作用引起的地震。塌陷地震是由于地下存在岩洞或者采空区，在地球内力或者外力作用下造成塌陷而引起的地震。人工活动也成为一种新的地震诱发成因。人工诱发地震主要包括水库、人工爆炸、高层建筑聚集能量引起岩层的应力不平衡等。

2. 震级与烈度

地震震级是地震能量的大小，是根据地震仪记录的地震波振幅来测定的，一般采用里氏震级标准。震级（M）是距震中 100 km 处的标准地震仪（周期 0.8 s，衰减常数约等于 1，放大倍率 2 800 倍）所记录的地震波最大振幅值的对数来表示。

$$M = \lg A \tag{4-34}$$

式中，A——距震中 100 km 处记录的以微米（$1 \mu m = 10^{-6}$ m）为单位的最大地动位移。

震源放出的能量越大，地震震级也越大。地震发生后，各地区的影响程度不同，通常用地震烈度来描述。世界上多数国家采用的是 12 个等级划分的烈度表。地震烈度是地震对地面建筑的破坏程度。一个地区的烈度，不仅与这次地震的释放能量（即震级）、震源深度、距离震中的远近有关，还与地震波传播途径中的工程地质条件和工程建筑物的特性有关。同一次地震的震级只有一个，但是对于不同位置的地震烈度是不同的。

3. 抗震设防

我国《建筑抗震设计规范》（GB 50011—2010）规定，抗震设防目标分为"三个水准"：当遭受低于本地区抗震设防烈度的多遇地震影响时，一般不受损坏或不需修理可继续使用；当遭受相当于本地区抗震设防烈度的地震影响时，可能损坏，经一般修理或不需修理仍可继续使用；当遭受高于本地区抗震设防烈度预估的罕遇地震影响时，不会倒塌或发生危及生命的严重破坏。

具体在设计时，一般分为两阶段设计：在多遇地震作用下，要求建筑大部分为弹性变形，建筑结构分析可采用反应谱弹性分析；在设防烈度作用下，结构会发生塑性变形与破坏，但经过维修可以继续使用；在罕遇地震作用下，结构发生弹塑性变形，但是结构不会发生倒塌。

抗震设防应做到"小震不坏，中震可修，大震不倒"的目标，即"三设防目标，两阶段设计"。

第三节　装配式混凝土建筑基本知识

一、装配式混凝土结构体系基本知识

目前应用最多的装配式混凝土结构体系是装配整体式混凝土剪力墙结构，装配整体式混凝土框架结构也有一定的应用，装配整体式混凝土框架-剪力墙结构有少量应用。不论是哪种结构体系，都是基于基本等同现浇混凝土结构的设计概念，其设计方法与现浇混凝土结构基本相同。

1. 装配整体式混凝土剪力墙结构

（1）技术类型

按照主要受力构件的预制及连接方式，装配整体式剪力墙结构可以分为：

1）装配整体式剪力墙结构体系，竖向钢筋连接方式包括套筒灌浆连接、浆锚搭接连接等。

2）叠合剪力墙结构体系。

3）多层剪力墙结构体系。

各结构体系中，装配整体式剪力墙结构体系应用较多，适用的房屋高度最大；叠合剪力墙结构体系目前主要应用于多层建筑或者低烈度区高度不高的高层建筑中；多层剪力墙结构体系目前应用较少，但基于其高效、简便的特点，在新型城镇化的推进过程中前景广阔。

此外，还有一种应用较多的剪力墙结构体系，即结构主体采用现浇剪力墙结构，外墙、楼梯、楼板、隔墙等采用预制构件。这种方式在我国南方部分省（市）应用较多，结构设计方法与现浇结构基本相同，但预制装配化程度较低。

（2）结构体系

装配整体式剪力墙结构是装配式混凝土结构的一种。以预制混凝土剪力墙墙板构件（以下简称预制墙板）和现浇混凝土剪力墙作为结构的竖向承重和水平抗侧力构件，通过整体式连接而成。其中包括同层预制墙板间以及预制墙板与现浇剪力墙的整体连接——采用竖向现浇段将预制墙板以及现浇剪力墙连接成为整体；楼层间的预制墙板的整体连接——通过预制墙板底部结合面灌浆以及顶部的水平现浇带和圈梁，将相邻楼层的预制墙板连接成为整体；预制墙板与水平楼盖之间的整体连接——水平现浇带和圈梁。

装配整体式剪力墙结构住宅如图4-42所示。

新型的装配式混凝土建筑发展是从装配式混凝土住宅开始的，剪力墙结构无梁、柱外露，深受居民的认可。近几年装配整体式混凝土剪力墙结构住宅在国内发展迅速，得到大量的应用。目前国内已经有大量工程实践，主要做法有以下3种：

1）部分或全部预制剪力墙承重体系：通过竖缝节点区后浇混凝土和水平缝节点区后浇混凝土带或圈梁，实现结构的整体连接；竖向受力钢筋采用套筒灌浆、浆锚搭接等连接技术进行连接。北方地区外墙板一般采用夹心保温墙板，它由内叶墙板、夹心保温层、外叶墙板3部分组成，内叶墙板和外叶墙板之间通过拉结件联系，可以实现外装修、保温、承重一体化。夹心保温预制混凝土外墙板如图4-43所示。

图4-42 装配整体式剪力墙结构住宅

图4-43 夹心保温预制混凝土外墙板

2）叠合板式混凝土剪力墙：将剪力墙从厚度方向划分为 3 层，内外两层预制，通过桁架钢筋连接，中间现浇混凝土；墙板竖向分部钢筋和水平分布钢筋通过附加钢筋实现间接搭接。叠合板式混凝土剪力墙结构如图 4-44 所示。

图 4-44　叠合板式混凝土剪力墙结构

3）预制剪力墙外墙模板：剪力墙外墙通过预制的混凝土外墙模板和现浇部分形成，其中预制外墙模板设桁架钢筋与现浇部分连接，可部分参与结构受力。预制剪力墙外墙模板如图 4-45 所示。

图 4-45　预制剪力墙外墙模板

2. 装配整体式混凝土框架结构

装配整体式混凝土框架结构主要参考了日本和中国台湾的技术，柱竖向受力钢筋采用套筒灌浆技术进行连接，主要做法分为两种：一是节点区域预制（或梁柱节点区域和周边部分构件一并预制），这种做法将框架结构施工中最为复杂的节点部分在工厂进行预制，避免了节点区各个方向钢筋交叉避让的问题，但要求预制构件进度较高，且预制构件尺寸比较大，运输比较难；二是梁、柱各自预制为线性构件，节点区域现浇，这种做法预制构件非常规整，但节点区域钢筋相互交叉现象比较严重，这也是该种做法需要考虑的最为关键的环节。

节点区域预制如图 4-46 所示。

3. 装配整体式混凝土框架-剪力墙结构

装配式混凝土框架-剪力墙结构也是一种常用的结构形式，与装配式混凝土框架结构中预制构件的种类相似，其中框架柱采用预制，剪力墙采用现浇形式。

装配整体式预制框架-剪力墙结构如图 4-47 所示。

图 4-46　节点区域预制

图 4-47　装配整体式预制框架-剪力墙结构

二、预制混凝土构件基本知识

预制混凝土构件是指在工厂或现场预先制作的混凝土构件，简称预制构件。装配式混凝土预制构件主要有预制柱、预制梁（叠合梁）、预制楼板（叠合楼板）、预制外墙板、预制内墙板、预制楼梯、预制阳台板、预制空调板、预制女儿墙、预制外挂墙板、预制内隔墙板等。

1. 预制柱

预制柱是建筑物的主要竖向受力构件。预制柱的设计除满足承载力及正常使用阶段功能要求外，还需要考虑到生产线、运输限制、堆放等因素的要求。预制柱设计的关键在于节点。预制柱如图 4-48 所示。

2. 叠合梁

叠合梁是分两次浇捣混凝土的梁，第一次在预制厂做成预制梁，作为上部现浇混凝土的永久性模板；第二次在施工现场进行，当预制梁吊装安放完成后，再浇捣上部的混凝土，使其连成整体。它体现了预制构件和现浇结构的互相结合，同时兼有两者的优点。叠合梁如图 4-49 所示。

图 4-48　预制柱

图 4-49　叠合梁

3. 叠合楼板

最常见的预制混凝土叠合楼板主要有两种：一种是预制混凝土钢筋桁架叠合板；另一种是预制带助底板混凝土叠合楼板。

（1）预制混凝土钢筋桁架叠合板

预制混凝土钢筋桁架叠合板属于半预制构件，下部为预制混凝土板，外露部分为桁架钢筋。预制混凝土叠合板的预制部分最小厚度为 3～6 cm，叠合楼板在工地安装到位后应进行二次浇筑，从而成为整体实心楼板。钢筋桁架的主要作用是将后浇筑的混凝土层与预制底板形成整体，并在制作和安装过程中提供刚度。伸出预制混凝土层的钢筋桁架和粗糙的混凝土表面保证了叠合楼板预制部分与现浇部分能有效地结合成整体。

图 4-50　预制混凝土钢筋桁架叠合板

预制混凝土钢筋桁架叠合板如图 4-50 所示。

（2）预制带肋底板混凝土叠合楼板

预制带肋底板混凝土叠合楼板一般为预应力带肋混凝土叠合楼板（以下简称 PK 板）。

PK 板具有以下优点：

1）预制底板 3 cm 厚，是国际上最薄、最轻的叠合板之一，自重约为 1.1 kN/m²。

2）用钢量最省。由于采用 1860 级高强度预应力钢丝，比其他叠合板用钢量节省约 60%。

3）承载能力强。破坏性试验承载力可达 1 100 kN/m²。

4）抗裂性能好。由于采用了预应力，极大提高了混凝土的抗裂性能。

5）新老混凝土接合好。由于采用了 T 形肋，新老混凝土互相咬合，新混凝土流到孔中起到销栓作用。

6）可形成双向板。在侧孔中横穿钢筋后，避免了传统叠合板只能作单向板的弊病，且预埋管线方便。

（3）相关规定

1）叠合板应按《混凝土结构设计规范（2015 年版）》（GB 50010—2010）的规定进行设计，并应符合下列规定：

①叠合板的预制板厚度不宜小于 60 mm，后浇混凝土叠合层厚度不应小于 60 mm。

②当叠合板的预制板采用空心板时，板端空腔应封堵。

③跨度大于 3 m 的叠合板，宜采用桁架钢筋混凝土叠合板。

④跨度大于 6 m 的叠合板，宜采用预应力混凝土预制板。

⑤板厚大于 180 mm 的叠合板，宜采用混凝土空心板。

2）桁架钢筋混凝土叠合板应满足下列要求：

①桁架钢筋应沿主要受力方向布置。

②桁架钢筋距板边不应大于 300 mm，间距不宜大于 600 mm。

③桁架钢筋弦杆钢筋直径不宜小于 8 mm，腹杆钢筋直径不应小于 4 mm。

④桁架钢筋弦杆混凝土保护层厚度不应小于 15 mm。

4. 预制混凝土剪力墙墙板

（1）预制混凝土剪力墙外墙板

预制混凝土剪力墙外墙板是指在工厂预制，内叶板为预制混凝土剪力墙，中间夹有保温层，外叶板为钢筋混凝土保护层的预制混凝土夹心保温剪力墙墙板，简称预制混凝土剪力墙外墙板。内叶板侧面在施工现场通过预留钢筋与现浇剪力墙边缘构件连接，底部通过钢筋灌浆套筒与下层预制剪力墙预留钢筋相连。

预制混凝土剪力墙外墙板如图 4-51 所示。

（2）预制混凝土剪力墙内墙板

预制混凝土剪力墙内墙板是指在工厂预制成的混凝土剪力墙构件。预制混凝土剪力墙内墙板侧面在施工现场通过预留钢筋与现浇剪力墙边缘构件连接，底部通过钢筋灌浆套筒与下层预制剪力墙预留钢筋相连。

预制混凝土剪力墙内墙板如图 4-52 所示。

图 4-51 预制混凝土剪力墙外墙板　　　图 4-52 预制混凝土剪力墙内墙板

5. 预制混凝土楼梯

楼梯分为梯段、平台梁、平台板 3 部分。梁板梯段由梯斜梁和踏步板组成，一般在梯斜梁支撑踏步板处用水泥砂浆坐浆连接，如需加强，可以在梯斜梁上预埋插筋，与踏步板支承端预留孔插接，用高等级水泥砂浆或灌浆料填实。

楼梯由工厂预制生产，现场安装，质量、效率可以极大提高，节约工期及人工成本，安装后无须再做饰面，结构施工段支撑少。预制混凝土楼梯在装配式建筑中应用广泛。

预制混凝土楼梯如图 4-53 所示。

图 4-53 预制混凝土楼梯

6. 预制混凝土阳台板、空调板、女儿墙

预制混凝土阳台板能够克服现浇阳台支模复杂，现场高空作业费时、费力和高空作业时的施工安全问题。预制混凝土阳台板如图 4-54 所示。

预制混凝土空调板通常采用预制实心混凝土板，板顶预留钢筋通常与预制叠合板的现浇层相连。预制混凝土空调板如图 4-55 所示。

预制混凝土女儿墙处于屋顶处外墙的延伸部位，通常有立面造型，采用预制混凝土女儿墙的优势是安装快速、节省工期。预制混凝土女儿墙如图 4-56 所示。

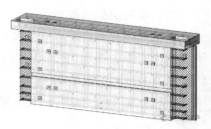

图 4-54　预制混凝土阳台板　　图 4-55　预制混凝土空调板　　图 4-56　预制混凝土女儿墙

7. 预制外挂墙板

装配式混凝土建筑中外挂墙板是装饰、围护一体化，并在工厂预制加工成具有各类形态或质感的预制构件。

外挂墙板按其安装方向分为横向外挂板和竖向外挂板；按采光方式分为有窗外挂板和无窗外挂板，有窗外挂板一般为连续满布式安装，无窗外挂板为分段安装外挂墙板，是装配式结构的非承重外围护构件。

外挂墙板与主体的节点连接方式采用金属连接件连接或螺栓连接。外挂墙板连接节点如图 4-57 所示。

图 4-57　外挂墙板连接节点

三、装配式混凝土结构的连接方法

装配式混凝土建筑的连接方式主要分为湿连接和干连接两类。

湿连接时用混凝土或水泥基浆料与钢筋结合形成的连接，如套筒灌浆、浆锚搭接和后浇混凝土等，适用于装配整体式混凝土建筑的连接。

干连接主要借助于金属连接，如螺栓连接、焊接等，适用于全装配式混凝土建筑的连接和装配整体式混凝土建筑中的外挂墙板等非主体结构构件的连接。

1. 套筒灌浆连接

套筒灌浆连接是指在预制混凝土构件中预埋的金属套筒中插入钢筋并灌注水泥基灌浆料而实现钢筋连接的方式。钢筋套筒灌浆连接主要用于装配式混凝土结构的剪力墙、预制柱的纵向受力钢筋的连接，也可用于叠合梁等后浇部位的纵向钢筋连接。

套筒灌浆连接的工作原理是将需要连接的带肋钢筋插入金属套筒内"对接"，在套筒内注入高强、早强且有微膨胀特性的灌浆料，灌浆料在套筒筒壁与钢筋之间形成较大的正向应力。在带肋钢筋的粗糙表面产生较大摩擦力，由此得以传递钢筋的轴向力，如图 4-58 所示。

灌浆料是以水泥为基本原料。配以适当的细集料、混凝土外加剂和其他材料组成的干混料，加水搅拌后即具有了良好的流动性、早强、高强、微膨胀等特性，填充于套筒与带肋钢筋的间隙内。

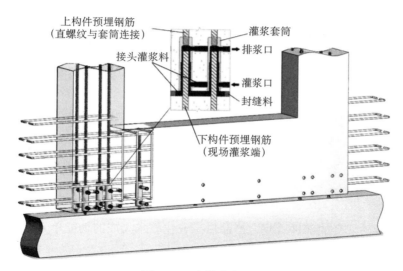

图 4-58 套筒灌浆连接

2. 浆锚搭接连接

浆锚搭接连接是指在预制混凝土构件中预留孔道，在孔道中插入需搭接的钢筋，并灌注水泥基浆料而实现的钢筋搭接连接方式。

浆锚搭接连接是基于黏结锚固原理进行连接的方法，在竖向结构构件下段范围内预留出竖向孔洞，孔洞内壁表面留有螺纹状粗糙面，周围配有横向约束螺旋箍筋，将下部装配式预制构件预留钢筋插入孔洞内，通过灌浆孔注入灌浆料将上下构件连接成一体的连接方式。浆锚搭接连接常见形式有螺旋箍筋约束浆锚搭接连接和金属波纹管浆锚搭接连接，如图 4-59 所示。

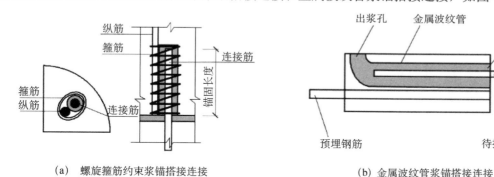

(a) 螺旋箍筋约束浆锚搭接连接　　　　　　(b) 金属波纹管浆锚搭接连接

图 4-59 浆锚搭接连接

3. 后浇混凝土连接

后浇混凝土是指预制构件安装后在预制构件连接区域或叠合层现场浇筑的混凝土。

后浇混凝土钢筋连接是后浇混凝土连接节点最重要的环节。后浇混凝土钢筋连接方式可以采用现浇结构钢筋的连接方式，主要包括机械螺纹套筒连接、钢筋搭接、钢筋焊接等。

四、装配式装修基本知识

装配式装修是将工厂生产的部品部件在现场进行组合安装的装修方式，主要包括干式工法楼（地）面、集成厨房、集成卫生间、管线与结构分离等。

1. 部品的组成

装配式建筑由结构系统、外围护系统、内装系统、设备与管线系统构成，并且 4 个系统进行一体化设计建造。

内装系统、设备与管线系统又分别由若干部品组成，在装配式装修中，内装系统分为装配式隔墙、装配式墙面、装配式架空地面、装配式吊顶、集成门窗、集成卫浴、集成厨房等部品；设备与管线系统分为集成给水、薄法同层排水、集成采暖等部品。

构成部品的元素从大至小依次是部品、部件、配件。

（1）部品

部品是指将多种配套的部件或复合产品以工业化技术集成的功能单元，如集成式卫生间是一个规模大、功能全、性能要求高的部品。

部品是通过工业化制造技术，将传统的装修主材、辅料和零配件等进行集成加工而成的，是在装修材料基础上的深度集成与装配工艺的升华。将以往单一的、分散的装修材料以工业化手段，融合、混合、结合、复合成的集成化、模数化、标准化的模块构造，以满足施工干式工法、快速支撑、快速连接、快速拼装的要求在装配式建造的大趋势下，部品要优于种类多、装修作业工序复杂的传统装修材料，部品质量不再依赖安装人员的手艺水平，非职业工种人员只需参照装配工艺手册，使用简单的工具即可组合安装完成。

（2）部件

部件是指具备独立的使用功能，满足特定需求的组装成部品的单一产品。如支撑架空模块的地面 PVC 调整脚。

（3）配件

配件都是匹配部件的不能再拆分的最小单位功能体，例如安装在地面 PVC 调整脚底部的橡胶减震垫。若干个配件组合成为某一部件，若干个部件组合而成了某一部品。

2. 装配式隔墙部品的组成及应用范围

（1）装配式隔墙部品的组成

装配式隔墙部品主要由组合支撑、连接构件、填充部件、预加固部件组成，如图 4-60 所示。

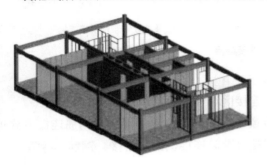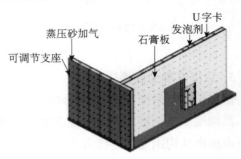

图 4-60　装配式隔墙部品

（2）装配式隔墙部品的应用范围

装配式隔墙部品具有一定的隔声、保温、防火功能，可用于分隔户内空间，而且分隔尺寸精确。轻钢龙骨部品系统应用范围很广，用于各类建筑的室内分室隔墙。只要针对不同特定空间需要具备的防水、防温、防火、隔声抗冲击等要求，在隔墙中辅助填充相应增强性能的部品即可。

3. 装配式墙面部品的组成及应用范围

（1）装配式墙面部品的组成

装配式墙面部品是在既有平整墙、轻钢龙骨隔墙或者不平整结构墙等墙面基层上，采用干式工法现场组合安装而成的集成化墙面，由自饰面硅酸钙复合墙板和连接部件等构成，如图 4-61 所示。

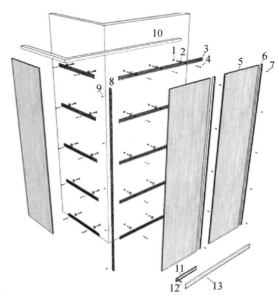

1—调平支撑螺帽；2—调平支撑固定件；3—调平龙骨；4—调平支撑螺丝；5—硅酸钙墙板；
6—板间连接件（明、暗扣条）；7—扣条螺丝；8—阳角扣条；9—阳角扣条螺丝；
10—成品压顶线条；11—固定调平件；12—踢脚线螺丝；13—成品铝制踢脚线。

图 4-61　装配式墙面部品

（2）装配式墙面部品的应用范围

装配式墙面部品主要与干式工法的其他工业化部品组合，如玻璃、不锈钢、干挂石材、成品实木等，共同形成多样化的墙面效果。

4. 装配式吊顶部品的组成及应用范围

（1）装配式吊顶部品的组成

目前，对于居室的顶面，由于用户审美习惯和消费心理等因素的影响，尚不能广泛应用 A 级耐火等级、快速安装且没有拼缝的模块化部品，"没有拼缝"就意味着不能完全工厂化、集成化、模块化，因而目前居室的顶面最适宜的方式还是涂刷乳胶漆，而在厨卫空间，有各种成熟体系的配式吊顶解决方案，如铝扣板装配式吊顶部品等。

（2）装配式吊顶部品的应用范围

装配式吊顶部品主要应用于厨房、卫生间、阳台以及其他开间小于等于 1 800 mm 的空间。

5. 装配式架空地面部品的组成及应用范围

（1）装配式架空地面部品的组成

装配式架空地面部品主要由型钢架空地面模块、地面 PVC 调整脚、自饰面硅酸钙复合地板和连接部件构成，如图 4-62 所示。自饰面硅酸钙复合地板也可更换为满足使用功能的、达到标准要求的其他材质底板。装配式装修楼地面处理的目标是在规避抹灰湿作业的前提下，实现地板下部空间的管线铺设、支撑、找平及地面装饰。

图 4-62　装配式架空地面部品

（2）装配式架空地面部品的应用范围

装配式架空地面部品可以用于非采暖要求的空间，特别是在办公空间、有利于综合管线在架空层内的布置。

6. 集成门窗部品的组成及应用范围

（1）集成门窗部品的组成

集成门窗部品实际上是集成套装门、集成窗套、集成垭口 3 类部品的统称。它们共同的特征是主要基于硅酸钙板和镀锌钢板的复合制造技术，让触感和观感都达到实木复合套装门及窗套的效果表达，带给用户高品质、长寿命的使用体验。与此同时，工厂预装配工作准备充分，如合页与门套集成安装、门扇引孔预先加工、门锁锁体预先安装、窗套手指扣预先加工，使得装配现场降低操作程序与内容。集成门窗部品构成包括门扇、门套与垭口套、窗套、门上五金。门窗产品的系列化、标准化应从洞口的标准化、系列化入手。

图 4-63　集成卫浴部品

（2）集成门窗部品的应用范围

集成门窗部品既可以用于一般居室，也可以用在对于防火、防水要求高的厨房和卫生间，还可以用于对隔声要求高的办公室和公寓。

7. 集成卫浴部品的组成及应用范围

（1）集成卫浴部品的组成

集成卫浴部品由干式工法的防水防潮构造、排风换气构造、地面构造墙面构造、吊顶构造以及陶瓷洁具、电器、五金件构成，如图 4-63 所示，其中最为突出的是防水防潮构造。

（2）集成卫浴部品的应用范围

集成卫浴整体防水底盘可以根据卫生间的形状、地漏位置、风道缺口、门槛位置进行一次成型定制，这就决定了集成卫浴应用广泛，不受空间、管线限制。除居住建筑卫浴外，酒店、公寓、办公楼等均适用，甚至可以应用到高铁、飞机、船舶的卫生间装修中。

8. 集成厨房部品的组成及应用范围

（1）集成厨房部品的组成

集成厨房部品由地面、吊顶、墙面、橱柜、厨房设备及管线组成，如图4-64所示。集成厨房部品通过设计集成、工厂生产、干式工法装配而成。

图 4-64 集成厨房部品

（2）集成厨房部品的应用范围

集成厨房部品一般适用于居住建筑中。

第五章　工程力学

第一节　平面力系基本知识

一、力的基本性质

1. 力的概念

力是物体间相互的机械作用，这种作用使物体的机械运动状态发生变化，或者使物体发生变形。力的大小、方向、作用点称为力的三要素。力是一个矢量，经常用图示法表示力的三要素，即用有向线段长度按比例表示力的大小，有向线段的箭头表示力的方向，线段的起点或终点表示力的作用点。力的单位是牛顿（N）。

力使物体的运动状态发生变化的作用效应，叫作力的外效应；而使物体发生变形的效应，则叫作力的内效应。

2. 刚体

刚体是指在外界的任何作用下形状和大小都始终保持不变的物体，或者在力的作用下，任意两点间的距离保持不变的物体，即刚体是不发生变形的物体。显然，任何物体在力的作用下，都会发生或多或少的变形。但是，有许多物体，如机器和工程结构的构件，在受力后所产生的变形很小，在研究力对物体作用下的平衡问题时，其影响极小，可以忽略不计。这样就可以把物体视为不变形的刚体，使问题的研究得以简化。所以说刚体是一个经过简化和抽象后的理想模型。一个物体能否视为刚体，不仅取决于变形的大小，而且和问题本身的要求有关。在所研究的物体产生变形且变形是主要因素的情形下，就不能把该物体视为刚体，而应当成变形体来分析。例如，在计算工程结构的位移时，就常常要考虑各种因素所引起的变形。

3. 力系

工程中把作用于物体上的一群力称为力系。根据力系中力的作用线是否在同一平面，力系可分为平面力系和空间力系；根据力系中力的作用线是否汇交，力系可分为汇交力系、平行力系和任意力系。如果作用在物体上的两个力系作用效果相同，则互为等效力系。

4. 静力学公理

静力学公理是人们在长期的生活和生产实践中积累并总结出来的为人们所公认的客观真理。它经过了实践的检验，符合客观实际，是研究力系简化和平衡条件的理论基础。

公理一　力的平行四边形法则

作用在物体上同一点的两个力，可以合成为一个合力。合力的作用点也在该点，合力的大小和方向由这两个力为边所构成的平行四边形的对角线所确定。

公理二　二力平衡公理

作用在刚体上的两个力，使刚体处于平衡的必要和充分条件是这两个力大小相等、方向相反且沿同一直线。

这是最简单的力系平衡条件，但是，应当指出，对于刚体来说，这个条件是充分和必要的，而对于变形体来说，此二力的平衡条件只是必要条件而非充分条件。如软绳受两个等值、反向、共线的拉力时可以平衡，但如受到两个等值、反向、共线的压力时就不能平衡了。

公理三　加减平衡力系原理

在作用于刚体的任意力系上，加上或减去任意的平衡力系，不改变原力系对刚体的作用。

推论一　力的可传性

作用于刚体上某点的力，可以沿某作用线移至刚体上的任意一点，而不改变它对刚体的作用。

所以，作用在刚体上的力的三要素是大小、方向和作用线。力的作用点就不再是决定力的作用的主要因素。

推论二　三力平衡汇交定理

作用于刚体上的三个互相平衡的力，若其中两个力的作用线交汇于一点，则此三力必交汇于一点，且三力共面。

公理四　作用与反作用定律

两物体间存在作用力和反作用力，两个力的大小相等、方向相反且沿同一直线，分别作用在两个相互作用的物体上。

这个公理概括了自然界中物体相互作用的关系，表明一切力都是成对出现的，有作用力必有反作用力，它们共同出现，共同消失。

但必须注意的是，虽然作用和反作用力大小相等、方向相反且沿同一直线，但决不能认为这两个力相互平衡。因为这两个力并不作用在同一刚体上，而是作用于两个相互作用的不同物体上。所以这两个力并不组成平衡力系。

公理五　刚化原理

变形体在某一力系作用下处于平衡状态，则将此变形体刚化为刚体时，其平衡状态保持不变。

公理五为把变形体抽象为刚体提供了条件，从而可将刚体静力学的理论应用于变形体。但是，此时应注意考虑变形体的物理条件。如软绳，在拉力作用下软绳平衡，如果将软绳刚化为刚体，平衡仍然保持不变；在压力作用下软绳则不能保持平衡，此时软绳就不能刚化为刚体。

5. 约束与约束反力

如果物体可以在空间做任意的运动，则该物体称为自由体，如飞行中的飞机和炮弹等。

然而，许多物体受到周围其他物体的限制，不能在某些方向做运动，这些物体就称为非自由体。

对非自由体的运动起限制作用的周围物体称为约束。约束对非自由体的作用，实际上就是力，这种力称为约束反力，简称反力。因为约束反力是限制物体运动的，所以约束反力的作用点应在约束和非自由体的接触之处，方向必与该约束所能阻碍的运动方向相反。这是确定约束反力方向和作用线的基本准则。至于约束反力的大小，一般是未知的，可以通过与物体上受到的其他力组成平衡力系，由平衡方程求出。

除约束反力外，作用在非自由体上的力还有重力、气体压力、电磁力等，这些力并不取决于物体上的其他力，称为主动力。约束反力多由主动力所引起，由于其取决于主动力，故又称为被动力。

（1）约束的几种基本类型和性质

1）柔体约束：由于柔体约束只能限制物体沿柔体约束的中心线离开约束的运动，所以柔体约束的约束反力必然沿柔体的中心线而背离物体，即拉力。

2）光滑接触面约束：当两个物体直接接触，而接触面处的摩擦力可以忽略不计时，两物体彼此的约束称为光滑接触面约束。光滑接触面对物体的约束反力一定通过接触点，沿该点的公法线方向指向被约束物体，即为压力或支持力。

3）圆柱铰链约束：圆柱铰链约束是由圆柱形销钉插入两个物体的圆孔构成，且认为销钉与圆孔的表面是完全光滑的。圆柱铰链约束只能限制物体在垂直于销钉轴线平面内的任何移动，而不能限制物体绕销钉轴线的转动。

4）链杆约束：两端用铰链与物体相连，且中间不受力的直杆称为链杆。这种约束只能限制物体沿链杆中心线趋向或离开链杆的运动。链杆约束的约束反力沿链杆中心线，指向未定。链杆都是二力杆，只能受拉或者受压。

（2）如何分析约束反力

1）根据物体运动的趋势决定是否有约束反力（存在性）。

2）约束反力的方向与物体运动趋势方向相反（方向性）。

3）约束反力的作用点就在约束物和被约束物的接触点（作用点）。

6. 支座和支座反力

1）支座：建筑物中支承构件的约束。

2）支座反力：支座对构件的作用力叫作支座反力。

3）支座的类型：

①固定铰支座：受力特性与圆柱铰链相同，形成不同，如图 5-1 所示。

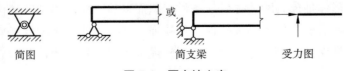

简图　　　　　　　　　　　　　　简支梁　　　　受力图

图 5-1　固定铰支座

②可动铰支座：受力特性与链杆约束相同，形式不同，如图 5-2 所示。

图 5-2　可动铰支座

③固定端支座，如图 5-3 所示。

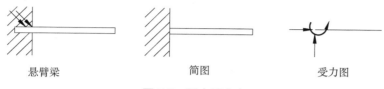

悬臂梁　　　　　　　　　简图　　　　　　　　受力图

图 5-3　固定端支座

7. 物体的受力分析和受力图

在工程实际中，无论是研究物体平衡中力的关系，还是研究物体运动中作用力与运动的关系，都需要首先对物体进行受力分析，即确定物体所受力的个数，每个力的作用位置、作用方向及大小等。

为了清晰地表示物体的受力状态，通常的做法是：首先依据问题的要求确定需要进行分析研究的具体物体，这称为确定研究对象；然后把研究对象所受约束全部解除，把它从周围物体中分离出来，单独画它的简图，并画出其所受的全部外力（包括主动力和约束反力）。这样得到的图形称为受力图，有时也叫分离体图。画受力图时要注意分清内力与外力，在受力图上一般只画研究对象所受的外力，还要注意作用力和反作用力之间的相互关系。

[例]如图 5-4（a）所示，刚体 AB 一端用铰链，另一端用柔索固定在墙上，刚体自重为 P。试画出刚体 AB 的受力图。

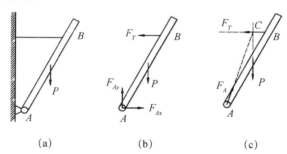

（a）　　　　　　　　（b）　　　　　　　　（c）

图 5-4　刚体 AB 的受力分析

解：①取 AB 为分离体，除去所有约束单独画出它的简图。

②首先画出主动力 P。

③其次画约束反力。在 A 点有铰链，其约束反力必通过铰链中心 A，但其方向不能确定，故用两个大小未知的正交分力 F_{Ax} 和 F_{Ay} 表示。B 点有柔索约束，其约束反力为 F_T，即软绳对刚体 AB 的拉力。

④整个受力如图 5-4（b）所示。由于刚体 AB 在三点受力并处于平衡状态，故可以根据三力平衡汇交定理确定铰链 A 的约束反力 F_A 的方向，如图 5-4（c）所示。

二、力矩、力偶的性质

1. 力矩

力不仅可以改变物体的移动状态，还能改变物体的转动状态。力使物体绕某点转动的力学效应称为力对该点之矩，简称力矩，如图 5-5 所示。

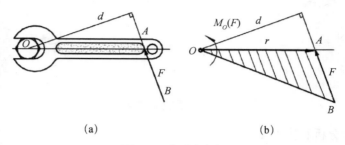

(a)   (b)

图 5-5　力对点之矩

一力 F 使物体绕某点 O 转动，O 点叫矩心，O 点到力 F 作用线的垂直距离 d 叫力臂，力 F 的大小与力臂 d 的乘积叫力 F 对矩心 O 点之矩，简称力矩，以 $M_O(F)$ 表示，数学表达式为 $M_O(F) = \pm Fd$。

力矩的正负：逆时针为正，顺时针为负。力矩是代数量。

力矩的单位：$N \cdot m$，$kN \cdot m$。

合力矩定理：平面汇交力系的合力对其平面内任一点之矩等于所有各分力对同一点之矩的代数和。即

$$M_O(F_R) = \sum_{i=1}^{n} M_O(F_i) \tag{5-1}$$

2. 力偶及其基本性质

（1）力偶的基本概念

大小相等，方向相反，但不作用在一条直线上的两个相互平行的力叫力偶，记作（F'，F）。

力和力偶是静力学的两个基本要素。力偶对物体的作用效果是使物体转动。力偶对物体的转动效应可以用力偶矩来度量，它等于力偶中的一个力与其力偶臂 d（两力间的垂直距离）的乘积。即 $M = \pm F \cdot d$。力偶所在的平面称为力偶的作用面。

力偶矩正负规定：逆时针为正，顺时针为负。

（2）力偶的性质

作用在刚体上同一平面内的两个力偶，如果力偶矩相等，则两力偶彼此等效。力偶可在其作用面内任意移转，而不改变它对刚体的作用效果。换句话说，力偶对刚体的作用与它在作用面内的位置无关。只要保持力偶矩的大小和力偶的转向不变，可以同时改变力偶中力的大小和力偶臂的长短时，而不改变力偶对刚体的作用。由此可见，力偶中力的大小和力偶臂的长短都不是力偶的特征量，力偶矩、力偶的作用面才是力偶作用效果的度量。

1）不能用一个力代替力偶的作用（即它没有合力，不能用一个力代替，不能与一个力平衡）。

2）力偶在任意轴上的投影为零。

3）力偶对所在平面上任意一点之矩恒等于力偶矩，而与矩心的位置无关。

三、平面力系的平衡方程及应用

平衡是指物体处于静止或匀速直线运动状态。

1. 力在直角坐标轴上的投影

设力 F 作用于刚体上的 A 点（如图 5-6 所示），在力 F 作用的平面内建立坐标系 Oxy，由力 F 的起点 A 和终点 B 分别向 x 轴作垂线，得垂足 a 和 b，这两条垂线在 x 轴上所截的线段再冠以相应的正负号，称为力 F 在 x 轴上的投影，用 F_x 表示。力在坐标轴上的投影是代数量，其正负号规定：若由 a 到 b 的方向与 x 轴的正方向一致时，力的投影为正值，反之为负值。同理，从 A 和 B 分别向 y 轴作垂线，得垂足 a' 和 b'，求得力 F 在 y 轴上的投影 F_y。

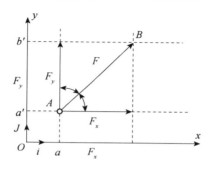

图 5-6　力在直角坐标轴上的投影

设 α 和 β 分别表示力 F 与 x、y 轴正向的夹角，则由图 5-6 可得

$$\left.\begin{array}{c} F_x = F\cos\alpha \\ F_y = F\cos\beta = F\sin\alpha \end{array}\right\} \tag{5-2}$$

又由图 5-6 可知，力 F 可分解为两个分力 F_x、F_y，其分力与投影有如下关系：

$$\left.\begin{array}{c} F_x = F_x i \\ F_y = F_y j \end{array}\right\} \tag{5-3}$$

反之，若已知力 F 在坐标轴上的投影 F_x、F_y，则该力的大小及方向余弦为

$$\left.\begin{array}{c} F = \sqrt{F_x{}^2 + F_y{}^2} \\ \cos\alpha = \dfrac{F_x}{F} \end{array}\right\} \tag{5-4}$$

应当注意，力的投影和力的分量是两个不同的概念。投影是代数量，而分力是矢量；投影无所谓作用点，而分力作用点必须作用在原力的作用点上。另外，仅在直角坐标系中力在坐标轴上投影的绝对值和力沿该轴分量的大小相等。

2. 力的平移定理

作用于刚体上的力均可以从原来的作用位置平行移至刚体内任一指定点。欲不改变该力对于刚体的作用效应，则必须在该力与指定点所决定的平面内附加一力偶，其力偶矩等于原

力对于指定点之矩。这就是力的平移定理。

如图 5-7（a）所示，在刚体的 A 点作用着一个力 F，若要将作用于 A 点的力 F 平行移动到 B 点，而不改变其原来的作用效果，则应在 B 点上附加一力偶，该附加力偶矩为 $M=M_O（F）$。

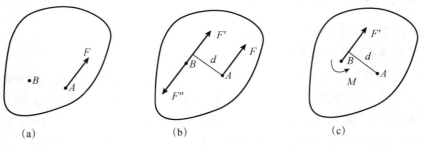

图 5-7 力的平移

3. 平面任意力系向已知点的简化

如图 5-8（a）所示，设刚体上受一平面任意力系 F_1，F_2，…，F_n 的作用，各力的作用点分别为 A_1，A_2，…，A_n。在力系所在的平面内任选一点 O，称为简化中心。应用力的平移定理，将各力平移至简化中心 O 点，同时加入相应的附加力偶。这样原力系就等效变换成为作用在 O 点的平面汇交力系 F_1'，F_2'，…，F_n' 和作用于汇交力系所在平面内的力偶矩为 $M_1,M_2,…,$ M_n 的附加平面力偶系，如图 5-8（b）所示。

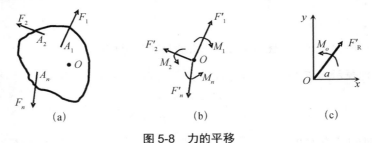

图 5-8 力的平移

这样，平面任意力系被分解成了两个力系：平面汇交力系和平面力偶系。

我们将平面任意力系中各力的矢量和称为该力系的主矢，以 F_R' 表示。由于原力系中各力的大小和方向是一定的，所以它们的矢量和也是一定的，因而当简化中心不同时，原力系的矢量和不会改变，即力系的主矢与简化中心的位置无关。

我们将原力系中各力对简化中心的矩的代数和称为该力系对简化中心 O 的主矩，以 M_O 表示。当简化中心的位置改变时，原力系中各力对简化中心的矩是不同的，不同的简化中心的矩的代数和一般也不相等，所以力系对简化中心的主矩一般与简化中心的位置有关。所以，说到主矩时一般必须指出是力系对哪一点的主矩。

综上所述，平面任意力系向作用面内任意一点简化的结果一般可以得到一个力和一个力偶。该力作用于简化中心，它的矢量等于原力系中各力的矢量和，即等于原力系的主矢；该力偶的矩等于原力系中各力对简化中心的矩的代数和，即等于原力系对简化中心的主矩。

4. 平面任意力系的平衡条件

平面任意力系的主矢和主矩同时为零，即 $F_R' = 0, M_O = 0$，是平面任意力系的平衡的必要与充分条件。

5. 平面任意力系平衡的解析表达式——平衡方程

（1）一矩式

$$\begin{cases} \sum_{i=1}^{n} X_i = 0 \\ \sum_{i=0}^{n} Y_i = 0 \\ \sum_{i=0}^{n} M_O(F_i) = 0 \end{cases} \qquad (5\text{-}5)$$

上式即为平面任意力系的平衡方程。它有两个投影方程和一个力矩方程，且其相互独立，我们称其为平面任意力系的平衡方程，它是平衡方程的基本形式。由于其只有一个力矩方程，因此也称为一矩式。根据这 3 个方程可求解 3 个未知量。

一矩式可解释为：力系中所有各力在两个任选的坐标轴中每一轴上的投影的代数和都等于零，以及各力对任意一点的矩的代数和等于零。

在应用上式求解相关问题时，往往需要联立方程求解，特别是当分析包含较多研究对象的物体系统的平衡问题时，会由于需联立方程数目较多而使计算过程很烦琐。所以，为了简化运算，我们可以利用力系以及力对点的矩的特性来选择适当的平衡方程的形式。

（2）二矩式

$$\begin{cases} \sum_{i=1}^{n} X_i = 0 \\ \sum_{i=0}^{n} M_A = 0 \\ \sum_{i=0}^{n} M_B = 0 \end{cases} \qquad (5\text{-}6)$$

附加条件：A、B 连线不能垂直 x 轴。

（3）三矩式

$$\begin{cases} \sum_{i=1}^{n} M_A(F_i) = 0 \\ \sum_{i=0}^{n} M_B(F_i) = 0 \\ \sum_{i=0}^{n} M_C(F_i) = 0 \end{cases} \qquad (5\text{-}7)$$

其中 A、B、C 三点不能共线。若 A、B、C 三点共线，当合力 R 作用于此线上时，满足 3 个方程，但仍可能不为零。

利用式（5-5）、式（5-6）、式（5-7）3 种形式的平衡方程均可解决平面任意力系的平衡问题，在使用时可根据具体问题的条件来选择。同时，选择适当的投影轴和矩心位置等，亦可使解题过程得以简化。例如，应尽可能让投影轴与未知力的方向垂直；将较多未知力的交点选为矩心等。这样所列出的平衡方程中的未知量就会较少，从而可简化对联立方程的求解。

对于受平面任意力系作用的单个刚体的平衡问题，只能写出 3 个独立的平衡方程来求解 3 个未知量。对于任何形式的第 4 个方程都不是独立的，而是前 3 个方程的线性组合，但可利用这个方程对计算结果的正确性进行校核。

第二节　静定结构的杆件内力基本知识

一、单跨静定梁的内力分析

1. 梁的类型

根据梁的支座反力能否全部由静力平衡条件确定，将梁分为静定梁和超静定梁。静定梁又可分为单跨静定梁和多跨静定梁。

单跨静定梁按支座情况可分 3 种基本类型：

（1）简支梁

简支梁的一端为固定铰支端；另一端为活动铰支座，如图 5-9（a）所示。

（2）外伸梁

外伸梁的支座形式和简支梁相同，但梁的一端或两端伸出支座之外，如图 5-9（b）所示。

（3）悬臂梁

悬臂梁的一端固定，另一端自由，如图 5-9（c）所示。

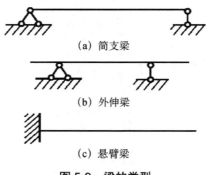

(a) 简支梁

(b) 外伸梁

(c) 悬臂梁

图 5-9　梁的类型

2. 梁的内力——剪力和弯矩

（1）利用截面法，可知横截面上有两种内力：剪力 Q 和弯矩 M，如图 5-10 所示。

剪力（Q）：构件受弯时，横截面上其作用线平行于截面的内力。

弯矩（M）：构件受弯时，横截面上其作用面垂直于截面的内力偶矩。

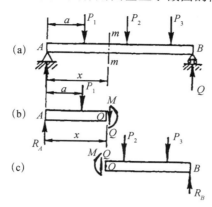

图 5-10　用截面法求梁内力

（2）剪力与弯矩的正负号规定

以内力对变形的效应确定正负号。在所切横截面的内侧取微段，凡使该微段沿顺时针方向转动（错动）的剪力为正，反之为负；使该微段弯成下凸的弯矩为正，反之为负，如图 5-11 所示。

图 5-11　梁内力符号

（3）剪力与弯矩的计算法则

1）横截面上的剪力 Q，在数值上等于该截面左侧或右侧梁上全部横向外力的代数和。截面左侧梁的向上横向力（或截面右侧梁的向下横向力）均取正值，反之取负值。

2）横截面上的弯矩 M，在数值上等于该截面左侧或右侧梁上全部外力对该截面形心之矩的代数和。无论位于截面左侧或右侧，向上的横向力均产生正弯矩，反之为负弯矩；截面左侧梁上的顺时针外力偶或右侧梁上的逆时针外力偶均产生正弯矩，反之为负弯矩。

梁在几种荷载作用下剪力图与弯矩图的特征见表 5-1。

表 5-1　梁在几种荷载作用下剪力图与弯矩图的特征

序号	一段梁上的外力的情况	剪力图上的特征	弯矩图上的特征
1	向下的均布荷载	由左至右向下倾斜的直线 ⊕ 或 ⊖	开口向上的抛物线的某段 ⌣ 或 ⌒ 或 ⌣
2	无荷载	一般为水平直线 ⊕ 或 ⊖	一般为斜直线 ＼ 或 ／
3	集中力 F C	在 C 处突变，突变方向为由左至右向下台阶 C	在 C 处有尖角，尖角的指向与集中力方向相同 ＼ 或 ＼／ 或 ⌒

续表

序号	一段梁上的外力的情况	剪力图上的特征	弯矩图上的特征
4	集中力偶 M_c C	在 C 处无变化 C	在 C 处突变，突变方向为由左至右下台阶 C M_c

①剪力图的斜率等于作用在梁上的均布载荷集度；弯矩图在某一点处斜率等于对应截面处剪力的数值。

②如果一段梁上作用有均布载荷，即 g=常数，则这一段梁的剪力图为斜直线；弯矩图为二次抛物线。二次抛物线的凸凹性与载荷集度 q 的正负有关：当 q 为正（向上）时，抛物线为凹曲线，凹的方向与 M 坐标正方向一致；当 q 为负（向下）时，抛物线为凸曲线，凸的方向与 M 坐标正方向一致。

③如果一段梁上没有分布载荷作用，这一段梁的剪力图为平行于 x 轴的水平直线；弯矩图为斜直线。

④集中力作用处，剪力图发生突变，其突变值的大小等于集中力的大小，集中力的方向与剪力图的突变方向一致。集中力作用处，弯矩不会发生改变，但弯矩图发生转折，转折点的凸向与集中力方向一致。

⑤集中力偶作用处，对剪力图没有影响，但弯矩图发生突变，其突变值的大小等于集中力偶的大小。

（4）简支梁在集中荷载和均布荷载作用下的内力图（图5-12）

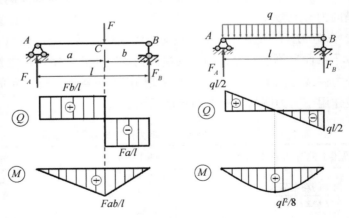

图 5-12　简支梁的内力图

二、多跨静定梁的内力分析

1. 多跨静定梁的受力特点

结构特点：图 5-13（a）中依靠自身就能保持其几何不变性的部分称为基本部分，如图中

AB；而必须依靠基本部分才能维持其几何不变性的部分称为附属部分，如图中 CD。

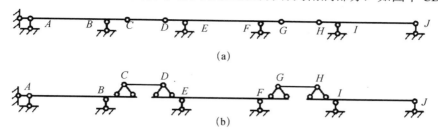

(a)

(b)

图 5-13　多跨静定梁计算简图

受力特点：作用在基本部分的力不影响附属部分，作用在附属部分的力反过来影响基本部分。因此，多跨静定梁的解题顺序为先附属部分后基本部分。为了更好地分析梁的受力，往往先画出能够表示多跨静定梁各个部分相互依赖关系的层次，如图 5-13（b）所示。

因此，计算多跨静定梁时，应遵守以下原则：先计算附属部分后计算基本部分。将附属部分的支座反力反向指向，作用在基本部分上，把多跨梁拆成多个单跨梁，依次解决。将单跨梁的内力图连在一起，就是多跨梁的内力图。弯矩图和剪力图的画法同单跨梁相同。

2. 多跨静定梁的实例分析

画出图 5-14（a）所示多跨梁的弯矩图和剪力图。

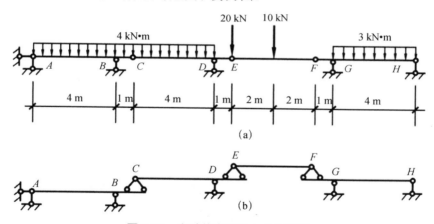

(a)

(b)

图 5-14　多跨静定梁受力分析简图

解：

（1）结构分析和绘层次图

此梁的组成顺序为先固定梁 AB、GH，再固定梁 CD，最后固定梁 EF。由此得到层次图，如图 5-14（b）所示。

（2）分跨绘制梁的内力图

计算是根据层次图，先绘制附属部分的内力图，再绘制基本部分的内力图，如图 5-15 所示。

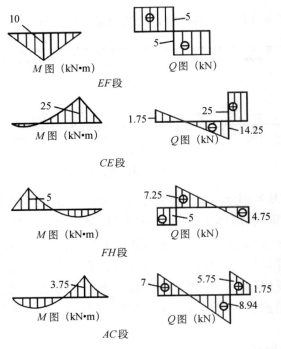

图 5-15　各跨梁的内力图

（3）绘制整根梁的内力图

根据已绘制的各跨梁的弯矩图及剪力图，再连成一体，即得到相应的弯矩图和剪力图，如图 5-16 所示。

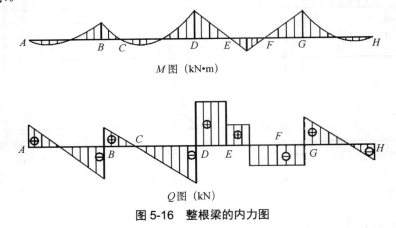

图 5-16　整根梁的内力图

第三节　杆件强度、刚度和稳定性的基本知识

一、杆件变形的基本形式

作用在杆上的外力是多种多样的，杆件相应产生的变形也有各种形式。经过分析，杆的

变形可归纳为 4 种基本变形的形式，或是某几种基本变形的组合。4 种基本变形的形式是：

1. 拉伸或压缩

这类变形是由大小相等、方向相反、作用线与杆件轴线重合的一对力所引起的，表现为杆件的长度发生伸长或缩短，杆的任意两横截面仅产生相对的纵向线位移。

2. 剪切

这类变形是由大小相等、方向相反、作用线垂直于杆的轴线且距离很近的一对横力引起的，其变形表现为杆件两部分沿外力作用方向发生相对的错动。

3. 扭转

这类变形是由大小相等、转向相反、两作用面都垂直于轴线的两个力偶引起的，变形表现为杆件的任意两横截面发生绕轴线的相对转动（即相对角位移），在杆件表面的直线扭曲成螺旋线。

4. 弯曲

这类变形是由垂直于杆件的横向力，或由作用于包含杆轴的纵向平面内的一对大小相等、转向相反的力偶所引起的，表现为杆的轴线由直线变为曲线。

二、应力、应变的基本概念

1. 应力的概念

应力是内力在截面上的某点处分布集度，称为该点的应力，如图 5-17 所示。

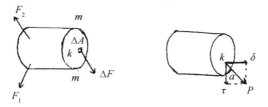

图 5-17 应力

设在某一受力构件的 m–m 截面上，围绕 K 点取为面积 ΔA，ΔA 上的内力的合力为 ΔF，这样，在 ΔA 上内力的平均集度定义为

$$p_{平均} = \frac{\Delta F}{\Delta A} \qquad (5\text{-}8)$$

一般情况下，m–m 截面上的内力并不是均匀分布的，因此平均应力 $p_{平均}$ 随所取 ΔA 的大小而不同，当 $\Delta A \rightarrow 0$ 时，上式的极限值

$$p = \lim_{\Delta A \to 0} \frac{\Delta F}{\Delta A} = \frac{\mathrm{d}F}{\mathrm{d}A} \qquad (5\text{-}9)$$

即为 K 点的分布内力集度，称为 K 点处的总应力。p 是一矢量，通常把应力 p 分解成垂直于截面的分量 σ 和相切与截面的分量 τ。由图中的关系可知

$$\sigma = p \sin \alpha \qquad \tau = p \cos \alpha \qquad (5\text{-}10)$$

σ 称为正应力，τ 称为剪应力。在国际单位制中，应力的单位是帕斯卡，用 Pa（帕）表示，

$1Pa=1N/m^2$。由于 Pa 这一单位甚小，工程常用 kPa（千帕）、MPa（兆帕）、GPa（吉帕）。$1kPa=10^3Pa$，$1MPa=10^6Pa$，$1GPa=10^9Pa$。

2. 应变的概念

物体在外力作用下，不但尺寸要改变，同时也可能发生形状的改变。变形既要考虑整个构件的变形，又应考虑局部的变形和相对变形，我们用应变表示应力状态下构件的相对变形，它通常有两种基本形态：线应变和切应变。

（1）线应变

杆件在轴向拉力或压力作用下，沿杆轴线方向会伸长或缩短，这种变形称为纵向变形；同时，杆的横向尺寸将减小或增大，这种变形称为横向变形。其纵向变形为

$$\Delta l = l_1 - l \tag{5-11}$$

式中，l——杆件原长，mm；

　　　l_1——杆件变形后的长度，mm。

但是，Δl 随杆件的原长不同而不同。为了避免受到杆件长度的影响，用单位长度的变形量反映变形的程度，称为线应变。纵向线应变用符号 ε 表示。

$$\varepsilon = \frac{\Delta l}{l} \tag{5-12}$$

线应变是一个无量纲的量值。

（2）切应变

如一个矩形截面的构件，在一对剪切力的作用下，截面将产生相互错动，形状变为平行四边形，这种由于角度的变化而引起的变形称为剪切变形。直角的改变量称为切应变，用符号 γ 表示。切应变 γ 的单位为弧度。

（3）虎克定律

试验表明，应力和应变之间存在着一定的物理关系，在一定条件下，应力与应变成正比，这就是虎克定律。

用数学公式表达为

$$\sigma = E\varepsilon$$

式中比例系数 E 称为材料的弹性模量，它与构件的材料有关，可以通过试验得出。

三、杆件强度的概念

1. 强度的概念

强度就是构件在外力作用下抵抗破坏的能力。

结构杆件在规定的荷载作用下，保证不因材料强度发生破坏的要求，称为强度要求，即必须保证杆件内的工作应力不超过杆件的许用应力。

2. 拉（压）杆的强度条件为

$$\sigma_{max} = \frac{N_{max}}{A} \leqslant [\sigma] \tag{5-13}$$

式中，σ_{max}——最大正应力，Pa；

N_{max}——最大轴力，N；

A——杆件的截面面积，mm^2；

$[\sigma]$——材料的许用正应力，Pa。

3. 梁受弯和受剪的强度条件

（1）梁受弯的强度条件

$$\sigma_{max} = \frac{M_{max}}{W_z} \leqslant [\sigma] \tag{5-14}$$

式中，σ_{max}——最大正应力，Pa；

M_{max}——最大弯矩，$N \cdot m$；

W_z——扭弯截面系数，若截面是高为 h 宽为 b 的矩形，则 $W_z = \frac{bh^2}{6}$；

$[\sigma]$——材料的许用正应力，Pa。

（2）梁受剪的强度条件

$$\tau_{max} = \frac{Q_{max}S_{z\,max}}{I_z b} \leqslant [\tau] \tag{5-15}$$

式中，τ_{max}——最大剪应力，Pa；

Q_{max}——最大剪力，N；

$S_{z max}$——中性轴以上（或以下）截面对中性轴 z 的静矩；

I_z——横截面对中性轴 z 的惯性矩；

$[\tau]$——材料的许用剪应力，Pa。

四、杆件刚度和压杆稳定性的概念

1. 刚度的概念

刚度就是构件抵抗变形的能力。一个构件的刚度主要与材料的性能及构件的截面尺寸有关。杆件在规定的荷载作用下，虽有足够的强度，但其变形也不能过大，如果超过了允许的范围，会影响其正常的使用，限制过大变形的要求即为刚度要求，即必须保证杆件的工作变形不超过许用变形。

2. 稳定性的概念

稳定性就是构件保持原有平衡状态的能力。在工程结构中，受压杆件比较细长时，当压力达到一定数值时，其应力往往还未达到强度极限，杆件突然发生弯曲，以致引起整个结构的破坏，这种现象称为失稳。因此，受压构件有失稳的要求。

第六章 施工图识读

第一节 施工图的基本知识

一、建筑制图统一标准

1. 图纸幅面

图纸以短边作为垂直边应为横式，以短边作为水平边应为立式。A0～A3 图纸宜横式使用，必要时也可立式使用。图纸幅面及图框尺寸应符合表 6-1 的规定。

表 6-1　幅面及图框尺寸　　　　　　　　　　　　　　　　　　　　单位：mm

尺寸代号	幅面代号				
	A0	A1	A2	A3	A4
$b×l$	841×1 189	594×841	420×594	297×420	210×297
c	10			5	
a	25				

注：表中 b 为幅面短边尺寸；l 为幅面长边尺寸；c 为图框线与幅面线间宽度；a 为图框线与装订边的间宽度。

2. 标题栏、会签栏

图纸中应有标题栏、图框线、幅面线、装订边线和对中标志。横式、立式图纸的标题栏及装订边的位置如图 6-1 所示。

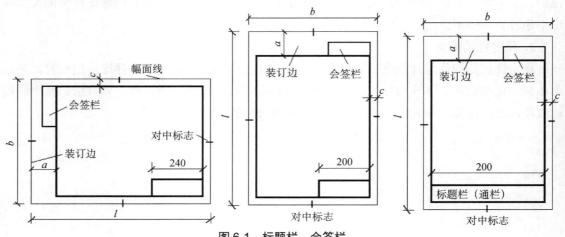

图 6-1　标题栏、会签栏

二、图线

1. 线宽

图纸的基本线宽 b，宜按图纸比例及图纸性质从 1.4 mm、1.0 mm、0.7 mm、0.5 mm 线宽系列中选取。绘图时应根据图样的复杂程度及比例大小，选用表 6-2 所示的线宽组合。

表 6-2　线宽组合

单位：mm

线宽比	线宽粗			
b	1.4	1.0	0.7	0.5
$0.7b$	1.0	0.7	0.5	0.35
$0.5b$	0.7	0.5	0.35	0.25
$0.25b$	0.35	0.25	0.18	0.13

注：1. 需要微缩的图纸不宜采用 0.18 及更细的线宽。

2. 同一张图纸内，各种不同线宽中的细线，可统一采用较细的线宽组的细线。

2. 线型

工程建设制图应选用表 6-3 所示的图线。

表 6-3　图线的类型及应用

单位：mm

名称		线型	线宽	用途
实线	粗		b	主要可见轮廓线
	中粗		$0.7b$	可见轮廓线、变更云线
	中		$0.5b$	可见轮廓线、尺寸线
	细		$0.25b$	图例填充线、家具线
虚线	粗		b	见各有关专业制图标准
	中粗		$0.7b$	不可见轮廓线
	中		$0.5b$	不可见轮廓线、图例线
	细		$0.25b$	图例填充线、家具线
单点长画线	粗		b	见各有关专业制图标准
	中		$0.5b$	见各有关专业制图标准
	细		$0.25b$	中心线、对称线、轴线等
双点长画线	粗		b	见各有关专业制图标准
	中		$0.5b$	见各有关专业制图标准
	细		$0.25b$	假想轮廓线、成型前原始轮廓线
折断线	细		$0.25b$	断开界线
波浪线	细		$0.25b$	断开界线

三、字体

1. 汉字

图纸上所需书写的文字、数字或符号等，均应笔画清晰、字体端正、排列整齐；标点符号应清楚正确。字高大于 10 mm 的文字宜采用 True type 字体，如需书写更大的字，其高度应按 $\sqrt{2}$ 的倍数递增。

2. 数字和字母

图样及说明中的字母、数字，宜优先采用 True type 字体中的 Roman 字型。写成斜体字时，应从字的底线向上倾斜 75°，其高度和宽度应与相应的直体字相等。字母及数字的字高不应小于 2.5 mm。

四、比例

图样的比例为图形与实物相对应的线性尺寸之比，符号为"："，用阿拉伯数字表示。比例宜注写在图名的右侧，并与字的基准线平齐；比例的字高宜比图名的字高小一号或二号。

绘图所选用的比例，应根据图样的用途和所绘对象的复杂程度，从表 6-4 中选用，并优先选用表中常用比例。

表 6-4　绘图选用比例

常用比例	1：1、1：2、1：5、1：10、1：20、1：30、1：50、1：100、1：150、1：200、1：500、1：1 000、1：2 000
可用比例	1：3、1：4、1：6、1：15、1：25、1：40、1：60、1：80、1：250、1：300、1：400、1：600、1：5 000、1：10 000、1：20 000、1：50 000、1：100 000、1：200 000

五、索引符号与详图符号

1）索引符号：图样中的某一局部或构件，如需另见详图，应以索引符号索引，如图 6-2（a）所示。索引符号由直径为 8～10 mm 的圆和水平直径组成，圆及水平直径线宽宜为 0.25 b，应按下列规定编写：

①索引出的详图，如与被索引的详图同在一张图纸内，应在索引符号的上半圆中用阿拉伯数字注明该详图的编号，并在下半圆中间画一段水平细实线如图 6-2（b）所示。

②索引出的详图，如与被索引的详图不在同一张图纸内，应在索引符号的上半圆中用阿拉伯数字注明该详图的编号，在索引符号的下半圆中用阿拉伯数字注明该详图所在图纸的编号，如图 6-2（c）所示。数字较多时，可加文字标注。

③索引出的详图，如采用标准图，应在索引符号水平直径的延长线上加注该标准图册的编号，如图 6-2（d）所示。

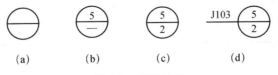

图 6-2　索引符号

2）索引符号如用于索引剖视详图，应在被剖切的部位绘制剖切位置线，并以引出线引出索引符号，引出线所在的一侧应为剖视方向。索引符号的编写同 1）的规定，如图 6-3 所示。

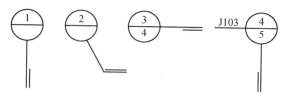

图 6-3　用于索引剖面详图的索引符号

3）钢筋、杆件、设备等的编号，以直径为 4~6 mm（同一图样应保持一致）的圆表示，图线宽为 0.25 b，其编号应用阿拉伯数字按顺序编写。

4）详图符号。详图的位置和编号，应以详图符号表示。详图符号的圆直径应为 14 mm，线宽为 b。详图编号应符合下列规定：

①详图与被索引的图样同在一张图纸内时，应在详图符号内用阿拉伯数字注明详图的编号。

②详图与被索引的图样不在同一张图纸内，应用细实线在详图符号内画一水平直径，在上半圆中注明详图编号，在下半圆中注明被索引的图纸的编号。

5）其他符号：

①对称符号。对称符号由对称线和两端的两对平行线组成。用单点长画线绘制；线宽宜为 0.25 b；平行线用细实线绘制，其长度宜为 6~10 mm，每对的间距宜为 2~3 mm，对称线垂直平分于两对平行线，两端宜超出平行线 2~3 mm。

②连接符号。连接符号应以折断线表示需要连接的部位。两部分相距过远时，折断线两端靠图样一侧应标注大写拉丁字母表示连接符号。两个被连接的图样必须用相同的字母编号。

③指北针的圆直径宜为 24 mm，用细实线绘制，指针尾部的宽度宜为 3 mm，指针头部应标注"北"或"N"字样。需用较大直径绘制指北针时，指针尾部宽度宜为直径的 1/8。

六、工程制图的基本规定

1. 定位轴线

1）定位轴线应用 0.25 b 线宽的单点长画线绘制。

2）定位轴线应编号，编号应注写在轴线端部的圆内。圆应用 0.25 b 线宽的实线绘制，直径宜为 8~10 mm，详图上可增为 10 mm。定位轴线圆的圆心，应在定位轴线的延长线上或延长线的折线上。

3）平面图上定位轴线的编号，宜注写在图样的下方与左侧。横向编号应用阿拉伯数字，从左至右顺序编写，竖向编号应用大写拉丁字母，从下至上顺序编写。

4）附加定位轴线的编号，应以分数的形式表示，并符合下列规定：

①两根轴线的附加轴线，应以分母表示前一轴线的编号，分子表示附加轴线的编号，编号宜用阿拉伯数字顺序编写。

②1 号轴线或 A 号轴线之前的附加轴线应以分母 01 或 0A 表示。

5）一个详图适用于几根轴线时，应同时注明各有关轴线的编号，如图 6-4 所示。通用详图中的定位轴线，应只画圆，不注写轴线编号。

用于2根轴线   用于3根或3根以上轴线   用于3根以上连续编号的轴线

图 6-4   详图的轴线编号

2. 引出线

（1）引出线

引出线线宽应为 $0.25\ b$，宜采用水平方向的直线或与水平方向成 30°、45°、60°、90°的直线，并经上述角度再折为水平线，如图 6-5 所示。

图 6-5   引出线

（2）共同引出线、共用引出线

同时引出几个相同部分的引出线，宜互相平行，如图 6-6（a）所示。多层构造或多层管道共用引出线，应通过被引出的各层，并用圆点示意对应各层次。文字说明宜注写在水平线的上方，也可注写在水平线的端部，说明的顺序应由上至下，并应与被说明的层次相互一致；如层次为横向排列，则由上至下的说明顺序应与由左至右的层次相互一致，如图 6-6（b）所示。

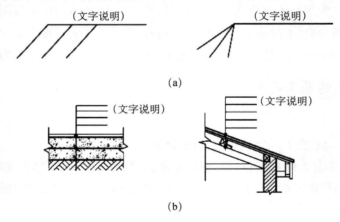

图 6-6   共同引出线、共用引出线

第二节   投影的基本知识

一、投影的基本概念

在日常生活中，物体在太阳光或灯光照射下，会在地面或墙壁上产生物体的影子。我们

称这一自然现象为投影现象。发生自然投影时，物体的影子是漆黑的，通过自然投影人们只能看到物体外形的轮廓，看不到物体上的一些变化或内部情况。在工程制图上，根据自然投影现象，经过科学的抽象，即假设按规定方向射来的光线能够透过物体照射，形成的影子不但能反映物体的外形，也能反映物体上部和内部的情况，这样形成的影子就称为投影。我们把能够产生光线的光源称为投影中心，光线称为投射线，落影平面称为投影面，用投影表达物体形状和大小的方法称为投影法，用投影法画出的物体的图形称为投影图。

二、投影法的分类

投影法一般分为中心投影和平行投影两种。投射线从投影中心出发的投影法，称为中心投影法，所得到的投影称为中心投影。投射线相互平行的投影法称为平行投影法，所得到的投影称为中心投影。根据投射线与投影面的相对位置，平行投影又分正投影法和斜投影法两种。投射线垂直于投影面时称为正投影法。在正投影的条件下，使物体的某个面平行于投影面，则该面的正投影反映其实际形状和大小，所以一般工程图样都选用正投影原理绘制。投射线相互平行且倾斜于投影面时称为斜投影法。

三、三面投影及其对应关系

1. 形体的三面投影

如图 6-7 所示，三面投影体系由 3 个相互垂直的投影面组成。H 面称为水平投影面，V 面称为正立投影面，W 面称为侧立投影面。在三面投影体系中，任意两个投影面的交线称为投影轴，分别用 X 轴、Y 轴、Z 轴表示。3 个投影轴的交点 O 称为原点。

2. 三面投影图的形成

如图 6-8 所示，将被投影的物体置于三投影面体系中，并尽可能使物体的几个主要表面平行或垂直于其中的一个或几个投影面（使物体的底面平行于 H 面，物体的前、后端面平行于 V 面，物体的左、右端面平行于 W 面）。保持物体的位置不变，将物体分别向 3 个投影面作投影，得到物体的三视图。

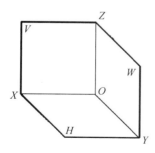

图 6-7　三面投影体系

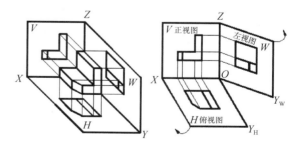

图 6-8　物体三面投影的形成

3. 三面投影的对应关系

（1）三面投影的投影关系

在投影体系中，物体的 X 轴方向的尺寸称为长度，Y 轴方向的尺寸称为宽度，Z 轴方向的尺寸称为高度。如图 6-8 所示，由三面投影图的形成可知，物体的水平投影反映它的长和宽，正面投影反映它的长和高，侧面投影反映它的宽和高。

（2）三面投影图的方位关系

当物体在投影体系中的相对位置确定之后，它就有上、下、左、右、前、后 6 个方位，如图 6-9 左图所示。由三面图的形成可以看出，物体的水平投影反映左、右、前、后 4 个方向；正面投影反映左、右、上、下 4 个方向；侧面投影反映上、下、前、后 4 个方向，如图 6-9 右图所示。

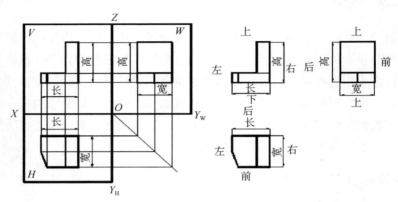

图 6-9　三面投影的方位关系

四、点、直线、平面的投影

1. 点的投影

如图 6-10（a）所示，过 A 点分别向 3 个投影面作垂线，所得 3 个垂足 a、a'、a'' 即为 A 点的 3 个投影。a 表示水平面投影，a' 表示正立面投影，a'' 表示侧立面投影。将投影体系展开所得的图即 A 点的三面投影图，如图 6-10（b）、（c）所示。

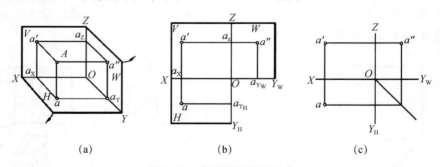

(a)　　　　　　　　(b)　　　　　　　　(c)

图 6-10　点三面投影的形成

2. 直线的投影

由初等几何可知，两点决定一直线。所以要确定直线 AB 的空间位置，只要确定出 A、B 两点的空间位置，连接起来即可确定该直线的空间位置，如图 6-11（a）所示。因此，在作直线 AB 的投影时，只要分别作出 A、B 两点的三面投影 a、a'、a'' 和 b、b'、b''，再分别把两点在同一投影面上的投影连接起来，即得直线 *AB* 的三面投影 *ab*、*a'b'*、*a"b"*，如图 6-11（b）所示。

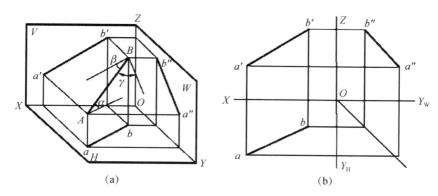

图 6-11　直线的三面投影的形成

3. 平面的投影

平面可以看作点和直线不同形式的组合，一般常用平面图形来表示，如三角形、四边形、圆形等。要绘制平面的投影，只需作出表示平面图形轮廓的点和线的投影，依次连接即可得到平面的投影图。根据平面与投影面相对位置不同，平面可以分为一般位置平面、投影面平行面、投影面垂直面 3 类。

4. 平面立体的投影

由于平面立体的表面是由若干个平面所围成，因此平面立体的投影可归结为平面立体棱线和棱线间交点的投影。因此求解平面立体的投影就是作出组成立体表面的各平面和棱线的投影。最常见的平面立体有棱柱、棱锥和棱台。

5. 曲面立体的投影

常见的曲面立体是回转体，回转体的曲面是母线（直线或曲线）绕一轴做回转运动而形成的。曲面上任一位置的母线称为素线，母线上每一个点运动轨迹都是圆，称为纬圆，纬圆平面垂直于回转直线，主要有圆柱体、圆锥体和圆球。

五、组合体的投影

组合体是由若干个基本形体组合而成的。一般情况下，形状复杂的工程建筑物可看作由若干个基本几何体经过叠加、切割或相交等形式组合而成的。表达组合体一般画三面投影图。

1. 形体分析

绘制组合体的投影图，需先进行形体分析，选择适当的投影图，再进行画图。形体分析法是指把一个物体分解成若干个形体或简单形体的方法。即绘制和阅读组合体的投影图时，将组合体分解成若干个基本形体或简单形体，分析它们之间的关系，然后逐一解决它们的画图和识图问题。它是画图、读图和标注尺寸的基本方法。

（1）建筑形体间的组合方式

1）叠加式组合体：把组合体看作由若干个基本形体叠加而成，如图 6-12 所示。叠加式组合体可以看作由 3 个长方形组合而成。求其投影时可以由几个基本几何体的投影组合而成。

2）切割式组合体：是由一个大的基本形体经过若干次切割而成的，如图 6-13 所示。切割式组合体可以看作由一个大的长方体切割掉两个较小实形体（两个长方体）组合而成。求其投影时，可先画基本几何体的三面投影图，然后根据切割位置，分别在几何体投影上切割。

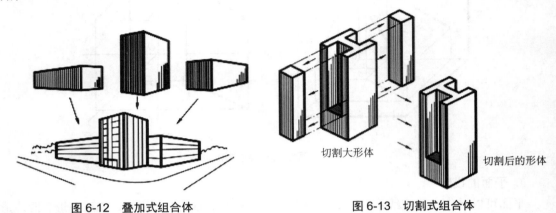

图 6-12　叠加式组合体　　　　　　　　　　图 6-13　切割式组合体

3）综合式组合体：是指既有叠加又有切割所组成，如图 6-14 所示。综合式组合体可以看作由 6 个实形体组成，而 6 个实形体又可以看作由更小的实形体组成。

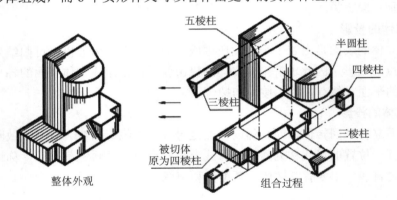

图 6-14　综合式组合体

（2）组合体的表面连接

基本形体组合成组合体时，各基本形体表面间真实的相互关系即组合体的表面连接关系。形体经叠加、切割组合后，可形成 3 种表面连接关系：表面平齐（共面）、表面相切、表面相交，如图 6-15 所示。

表面平齐：当两形体邻接表面平齐时，邻接表面处无分界线。

表面相切：当两形体邻接表面相切时，由于相切是光滑过渡，所以一般不画出公切面在 3 个视图中的投影。

表面相交：两形体的邻接表面相交，邻接表面之间一定产生交线，而 3 个视图中一定会有交线的投影。

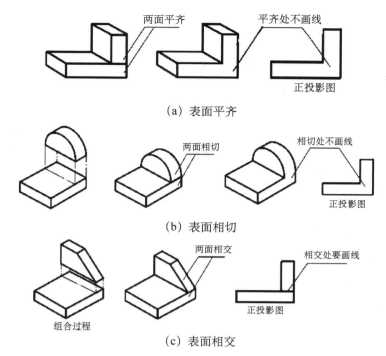

（a）表面平齐

（b）表面相切

（c）表面相交

图 6-15　形体表面的几种连接关系

2. 组合体的尺寸标注

（1）尺寸的种类

1）定形尺寸：用于确定组合体中各基本体自身大小的尺寸。

2）定位尺寸：用于确定组合体中各基本体之间相互位置的尺寸。

3）总体尺寸：确定组合体总长、总宽、总高的外包尺寸。

（2）在组合尺寸应做到的标注

1）组合体尺寸标注前需进行形体分析，弄清反映在投影图上的基本体后，注意这些基本形体的尺寸标注要求，做到简洁合理。

2）各基本形体之间的定位尺寸一定要先选好定位基准，再行标注。

3）由于组合体形状变化多，定形、定位和总体尺寸有时可以相互兼代。

4）组合体各项尺寸一般只标注尺寸。

（3）尺寸配置

组合体尺寸标注中应注意的问题：

1）尺寸一般应布置在图形外，以免影响图形清晰。

2）尺寸排列要注意大尺寸在外、小尺寸在内，并在不出现尺寸重复的前提下，使尺寸构成封闭的尺寸链。

3）反映某一形体的尺寸，最好集中标在反映这一基本形体特征轮廓的投影图上。

4）两投影图相关的尺寸，应尽量注在两图之间，以便对照识读。

5）尽量不在虚线图形上标注尺寸。

第三节　建筑施工图识读

　　房屋建筑图是将一幢拟建建筑物的内外形状和大小、布置以及各部分的结构、构造、装修、设备等内容，按照国家标准的规定，用正投影的方法，详细准确地绘制而成的图样。其主要用途是指导施工和作为多项技术工作的实行依据（审批建筑工程项目、编制工程概算、预算和决算以及审核工程造价），也是竣工验收和工程质量评价的依据。

一、房屋建筑施工图的组成、分类及特点

1. 房屋的组成

　　房屋的构造一般都是由基础、墙、柱、楼地层、屋顶、门窗、楼梯等基本部分以及台阶、散水、阳台、天沟、雨水管、勒脚、踢脚等其他细部组成，如图 6-16 所示。其中，基础起着承受和传递荷载的作用；屋顶、外墙、雨篷等起着隔热、保温、避风遮雨的作用；屋面、天沟、雨水管、散水等起着排水的作用；台阶、门、走廊、楼梯起着沟通房屋内外、上下交通的作用；窗则主要用于采光和通风；墙群、勒脚、踢脚板等起着保护墙身的作用。

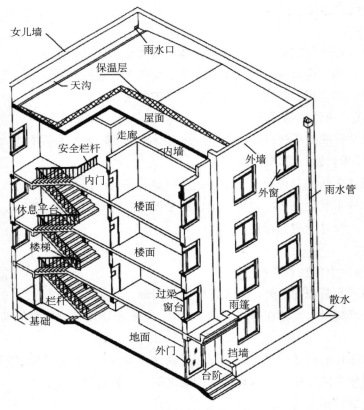

图 6-16　房屋的基本组成

2. 施工图的分类

施工图由于专业的不同可分为建筑施工图、结构施工图和设备（水暖电）施工图 3 部分。建筑施工图主要表示房屋的总体布局、外部造型、内部布置、细部构造、内外装饰及一些固定设施和施工要求，包括总平面图、平面图、立面图、剖面图、基本图和构造详图等。结构施工图主要表示房屋的结构设计内容，反映建筑物承重结构布置、构件选型、材料、尺寸和构造做法等，包括结构设计说明、基础图、结构平面布置图和各种结构构件详图等。设备施工图主要表示"水施""暖施""电施"管道的布置和走向、构件做法和加工安装要求。

3. 施工图识读

1）对于全套图样来说，先看说明书、首页图，后看建施、结施和设施。

2）对于每一张图样来说，先看图标、文字，后看图样。

3）对于建施、结施和设施来说，先看建施，后看结施、设施。

4）对于各专业图纸来说，先看全局性的图纸，再看局部性的图纸。

二、图纸目录和施工说明

建筑施工图首页图是一套图纸的第一张图样，主要包括图纸目录、设计说明、工程做法表、门窗表等。

1. 图纸目录

由于整套施工图最终要折叠装订成 A4 大小的设计文件，所以图纸目录常单独绘制于 A4 幅面的图纸上，并置于全套图的首页。内容较多时，可分页绘制。看图前应首先检查整套施工图图纸与目录是否一致，防止缺页给识图和施工造成不必要的麻烦。

2. 施工说明、门窗表

建筑施工说明含设计说明和建筑做法说明。设计说明包括工程概况、工程设计依据、工程设计标准、主要的施工要求和技术经济指标、建筑用料说明等。建筑做法说明包括楼地面、内外墙、散水、台阶等处的构造做法和装修做法。为了便于装修加工，应列有门窗表，内容包括编号、尺寸、数量及说明。

三、总平面图识读

1. 总平面图的形成及作用

将新建工程四周一定范围内的新建、拟建、原有和拆除的建筑物、构筑物连同其周围的地形、地物状况用水平投影方法和相应的图例所绘制的工程图样，即为总平面图。反映了当前工程的平面轮廓形状和层数、与原有建筑物的相对位置、周围环境、地形地貌、道路和绿化的布置等情况。

2. 总平面图的图示内容

1）建设地域的环境状况。

2）基地范围内的总体布局。

3）相邻原有建筑物、拆除建筑物的位置或范围。

4）有关的标高及层数。

5）指北针或风向频率玫瑰图。

6）图例。在建筑物的总平面图中，许多内容均用图例来表示。国家有关的制图标准规定了一些常见的图例见表 6-5。

7）比例。总平面图一般采用 1∶500、1∶1 000 或 1∶2 000 的比例绘制。

表 6-5　总平面图图例

图例	名称	图例	名称
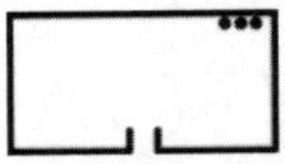	新建建筑物（右上角以点数表示层数，用粗实线表示）	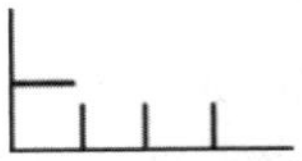	表示砖石、混凝土及金属材料围墙
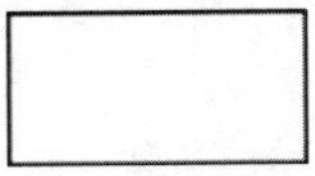	原有的建筑物（用细实线表示）	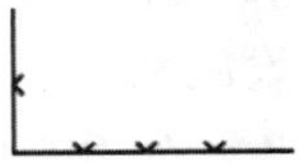	表示镀锌铁丝网、篱笆等围墙
	计划扩建的建筑物及预留物（用中虚线表示）	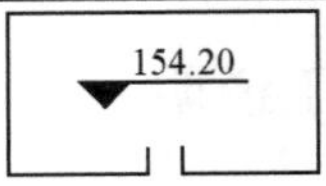 154.20	室内地坪标高
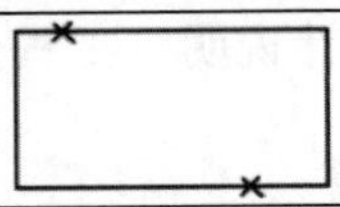	拆除的建筑物（四边加"✕"用细实线表示）	 142.00	室外地坪标高
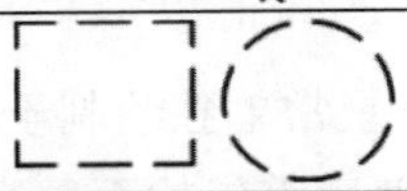	地下建筑物或构筑物	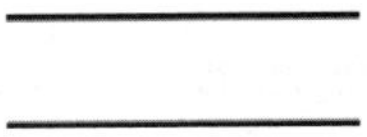	原有的道路
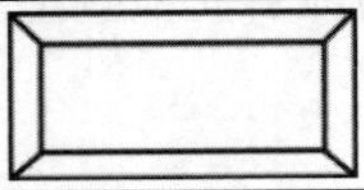	散状材料露天堆场		计划的道路
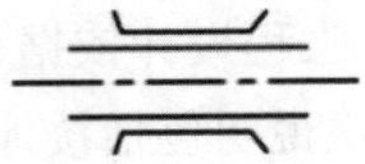	公路桥	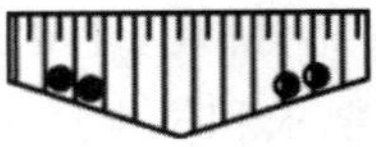	护坡
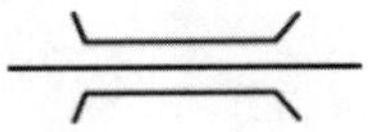	铁路桥	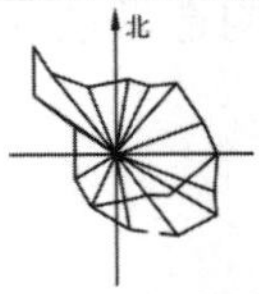 风向频率玫瑰图	风向频率玫瑰图
	烟囱		指北针

3. 总平面图识读

1）阅读标题栏和图名、比例，通过阅读标题栏可以了解工程名称、性质、类型等。

2）阅读设计说明，在总平面图中常附有设计说明。

3）新建建筑物的位置、层数、朝向以及当地常年主导风向等。

4）新建建筑物的周围环境状况。

5）新建建筑物首层地坪、室外设计地坪的标高和周围地形、等高线等。

6）原有建筑物、构筑物和计划扩建的项目，如道路、绿化等。

7）当地常年主导风向和夏季的主导风向。

四、建筑平面图识读

1. 建筑平面图的形成与作用

用一个假想的水平剖切平面沿略高于窗台的部位剖切房屋，移去上面部分，将剩余部分向水平面作正投影而得到的水平投影图，称为建筑平面图，简称平面图。建筑平面图是建筑施工图最基本的图样之一，反映了建筑物的平面形状、平面布置、墙体的厚薄、门窗的大小与位置以及其他建筑构配件的设置等情况。

2. 建筑平面图的命名与组成

建筑平面图通常以层次来命名，如底层平面图、二层平面图、三层平面图等。一般情况下，房屋有几层，就应画出几个平面图，并在图形的下方注出相应的图名、比例等。

沿房屋底层窗洞口剖切所得到的平面图称为底层平面图或一层平面图，沿二层门窗洞口剖切所得到的平面图称为二层平面图，用同样的方法可得到三层、四层等平面图，若中间各层完全相同，可只画一个平面图表示，称为标准平面图。最上面一层的平面图称为顶层平面图。如果建筑物设有地下室，还要画出地下室平面图。如图 6-17～图 6-20 所示分别为一别墅首层平面图、二层平面图、三层平面图、屋顶平面图。

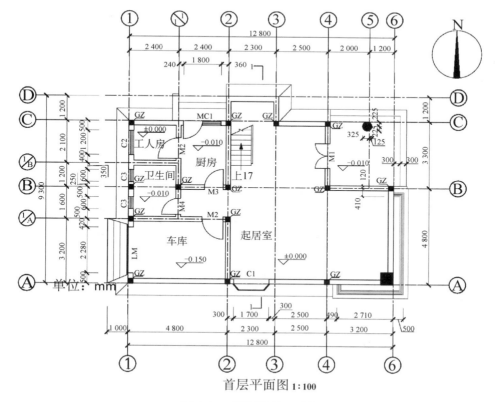

首层平面图 1:100

图 6-17　别墅首层平面图

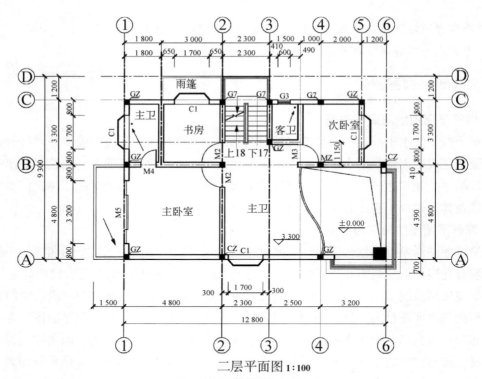

二层平面图 1:100

图 6-18　别墅二层平面图

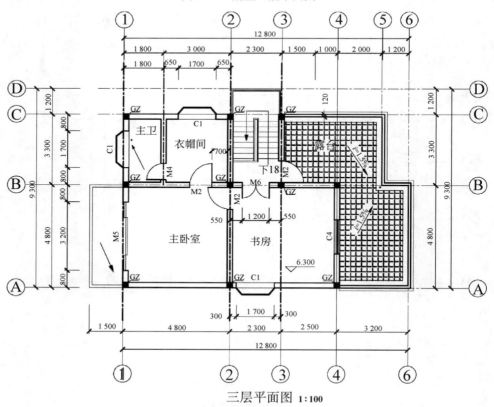

三层平面图 1:100

图 6-19　别墅三层平面图

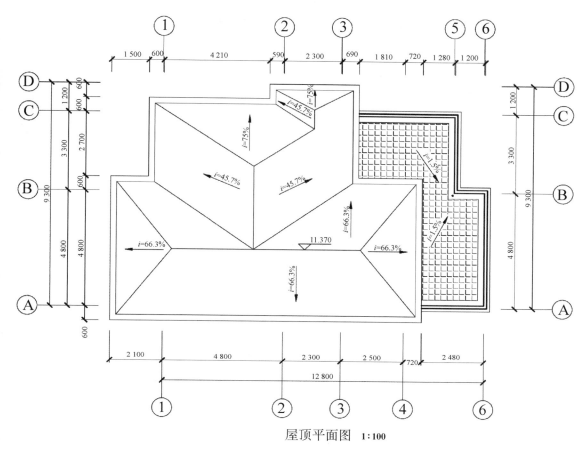

屋顶平面图　1:100

图 6-20　别墅屋顶平面图

3. 建筑平面图识读

1）图名、比例及文字说明。

2）平面图中房屋的总长、总宽的尺寸，以及内部房间的功能关系、布置方式等。

3）纵横定位轴线及其编号；主要房间的开间、进深尺寸；墙（或柱）的平面布置。

4）平面图各部分的尺寸与标高。

5）门窗的布置、数量及型号。

6）房屋室内设备配备等情况。

7）房屋外部的设施，如散水、花坛、台阶等的位置及尺寸。

8）房屋的朝向及剖面图的剖切位置、索引符号等。

9）屋面的布置与排水情况。

五、建筑立面图识读

1. 建筑立面图的形成与作用

在与房屋立面平行的投影面上所作的正投影图，称为建筑立面图，简称立面图。立面图主要反映房屋的外貌、各部分配件的形状和相互关系，同时反映房屋的高度、层数，屋顶的形式，外墙面装饰的色彩、材料和做法，门窗的形式、大小和位置，以及窗台、阳台、雨篷、檐口、勒脚、台阶等构造和配件各部位的标高等。

2. 建筑立面图的命名

立面图的名称按轴线编号来命名，如①～⑤立面图、Ⓐ～Ⓖ立面图等，也可按照平面各面的朝向确定名称，如东立面图、南立面图。有时也按房屋立面的主次（房屋主出入口所在的墙面为正面）来命名，如正立面图、背立面图、左侧立面图、右侧立面图，如图 6-21所示。

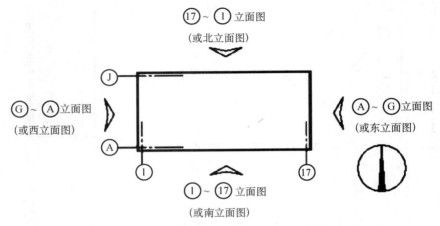

图 6-21　建筑立面图的投影方向与名称

3. 建筑立面图的图示内容

1）图名、比例及立面两端的定位轴线和标号。在立面图中一般只画出立面两端的定位轴线和编号，以便与平面图对应起来阅读。有定位轴线的建筑物，宜根据两端轴线号编注立面图的名称。如①～⑤立面图比例为 1：50；立面图的比例一般应与平面图所选用的比例一致。常用 1：50、1：100、1：200 的比例绘制。

2）门窗的外形和外墙面的体形轮廓。通长以线型的粗细层次，使房屋外形、前后层次和立面上的凸出构件显得清晰明了。

3）门窗的形状、位置与开启方向。门窗的形状、门扇窗的分格与开启符号，用图例按实际情况绘制。同一型号的门窗或门扇，其开启符号可以选一处画出。

4）外墙面上的其他构配件、装饰物的形状、位置、用料和做法。画出或注写出立面上所能看得见的细部。

5）标高及必须标注的尺寸。立面图上的高度尺寸主要用标高形式标注，要注意建筑标高和结构标高之分。除了标高，有时还补充一些局部的建筑构造或构配件的尺寸。

6）详图索引符号和文字说明等。凡需绘制详图的部位，画有详图索引符号。

图 6-22～图 6-24 所示分别为一别墅的①～⑥立面图、⑥～①立面图、Ⓐ～Ⓒ立面图。

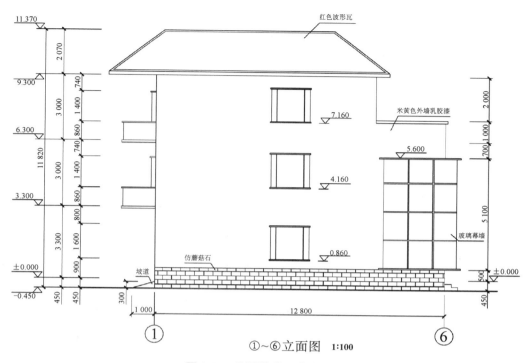

①~⑥立面图 **1:100**

图 6-22 别墅的①~⑥立面图

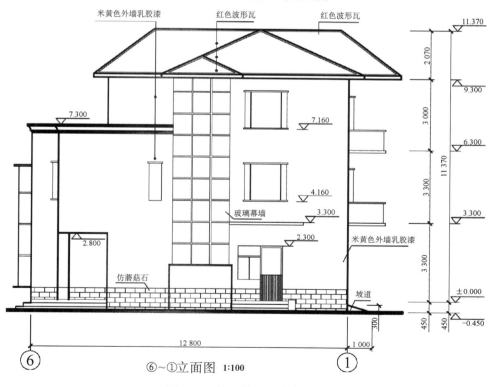

⑥~①立面图 **1:100**

图 6-23 别墅的⑥~①立面图

图 6-24 别墅的Ⓐ～Ⓒ立面图

六、建筑剖面图的识读

1. 建筑剖面图的形成与作用

（1）建筑剖面图的形成

假想用一个或一个以上垂直于外墙的铅垂剖切平面将房屋剖开，移去靠近观察者的部分，对剩余部分所作的正投影图，称为建筑剖面图，简称剖面图。

（2）建筑剖面图的作用

建筑剖面图用来表达建筑物内部垂直方向的高度、楼层分层情况及简要的结构形式和构造方式。它与建筑平面图、立面图相配合，是建筑施工图中不可缺少的重要基本图样之一。

2. 建筑剖面图的相关规定

（1）剖面图的命名

剖面图图名要与对应的平面图（常见于底层平面图）中标注的剖切符号的编号一致。

（2）剖切位置

应选择在室内结构较复杂的位置，并应通过门、窗洞口及主要出入口、楼梯间或高度有特殊变化的位置。剖面图的剖切位置和剖视方向，可以从底层平面图中找到。

（3）剖面图的类型

建筑剖面图往往采用横向剖切，必要时也可采用纵向剖切。

（4）剖面图的数量

剖面图的数量是根据房屋的复杂情况和施工实际需要而决定的。

（5）剖面图的图线和比例

剖面图上使用的图线与平面图相同，剖面图的线型按国家标准规定，凡是被剖切到的墙身、屋面板、楼板、楼梯、楼梯间的休息平台、阳台、雨篷及门、窗过梁等用两条粗实线表示，其中钢筋混凝土构件较窄的断面可涂黑表示。其他没被剖切到的可见轮廓线，如门窗洞口、楼梯、女儿墙、内外墙的表面均用中实线表示。图中的分隔线、引出线、尺寸界线、尺寸线等用细实线表示。室内外地面线用加粗实线表示。

比例也应尽量与平面图一致。有时为了更清晰地表达图示内容或当房屋的内部结构较为复杂时，剖面图的比例可相应地放大。

（6）剖面图的定位轴线

定位轴线在剖面图中，被剖切到的承重墙、柱均应绘制与平面图相同的定位轴线，并标注轴线编号和轴线间尺寸。

（7）剖面图的标高和尺寸

在建筑剖面图中应标注相应的尺寸与标高。

1）竖直方向上，在图形外部标注三道尺寸：最外一道为总高尺寸，从室外地平面起标到檐口或女儿墙顶止，标注建筑物的总高度；中间一道尺寸为层高尺寸，标注各层层高（两层之间楼地面的垂直距离称为层高）；最里边一道尺寸称为细部尺寸，标注墙段及洞口高度尺寸。

2）水平方向：常标注剖到的墙、柱及剖面图两端的轴线编号及轴线间距。

3）建筑物的室内外地坪、各层楼面、门窗的上下口及檐口、女儿墙顶的标高。图形内部的梁等构件的下口标高也应标注，楼地面的标高应尽量标注在图形内。

（8）剖面图的其他标注

1）由于剖面图比例较小，某些部位如墙脚、窗台、过梁、墙顶等节点，不能详细表达，可在剖面图上的该部位处，画上详图索引标志，另用详图来表示其细部构造尺寸。此外，楼地面及墙体的内外装修，可用文字分层标注。

2）剖面图中的室内外地面用一单线表示，地面以下部分一般不需要画出。一般在结构施工图中的基础图中表示，所以把室内外地面以下的基础墙画上折断线。在图的下方注写图名和比例。

3. 建筑剖面图的识读

1）图名及比例。

2）剖面图与平面图的对应关系。

3）房屋的结构形式。

4）剖切到的部位以及未剖切到的但可见的部分。

5）屋顶、楼地面的构造层次及做法。

6）房屋各部位的尺寸和标高情况。

7）楼梯的形式和构造。

8）索引详图所在的位置及编号。

七、建筑详图

1. 建筑详图概述

（1）建筑详图的形成

建筑平面图、立面图、剖面图是建筑施工图的基本图样，它们相互配合，表达建筑的平面布置、外部形状、内部空间与主要尺寸。建筑详图是建筑细部的施工图，即为了表达清楚建筑的细部构造，采用较大的比例（如 1∶30、1∶20、1∶5、1∶2、1∶1）将其形状、大小、材料和做法，按正投影图的画法，详细绘制出来的图样，也称作大样图。它是对基本图样的补充和完善。

（2）建筑详图的分类

建筑详图类型一般分为如下内容：

1）局部构造详图，如楼梯详图、墙身详图、厨房、卫生间等。

2）构件详图，如门窗详图、阳台详图等。

3）装饰构造详图，如墙裙构造详图、门窗套装饰构造详图等。

2. 墙身详图

（1）墙身详图的图示内容与图示方法

1）墙身详图的图示内容：墙身详图实质上是建筑剖面图中外墙身部分的局部放大图，又称为墙身大样图。它主要反映墙身各部位的详细构造、材料做法及详细尺寸，如檐口、圈梁、过梁、墙厚、雨篷、阳台、防潮层、室内外地面、散水等，同时要注明各部位的标高和详图索引符号。

2）墙身详图的图示方法：墙身详图一般采用 1∶20 的比例绘制，如果多层房屋中楼层各节点相同，可只画出底层、中间层及顶层来表示。为节省图幅，画墙身详图可从门窗洞中间折断，化为几个节点详图的组合。

墙身详图的线型与剖面图一样，但由于比例较大，所有内外墙应用细实线画出粉刷线以及标注材料图例。墙身详图上所标注的尺寸和标高，与建筑剖面图相同，但应标出构造做法的详细尺寸。如图 6-25 所示为一幢别墅的墙身详图。

（2）墙身详图的识读

1）图名、比例。

2）墙体的厚度及所属定位轴线。

3）屋面、楼面、地面的构造层次和做法。

4）各部位的标高、高度方向的尺寸和墙身细部尺寸。

5）各层梁（过梁或圈梁）、板、窗台的位置及其与墙身的关系。

6）檐口的构造做法。

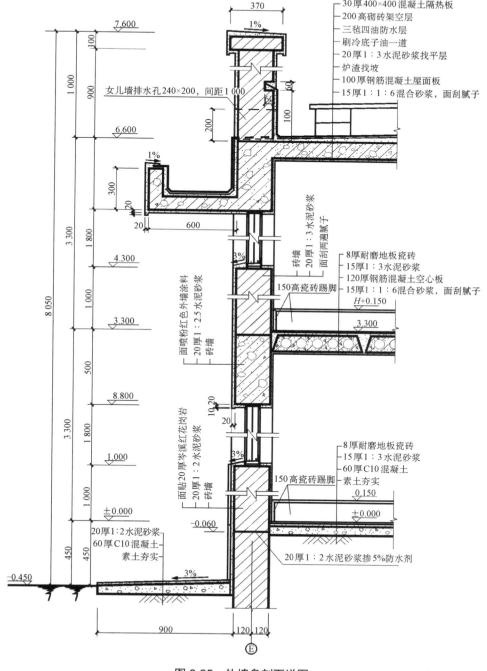

图 6-25 外墙身剖面详图

3. 楼梯详图

楼梯是多层房屋垂直交通的主要设施，应满足行走方便，人流疏散畅通，符合坚固耐久要求。楼梯详图一般包括楼梯间平面图，剖面详图，踏步、扶手栏杆详图。

（1）楼梯平面图

楼梯平面图是用一个假想的水平剖切平面通过每层向上的第一个梯段的中部（休息平台下）剖切后，向下作正投影所得到的水平投影图。它实质上是房屋各层建筑平面图中楼梯间的局部放大图，通常采用 1 : 50 的比例绘制。

三层以上房屋的楼梯，当中间各层楼梯位置、梯段数、踏步数都相同时，通常只画出底层、中间层（标准）和顶层 3 个平面图；当各层楼梯位置、梯段数、踏步数不相同时，应画出各层平面图，各层被剖切到的梯段，均在平面图中以 45°细折断线表示其断开位置。在每一梯段处画带有箭头的指示线，并注写"上"或"下"字样。图 6-26 所示为一别墅各层楼梯平面图。

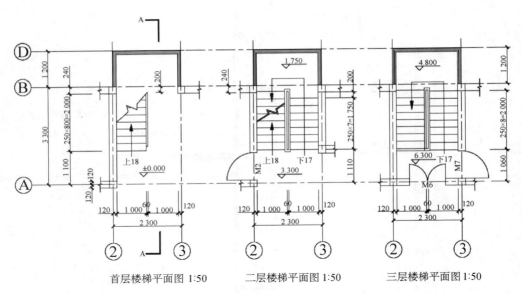

首层楼梯平面图 1:50　　二层楼梯平面图 1:50　　三层楼梯平面图 1:50

图 6-26　楼梯平面图

（2）楼梯剖面图

楼梯剖面图是用一个假想的铅垂剖切平面，通过各层的同一位置梯段和门窗洞口，将楼梯剖开向另一侧未剖到的梯段方向作正投影，所得到的剖面投影图。通常采用 1 : 50 的比例绘制。在多层房屋中，若中间各层的楼梯构造相同时，则剖面图可只画出底层、中间层（标准层）和顶层，中间用折断线分开；当中间各层的楼梯构造不同时，应画出各层剖面。图 6-27 所示为一幢别墅楼梯的剖面图。

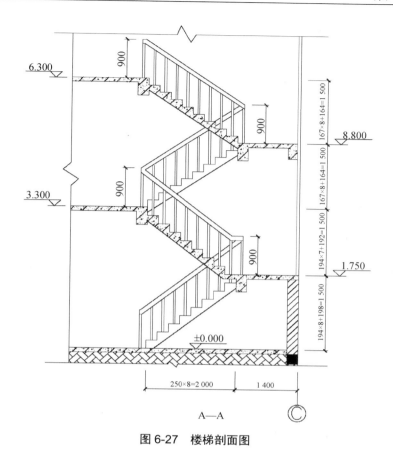

图 6-27　楼梯剖面图

第四节　结构施工图

一、结构施工图的内容

（1）结构设计说明

结构设计说明是带全局性的文字说明，它包括选用材料的类型、规格、强度等级，地基情况，施工注意事项，选用标准图集等。一般包括以下内容：

①主要设计依据：上级机关（政府）批文，国家有关标准、规范等。

②自然条件：地质勘探资料，地震设防烈度，风、雪荷载等。

③新建建筑的结构选型、施工要求和施工注意事项。

④对材料的质量要求。

⑤合理使用年限。

（2）结构平面图

结构平面布置图是表示房屋中各承重构件总体平面布置的图样，属于全局性的图纸。它包括：

①基础平面图。

②楼层结构布置平面图。

③屋盖结构平面图。

（3）结构构件详图

结构构件详图主要表示单个构件的形状、尺寸、材料、构造及工艺方面的情况，属于局部性的图纸。一般包括：

①梁、板、柱及基础结构详图。

②楼梯结构详图。

③屋架结构详图。

④其他详图，如天窗、雨篷、过梁等。

二、结构施工图的识读方法和看图步骤

结构施工图的识读方法可归纳为："从上往下看，从左往右看，从前往后看，从大到小看，由粗到细看，图样与说明对照看，结施与建施结合看，其他设施图参照看。"

结构施工图的识读步骤可表示为结构设计说明的识读→基础布置图的识读→结构布置图的识读→结构详图的识读→结构施工图汇总。

（1）结构设计说明的阅读

了解结构的特殊要求、说明中强调的内容；掌握材料、质量以及要采取的技术措施的内容；了解所采用的技术标准和构造、标准图。

（2）基础布置图的识读

基础布置图一般由基础平面图和基础详图组成，阅读时要注意基础的标高和定位轴线的数值，了解基础的形式和区别，注意其他工种在基础上的预埋件和留洞。

（3）结构布置图的识读

结构布置图，一般由结构平面图和剖面图或标准图组成。阅读时要了解结构的类型，了解主要构件的平面位置与标高，并与建筑图结合了解各构件的位置和标高的对应情况。再结合剖面图、标准图和详图对主要构件进行分类，了解它们的相同点和不同点。

（4）结构详图的识读

首先应将构件对号入座，了解构件与主要构件的连接方法，看能否保证其位置或标高，是否存在与其他构件相抵触的情况。了解构件中配件或钢筋的细部情况，掌握其主要内容。

（5）结构施工图汇总

经过以上几个循环的阅读，基本上已经对结构图有了一定的了解，但还应对记录中产生的疑问，有针对性地从设计说明到结构平面至构件详图相互对照，尤其是对结构说明和结构平面以及构件详图同时提到的内容，要逐一核对，察看其是否一致，最后还应和各个工种有关人员核对与其相关的部分内容，如洞口、预埋件的位置、标高、数量以及规格，并协调配合的方法。

三、钢筋混凝土结构图

1. 钢筋混凝土结构

（1）钢筋混凝土结构的基本概念

由混凝土和钢筋两种材料构成的整体构件称为钢筋混凝土构件。

（2）钢筋与混凝土的等级

混凝土按其抗压强度划分等级，一般有 C15、C20、C25、C30、C35、C40、C45、C50、C55、C60、C65、C70、C75、C80 14 等级，C50 及以上属于高强混凝土。

钢筋混凝土用热轧钢筋有热轧带肋钢筋、热轧光圆钢筋及余热处理钢筋等。

（3）钢筋的分类和作用

1）受力筋，根据计算确定的主要受力钢筋。配置在受拉区叫受拉钢筋，配置在受压区叫受压钢筋。受力筋分直筋和弯起钢筋两种。

2）箍筋，用于梁柱中，主要承受剪力或扭力作用，并对纵向钢筋定位，使之形成钢筋骨架。

3）架立筋，在梁内与受力筋、箍筋一起共同形成钢筋骨架。

4）分布筋，用于板内，其方向与板内受力筋垂直，并固定受力筋的位置。

5）构造筋，因构造和施工的需要在构件内设置的钢筋，如预埋锚固筋、腰筋、吊环等。

（4）钢筋的弯钩

如果受拉钢筋用光圆钢筋，则两端须加弯钩，以加强钢筋与混凝土的黏结力，带肋钢筋与混凝土的黏结力强，两端不必加弯钩。常见的几种弯钩形式如图 6-28 所示。

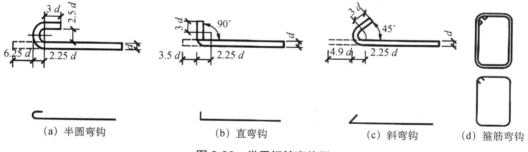

图 6-28　常用钢筋弯钩形

（5）钢筋的表示方法

为了突出钢筋，配筋图中的钢筋用比构件轮廓线粗的单线画出，钢筋横断面用黑圆点表示，具体使用见表 6-6。

表 6-6　一般钢筋常用图例

序号	名称	图例	说明
1	钢筋横断图	●	
2	无弯钩的钢筋端部		下图表示长短钢筋投影重叠时，可在短钢筋的端部用 45° 段划线表示
3	带半圆形弯钩的钢筋端部		

续表

序号	名称	图例	说明
4	带直钩的钢筋端部		
5	带丝扣的钢筋端部		
6	无弯钩的钢筋搭接		
7	带半圆形弯钩的钢筋搭接		
8	带直钩的钢筋搭接		
9	套管接头（花篮螺钉）		

为了便于识别，构件内的各种钢筋应编号。编号采用阿拉伯数字，写在引出线端头的直径为 6 mm 的细实线圆中。

2. 基础图

（1）基础的形式

建筑物地面（±0.000）以下、承受房屋全部荷载的结构称为基础。基础的形式根据上部结构的结构形式来划分，基础的构造形式一般包括条形基础、独立基础、桩基础等，如图 6-29 所示。

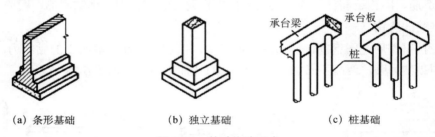

（a）条形基础　　　　　（b）独立基础　　　　　（c）桩基础

图 6-29　基础构造形式

（2）基础的平面图

1）基础平面图的形成：假想用一个水平面沿房屋底层室内地面附近将整幢建筑物剖开后，移去上层的房屋和基础周围的泥土向下投影所得到的水平剖面图称为基础平面图。

2）基础平面图的图示内容：

①图名、比例。

②纵横向定位轴线及编号、轴线尺寸。

③基础墙、柱的平面布置，基础底面形状、大小及其与轴线的关系。

④基础梁的位置、代号。

⑤基础的编号、基础断面图的剖切位置线及其编号。

⑥施工说明，即所用材料的强度等级、防潮层做法、设计依据以及施工注意事项等。

（3）基础的详图

1）基础详图的形成：

在基础的某一处用铅垂剖切平面切开基础所得到的断面图称为基础详图。常用 1：10、1：20、1：50 的比例绘制。基础详图表示了基础的断面形状、大小、材料、构造、埋深及主要部位的标高等。

2）基础详图的图示内容：

①图名（或详图的代号、独立基础的编号、剖切号）、比例。

②轴线及其编号（若为通用图，则轴线圆圈内不予编号）。

③基础断面形状、大小、材料以及配筋。

④基础断面的详细尺寸和室内外地面标高及基础底面的标高。

⑤防潮层的位置和做法。

⑥施工说明等。

3. 钢筋混凝土结构详图概述

结构平面图只能表示出房屋各承重构件的平面布置情况，至于它们的形状、大小、材料、构造和连接情况等则需要分别画出各承重构件的结构详图来表示。钢筋混凝土构件详图一般包括模板图、配筋图和钢筋表 3 部分。

（1）模板图

模板图表示构件的外表形状、大小及预埋件的位置等，作为制作、安装模板和预埋件的依据。一般在构件较复杂或有预埋件时才画模板图，模板图用细实线绘制。

（2）配筋图

配筋图一般包括立面图、断面图和钢筋详图。立面图是假想构件为一透明体而画出的一个纵向正投影图。断面图是构件的横向剖切投影图。钢筋详图是指在构件的配筋较为复杂时，把其中的各号钢筋分别"抽"出来，在立面图附近用同一比例将钢筋的形状画出所得的图样。图 6-30 所示为某梁的配筋图。

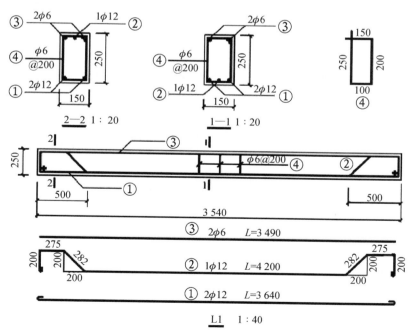

图 6-30 梁的配筋图

（3）钢筋表

为了便于钢筋下料、制作和预算，通常在每张图纸中都有钢筋表。钢筋表的内容包括钢筋名称，钢筋简图，钢筋规格、长度、数量和质量等，见表 6-7。

表 6-7　梁 L1 的钢筋明细表

构件数	编号	规格	简图	单根长度/mm	根数	累计质量/kg
1	①	φ12		3 640	2	7.41
	②	φ12		4 200	1	4.45
	③	φ6		3 490	2	1.55
	④	φ6		700	18	2.60

4. 钢筋混凝土梁、柱平法施工图的识读

建筑结构施工图平面表示法的表达形式是把结构构件的尺寸和配筋等，按照施工顺序和平面整体表示法制图规则，整体的直接表达在各类构件的结构平面布置图上，再与标准构造详图相配合，即构成一套新型完整的结构施工图，它改变了传统的将构件从结构平面布置图中索引出来，再逐个绘制配筋详图的烦琐方法，从而使结构设计方便，表达全面、准确，易随机修正，大大简化了绘图过程。该图集包括两大部分内容：平面整体表示法制图规则和标准构造详图。该方法主要用于绘制现浇钢筋混凝土结构的梁、板、柱、剪力墙等构件的配筋图。

（1）柱的平面表示方法

1）截面注写方式：截面注写方式是指在柱平面布置图上，在相同编号的柱中，选择一个截面在原位放大比例绘制柱的截面配筋图，并在配筋图上直接注写柱截面尺寸和配筋具体情况的表达方式。因此，在用截面注写方式表达柱的结构图时，应对每一个柱截面进行编号，相同柱截面编号应一致，在配筋图上应注写截面尺寸、角筋或全部纵筋、箍筋的具体数值以及柱截面与轴线的关系，如图 6-31 所示。

2）列表注写方式：列表注写方式是在柱平面布置图上，分别在同一编号的柱中，选择一个或几个截面标注与轴线关系的几何参数代号，通过列表注写柱号、柱段起止标高、几何尺寸（包括柱截面对轴线的偏心情况）与配筋具体数值，并配以各种柱截面形状及其箍筋类型图说明箍筋形式的方式。

（2）梁平法施工图的识读

梁平法施工图是在梁平面布置图上，采用平面注写方式或截面注写方式，只标注梁的截面尺寸、配筋等具体情况的平面图。

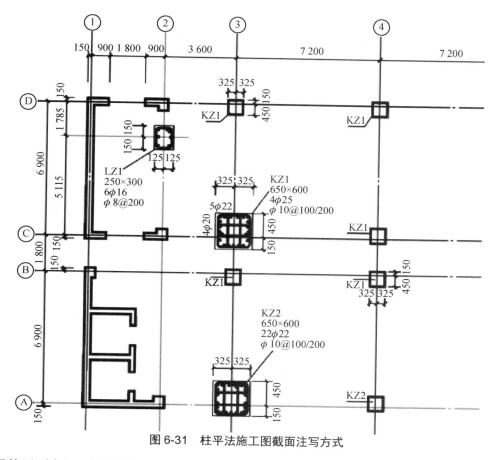

图 6-31　柱平法施工图截面注写方式

梁的平面表示方法如下：

1）平面注写方式。

平面注写方式是指在梁平面布置图上，分别在每一种编号的梁中选择一根梁，在其上注写截面尺寸和配筋具体数值。

梁平面注写方式包括集中标注和原位标注。集中标注表达梁的通用数值，原位标注表达梁的特殊数值。当梁的某部位不适用集中标注中的某项数值时，则在该部位将该项数值原位标注。施工时，原位标注取值优先，如图 6-32 所示。

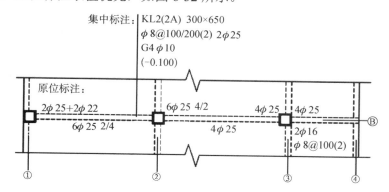

图 6-32　梁平法施工图平面注写方式

2）截面注写方式。

截面注写方式是在分层绘制的梁平面布置图上，分别在不同编号的梁中各选择一根梁，用单边剖切符号引出配筋图，并在其上注写截面尺寸和配筋具体数值的方式，如图6-33所示。

截面注写方式可以单独使用，也可与平面注写方式结合使用。

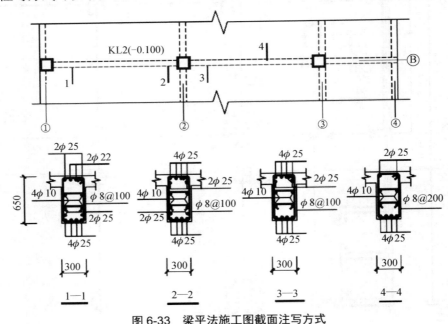

图6-33　梁平法施工图截面注写方式

第五节　装配式混凝土建筑识图

一、装配式建筑施工图的特点及编排次序

1. 特点

1）装配式建筑施工图中各图样，除水暖管道系统图是用斜投影绘制之外，其余图样均采用正投影法绘制。

2）由于房屋的形体较大而图纸的幅面有限，所以装配式建筑施工图均采用缩小的比例绘制。

3）装配式建筑是由多种预制构件、现浇构件、配件和材料建造的。国家标准规定，在装配式工程图中，采用各种图例、符号来表示预制构件、现浇构件、配料和材料，以简化和规划装配式建筑施工图。

4）装配式建筑中许多预制构件和配件已经有标准的定型设计，并配有标准设计图集，如《装配式混凝土剪力外墙板》（15G365—1）和《桁架钢筋混凝土叠合板（60 mm 厚底板）》（15G366—1）等可供参考。为节省设计和制图工作量，凡是有标准定型设计的构件和配件，应尽可能选用标准构件和配件，采用之处只需在图纸相应位置标注除标注图集的名称编号、页数即可。这样可以提高设计效率，提高装配式建筑预制率，实现构配件的工厂化，降低建筑成本。

2. 编排次序

为便于看图、易于查找，装配式混凝土结构房屋建筑施工图一般按以下顺序进行编排：图纸目录→施工总说明→装配式结构专项说明→建筑施工图→结构施工图→给排水施工图→采暖通风施工图→电气施工图。

各类别图纸均将基本图编排在前，详图在后；先施工部分的图纸在前，后施工部分的图纸在后；重要的图纸在前，次要的图纸在后。以某专业为主的工程，应突出该专业的图纸。

1）图纸目录与书本目录的作用类似，方便我们查找所需图纸的具体位置。图纸目录中包含了整套建筑施工图中各图纸的名称、内容、图号等。

2）施工总说明是将图纸中不便用图纸表达的部分转化为文字，一般位于建筑施工图的最前面，在图纸目录之后。施工总说明包含工程名称及用途、建设单位、坐落地点、工程规模及面积、房屋层数及高度、设计结构形式、有效使用年限、安全等级、工程所在地设防烈度、设计的目标效果、场地标高等，并按专业建筑、结构、水、电、设备等做进一步的说明。对于较简单的房屋，图纸目录和施工总说明也可放在"建筑施工图"中"总平面图"内。

3）装配式结构专项说明是装配式建筑施工图所特有的，旨在重点说明与装配式结构密切相关的部分，包括所选用标准图集、材料要求、预制构件深化设计、预制构件的生产和检验、预制构件的运输与堆放、现场施工等，且应与结构设计总说明相协调。

二、装配式建筑常用图例

本书所讲解装配式建筑识图方法以装配整体式混凝土为例，暂不包括装配式钢结构及木结构。与传统现浇混凝土结构相比，装配整体式混凝土与大量预制构件、现浇构件、后浇段相互连接形成整体，虽然都为钢筋混凝土材料，但构件节点、施工方案均有较大差异，故在装配整体式混凝土结构中常采用填充不同图例加以区别开，见表6-8。

表6-8　装配式混凝土建筑常用图例

名称	图例	名称	图例
预制钢筋混凝土（包括内墙、内叶墙、外叶墙）		保温层	
后浇段、边缘构件		无机保温材料	
现浇钢筋混凝土构件		砂浆	

续表

名称	图例	名称	图例
轻质墙体		嵌缝剂	
夹心保温外墙		密封膏	
预制外墙模板		木材	
砌体		素土夯实	

三、常见构件的编号及含义

1. 预制混凝土剪力墙

预制剪力墙编号由墙板代号和序号组成。标准图集 15G107—1 中剪力墙编号见表 6-9。

表 6-9　标准图集 15G107—1 中剪力墙编号

构件类型		代号	序号
预制墙体	预制外墙	YWQ	××
	预制内墙	YNQ	××

例如，代号"YWQ1"表示预制外墙，序号为1。代号"YNQ5a"表示该预制混凝土内墙板与已编号的 YNQ5 除线盒位置外，其他参数均相同，为方便起见，将该预制内墙板序号编为5a。

2. 预制混凝土外墙板

预制混凝土剪力墙外墙由内叶墙板、保温层和外叶墙板组成。标准图集中的内叶墙板共有 5 种形式，标准图集 15G107—1 中内叶墙板编号见表 6-10，内叶墙板编号识读示例见表 6-11。

表 6-10　标准图集 15G107—1 中内叶墙板编号

预制内叶墙板类型	示意图	编号
无洞口外墙		

续表

预制内叶墙板类型	示意图	编号
一个窗洞高窗台外墙		WQC1-×× ××-×× ×× 一窗洞外墙（高窗台）　标志宽度　层高　窗宽　窗高
一个窗洞矮窗台外墙		WQCA-×× ××-×× ×× 一窗洞外墙（矮窗台）　标志宽度　层高　窗宽　窗高
两个窗洞外墙		WQC2-×× ××-×× ××-×× ×× 两窗洞外墙　标志宽度　层高　左窗宽　左窗高　右窗宽　右窗高
一个门洞外墙		WQM-×× ××-×× ×× 一门洞外墙　标志宽度　层高　门宽　门高

表 6-11　标准图集 15G107—1 中内叶墙板编号识读示例　　　　　单位：mm

预制墙板类型	示意图	墙板编号	标志宽度	层高	门/窗宽	门/窗高	门/窗宽	门/窗高
无洞外墙		WQ-1828	1 800	2 800	—	—	—	—
带一窗洞高窗台		WQC1-3028-1514	3 000	2 800	1 500	1 400	—	
带一窗洞矮窗台		WQCA-3028-1518	3 000	2 800	1 500	1 800		
带两窗洞外墙		WQC2-4828-0614-1514	4 800	2 800	600	1 400	1 500	1 400
带一门洞外墙		WQM-3628-1823	3 600	2 800	1 800	2 300	—	—

3. 预制混凝土剪力墙内墙板

标准图集 15G107—1 中的预制混凝土内墙板共有 4 种形式。标准图集 15G107—1 中内墙板编号见表 6-12，内墙板编号识读示例见表 6-13。

表 6-12　标准图集 15G107—1 中内墙板编号

预制内墙板类型	示意图	编号
无洞口内墙		NQ-×× ×× 无洞口内墙　标志宽度　层高

续表

预制内墙板类型	示意图	编号
固定门垛内墙		一门洞内墙（固定门垛）WQC1 - ×× ××-×× ×× 标志宽度 层高 门宽 门高
中间门洞内墙		一门洞内墙（中间门洞）NQM2-×× ××-×× ×× 标志宽度 层高 门宽 门高
刀把内墙		一门洞内墙（刀把内墙）WQM3 -×× ××-×× ×× 标志宽度 层高 门宽 门高

表 6-13　标准图集 15G107—1 中内墙板编号识读示例　　　单位：mm

预制墙板类型	示意图	墙板编号	标志宽度	层高	门宽	门高
无洞口内墙		NQ-2128	2 100	2 800	—	—
固定门垛内墙		NQM1-3028-0921	3 000	2 800	900	2 100
中间门洞内墙		NQM2-3029-1022	3 000	2 900	1 000	2 200
刀把内墙		NQM3-3329-1022	3 300	2 900	1 000	2 200

4. 后浇段

后浇段编号由后浇段类型代号和序号组成。标准图集 15G107—1 中后浇段编号见表 6-14。

表 6-14　标准图集 15G107—1 中后浇段编号

后浇段类型	代号	序号
约束边缘构件后浇段	YHJ	××
构造边缘构件后浇段	GHJ	××
非边缘构件后浇段	AHJ	××

例如，代号"YHJ1"表示约束边缘构件后浇段，编号为1；代号"GHJ5"表示构造边缘构件后浇段，编号为5；代号"AHJ3"表示非边缘暗柱后浇段，编号为3。

5. 预制混凝土叠合梁

预制叠合梁编号由代号和序号组成。标准图集 15G107—1 中预制叠合梁编号见表 6-15。

表 6-15　标准图集 15G107—1 中预制叠合梁编号

名称	代号	序号
预制叠合梁	DL	××
预制叠合连梁	DLL	××

例如，代号"DL1"表示预制叠合梁，编号为 1；代号"DLL3"表示预制叠合连梁，编号为 3。

6. 预制外墙模板

预制外墙模板编号由类型代号和序号组成。标准图集 15G107—1 中预制外墙模板编号见表 6-16。

表 6-16　标准图集 15G107—1 中预制外墙模板编号

名称	代号	序号
预制外墙模板	JM	××

例如，代号"JM1"表示预制外墙模板，序号为 1。

7. 桁架钢筋混凝土叠合板（60 mm 厚底板）

叠合板可分为单向叠合板和双向叠合板。标准图集 15G366—1 中叠合板底板编号规则见表 6-17。

表 6-17　标准图集 15G366—1 中叠合板底板编号规则

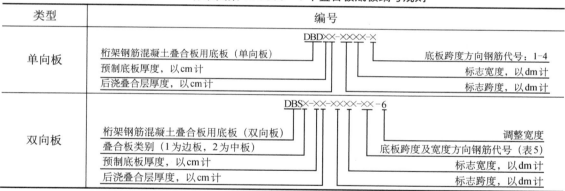

例如，代号"DBD67-3620-2"表示单向受力叠合板用底板，预制底板厚度为 60 mm，后浇叠合层厚度为 70 mm，预制底板的标志跨度为 3 600 mm，预制底板的标志宽度为 2 000 mm，底板跨度方向配筋为 C8@150；代号"DBS1-67-3620-31"表示双向受力叠合板用底板，拼装位置为边板，预制底板厚度为 60 mm，后浇叠合层厚度为 70 mm，预制底板的标志跨度为 3 600 mm，预制底板的标志宽度为 2 000 mm，底板跨度方向配筋为 C10@200，底板宽度方向配筋为 C8@200。

单向板及双向板编号中包含有底板配筋代号，通过识读代号即可了解叠合底板配筋情况，单向叠合板钢筋代号见表 6-18，双向叠合板钢筋代号组合见表 6-19。

表 6-18 单向叠合板钢筋代号

	1	2	3	4
受力钢筋规格及间距	C8@200	C8@150	C10@200	C10@150
分布钢筋规格及间距	C6@200	C6@200	C6@200	C6@200

表 6-19 双向叠合板钢筋代号组合

板底宽度方向配筋	板底跨度方向配筋			
	⊈8@200	⊈8@150	⊈10@200	⊈10@150
⊈8@200	11	21	31	41
⊈8@150	—	22	32	42
⊈8@100	—	—	—	43

注：表中 11、21、22、31、32、41、42、43 表示板底跨度方向配筋和板底宽度方向配筋的组合代号。

8. 预制钢筋混凝土板式楼梯

根据标准图集 15G367—1 有关规定，预制钢筋混凝土板式楼梯的规格代号由"楼梯类型+建筑层高+楼梯间净宽"3 部分组成，其中楼梯类型用汉语拼音的首写字母表示，标准图集 15G367—1 中预制钢筋混凝土板式楼梯编号见表 6-20。

表 6-20 标准图集 15G367—1 中预制钢筋混凝土板式楼梯编号

楼梯类型	规格代号
双跑楼梯	楼梯类型 ST - ×× - ×× 楼梯间净宽 / 层高
剪刀楼梯	楼梯类型 JT - ×× - ×× 楼梯间净宽 / 层高

例如，代号"ST-028-25"表示双跑楼梯，建筑层高 2.8 m、楼梯间净宽 2.5 m 所对应的预制混凝土板式双跑楼梯梯段板；代号"JT-28-25"表示剪刀楼梯，建筑层高 2.8 m、楼梯间净宽 2.5 m 所对应的预制混凝土板式剪刀楼梯梯段板。

四、装配式建筑图纸识读基本方法及步骤

1. 结构施工图识读方法

整套施工图纸数量较多，每张图纸都包含大量的建筑相关信息，若没有恰当的识读方法，则抓不住要点，分不清主次，即使空有识读所需知识，也会收效甚微，无法完全了解图纸所表达的意思。

在识读装配式建筑图纸前，需对装配式建筑有一定的了解。装配式建筑与传统现浇混凝土结构无论是设计还是施工都有很大的区别，只有全面掌握了装配式结构的制作、运输、吊装、施工等知识后，才能更准确地识读装配式结构施工图。

建筑施工图按专业可分为建筑施工图、结构施工图、设备施工图。在实际应用中一定要注意，整套施工图是一个整体，不可将结构施工图单独识读。因为不管是建筑施工图、结构施工图还是设备施工图都是表达的同一幢建筑，只是选取的角度不同，建筑施工图是整套施

工图纸的先导，结构施工图和设备施工图都是以建筑施工图为依据进行绘制的。在识读相应的结构施工图前需先阅读建筑施工图，对整体建筑平面布置、层数、功能等有大致印象，且在详细识读结构施工图时，可以配合相应的建筑施工图及设备施工图进行识读。如识读结构施工图中的梁板配筋图，可以配合建筑施工图中对应的平面图，以提高识读效率及效果。

在识读单张结构施工图时，首先需弄清这份图纸表达的主要内容，掌握图纸的特点，且联系上下图纸。在本图纸未表示的信息，譬如配筋、构件尺寸等，将会在其他图纸上予以体现。可根据看图经验顺口溜：从上往下看、从左向右看、由外向里看、由大到小看、由粗到细看、图样与说明对照看、建施与结施结合看、土建与安装结合看，这样看图才能获得较好的效果。

2. 识读步骤

（1）图纸核查与资料准备

1）拿到一套建筑施工图，需先把图纸目录看一遍。了解建筑的类型，是工业厂房还是民用建筑，建筑是单层、多层还是高层；图纸的数量，对这份图纸的建筑有初步的了解。

2）按照图纸目录检查各类图纸是否齐全，图纸编号与图名是否对应，且装配式建筑中可能会大量采用标准图集中已有构件，需了解本套施工图采用了哪些标准图集，了解这些标准图集所属类别、编号及编制单位等，收集好被采用的标准图集，以便识读时可以随时查看。

我国编制的标准图集，按其编制的单位和适用范围可分为 3 类：经国家批准的标准图集，供全国范围内使用；经各省、自治区、直辖市等地方批准的通用标准图集，供本地区使用；各设计单位编制的图集，供本单位设计的工程使用。

全国通用的标准图集通常采用代号"G"或"结"表示结构标准构件类图集，用"J"或"建"表示建筑标准配件类图集。标准图集的查阅方法见表 6-21。

表 6-21 标准图集的查阅方法

步骤	查阅方法说明
1	根据施工图中注明的标准图集名称、编号及编制单位，查找相应的图集
2	阅读标准图集的总说明，了解编制该图集的设计依据，使用范围，施工要求及注意事项等
3	了解该图集编号和表示方法，一般标准图集都用代号表示，代号表明构件、配件的类别、规格及大小
4	根据图集目录及构件、配件代号在该图集内查找所需详图

（2）图纸识读

1）看图时先看设计总说明，了解建筑的概况、技术要求等。一般按目录的排列顺序逐张看图，先看建筑总平面图，了解建筑物的地理位置、高程、坐标、朝向，以及与建筑相关的其他情况。若是一名施工技术人员，在看建筑总平面图时，应同步思考施工时如何进行施工平面布置、预制构件放置位置、吊装机械的选用等问题。

2）看完建筑总平面图之后，则应先看建筑施工图中的建筑平面图，了解房屋的长度、宽度、轴线尺寸、开间大小、一般布局等。装配式建筑中常通过减少预制构件种类来提高预制构件制作效率及降低建筑成本，因此装配式建筑中会通过一系列标准化部品、模块的多样组合来满足不同空间的功能需求，如图 6-34 所示。

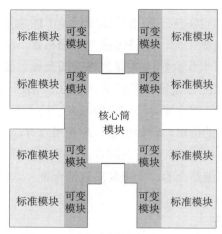

图 6-34　装配式建筑套型平面组合

　　在识读装配式建筑平面图，特别是标准层平面图时应特别注意这部分通用模块、通用构件。且随着目前计算机技术的发展，近年来越来越多的施工图中开始配有三维模型图，与原来二维图纸相比，三维模型图的加入使图纸变得立体起来，特别是对于一些空间形体多变、节点复杂的图纸，使其更富有空间感及立体感，在阅读时更容易理解。某预制模块构件组合如图 6-35 所示。

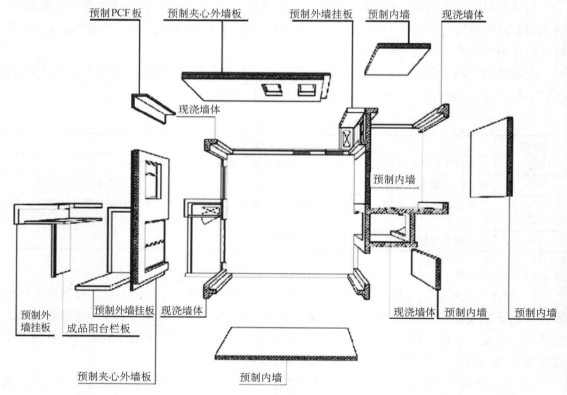

图 6-35　某预制模块构件组合

　　3）在了解建筑平面布置的基本情况后，再看立面图和剖面图，对整栋建筑有一个初步总体印象，在脑海中逐渐形成该建筑的立体形象，能想象出它的规模和轮廓，如图 6-36 所示。

这需要一定的空间想象能力，可以通过平时多读图，多接触实际建筑物，同时在工作中多实践来锻炼自己的能力，也可借助计算机软件尝试边读图边用计算机建立建筑模型来提高自己的能力。

4）识读结构施工图之前，应先读结构设计总说明，了解工程概况、设计依据、主要材料要求、标准图或通用图的使用、构造要求及施工注意事项等。

5）阅读基础平面图详图。基础平面图应与建筑底层平面图结合起来看。装配式建筑所用基础与现浇混凝土结构相同，可采用现浇混凝土独立基础、条形基础等形式，也可以采用预制混凝土桩基础等。

图 6-36　某预制模块构件组合

6）阅读柱平面布置图，检查根据对应的建筑平面图校对柱的布置是否合理，柱网尺寸、柱断面尺寸与轴线的关系尺寸是否有误。与建筑施工图配合，需在识读时明确各柱的编号、数量和位置，根据各柱的编号，查阅图中的截面标注或柱表，明确柱的标高、截面尺寸、配筋情况。再根据抗震等级、设计要求和标准构造详图确定纵向钢筋和箍筋的构造要求，如纵向钢筋连接的方式、位置和搭接长度、弯折要求，箍筋加密区的范围等。

7）阅读梁平面布置图，了解各预制梁、现浇梁及叠合梁的编号、尺寸及位置，查阅图中截面标注或梁表，明确梁的标高、截面尺寸和配筋等情况。

8）阅读剪力墙平面布置图，了解各预制剪力墙身、现浇剪力墙身、剪力墙梁、后浇段的编号及平面位置，校核轴线编号及其间距尺寸，要求必须与建筑图、基础平面图保持一致。与建筑图配合，明确各段剪力墙的后浇段编号、数量及位置、墙身的编号和长度、洞口的定位尺寸。根据各段剪力墙身的编号，查阅剪力墙身表或图中标注，明确剪力墙身的厚度、标高和配筋情况。

9）识图时，若涉及采用标准图集，应详细阅读规定的标准图集。

五、预制剪力墙施工图的识读

1. 概述

（1）剪力墙的作用

剪力墙结构是高层建筑中最常用的结构形式之一。建筑结构中会通过设置剪力墙来抵抗结构所承受的风荷载或地震作用引起的水平作用力，防止结构剪切破坏的发生。剪力墙又称为抗风墙、抗震墙或结构墙，一般为钢筋混凝土材料，如图 6-37 所示。

（2）剪力墙构件的组成

装配式剪力墙墙体结构可视为由预制剪力墙身、后浇段、现浇剪力墙身、现浇剪力墙柱、现浇剪力墙梁等构件构成。

图 6-37　剪力墙结构

2. 预制剪力墙的平法识读

（1）预制剪力墙的平法表示方式

预制剪力墙在墙平面布置图中通常采用截面注写方式和列表注写方式进行表达，如图 6-38 所示。

223

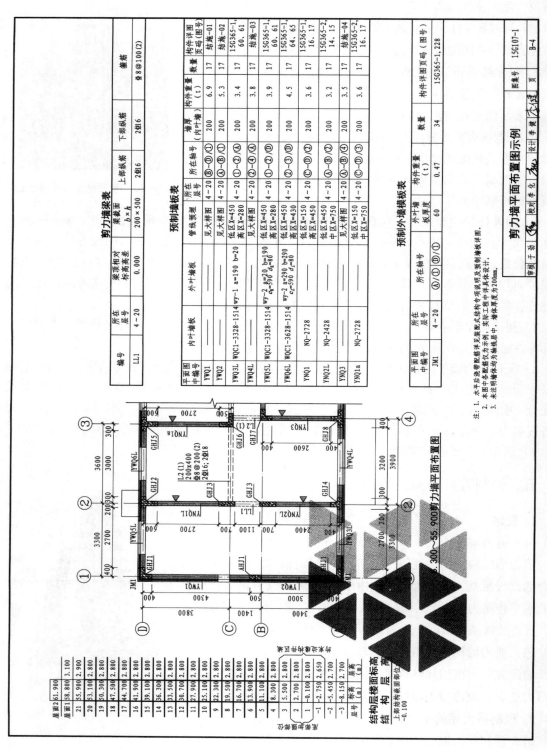

图 6-38　剪力墙平面布置图示例

截面注写方式，是在剪力墙平面布置图上，直接在墙柱、墙梁、墙身上注写截面尺寸和配筋具体数值，来标明该构件的平法施工图。

列表注写方式，是在剪力墙平面布置图上标注墙柱、墙梁、预制墙板的定位和编号，并在"墙柱表""墙梁表""预制墙板表"中对应剪力墙平面布置图上的编号，具体标识各构件的几何尺寸及配筋的具体数值。

（2）预制剪力墙的识读要点

1）预制剪力墙平面布置图的识读。

通过剪力墙平面布置图可以识读出以下内容：

①图名。

②结构层层高，需结合对应结构层高表识读。

③轴网，轴网由横纵相交的定位轴线组成，用来确定建筑结构中墙体、柱子等构件的位置及尺寸。

④预制剪力墙的相关信息，预制剪力墙的编号、预制墙板表、预制墙板的图集索引。

读预制剪力墙的编号时应明确装配方向（内墙板以内侧为装配方向，不需特殊标注，内墙板用▲表示装配方向），再结合预制墙板表中对应编号的预制剪力墙，识读出各编号预制墙板的具体信息。

2）预制剪力墙墙板表的识读。

通过识读墙板表，应明确管线预埋的位置；不同编号预制墙板的所在轴线；预制剪力墙板的墙厚、重量、数量等信息。

3）预制剪力墙墙梁表的识读。

通过识读表 6-22 为剪力墙梁表，应明确对应编号剪力墙梁的截面尺寸；箍筋配置情况；上、下部钢筋的配置情况。识读时还应特别注意墙梁相对标高高差，若高差为 0.000 m，则表明墙梁与墙身无高度差，属于预制墙梁中的暗梁。

表 6-22　剪力墙梁表

编号	所在层号	梁顶相对标高高差	梁截面 $b×h$	上部纵筋		下部纵筋		箍筋
LL1	4~20	0.000	200×500	2	16	2	16	8@100（2）

3. 预制剪力墙施工图的识读

在此根据标准图集 15G365 的要求，以预制外墙板为例对预制实心墙体施工图（图 6-39）的识读做介绍。标准图集 15G365 共有 2 册，标准图集 15G365—1 内容为预制剪力墙外墙板，标准图集 15G365—2 内容为预制剪力墙内墙板。内墙板与外墙板构造基本类似，外墙板在内墙板构造上设置了保温层，也称为三明治墙板，是一种可以实现围护与保温一体化的保温墙体，墙体由内外叶钢筋混凝土板、中间保温层和连接件组成，如图 6-40所示。

图 6-39 预制实心内墙模型

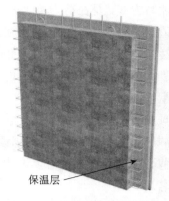

保温层

图 6-40 预制夹心保温外墙模型

内墙板和外墙板的施工图均由模板图和配筋图组成，图集中又将外墙板按墙体有、无门窗空洞分为 5 类。

（1）无洞口预制外墙板施工图识读

通过图 6-41 无洞口预制外墙板模板图和图 6-42 无洞口预制外墙板配筋图应识读出以下内容：

1）图名，根据图名可以判断出该墙体属于哪类（有、无洞口的）外墙。

2）内叶墙/外叶墙尺寸，通过识读主视图可以清晰地看到组成该墙体的内叶墙和外叶墙，应注意内叶墙在前、外叶墙在后，且内、外叶墙尺寸不相同。

3）内叶墙/外叶墙厚度，除主视图外，各模板图均附有各墙体俯视图、仰视图、右视图，通过识读俯视图可以清晰地看到该预制墙体构造。

4）预埋线盒位置，通过识读主视图获得信息。

5）墙体连接方式，通过识读主视图获得信息。

6）支撑预埋螺母位置，通过识读主视图获得信息。

7）吊点位置，通过识读俯视图获得信息。

8）钢筋的配置情况，通过识读钢筋图中的配筋表和配筋图获得信息。

（2）有洞口预制外墙板施工图识读

通过图 6-43 有洞口预制外墙板模板图和图 6-44 有洞口预制外墙板配筋图应识读出以下内容：

1）图名，根据图名可以判断出该墙体属于哪类（有、无洞口的）外墙。

2）预制外墙尺寸，通过图名和模板图获得信息。

3）预制外墙适用范围，通过识读文字说明可以获得信息，图中尺寸用于建筑面层为 50 mm 的墙板，括号内尺寸用于建筑面层为 100 mm 的墙板。识读模板图时应仔细阅读文字说明。

4）预埋配件情况，通过识读模板图中的预埋配件明细表并配合模板图获得相关信息。

5）套筒灌浆情况，通过识读灌浆分区示意图和主视图获得相关信息。

6）钢筋配置情况，通过识读配筋图、配筋表获得相关信息。

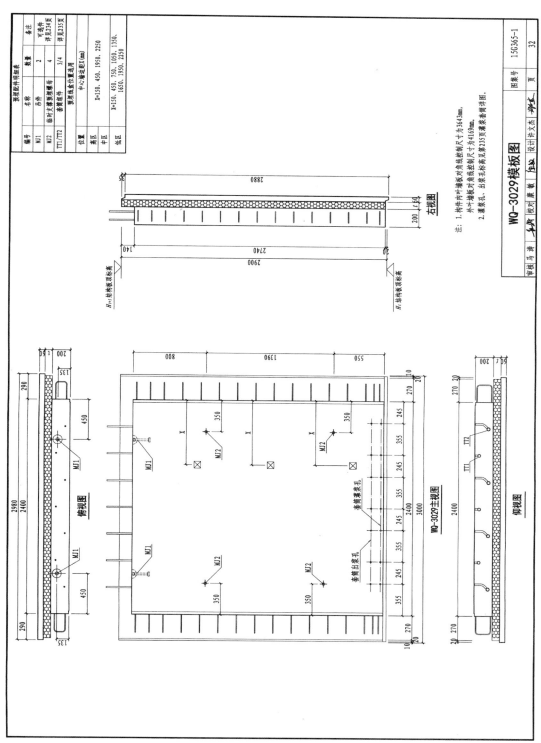

图 6-41 无洞口预制外墙模板图示例

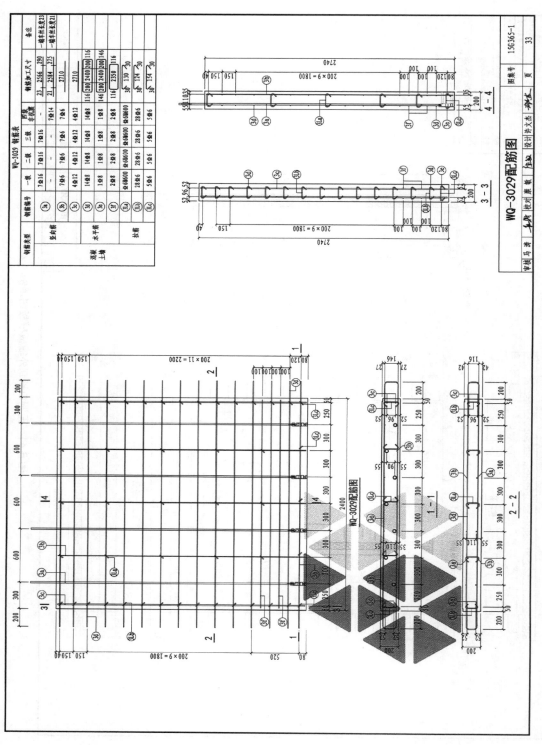

图6-42 无洞口预制外墙板配筋图示例

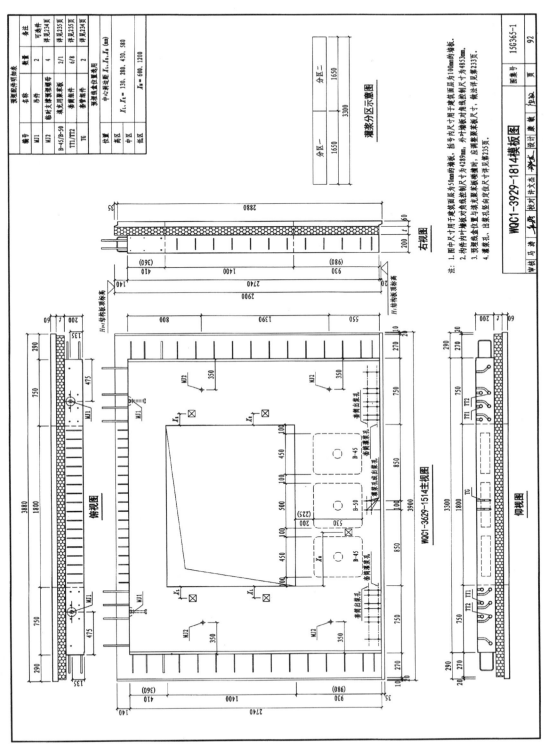

图 6-43　有洞口预制外墙板模板图示例

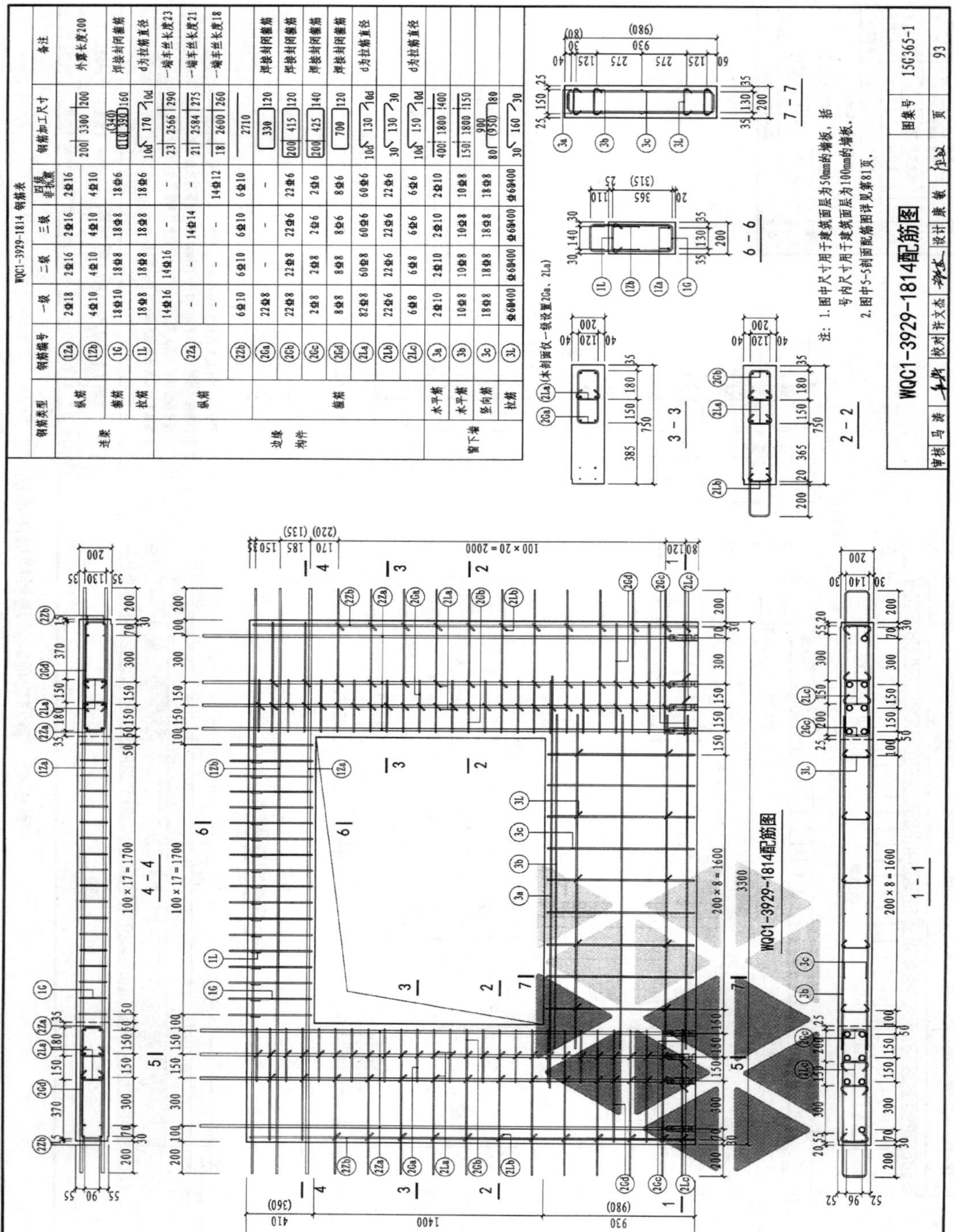

图6-44 有洞口预制外墙板配筋图示例

六、桁架钢筋混凝土叠合板施工图的识读

1. 概述

（1）叠合板的定义

预制楼板是建筑最主要的预制水平结构构件，按照施工方式和结构性能的不同，可分为钢筋桁架模板、叠合楼板、双 T 板等。叠合板由于整体性能较好，被广泛地用于装配式建筑中，并有配套标准图集《桁架钢筋混凝土叠合板（60 mm 厚底板）》（15G365—1）。

叠合楼板是一种模板、结构混合的楼板形式，属于半预制构件。预制部分既是楼板的组成成分，又是现浇混凝土层的天然模板。在工地安装到位后要进行二次浇筑，从而成为整体实心楼板。二次浇筑完成的混凝土楼板厚度不应小于 60 mm，实际厚度取决于跨度与荷载。伸出预制混凝土层的桁架钢筋和粗糙的混凝土表面保证了叠合楼板预制部分与现浇部分能有效结合成整体。

（2）叠合板的分类

在建筑结构中，按受力特点和支承情况将板分为单向板和双向板。单向板是指在荷载作用下，只在一个方向或主要在一个方向弯曲的板，如图 6-45（a）所示。而在荷载作用下，在两个方向都发生弯曲变形，且不能忽略任一方向弯曲的板则为双向板，如图 6-45（b）所示。根据《混凝土结构设计规范（2015 年版）》（GB 50010—2010）的规定，对于两边支承的板，为单向板。对四边支承的板，当 $l_2/l_1 \leqslant 2$ 时，为单向板；当 $2 < l_2/l_1 < 3$ 时，可视为双向板，也可视为沿短边方向受力的单向板；当 $l_2/l_1 \geqslant 3$ 时，视为沿短边方向受力的单向板。

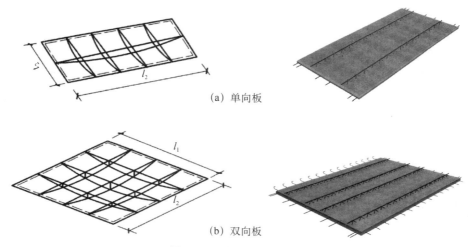

(a) 单向板

(b) 双向板

图 6-45　单向板和双向板

（3）图集《桁架钢筋混凝土叠合板（60 mm）》（15G366—1）知识体系

国家标准图集《桁架钢筋混凝土叠合板（60 mm）》（15G366—1）中混凝土叠合板底板厚度均为 60 mm，后浇混凝土叠合层厚度为 70 mm、80 mm、90 mm 三种，图集知识体系见表 6-23。

表 6-23　图集《桁架钢筋混凝土叠合板（60 mm）》（15G366—1）知识体系

桁架钢筋混凝土叠合板		15G366—1
编制说明		P3～P6
底板类型	双向板	P7～P56
	单向板	P57～P66
吊点	双向板	P67～P75
	单向板	P76～P80
详图		P81～P83

2. 桁架钢筋混凝土叠合板施工图的识读

叠合板（图集中也称"叠合楼盖"）施工图主要包括预制底板平面布置图、现浇层配筋图、水平后浇带或圈梁布置图。通过图 6-46 叠合板（叠合楼盖）平面布置图示例，可以识读以下内容：

1）图名，通常标注在相应图纸下方或图纸标题栏内。

2）平面图适用范围，需结合结构层高表识读。

3）叠合板构件编号，通过编号可识读出构件为单向板还是双向板。

4）预制底板表，结合底板平面布置图，识读叠合板预制底板表，明确各叠合预制底板在底板平面布置图所在的位置，明确各叠合预制板所应用的楼层、构件重量、数量。

5）现浇层平面配筋情况，通过现浇层平面配筋图识读。

6）水平后浇带情况，配合水平后浇带表识读水平后浇带平面布置图，明确各水平后浇带的编号、位置、配筋情况。

3. 预制叠合底板施工图的识读

（1）双向板施工图的识读

预制叠合双向板底板施工图包含模板图和配筋图，标准图集《桁架钢筋混凝土叠合板（60 mm 厚底板）》（15G366—1）中所包含预制底板模板图及配筋图均按照板宽进行绘制，如图 6-47 所示，即标志宽度为 1 200 mm 双向板底板边板模板及配筋图，长度方向可为 3 000 mm、3 600 mm、3 900 mm、4 200 mm、4 500 mm、4 800 mm、5 100 mm、5 400 mm、5 700 mm 及 6 000 mm。根据实际底板宽度、长度及现浇层厚度在左侧底板参数表及底板配筋表中查找对应信息。

通过模板图可识读以下内容：

1）结合底板参数表识读板模板图及对应剖面图，明确底板的类型、尺寸、桁架数量、桁架位置、混凝土体积、底板自重等信息，以方便后续编制施工组织方案等。

2）明确叠合底板需要进行粗糙面处理的位置。

通过配筋图可识读以下内容：

1）结合底板配筋表，识读叠合双向板底板配筋图，明确纵向受力钢筋、水平分布钢筋、钢筋桁架位置和尺寸。

2）开洞位置的确认，开洞位置应避开桁架钢筋的位置，当无法避开时，应请设计人员另行设计。

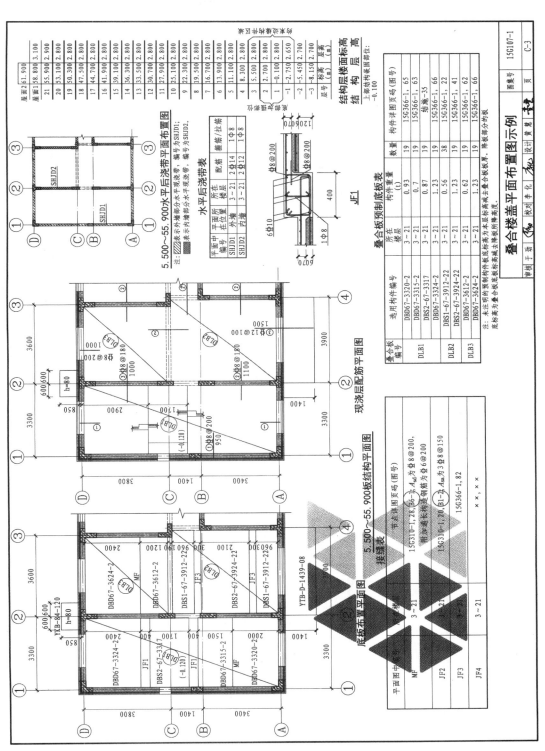

图6-46 叠合板（叠合楼盖）的平面布置图示例

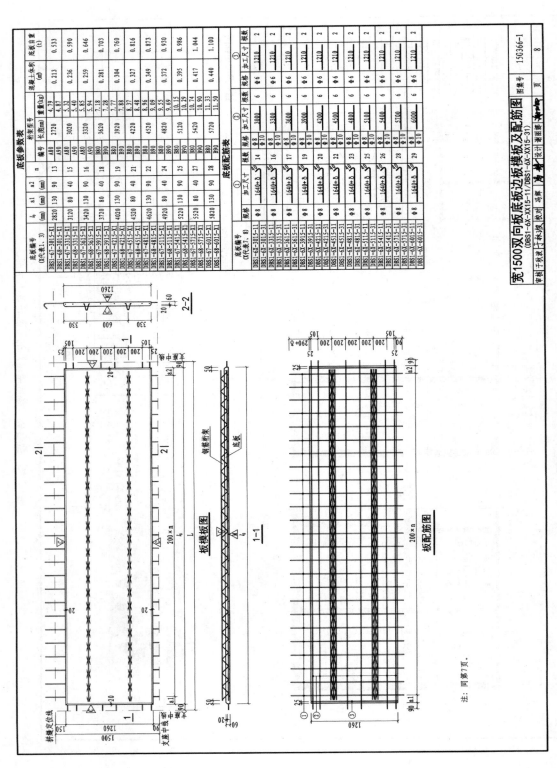

图6-47 预制叠合板双向板板底图示例

（2）单向板施工图的识读

预制叠合单向板底板模板图和配筋图与双向板底板较为类似，识读方法一致。但因单向板为双边支撑，仅在纵向受力变形，故单向板仅在两短边方向延伸出钢筋，两长边方向不再延伸钢筋，除长边不再有延伸钢筋以外，单向板底板截面与双向边截面也略有不同，图 6-48（a）、（b）分别为单向板断面图和双向板断面图。从图中可见双向板底板底部为 90°设计，并无剖口，而单向板底板两底角带有一边长为 10 mm 的剖口，识读单向板施工图时应加以注意。

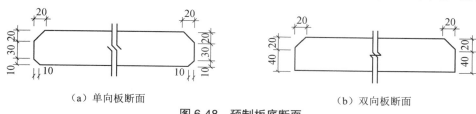

（a）单向板断面　　　　　　　　　（b）双向板断面

图 6-48　预制板底断面

七、预制阳台施工图的识读

1. 概述

（1）预制阳台的布置形式

阳台是住宅建筑设计的重要组成部分，阳台的结构设计，既要满足强度和稳定的要求，又要满足建筑设计的需要。

预制阳台分叠合阳台（半预制）和全预制阳台。预制阳台可以节省工地制模和昂贵的支撑。阳台板一般在预制场制作，在叠合板体系中，可以将预制阳台和叠合楼板以及叠合墙板一次性浇筑成一个整体，或运输到现场安装。预制阳台板较适合用于由多幢住宅组成的住宅小区，在阳台板数量较多的情况下，更能显示出其优越性。

预制阳台板的受力情况同挑梁式阳台板相同，即由悬挑横梁承担阳台的全部荷载，结构安全可靠；另一个显著优点是预制阳台板吊装就位后，板底设立柱支顶即可，没有很大的现场混凝土浇灌的工作量，因而极大地加快了施工速度。

（2）预制阳台板的技术要求

根据国家建筑标准设计图集《预制钢筋混凝土阳台板、空调板及女儿墙》（15G368—1），对预制钢筋混凝土阳台板、空调板选用原则提出以下技术要求：

1）预制钢筋混凝土阳台板、空调板，宜选用图集《预制钢筋混凝土阳台板、空调板及女儿墙》（15G368—1）的做法。选用标准图集，可简化设计过程，便于形成规模化生产，降低工程成本。

2）同一建筑单体，预制阳台板、预制空调板规格均不宜超过两种。限制预制阳台板和预制空调板规格数量，有利于预制构件的规模化生产，降低构件成本。

3）预制阳台板长度，宜选用阳台长度 1 010 mm 的规格。

4）预制阳台板宽度，宜采用 3 m（即 300 mm）的整数倍数。

5）预制阳台板封边高度，宜选用封边高度400 mm的规格。实际工程中，如需要较高的阳台栏板，可另做阳台栏板构件。

2. 预制阳台板的识读

预制阳台板常见的有叠合板式阳台和全预制阳台。本节主要对叠合板式阳台板构造详图和全预制阳台板构造详图的施工图识读进行介绍。

叠合板式阳台构件：

叠合板式阳台指由预制混凝土阳台板和后浇混凝土阳台板叠加合成的、以两阶段成型的整体受力的结构构件。由于阳台部分构件为预制件，减少了工地现场浇筑混凝土的工作量，可以有效提高施工效率。

叠合板式阳台施工图主要分为底板模板图、底板配筋图、底板钢筋图和节点详图，其示例如图6-49、图6-50、图6-51、图6-52所示，可从中识读的内容有：

1）图名。

2）通过识读底板模板图，可知阳台在建筑中所处的位置及所在房间开间；阳台的宽度和长度方向的尺寸；阳台排水预留孔、吊点等构造的水平位置及尺寸；叠合板现浇层厚度、预制板厚度、现浇板与预制板的叠合处理及有关尺寸；外叶墙及保温层厚度、阳台板封边厚度。

3）通过识读底板配筋图，可知预制阳台板钢筋（包含加强筋）的编号、规格、数量、形状、尺寸等信息；预制阳台板钢筋（包含加强筋）的排布信息；各节点钢筋的排布信息。

4）通过识读钢筋表，可知预制阳台板钢筋（包含加强筋）的编号、名称、规格、数量、形状、尺寸、重量等信息。

5）通过识读节点详图，可知阳台板与主体结构安装信息；叠合板式阳台与主体结构节点连接信息；封边桁架钢筋信息；阳台板封边预埋件信息；阳台栏杆预埋件信息；滴水线、预埋吊环信息等。

3. 全预制阳台构件的识读

全预制阳台表面的平整度可以做得和模具的表面一样平或者做出凹陷的效果，地面坡度和排水口也在工厂预制完成，可以节省工地制模和昂贵的支撑，更能极大地提高施工效率。

全预制板式阳台施工图主要分为底板模板图、底板配筋图、底板钢筋表和节点详图。

全预制板式阳台施工图的识读与叠合板式阳台板的识读一致。

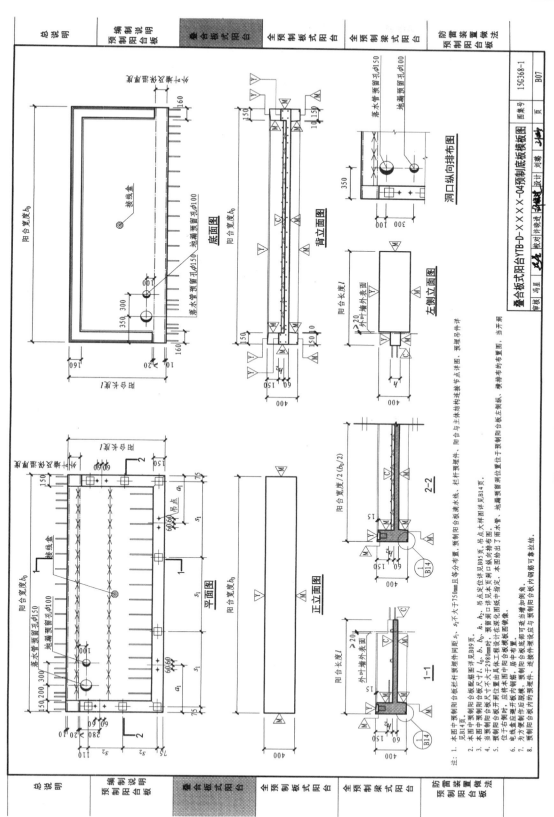

图6-49 底板模板图示例

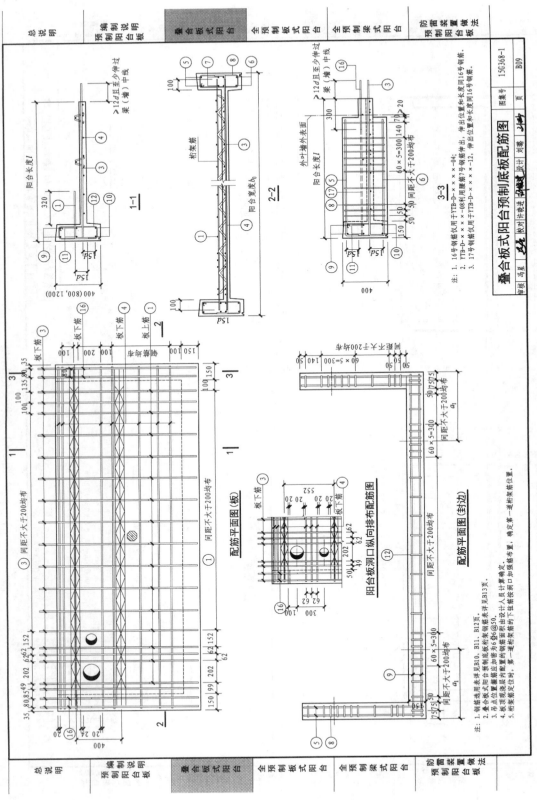

图 6-50 底板配筋图示例

叠合板式阳台预制底板桁架钢筋表

构件编号	上弦钢筋(13)				下弦钢筋(14)				腹杆钢筋(15)				钢筋总重量(kg)
	规格	长度(mm)	根数	重量(kg)	规格	长度(mm)	根数	重量(kg)	规格	长度(mm)	根数	重量(kg)	
YTB-D-1024-××	Φ10	2280	2	2.81	Φ8	2280	4	3.60	Φ6	2454	4	2.18	8.59
YTB-D-1027-××	Φ10	2580	2	3.18	Φ8	2580	4	4.07	Φ6	2832	4	2.51	9.77
YTB-D-1030-××	Φ10	2880	2	3.55	Φ8	2880	4	4.55	Φ6	3210	4	2.85	10.95
YTB-D-1033-××	Φ10	3180	2	3.92	Φ8	3180	4	5.02	Φ6	3588	4	3.19	12.13
YTB-D-1036-××	Φ10	3480	2	4.29	Φ8	3480	4	5.49	Φ6	3966	4	3.52	13.30
YTB-D-1039-××	Φ12	3780	2	6.71	Φ8	3780	4	5.97	Φ6	4344	4	3.86	16.53
YTB-D-1042-××	Φ12	4080	2	7.24	Φ8	4080	4	6.44	Φ6	4722	4	4.19	17.88
YTB-D-1045-××	Φ12	4380	2	7.78	Φ8	4380	4	6.91	Φ6	5100	4	4.53	19.22
YTB-D-1224-××	Φ10	2280	2	2.81	Φ8	2280	4	3.60	Φ6	2454	4	2.18	8.59
YTB-D-1227-××	Φ10	2580	2	3.18	Φ8	2580	4	4.07	Φ6	2832	4	2.51	9.77
YTB-D-1230-××	Φ10	2880	2	3.55	Φ8	2880	4	4.55	Φ6	3210	4	2.85	10.95
YTB-D-1233-××	Φ10	3180	2	3.92	Φ8	3180	4	5.02	Φ6	3588	4	3.19	12.13
YTB-D-1236-××	Φ10	3480	2	4.29	Φ8	3480	4	5.49	Φ6	3966	4	3.52	13.30
YTB-D-1239-××	Φ12	3780	2	6.71	Φ8	3780	4	5.97	Φ6	4344	4	3.86	16.53
YTB-D-1242-××	Φ12	4080	2	7.24	Φ8	4080	4	6.44	Φ6	4722	4	4.19	17.88
YTB-D-1245-××	Φ12	4380	2	7.78	Φ8	4380	4	6.91	Φ6	5100	4	4.53	19.22
YTB-D-1424-××	Φ10	2280	2	2.81	Φ8	2280	4	3.60	Φ6	2682	4	2.38	8.79
YTB-D-1427-××	Φ10	2580	2	3.18	Φ8	2580	4	4.07	Φ6	3096	4	2.75	10.00
YTB-D-1430-××	Φ10	2880	2	3.55	Φ8	2880	4	4.55	Φ6	3510	4	3.12	11.21
YTB-D-1433-××	Φ10	3180	2	3.92	Φ8	3180	4	5.02	Φ6	3924	4	3.48	12.42
YTB-D-1436-××	Φ10	3480	2	4.29	Φ8	3480	4	5.49	Φ6	4338	4	3.85	13.63
YTB-D-1439-××	Φ12	3780	2	6.71	Φ8	3780	4	5.97	Φ6	4752	4	4.22	16.90
YTB-D-1442-××	Φ12	4080	2	7.24	Φ8	4080	4	6.44	Φ6	5166	4	4.59	18.27
YTB-D-1445-××	Φ12	4380	2	7.78	Φ8	4380	4	6.91	Φ6	5580	4	4.95	19.64

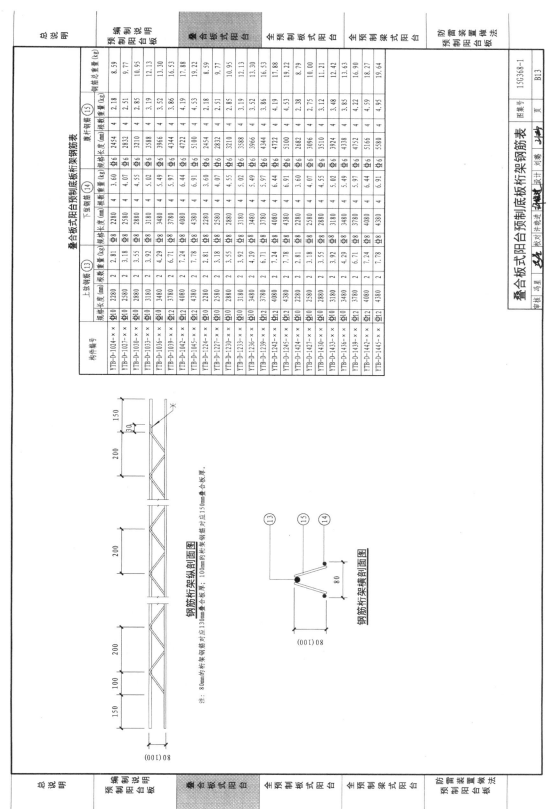

钢筋桁架纵剖面图

注：80mm的桁架钢筋对应130mm叠合板厚；100mm的桁架钢筋对应150mm叠合板厚。

钢筋桁架横剖面图

图6-51 底板钢筋图示例

图集号 15G368-1
页 B13

总说明 | 预制阳台板说明 | 叠合板式阳台 | 全预制板式阳台 | 全预制梁式阳台 | 防雷装置做法 | 预制阳台板

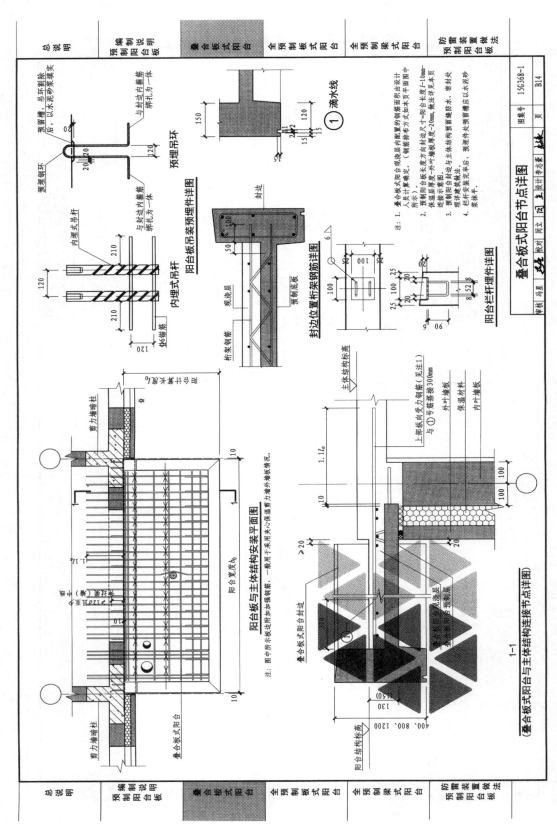

图6-52 节点详图示例

八、预制楼梯施工图的识读

楼梯是楼层间的主要交通设施，也是建筑主要构件之一。钢筋混凝土楼梯是目前建筑物运用最为广泛的一种楼梯。钢筋混凝土楼梯按照施工方法的不同，可分为现浇式钢筋混凝土楼梯和预制装配式钢筋混凝土楼梯。钢筋混凝土楼梯通常由楼梯段（简称梯段）、平台、栏杆（板）和扶手组成，在建筑设计和施工中通常用楼梯详图的形式进行表达。

1. 预制楼梯的特点和分类

预制装配式钢筋混凝土楼梯是将楼梯的组成构件在工厂或工地现场预制，然后在施工现场拼装而成的一种楼梯。这种楼梯施工进度快，节省模板，现场湿作业少，施工不受季节限制，有利于提高施工质量。但预制装配式钢筋混凝土楼梯的整体性、抗震性能以及设计灵活性差，故应用受到一定限制。

预制装配式钢筋混凝土楼梯根据生产、运输、吊装和建筑体系的不同，有许多不同的构造形式。根据组成楼梯的构件尺寸及装配的程度，大致可分为小型构件装配式和中型、大型构件装配两大类，如图 6-53 所示。

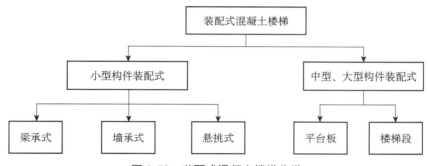

图 6-53 装配式混凝土楼梯分类

（1）小型构件装配式钢筋混凝土楼梯

小型构件装配式钢筋混凝土楼梯一般将楼梯的踏步和支承结构分开预制。预制踏步的断面形式多为"一"字形、"L"形和三角形。根据梯段的构造和预制踏步的支承方式不同，小型构件装配式楼梯可分为墙承式楼梯、梁承式楼梯和悬挑式楼梯。

墙承式楼梯：这种楼梯是把预制踏步搁置在两面墙上，而省去梯段上的斜梁的一种楼梯构造形式。

梁承式楼梯：这种楼梯是指梯段由平台梁支承的楼梯构造方式。

悬挑式楼梯：这种楼梯是指预制钢筋混凝土踏步板一端嵌固于楼梯间侧墙上，另一端凌空悬挑的楼梯形式。

（2）中型、大型构件装配式楼梯

中型构件装配式钢筋混凝土楼梯：这种楼梯是将楼梯分成梯段板、平台板、平台梁三类构件预制拼装而成。梯段按结构形式不同，有板式梯段和梁板式梯段。

大型构件装配式钢筋混凝土楼梯：这种楼梯是将梯段板和平台板预制成一个构件，梯段板可以连接一面平台，也可以连接两面平台。按结构形式不同，大型构件装配式钢筋混凝土楼梯分为板式楼梯和梁板式楼梯两种。

2. 预制钢筋混凝土楼梯施工图的识读

预制钢筋混凝土楼梯施工图主要有安装图、模板图、配筋图和节点详图，预制钢筋混凝土楼梯的安装图、模板图和配筋图所表达的重点各不相同，但都是从平面布置图、剖面图和节点详图 3 个角度表达。本节选用国家标准图集 15G367—1 中的预制钢筋混凝土板式楼梯（ST28—24）为识读范例。

（1）安装图的识读

由图 6-54 可知，预制钢筋混凝土板式楼梯安装图由平面布置图和 1-1 剖面图组成，表达的主要内容如下：

1）梯段板的平面位置、竖向位置和梯段编号。

2）楼梯间尺寸、标高，梯段板（包括踏步信息）尺寸及梯板厚度。

3）梯段板与梯梁连接节点索引。

4）相关注意事项。

（2）模板图的识读

由图 6-55 可知，预制钢筋混凝土板式楼梯模板图由平面图、底面图（梯板仰视）、1-1 剖视图（横剖）、2-2 剖视图（横剖）、3-3 剖视图（纵剖）组成，表达的主要内容如下：

1）预制梯段板的平面、立面、剖面图及详细尺寸。

2）预埋件定位及索引号。

3）预留孔洞尺寸和定位。

4）相关注意事项。

（3）配筋图的识读

由图 6-56 可知，预制钢筋混凝土板式楼梯配筋图包括平面图、底面图（梯板仰视）、1-1 剖视图（横剖）、2-2 剖视图（横剖）、3-3 剖视图（横剖）和钢筋表，表达的主要内容如下：

1）预制梯段板钢筋（包含加强筋）的编号、名称、规格、数量、形状、尺寸、重量等信息。

2）预制梯段板钢筋（包含加强筋）的排布信息。

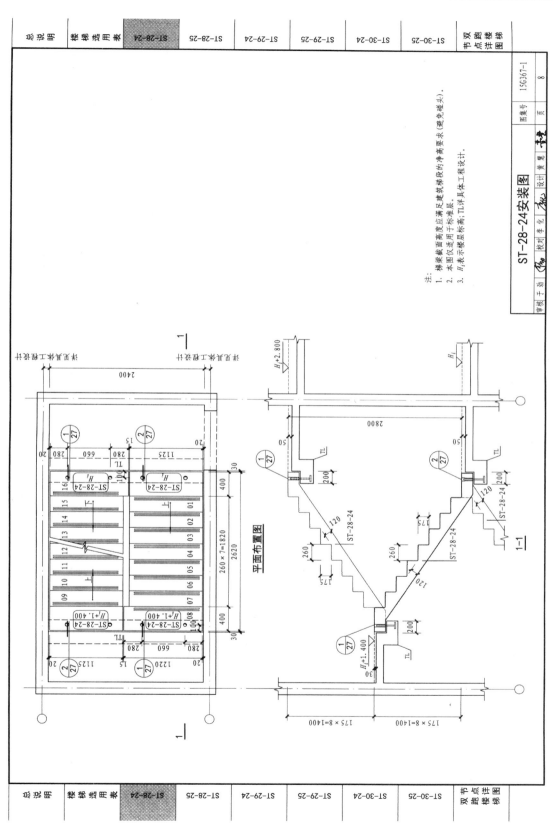

图6-54 预制混凝土板式楼梯安装图示例

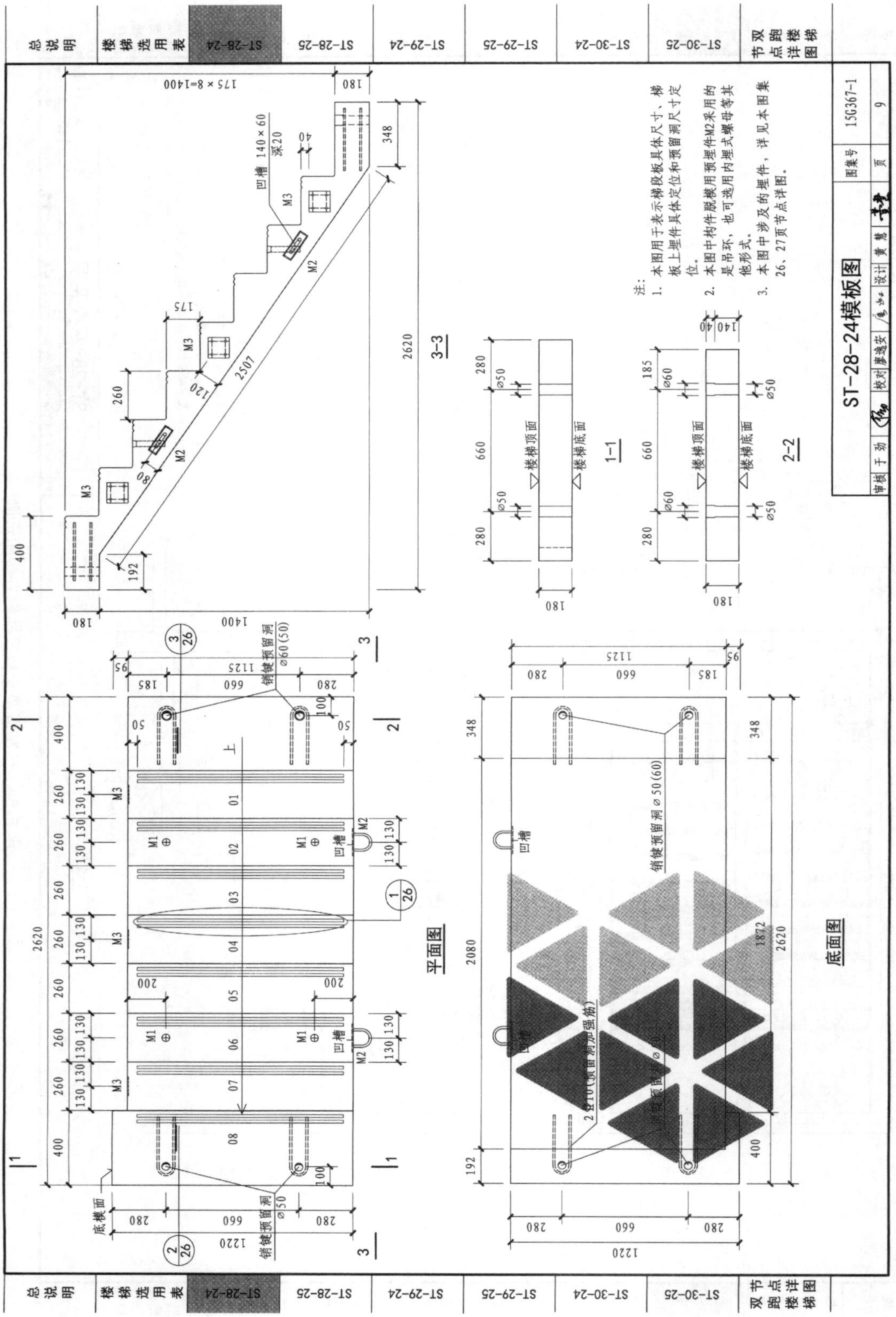

图 6-55 预制混凝土板式楼梯模板图示例

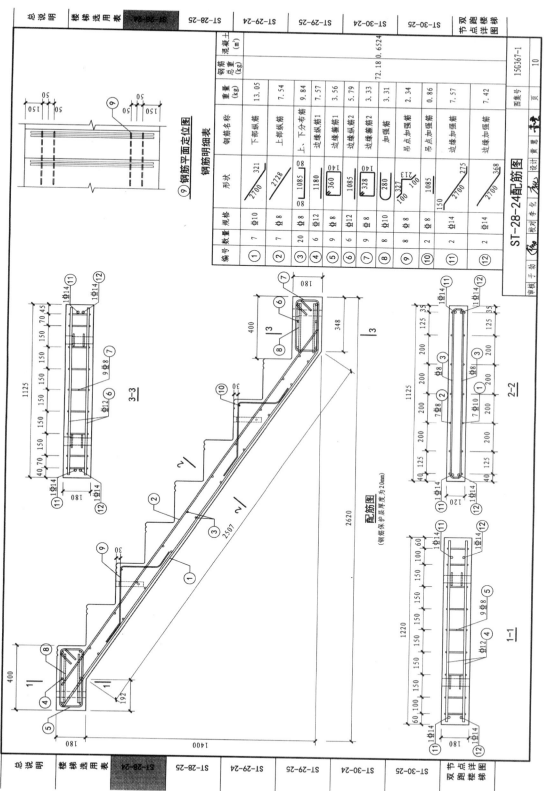

图 6-56 预制混凝土板式楼梯配筋图示例

第七章 施工工艺和方法

第一节 地基与基础工程

一、岩土的工程分类

在建筑施工中，按照施工开挖的难易程度将土分为八类，见表7-1，其中，第一类到第四类为土，第五类到第八类为岩石。

表7-1 土的工程分类

类别	土的名称	现场鉴别方法
第一类（松软土）	砂、粉土、冲积砂土层、种植土、泥炭（淤泥）	用锹挖掘
第二类（普通土）	粉质黏土，潮湿的黄土，夹有碎石、卵石的砂，种植土，填筑土和粉土	用锄头挖掘
第三类（坚土）	软及中等密实黏土，重粉质、粉质黏土，粗砾石，干黄土及含碎石、卵石的黄土，压实填土	用镐挖掘
第四类（砂砾坚土）	重黏土及含碎石、卵石的黏土，粗卵石，密实的黄土，天然级配砂石，软泥灰岩及蛋白石	用镐挖掘吃力、冒火星
第五类（软石）	硬石炭纪黏土，中等密实白垩土，胶结不紧的砾岩，软的石灰岩的页岩、泥灰岩	用风镐、大锤等
第六类（次坚石）	泥岩，砂岩，砾岩，坚实的页岩、泥灰岩，密实的石灰岩，风化花岗岩、片麻岩	用爆破、部分用风镐
第七类（坚石）	大理岩，辉绿岩，砂岩，粗、中粒花岗岩，坚实的白云岩、砂岩、砾岩、片麻岩、石灰岩	用爆破方法
第八类（特坚石）	安山岩，玄武岩，花岗片麻岩，坚实细粒花岗岩、闪长岩、石英岩、辉长岩、辉绿岩、玢岩	用爆破方法

二、基坑（槽）开挖、支护及回填方法

1. 基坑（槽）开挖

（1）施工工艺流程

测量放线→切线分层开挖→排水、降水→修坡→整平→留足预留土层

（2）工艺简介

基坑是在基础设计位置按基底标高和基础平面尺寸所开挖的土坑。开挖前应根据地质水

文资料，结合现场附近建筑物情况，决定开挖方案，并做好防水排水工作。开挖不深者可用放边坡的办法，使土坡稳定，其坡度大小按有关施工规定确定。开挖较深及邻近有建筑物者，可用基坑壁支护方法，喷射混凝土护壁方法，大型基坑甚至采用地下连续墙和柱列式钻孔灌注桩连锁等方法，防护外侧土层坍入；在附近建筑无影响者，可用井点法降低地下水位，采用放坡明挖；在寒冷地区可采用天然冷气冻结法开挖等。

2. 基坑支护

基坑支护是为保证地下主体结构施工和基坑周边环境的安全，对基坑采用的临时性支挡、加固、保护与地下水控制的措施。常用的基坑支护结构有支挡式结构、土钉墙、重力式水泥土墙和放坡4种结构类型。以上4种结构的具体分类及使用条件见表7-2。

表 7-2　各类支护结构的适用条件

结构类型		适用条件		
		安全等级	基坑深度、环境条件、土类和地下水条件	
支挡式结构	锚拉式结构	一级、二级、三级	适用于较深的基坑	1. 排桩适用于可采用降水或截水帷幕的基坑； 2. 地下连续墙宜同时用作主体地下结构外墙，可同时用于截水； 3. 锚杆不宜用在软土层和高水位的碎石土、砂土层中； 4. 当邻近基坑有建筑物地下室、地下构筑物等，锚杆的有效锚固长度不足时，不应采用锚杆； 5. 当锚杆施工会造成基坑周边建（构）筑物的损害或违反城市地下空间规划等规定时，不应采用锚杆
	支撑式结构		适用于较深的基坑	
	悬臂式结构		适用于较浅的基坑	
	双排桩		当锚拉式、支撑式和悬臂式结构不适用时，可考虑采用双排桩	
	支护结构与主体结构结合的逆做法		适用于基坑周边环境条件很复杂的深基坑	
土钉墙	单一土钉墙	二级、三级	适用于地下水位以上或经降水的非软土基坑，且基坑深度不宜大于 12 m	当基坑潜在滑动面内有建筑物、重要地下管线时，不宜采用土钉墙
	预应力锚杆复合土钉墙		适用于地下水位以上或经降水的非软土基坑，且基坑深度不宜大于 15 m	
	水泥土桩垂直复合土钉墙		用于非软土基坑时，基坑深度不宜大于 12 m；用于淤泥质土基坑时，基坑深度不宜大于 6 m；不宜用在高水位的碎石土、砂土、粉土层中	
	微型桩垂直复合土钉墙		适用于地下水位以上或经降水的基坑，用于非软土基坑时，基坑深度不宜大于 12 m；用于淤泥质土基坑时，基坑深度不宜大于 6 m	
重力式水泥土墙		二级、三级	适用于淤泥质土、淤泥基坑，且基坑深度不宜大于 7 m	
放坡		三级	1. 施工场地满足放坡条件； 2. 可与上述支护结构形式结合	

3. 土方回填压实

（1）施工工艺流程

填方土料处理→基底处理→分层压回填实→对每层回填土的质量进行检验，符合设计要求后才能填筑上一层。

（2）工艺简介

土方回填，是建筑工程的填土，主要有地基填土、基坑（槽）或管沟回填、室内地坪回填、室外场地回填平整等。对地下设施工程（如地下结构物、沟渠、管线沟等）的两侧或四周及上部的回填土，应先对地下工程进行各项检查，办理验收手续后方可回填。

回填方法主要有人工填土和机械填土。机械填土一般有推土机填土、铲运机填土和汽车填土3种。

压实方法一般有碾压法、夯实法和振动压实法以及利用运土工具压实。对于大面积填土工程，多采用碾压和利用运土工具压实。较小面积的填土工程，则宜用夯实工具进行压实。

三、浅基础施工工艺

浅基础主要包括无筋扩展基础、钢筋混凝土扩展基础和筏形与箱形基础。

1. 无筋扩展基础

无筋扩展基础是浅基础的一种做法，指由砖、毛石、混凝土或毛石混凝土、灰土和三合土等材料组成的墙下条形基础或柱下独立基础。

（1）工艺流程

1）砖基础施工工艺流程：地基验槽、砖基放线→配制砂浆→排砖摆底、墙体盘角→立杆挂线、砌墙。

2）毛石基础施工工艺流程：基础抄平、基墙放线→配制砂浆→基底找平、石块砌筑→顶部找平、防潮层施工。

3）混凝土基础施工工艺流程：清理基坑（槽）→基础垫层→基础支模→浇筑混凝土→养护拆模→回填土。

4）毛石混凝土基础施工工艺流程：清理基坑（槽）→基础垫层→基础支模→浇筑混凝土→加入毛石（浇筑混凝土、加入毛石交替进行）→养护拆模→回填土。

5）灰土和三合土基础施工工艺流程：地基找平→基墙放线→配制灰土→铺设→夯实。

（2）工艺简介

1）砖基础：砖基础是用普通烧结砖与水泥砂浆砌成。砖基础砌成的台阶形状称为"大放脚"，有等高式和不等高式两种，如图7-1所示。等高式大放脚是两皮一收，两边各收进1/4砖长；不等高式大放脚是两皮一收与一皮一收相间隔，两边各收进1/4砖长。

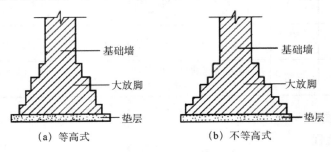

（a）等高式　　　　　　　　　（b）不等高式

图7-1　砖基础大放脚形式

2）毛石基础：毛石基础是用毛石与砂浆砌筑而成，如图 7-2 所示。其断面形式有阶梯形和梯形。基础的顶面宽度比墙厚大 200 mm，即每边宽出 100 mm，每阶高度一般为 300～400 mm，并至少砌二皮毛石。

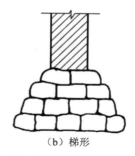

（a）阶梯形　　　　　　　　　　（b）梯形

图 7-2　毛石基础

3）混凝土基础、毛石混凝土基础：混凝土浇筑前应进行验槽，轴线、基坑（槽）尺寸和土质等均应符合设计要求。局部软弱土层应挖去，用灰土或砂砾分层回填夯实至基底相平。如有地下水应挖沟排除；对粉土或细砂地基，基坑较深时应用轻型井点降低地下水位至坑底以下 500 mm 处。基槽（坑）内浮土、积水、淤泥应清除干净。如地基土质良好，且无地下水，基槽（坑）底部台阶可利用原槽（坑）浇筑，但应保证尺寸正确。上部台阶应支模浇筑，模板要支撑牢固，木模应浇水湿润。

4）灰土和三合土基础：

①采用灰土基础时，灰土拌和要均匀，湿度要适当，颜色一致，拌好后应及时铺好夯实。铺土应分层进行，每层灰土夯打数遍，应根据设计要求的干密度在现场试验确定。

②采用三合土基础时，先将石灰和砂用水在池内调成浓浆，将碎砖材料倒在拌板上加浆拌透或将这些材料都倒在拌板上浇水均匀。

2. 钢筋混凝土扩展基础

钢筋混凝土扩展基础是指柱下钢筋混凝土独立基础和墙下钢筋混凝土条形基础。

（1）施工工艺流程

测量放线→基坑开挖、验槽→混凝土垫层施工→钢筋绑扎→支基础模板→浇基础混凝土

（2）工艺简介

1）柱下钢筋混凝土独立基础：

柱下独立基础，当柱荷载的偏心距不大时，常用方形；偏心距大时，则用矩形。

工程中，柱下基础底面形状大多采用矩形，因此也称其为柱下钢筋混凝土独立基础。它是条形基础的一种特殊形式，有时也统一称为条形基础、带形基础或条式基础。柱下钢筋混凝土独立基础可以做成阶梯形和锥形，如图 7-3 所示。独立基础下一般设有素混凝土垫层，其厚度一般为 100 mm，强度等级一般用 C10、C15；阶梯形基础的每阶高度宜为 300～500 mm；锥形基础边缘高度不宜小于 200 mm。底板受力钢筋的最小直径不宜小于 10 mm，间距不宜大于 200 mm，无垫层时钢筋保护层不宜小于 70 mm，有垫层时钢筋保护层不宜小于 40 mm。基础高度 $h \leqslant 350$ mm，用一阶；350 mm$< h \leqslant 900$ mm，用二阶；$h > 900$ mm，用三阶。基础台阶

的宽高比不大于 2.5。

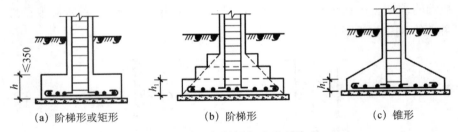

（a）阶梯形或矩形　　　　　（b）阶梯形　　　　　（c）锥形

图 7-3　柱下钢筋混凝土独立基础

柱基础插筋的数目与直径应与柱内纵向受力钢筋相同。当基础高度在 900 mm 以内时，插筋应伸至基础底部的钢筋网，并在端部做成直弯钩；当基础高度较大时，位于柱子四角的插筋应伸至基础底部，其余的钢筋只需伸至锚固长度即可。插筋伸出基础部分长度应按柱的受力情况及钢筋规格确定。柱子插筋必须与柱子纵向受力钢筋相吻合，其锚固、搭接等必须符合设计和规范要求。

2）墙下钢筋混凝土条形基础：

墙下钢筋混凝土条形基础是砌体承重结构墙体及挡土墙、涵管下常用的基础形式，其构造如图 7-4 所示。如果地基不均匀或承受荷载有差异时，为了增强基础的整体性和抗弯能力，可以采用有肋的墙基础，如图 7-4（b）所示，肋部配置足够的纵向钢筋和箍筋。锥形基础的边缘高度不宜小于 200 mm；阶梯形基础的每阶高度宜为 300～500 mm。垫层的厚度不宜小于 70 mm，工程上常为 100 mm，垫层混凝土强度等级宜取 C10。墙下钢筋混凝土条形基础底板受力钢筋的最小直径不宜小于 10 mm，间距不宜大于 200 mm，也不宜小于 100 mm。墙下钢筋混凝土条形基础纵向分布钢筋的直径不小于 8 mm，间距不大于 300 mm，每延米分布钢筋的面积应不小于受力钢筋面积的 1/10，当有垫层时，钢筋保护层的厚度不小于 40 mm，无垫层时不小于 70 mm。混凝土强度等级不应低于 C20，且应满足耐久性要求。

柱下和墙下钢筋混凝土条形基础，在"T"形与"十"字形交接处的钢筋应沿一个主要受力方向通长放置。

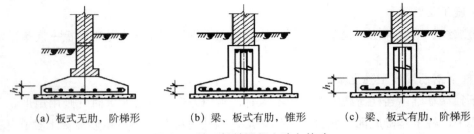

（a）板式无肋，阶梯形　　　（b）梁、板式有肋，锥形　　　（c）梁、板式有肋，阶梯形

图 7-4　墙下钢筋混凝土独立基础

3. 筏形基础

筏形基础分为梁板式和平板式两种类型，如图 7-5 所示。梁板式又分正向梁板式和反向梁板式。

（1）施工工艺流程

测量放线→基坑支护→排水降水（隔水）→基坑开挖，验槽→混凝土垫层施工→钢筋绑扎→支基础模板→浇基础混凝土。

（2）工艺简介

筏形基础整体性好、抗弯刚度大，可调整上部结构的不均匀沉降，多用于高层建筑。适用于土质软弱、不均匀而上部荷载由较大时。

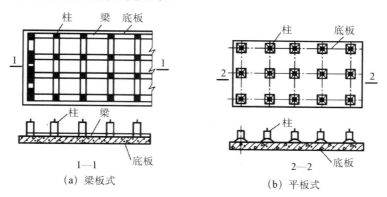

图 7-5 筏形基础

四、桩基础施工工艺

1. 钢筋混凝土预制桩施工

钢筋混凝土预制桩可以在预制构件厂预制，亦可以在施工现场预制，是用沉桩设备将它沉入或埋入土中而成的桩。预制桩主要有钢筋混凝土预制桩和钢桩两类。采用预制桩施工，桩身质量易保证，施工机械化程度高，施工速度快，且可不受气候条件变化的影响。但当土层变化复杂时，桩长规格较多，桩入土后易被冲压破损、变形而达不到设计标高。其特点为坚固耐久，不受地下水或潮湿环境影响，能承受较大荷载，施工机械化程度高，进度快，能适应不同土层施工。预制桩进入到土层中有锤击沉桩法（打入法）、静力压桩法、振动沉桩法、水冲法等多种施工方法。

（1）打入式预制桩施工

1）施工工艺流程：

场地准备（三通一平和清理地上、地下的障碍物）→桩位定位→桩架移动和定位→吊桩和定桩→打桩→接桩→送桩→截桩。

2）工艺简介：

打入式钢筋混凝土预制桩也称锤击沉桩法，是利用桩锤下落产生的冲击能克服土对桩的阻力，使桩沉至设计标高或桩端进入持力层。锤击沉桩是预制桩最常用的沉桩方法，施工速度快，机械化程度高，适用范围广，但施工时有振动、挤土和噪声污染现象，不宜在市区和夜间施工。

（2）静力压桩法施工

1）施工工艺流程：

静力压桩施工，一般采取分段压入、逐段接长的方法。其施工流程为：

测量定位→压桩机就位→吊桩插桩→桩身对中调直→静压沉桩→接桩→再静压沉桩→终止压桩→切割桩头。

2）工艺简介：

静力压桩是在软土地基上，利用静力压桩机以无振动的静压力将预制桩压入土中的一种沉桩工艺。这种沉桩方法与普通的打桩和振动沉桩相比，具有施工无噪声、无振动、节约材料、降低成本、提高施工质量、沉桩速度快等特点。其工作原理是通过安置在压桩机上的卷扬机的牵引，由钢丝绳、滑轮及压梁，将整个桩机的自重力反压在桩顶上，以克服桩身下沉时与土的摩擦力，迫使预制桩下沉。

（3）振动沉桩法施工

振动沉桩是利用固定在桩顶部的振动器（振动锤）所产生的激振力，通过桩身使土颗粒受迫振动，使其改变排列组织，产生收缩和位移，这样桩表面与土层间的摩擦力就减少，桩在自重和振动力共同作用下沉入土中。振动沉桩施工主要适用于砂石土、黄土、软土和亚黏土，在含水砂层中效果更佳。振动沉桩施工应连续进行。

（4）水冲沉桩法施工

水冲沉桩法又叫射水沉桩法，是锤击沉桩的一种辅助方法，是利用高压水冲刷桩尖下的土层，以减少桩身与土层之间的摩擦力和下沉时的阻力，使桩在自重作用或锤击下沉入土中。当沉桩至最后 1～2 m 时，停止冲水，用锤击至规定标高。水冲沉桩法施工适用于砂土、砾石或其他较坚硬土层，对施工重型桩很有效。但必须考虑大量的水进入土中是否会对原有基础产生影响。

2．混凝土灌注桩施工

（1）钻孔灌注桩

钻孔灌注桩是指利用钻孔机械钻出桩孔，并在孔中浇筑混凝土而成的桩。根据钻孔机械的钻头是否在土壤的含水层中施工，又分为干作业成孔和泥浆护壁成孔两种施工方法。

1）干作业成孔灌注桩：

干作业成孔灌注桩是指不用泥浆和套管护壁的情况下，用人工钻具或机械钻成孔，下钢筋笼、浇混凝土成桩。该法主要优点是不同循环介质，噪声和振动小，对环境影响小；施工速度快，设备简单，易操作；由于干作业成孔，混凝土质量能得到较好的控制。缺点是孔底常留有虚土，不易清除干净，影响桩的承载力；螺旋钻具回转阻力较大，对地层的适应性有一定条件限制。干作业成孔一般采用螺旋钻成孔，还可采用机扩法扩底。

螺旋钻成孔施工工艺流程：场地清理→测量放线定桩位→桩机就位→钻孔取土成孔→清除孔底沉渣→成孔质量检查验收→吊放钢筋笼→浇筑孔内混凝土，如图 7-6 所示。

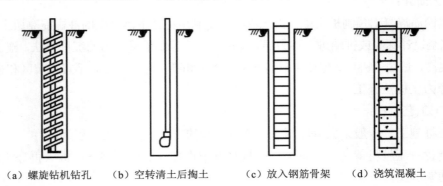

（a）螺旋钻机钻孔　　（b）空转清土后掏土　　（c）放入钢筋骨架　　（d）浇筑混凝土

图 7-6　螺旋钻成孔施工程序

2）泥浆护壁成孔灌筑桩：

①泥浆护壁成孔灌注桩施工工艺流程：定位放线→埋设护筒→泥浆制备→钻机就位→钻进成孔（泥浆循环排渣）→成孔检测→清孔→安放钢筋笼→下导管→再次清孔→浇筑混凝土成孔。

②泥浆护壁成孔灌注桩是利用原土自然造浆或人工造浆进行护壁，钻孔时通过循环泥浆将钻头切削下的土渣排出孔外而成孔，而后吊放钢筋笼，水下灌注混凝土而成桩。成孔方式有正（反）循环回转钻成孔、正（反）循环潜水钻成孔、冲击钻成孔、冲抓锥成孔、钻斗钻成孔等。泥浆护壁钻孔灌注桩适用于地下水位下的黏性土、粉土、砂土、人工填土、碎石土及风化岩层，也适用于地质条件复杂、夹层较多、风化不均、软硬变化较大的岩层。

（2）沉管灌筑桩

沉管灌注桩又叫套管成孔灌注桩，是利用锤击打桩设备或振动沉桩设备，将带有钢筋混凝土的桩尖（或钢板靴）或带有活瓣式桩靴的钢管沉入土中（钢管直径应与桩的设计尺寸一致），形成桩孔，然后放入钢筋骨架并浇筑混凝土，随之拔出套管，利用拔管时的振动将混凝土捣实，便形成所需要的灌注桩，施工过程如图7-7所示。由于有锤击和振动两种沉管方式，因此又可分为锤击沉管灌注桩和振动沉管灌注桩。按沉桩振动锤的不同，振动沉管灌注桩分为振动沉管灌注桩和振动冲击沉管灌注桩。沉管桩对周围环境有噪声、振动、挤压等影响。

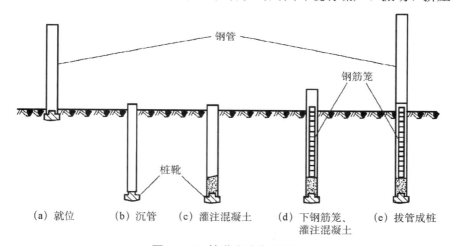

图 7-7　沉管灌注桩施工过程

套管成孔灌注桩整个施工过程在套管护壁条件下进行，不受地下水位高低和土质条件好坏的限制，适用于地下水位高，地质条件差的可塑、软塑、流塑以上黏土、淤泥及淤泥质土、稍密和松散的砂土中施工。

1）锤击沉管灌筑桩：

①锤击沉管灌注桩又称为打拔管式灌注桩，是用锤击沉桩设备（落锤、汽锤、柴油锤）将桩管打入土中成孔。锤击沉管灌注桩适用于一般黏性土、淤泥质土、砂土和人工填土地基，但不能在密实的砂砾石、漂石层中使用。

②施工工艺流程：定位放线→安放桩尖→桩机就位→桩管安装并套在桩尖上→校正钢管

垂直度→锤击沉管至设计要求的贯入度或设计标高→安放钢筋笼→浇筑混凝土→拔管，敲击钢管振实混凝土。

2）振动沉管灌筑桩：

振动、振动冲击沉管灌注桩是利用振动桩锤（又称激振器）、振动冲击锤将桩管沉入土中，然后灌注混凝土而成。这两种灌注桩与锤击沉管灌注桩相比，更适用于稍密及中密的砂土地基施工。振动沉管灌注桩和振动冲击沉管灌注桩的施工工艺完全相同，只是前者用振动锤沉桩，后者用振动带冲击的桩锤沉桩。振动沉管灌注桩适用范围与锤击沉管灌注桩大致相同，还适用于稍密及中密的碎石类土中施工。

（3）人工挖孔灌筑桩

人工挖孔灌注桩是指桩孔采用人工挖掘方法进行成孔，然后安放钢筋笼，浇筑混凝土而成的桩。人工挖孔灌注桩其结构上的特点是单桩承载能力高，受力性能好，既能承受垂直荷载，又能承受水平荷载，具有机具设备简单，施工操作方便，占用施工场地小，无噪声、无振动，不污染环境，对周围建筑物影响小，施工质量可靠，可全面展开施工，工期缩短，造价低等优点，因此得到广泛应用。

人工挖孔灌注桩适用于土质较好，地下水位较低的黏土、亚黏土及含少量砂卵石的黏土层等地质条件。可用于高层建筑、公用建筑、水工结构（如泵站、桥墩）作桩基，起支承、抗滑、挡土之用。对软土、流砂及地下水位较高、涌水量大的土层不宜采用。

第二节　砌体工程

一、常见脚手架的搭设施工要点

1. 脚手架的基本要求与分类

脚手架是多个同类杆件的重复组合，它是为建筑施工搭设的上料、堆料和操作人员施工操作的临时结构架，同时脚手架也是建筑施工的主要设施之一。脚手架搭设前均应编制专项施工方案和安全技术措施，并按规定进行审批后，才能组织实施。脚手架搭设好后，必须经有关部门和人员共同检查验收合格后，方能投入使用。

（1）脚手架的基本要求

1）要有足够的宽度（一般为 1.5～2.0 m）、步架高度（砌筑脚手架为 1.2～1.4 m，装饰脚手架为 1.6～1.8 m），且能够满足工人操作、材料堆置以及运输方便的要求。

2）应具有稳定的结构和足够的承载力，能确保在各种荷载和气候条件下，不超过允许变形、不倾倒、不摇晃，并有可靠的防护设施，以确保在架设、使用和拆除过程中的安全可靠性。

3）应与楼层作业面高度相统一，并与垂直运输设施（如施工电梯、井字架等）相适应，以确保材料由垂直运输转入楼层水平运输的需要。

4）搭拆简单，易于搬运，能够多次周转使用。

5）应考虑多层作业、交叉流水作业和多工种平行作业的需要，减少重复搭拆次数。

（2）脚手架的分类

由于建筑类型比较复杂，不同的施工条件及施工工艺，所采用的脚手架形式也不同，所以要求应根据工程特征，认真选用脚手架的类型。脚手架的种类很多，按构造形式分为多立杆式（也称杆件组合式）、框架组合式（如门式）、格构件组合式（如桥式）和台架等；按支固方式分为落地式、悬挑式、悬吊式（吊篮）等；按搭拆和移动方式分为人工装拆脚手架、附着升降脚手架、整体提升脚手架、水平移动脚手架和升降桥架；按用途分为主体结构脚手架、装修脚手架和支撑脚手架等；按搭设位置分为外脚手架和里脚手架；按使用材料分为木、竹和金属脚手架。本节仅介绍几种常用的脚手架。

2. 多立杆式脚手架

多立杆式脚手架主要由立杆（又称立柱）、纵向水平杆（即大横杆）、横向水平杆（即小横杆）、底座、支撑及脚手板构成受力骨架和作业层，再加上安全防护设施而组成。常用的有扣件式钢管脚手架（扣件式节点）和碗扣式钢管脚手架（碗扣式节点）两种。

（1）扣件式钢管脚手架

1）扣件式钢管脚手架主要组成部件：

扣件式钢管脚手架的组成如图7-8所示，它具有承载能力大、装拆方便、搭设高度大、周转次数多、摊销费用低等优点，是目前使用最普遍的周转材料之一。

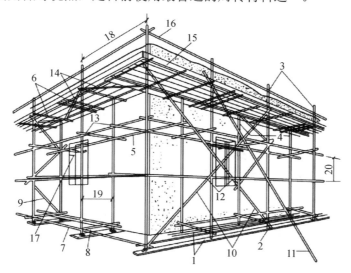

1—垫板；2—底座；3—外立柱；4—内立柱；5—纵向水平杆；6—横向水平杆；7—纵向扫地杆；8—横向扫地杆；
9—横向斜撑；10—剪刀撑；11—抛撑；12—旋转扣件；13—直角扣件；14—水平斜撑；15—挡脚板；16—防护栏杆；
17—连墙固定件；18—柱距；19—排距；20—步距。

图7-8 扣件式钢管脚手架的组成

2）扣件式钢管脚手架的搭设与拆除：

①扣件式钢管脚手架的搭设。

脚手架的搭设要求钢管的规格相同，地基平整夯实；对高层建筑物脚手架的基础要进行验算，脚手架地基的四周应排水畅通，立杆底端要设底座或垫木，垫板长度不小于 2 跨，木垫板不小于 50 mm 厚，也可用槽钢。

脚手架的搭设顺序一般为：放置纵向水平扫地杆→逐根树立立杆（随即与扫地杆扣紧）→安装横向水平扫地杆（随即与立杆或纵向水平扫地杆扣紧）→安装第一步纵向水平杆（随即与各立杆扣紧）→安装第一步横向水平杆→安装第二步纵向水平杆→安装第二步横向水平杆→加设临时斜撑杆（上端与第二步纵向水平杆扣紧，在装设两道连墙杆后可拆除）→安装第三、第四步纵横向水平杆→安装连墙杆、接长立杆，加设剪刀撑→铺设脚手板→挂安全网→重复向上安装。

②扣件式脚手架的拆除。扣件式脚手架的拆除应按由上而下，后搭者先拆，先搭者后拆的顺序进行。严禁上下同时拆除，以及先将整层连墙件或数层连墙件拆除后再拆其余杆件；如果采用分段拆除，其高差不应大于 2 步架；当拆除至最后一节立杆时，应先搭设临时抛撑加固后，再拆除连墙件；拆下的材料应及时分类集中运至地面，严禁抛扔。

（2）碗扣式钢管脚手架

1）碗扣式钢管脚手架主要组成部件：

碗扣式钢管脚手架的核心部件是碗扣接头，它是由焊在立杆上的下碗扣、可滑动的上碗扣、上碗扣的限位销和焊在横杆上的接头组成，如图 7-9 所示。连接时，只需将横杆插入下碗扣内，将上碗扣沿限位销扣下，顺时针旋转，靠近上碗扣螺旋面使之与限位销顶紧，从而将横杆和立杆牢固地连接在一起，形成框架结构，碗扣式接头可同时连接 4 根横杆，横杆可以相互垂直也可以偏转成一定的角度，位置随需要确定。该脚手架具有多功能、高功效、承载力大、安全可靠、便于管理、易改造等优点。

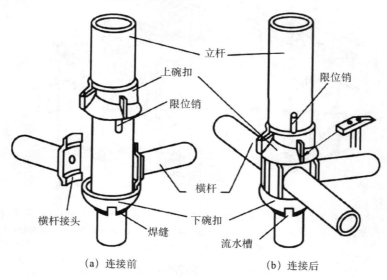

（a）连接前　　　　　　　　（b）连接后

图 7-9　碗扣接头

2）扣式钢管脚手架的搭设：

①组装顺序为：底座→立杆→横杆→斜杆→接头锁紧→脚手板→上层立杆→立杆连接→

横杆。

②注意事项：立杆、横杆的设置；直角交叉（对一般方形建筑物的外脚手架，在拐角处两直角交叉的排架要连在一起，以增加脚手架的整体稳定性）；斜杆的设置；连墙撑的设置。

3．其他脚手架

（1）门式钢管脚手架

门式钢管脚手架是20世纪80年代初由国外引进的一种多功能型脚手架，它由门架及配件组成。门式钢管脚手架结构设计合理，受力性能好，承载能力高，装拆方便，安全可靠，是目前国际上应用较为广泛的一种脚手架。

1）门式钢管脚手架主要组成部件：

门式钢管脚手架主要组成部件由门架、剪刀撑（交叉拉杆）、水平梁架（平行架）、挂扣式脚手板、连接棒和锁臂等构成基本单元，如图7-10所示。将基本单元相互连接起来并增设梯形架、栏杆等部件即构成整片脚手架。

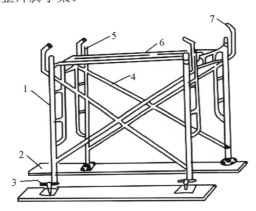

1—门架；2—平板；3—螺旋基脚；4—剪刀撑；5—连接棒；6—水平梁架；7—锁臂。

图7-10　门式钢管脚手架的基本单元

2）门式钢管脚手架的搭设与拆除：

①搭设。门式钢管脚手架的搭设顺序为：铺放垫木（垫板）→拉线放底座→自一端立门架，并随即装剪刀撑→装水平梁架（或脚手板）→装梯子→装通长大横杆→装连墙件→装连接棒→装上一步门架→装锁臂→重复以上步骤，逐层向上安装→装长剪刀撑→装设顶部栏杆。

②拆除。拆除脚手架时，应自上而下进行，各部件拆除的顺序与安装顺序相反。不允许将拆除的部件从高空抛下，而应将拆下的部件收集分类后，用垂直吊运机具运至地面，集中堆放保管。

（2）悬吊式脚手架

悬吊式脚手架也称吊篮，主要用于建筑外墙施工和装修。它是将架子（吊篮）的悬挂点固定在建筑物顶部悬挑出来的结构上，通过设在每个架子上的简易提升机械和钢丝绳，使吊篮升降，以满足施工要求。具有节约大量钢管材料、节省劳力、缩短工期、操作方便灵活、技术经济效益好等优点。吊篮可分为两大类：一类是手动吊篮，利用手扳葫芦进行升降；另一类是电动吊篮，利用电动卷扬机进行升降。

1）手动吊篮的基本组成：

手动吊篮由支撑设施（建筑物顶部悬挑梁或桁架）、吊篮绳（钢丝绳或钢筋链杆）、安全绳、手扳葫芦（或倒链）和吊架等组成，如图 7-11 所示。

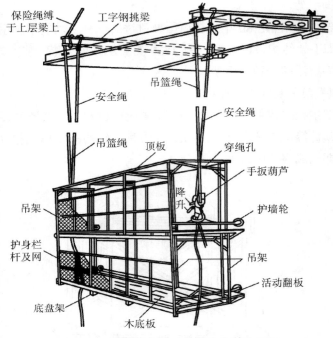

图 7-11　双层作业的手动提升式吊篮示意

2）操作方法：

先在地面上用倒链组装好吊篮架体，并在屋顶挑梁上挂好承重钢丝绳和安全绳，然后将承重钢丝绳穿过手扳葫芦的导绳孔向吊钩方向穿入、压紧，往复扳动前进手柄，即可提升吊篮；往复扳动倒退手柄即可下落，但不可同时扳动上下手柄。如果采用钢筋链杆作承重吊杆，则先把安全绳与钢筋链杆挂在已固定好的屋顶挑梁上，然后把倒链挂在钢筋链杆的链环上，下部吊住吊篮，利用倒链升降。因为倒链行程有限，在升降过程中，要多次人工倒替倒链，如此接力升降。

（3）附着升降脚手架

附着升降脚手架，是指仅需搭设一定高度并附着于工程结构上，依靠自身的升降设备和装置，随工程结构施工逐层爬升，并能实现下降作业的外脚手架。这种脚手架适用于现浇钢筋混凝土结构的高层建筑。附着升降脚手架按爬升构造方式分为导轨式、主套架式、悬挑式、吊拉式（互爬式）等，如图 7-12 所示。其中主套架式、吊拉式采用分段升降方式；悬挑式、导轨式既可采用分段升降，又可采用整体升降。无论采用哪一种附着升降脚手架，其技术关键是与建筑物有牢固的固定措施，升降过程均有可靠的防倾覆措施，设有安全防坠落装置和措施，具有升降过程中的同步控制措施。

附着升降脚手架主要由架体结构、附着支撑、动力设备、安全装置等组成。

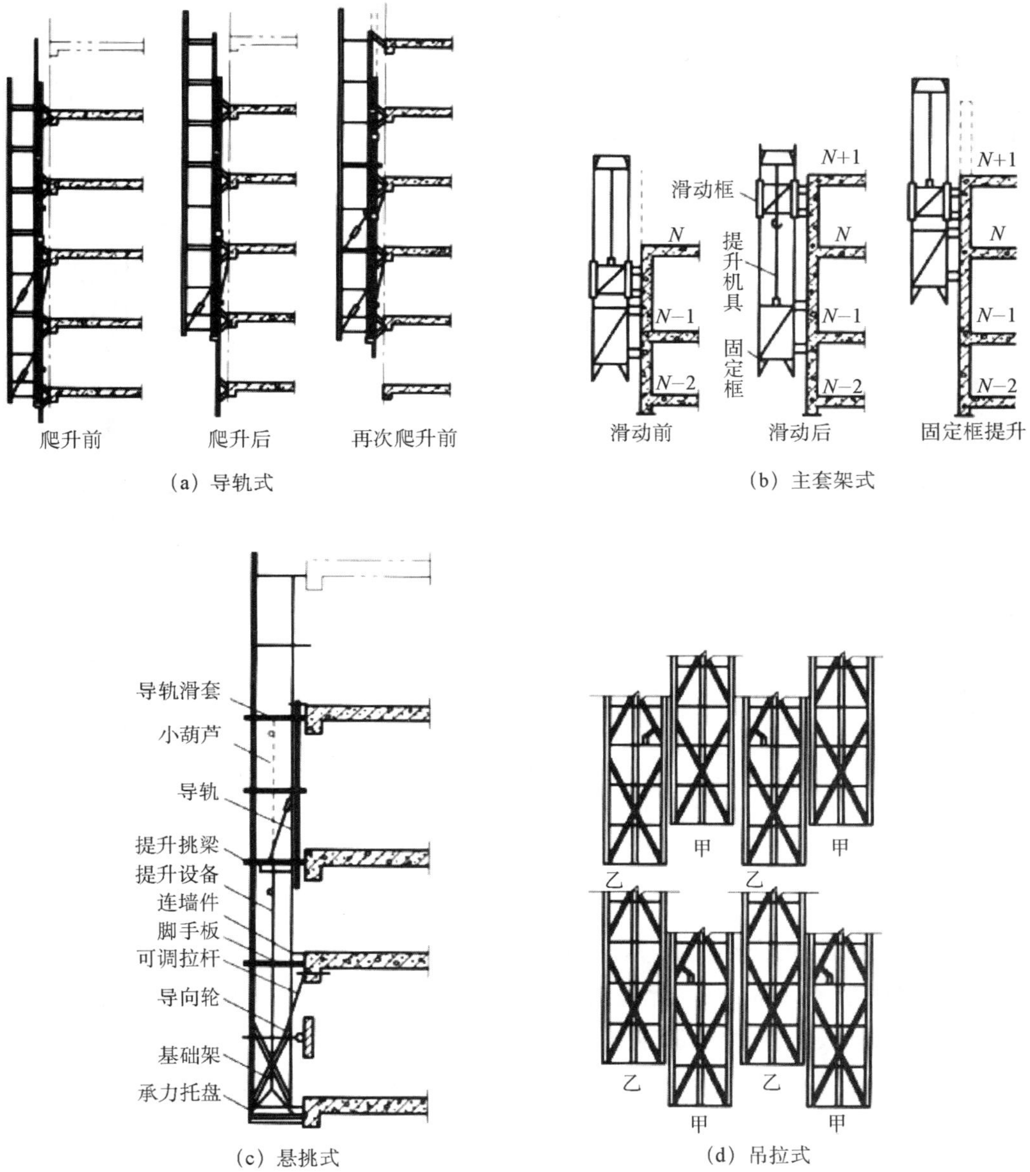

（a）导轨式

（b）主套架式

（c）悬挑式

（d）吊拉式

图 7-12　附着升降脚手架示意

（4）悬挑脚手架

悬挑脚手架利用建筑结构外边缘向外伸出的悬挑结构来支撑，将脚手架的荷载全部或部分传递给建筑结构。悬挑脚手架的关键是悬挑支撑结构，它必须有足够的强度、刚度和稳定性，并能将脚手架的荷载传递给建筑结构。

1）悬挑支撑结构。悬挑支撑结构主要有以下两类：

①用型钢作梁挑出，端头加钢丝绳（或用钢筋花篮螺栓拉杆）斜拉，组成悬挑支撑结构。由于悬出端支撑杆件是斜拉索（或拉杆），又简称为斜拉式，如图 7-13（a）、（b）所示。斜拉

式悬挑外脚手架悬出端支撑杆件是斜拉索（或拉杆），其承载能力由拉杆的强度控制，因此断面较小，能节省钢材，且自重轻。

②用型钢焊接的三角桁架作为悬挑支撑结构，悬出端的支撑杆件是三角斜撑压杆，又称为下撑式，如图 7-13（c）所示。下撑式悬挑脚手架，悬出端支撑杆件是斜撑受压杆，其承载能力由压杆稳定性控制，因此断面较大，钢材用量较多。

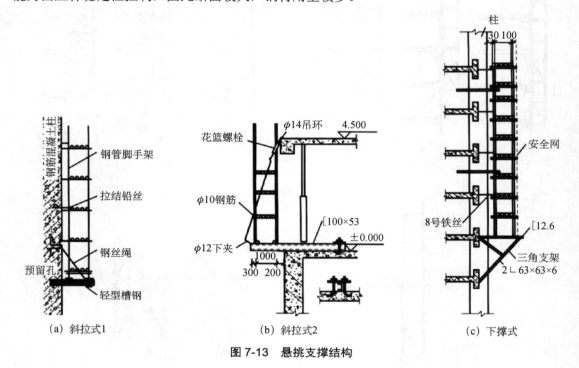

（a）斜拉式1　　　　　（b）斜拉式2　　　　　（c）下撑式

图 7-13　悬挑支撑结构

2）构造及搭设要点：

①斜拉式支承结构可在楼板上预埋钢筋环，外伸钢梁（工字钢、槽钢等）插入钢筋环内固定；或钢梁一端埋置在墙体结构的混凝土内。外伸钢梁另一端加钢丝绳或钢筋斜拉，钢丝绳或钢筋固定到预埋在建筑物内的吊环上。

②下撑式支撑结构可将钢梁一端埋置在墙体结构的混凝土内，另一端利用钢管或角钢制作的斜杆连接，斜杆下端焊接到混凝土结构中的预埋钢板上。当结构中钢筋过密，挑梁无法埋入时，可采用预埋件，将挑梁与预埋件焊接。预埋件的锚固筋要采用锚塞焊，并由计算确定。

二、砖砌体施工工艺

由砖和砂浆砌筑而成的砌体称为砖砌体。砖有烧结多孔砖、蒸压灰砂砖、粉煤灰砖、混凝土砖等。一块砖有 3 个两两相等的面，最大的面称为大面，长的一面称为条面，短的一面称为丁面。砖砌入墙体后，条面朝向操作者的称为顺砖，丁面朝向操作者的称为丁砖。

标准砖的尺寸为 240 mm×115 mm×53 mm，采用标准砖组砌的砖墙厚度有半砖（120 mm）、一砖（240 mm）、一砖半（370 mm）和二砖（490 mm）等厚度。用普通砖砌筑的砖墙，依其墙面组砌形式不同，有一顺一丁、三顺一丁、梅花丁、全顺砌法、全丁砌法、两平一侧砌法等，如图 7-14 所示。

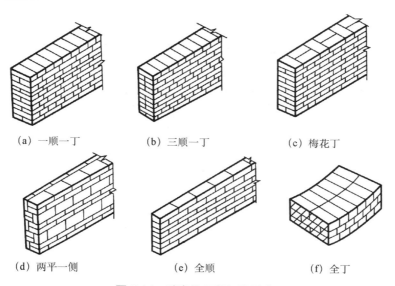

(a) 一顺一丁   (b) 三顺一丁   (c) 梅花丁

(d) 两平一侧   (e) 全顺   (f) 全丁

图 7-14　砖砌体工程组砌形式

1. 一顺一丁组砌法

这是一种最常见的组砌方法，一顺一丁砌法是由一皮顺砖与一皮丁砖互相间隔砌成，上下皮之间的竖向灰缝互相错开 1/4 砖长。这种砌法效率较高，操作较易掌握，墙面平整也容易控制。缺点是对砖的规格要求较高，如果规格不一致，竖向灰缝就难以整齐。另外，在墙的转角、丁字接头和门窗洞口等处都要砍砖，在一定程度上影响了工效。它的墙面组砌形式有两种：一种是顺砖层上下对齐的称为十字缝；另一种顺砖层上下错开 1/2 砖的称为骑马缝。一顺一丁的两种组砌法如图 7-15 所示。

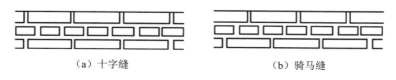

（a）十字缝   （b）骑马缝

图 7-15　一顺一丁的两种组砌法

用这种砌法时，调整砖缝的方法可以采用外七分头或内七分头，但一般都用外七分头，而且要求七分头跟顺砖走。采用内七分头的砌法是在大角上先放整砖，可以先把准线提起来，让同一条准线上操作的其他人员先开始砌筑，以便加快整体速度。但转角处有半砖长的"花槽"出现通天缝，在一定程度上影响了墙体质量。一顺一丁墙的大角砌法如图 7-16～图 7-18 所示。

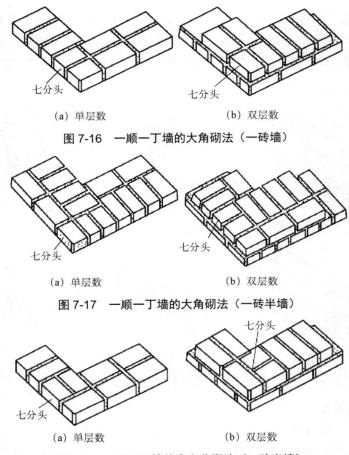

（a）单层数　　　　　　　　（b）双层数

图 7-16　一顺一丁墙的大角砌法（一砖墙）

（a）单层数　　　　　　　　（b）双层数

图 7-17　一顺一丁墙的大角砌法（一砖半墙）

（a）单层数　　　　　　　　（b）双层数

图 7-18　一顺一丁墙的内七分砌法（一砖半墙）

2. 三顺一丁组砌法

三顺一丁砌法为采用三皮全部顺砖与一皮全部丁砖间隔砌成的组砌方法。上下皮顺砖间竖缝错开 1/2 砖长，上下皮顺砖与丁砖间竖向灰缝错开 1/4 砖长，同时要求山墙与檐墙（长墙）的丁砖层不在同一皮砖上，以利于错缝和搭接。这种砌法一般适用于一砖半以上的墙。这种砌法顺砖较多，砖的两个条面中挑选一面朝外，故墙面美观，同时在墙的转角处、丁字和十字接头处及门窗洞等处砍凿砖少，砌筑效率较高。缺点是顺砖层多，墙体的整体性较差。三顺一丁组砌法一般以内七分头调整错缝和搭接。三顺一丁组砌形式如图 7-19 所示。三顺一丁组砌法的大角做法如图 7-20 所示。

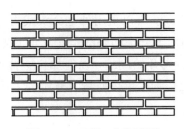

图 7-19　三顺一丁组砌法

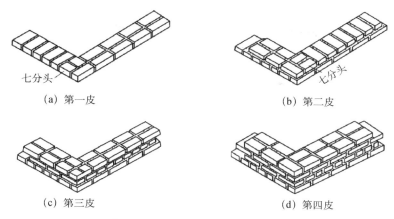

(a) 第一皮   (b) 第二皮

(c) 第三皮   (d) 第四皮

图 7-20 三顺一丁墙的大角砌法

3. 其他组砌法

（1）梅花丁组砌法

梅花丁组砌法又称为沙包式或十字式砌法，是在同一皮砖上采用两块顺砖夹一块丁砖的砌法。上皮丁砖坐中于下皮顺砖，上下两皮砖的竖向灰缝错开 1/4 砖长。梅花丁组砌法的内外竖向灰缝每皮都能错开，竖向灰缝容易对齐，墙面平整度容易控制，特别是当砖的规格不一致时（一般砖的长度方向容易出现超长，而宽度方向容易出现缩小的现象），更显出其能控制竖向灰缝的优越性。这种砌法灰缝整齐、美观，尤其适宜于清水外墙。但由于顺砖与丁砖交替砌筑，影响操作速度，工效较低。梅花丁墙的组砌方法和大角砌法如图 7-21所示。

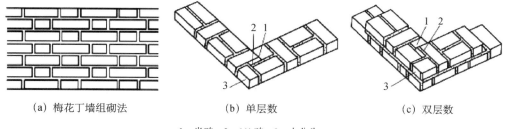

(a) 梅花丁墙组砌法   (b) 单层数   (c) 双层数

1—半砖；2—1/4 砖；3—七分头。

图 7-21 梅花丁墙的组砌方法和大角砌法

（2）两平一侧组砌法

两平一侧组砌法是采用两皮平砌与一皮侧砌的顺砖相隔砌成。这种砌法较费工，但节约用砖，仅适用于 180 mm 或 300 mm 厚的墙。连砌两皮顺砖（上下皮竖向灰缝相互错开 1/2 砖长），背后贴一侧砖（平砌层与侧砌层的竖向灰缝也错开 1/2 砖长）就组成了 180 mm 厚墙。连砌两皮丁砖或一顺一丁（上下皮之间竖缝错开 1/4 砖长）背后贴一侧砖（侧砖层与顺砖层之间竖缝错开 1/2 砖长，与丁砖层错开 1/4 砖长）就组成了 300 mm 厚的墙。每砌两皮砖以后，将平砌砖和侧砌砖里外互换，即可组成两平一侧墙体，如图 7-22 所示。

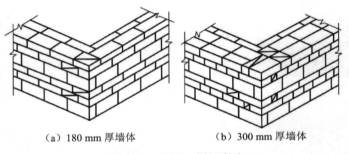

（a）180 mm 厚墙体　　　　　　　（b）300 mm 厚墙体

图 7-22　两平一侧组砌法

（3）全顺组砌法

全部采用顺砖砌筑，上下皮间竖向灰缝错开 1/2 砖长。这种砌法仅适用于砌半砖墙，如图 7-23 所示。

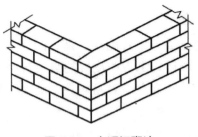

图 7-23　全顺组砌法

（4）全丁组砌法

全部采用丁砖砌筑，上下皮间竖缝相互错开 1/4 砖长。这种砌法仅适用于砌圆弧形砌体，如烟囱、窨井等。一般采用外圆放宽竖缝，内圆缩小竖缝的办法形成圆弧。当烟囱或窨井的直径较小时，砖要砍成楔形砌筑，如图 7-24 所示。

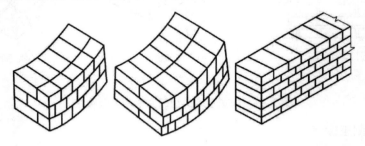

图 7-24　全丁组砌法

三、砌块施工工艺

砌块作为一种墙体材料，具有对建筑体系适应性强、砌筑方便灵活的特点，应用日趋广泛。同时，砌块可以充分利用地方材料和工业废料做原料，种类较多，可用于承重墙和填充墙砌筑。用于承重墙砌筑的砌块一般有普通混凝土小型空心砌块、轻集料混凝土小型空心砌块（简称小砌块），用于填充墙砌筑的砌块有加气混凝土砌块、轻集料混凝土小型空心砌块。

1. 施工工艺流程

基层处理→测量墙中线→弹墙边线→砌底部实心砖→立皮数杆→拉准线、铺灰、依准线砌筑→埋墙拉筋→梁下、墙顶斜砖砌筑。

2. 工艺简介

砌块施工时需弹墙身线和立皮数杆，并按事先划分的施工段和砌块排列图逐皮安装。其安装顺序是先外后内、先远后近、先下后上。砌块砌筑时应从转角处或定位砌块处开始，并校正其垂直度，然后按砌块排列图内外墙同时砌筑并且错缝搭砌。每个楼层砌筑完成后应复核标高，如有偏差则应找平校正。铺灰和灌浆完成后，吊装上一皮砌块时，不允许碰撞或撬动已安装好的砌块。如相邻砌体不能同时砌筑时，应留阶梯形斜槎，不允许留直槎。

四、石砌体施工工艺

1. 毛石砌体施工

毛石砌体应采用铺浆法砌筑，砂浆必须饱满，叠砌面的砂浆饱满度应大于 80%，灰缝厚度宜为 20～30 mm。毛石砌体应分皮卧砌，各皮石块间应通过对毛石自然形状进行敲打修整，使其能与先砌的毛石基本吻合。毛石应上下错缝、内外搭砌。

毛石墙的转角处和交接处应同时砌筑，对不能同时砌筑而又必须留置的临时间断处，应砌成踏步槎。

2. 料石砌体施工

料石砌体应采用铺浆法砌筑，料石应放置平稳，砂浆饱满度不应小于 80%。灰缝厚度为：细料石砌体不宜大于 5 mm，粗料石和毛料石不宜大于 20 mm。料石应上下错缝、内外搭砌。料石基础的第一皮料石应坐浆丁砌，以上各皮一般按一顺一丁进行砌筑。料石基础台阶部分的上级阶梯石块至少应压砌下级阶梯的 1/3。

料石墙厚度等于一块料石宽度时，可采用全顺砌筑；墙厚等于两块料石宽度时，可采用两顺一丁或丁顺组砌。其中两顺一丁是两皮顺石与一皮丁石相间，丁顺组砌是同皮内顺石与丁石相间。

第三节　钢筋混凝土工程

一、常见模板及支撑架

1. 模板的种类及特性

（1）按材料性质分类

模板是混凝土浇筑成型的模壳和支架，按材料的性质、种类，可分为木模板、钢模板、塑料模板和其他模板等。

1）木模板：混凝土工程开始出现时，都是使用木材来做模板。一般多为松木和杉木，木材被加工成木板、木方，然后组合成构件所需的模板。

2）组合钢模板：组合钢模板又称组合式定型小钢模，是目前使用较广泛的一种通用性组合模板。用它进行现浇钢筋混凝土结构施工，可事先按设计要求组拼成梁、柱、墙、楼板的大型模板，整体吊装就位，也可采用散装散拆方法，比较方便。组合钢模板的部件，主要由钢模板、连接件和支承件 3 部分组成。

3）全钢大模板：全钢大模板是进行现浇剪力墙结构施工的一种工具式模板。它的单块模板面积较大，通常对于小开间而言，以一面现浇混凝土墙体为一块模板；对于大开间墙体而言，以几块模板拼装组成，一般为两三块。

全钢大模板是采用专业设计和按照墙体尺寸加工制作而成的一种工具式模板，一般与支架连为一体。由于它自重大，施工时需要配以相应的吊装和运输机械，用于浇筑现浇混凝土墙体。它安装和拆除简便、尺寸准确，由于选用钢板作为板面材料，钢板厚度一般为 5～6 mm，因而避免了钢框木（竹）胶合板刚度差、易变形、板面易损坏的弱点，钢材板面耐磨、耐久，一般可周转使用次数在 200 次以上。同时，钢材板面平整光洁且容易清理，有利于提高混凝土的质量。

4）塑料模板：塑料模板也称为塑壳定型模板，是随着钢筋混凝土预应力现浇密肋楼盖的出现，在实践中创造和应用的一种新型模板，其形状犹如一个方形大盆，支模时倒扣在支架上，口朝下、底朝上。这种模板的优点是造价低廉、拆模快、容易周转、成型美观，但仅用于钢筋混凝土结构的楼盖施工。

（2）按结构构件的类型分类

按结构构件的类型分类，有基础模板、柱模板、墙模板、楼板模板、梁模板、楼梯模板和其他各类构筑物模板等。

（3）按施工工艺条件分类

模板按施工工艺条件，可分为现浇混凝土模板、预组装模板、大模板、跃升模板、水平滑动的隧道模板和垂直滑动的模板等。

1）现浇混凝土模板：根据混凝土结构形状不同就地形成的模板，多用于基础、梁、板等现浇混凝土工程。模板支承体系多通过支于地面或基坑侧壁以及对拉的螺栓承受混凝土的竖向和侧向压力。这种模板适应性强，但周转较慢。

2）预组装模板：由定型模板分段预组装成较大面积的模板及其支承体系，用起重设备吊运到混凝土浇筑位置。多用于大体积混凝土工程。

3）大模板：由固定单元形成的固定标准系列的模板，多用于高层建筑的墙板体系。

4）跃升模板：由两段以上固定形状的模板，通过埋设于混凝土中的固定件，形成模板支承条件承受混凝土施工荷载，当混凝土达到一定强度时，拆模上翻，形成新的模板体系。多用于变直径的双曲线冷却塔、水工结构以及设有滑升设备的高耸混凝土结构工程。

5）水平滑动的隧道模板：由短段标准模板组成的整体模板，通过滑道或轨道支于地面，沿结构纵向平行移动的模板体系。多用于地下直行结构，如隧道、地沟、封闭顶面的混凝土结构。

6）垂直滑动的模板：由小段固定形状的模板与提升设备以及操作平台组成的可沿混凝土成型方向平行移动的模板体系。适用于高耸的框架、烟囱、圆形料仓等钢筋混凝土结构。根据提升设备的不同，又可分为液压滑模、螺旋丝杠滑模以及拉力滑模等。

2. 模板搭设和拆除

1）模板支架工程必须按照规定编制、审核专项施工方案，超过一定规模的要组织专家论证。超过一定规模模板支架工程主要包括滑模、爬模和飞模工程；搭设高度 8 m 及以上，搭设跨度 18 m 及以上，施工总荷载 15 kN/m² 及以上，集中线荷载 20 kN/m² 及以上的混凝土模板支撑工程；用于钢结构安装等满堂支撑体系，承受单点集中荷载 700 kg 以上的承重支撑体系。

2）模板支架搭设、拆除单位必须具有相应的资质和安全生产许可证，严禁无资质人员从事模板支架搭设、拆除作业。

3）模板支架搭设、拆除人员必须取得建筑施工特种作业人员操作资格证书。

4）模板支架搭设、拆除前，应当向现场管理人员和作业人员进行安全技术交底。高大模板支撑系统搭设前，项目工程技术负责人或方案编制人员应当根据专项施工方案和有关规范、标准的要求，对现场管理人员、操作班组、作业人员进行安全技术交底，并履行签字手续。

5）模板支架材料进场验收前，必须按规定进行验收，未经验收或验收不合格的严禁使用。

①模板支架的结构材料应按要求进行验收、抽检和检测，并留存记录、资料；

②对进场的承重杆件、连接件等材料的产品合格证、生产许可证、检测报告进行复核，并对其表面观感、重量等物理指标进行抽检。

6）模板支架搭设、拆除要严格按照专项施工方案组织实施，相关管理人员必须在现场进行监督，发现不按照专项施工方案施工的，应当要求立即整改。

7）模板支架搭设场地必须平整坚实。必须按专项施工方案设置纵横向水平杆、扫地杆和剪刀撑；立杆顶部自由端高度、顶托螺杆伸出长度严禁超出专项施工方案要求。

①模板支架搭设场地必须平整坚实，如遇松软土、回填土，应根据设计要求进行平整、夯实，并采取防水、排水措施，并按规定在模板支撑柱底部采用具有足够强度和刚度的垫板；

②按专项施工方案设置纵横向水平杆、扫地杆和剪刀撑；

③立杆顶部自由端高度、顶托螺杆伸出长度严禁超出专项施工方案要求。

8）模板支架搭设完毕应当组织验收，验收合格的，方可铺设模板。

①模板支撑系统在搭设完成后，由项目负责人组织验收；

②验收合格后上报当地安监部门和专家论证组验收；

③验收合格后经施工单位项目技术负责人及项目总监理工程师签字后，方可进入后续工序的施工。

9）混凝土强度必须达到规范要求，并经监理单位确认后方可拆除模板支架。模板支架拆除应从上而下逐层进行。

①拆除作业前，应现对混凝土强度进行抗压试验，并对现场结构物进行混凝土回弹试验，待混凝土强度达到规范要求并履行拆模审批签字手续后方可进行拆除作业；

②模板支架拆除应从上而下逐层进行，严禁上下层同时拆除作业，分段拆除的高度不应

大于两层；

③模板支架拆除过程中，地面应设置围栏和警戒标志，并派专人看守，严禁非操作人员进入作业范围。

二、钢筋工程施工工艺

钢筋工程是钢筋混凝土工程施工中重要的组成部分，在钢筋混凝土梁、板、柱、基础等构件中起骨架支撑作用。钢筋工程施工工艺流程为：钢筋验收→调直（除锈）→冷拉→切断→接长→弯曲→骨架（成型）。

1. 钢筋验收

1）检查产品合格证、出厂检验报告。钢筋出厂应具有产品合格证书、出厂试验报告单作为质量的证明材料，所列出的品种、规格、型号、化学成分、力学性能等，必须满足设计要求，符合有关现行国家标准的规定。

2）进场的每捆（盘）钢筋均应有标牌，按炉罐号、批次及直径分批验收。

3）钢筋外观检查应平直、无损伤，表面不得有裂纹、油污、颗粒状或片状老锈。对钢筋规格尺寸进行实测，规格必须符合国家标准的规定。

4）对钢筋力学性能进行检验。以同一级别、种类，同一规格、批号、批次不大于 60 t 为一验收批（不足 60 t 也为一批），每批钢筋中任选两根，每根取两个试样进行拉伸试验（测定屈服点、抗拉强度和伸长率）和冷变试验。如有一项试验结果不符合规定，则应从同一批钢筋另取双倍数量的试件重做各项试验，如果仍有一个试件不合格，则该批钢筋为不合格品，应不予验收或降级使用。

5）钢筋进场还应进行化学成分分析或其他专项检验，验收有害成分如硫（S）、磷（P）、砷（As）的含量是否超过规定范围。

2. 钢筋存放

当钢筋运进施工现场后，必须严格按批分等级、牌号、直径、长度挂牌分别堆放，并注明数量，不得混淆。堆放时，钢筋下面要加垫木，离地不宜少于 200 mm，以防钢筋锈蚀和污染。同时，不要与产生有害气体的车间靠近，以免污染和腐蚀钢筋。

3. 钢筋加工

（1）钢筋除锈

钢筋的表面应洁净。油渍、漆污和用锤敲击时能剥落的浮皮、铁锈等应在使用前清除干净。在焊接前，焊点处的水锈应清除干净。

钢筋的除锈，一般可通过以下两个途径：一是在钢筋冷拉或钢丝调直过程中除锈，对大量钢筋的除锈较为经济省力；二是用机械方法除锈，如采用电动除锈机除锈，对钢筋的局部除锈较为方便。还可采用手工除锈（用钢丝刷、砂盘）、喷砂和酸洗除锈等。

（2）钢筋调直

钢筋的调直是在钢筋加工成型之前，对热轧钢筋进行矫正，使钢筋成为直线的一道工序。钢筋调直的方法分为机械调直和人工调直。以盘圆供应的钢筋在使用前需要进行调直，调直应优先采用机械方法，以保证调直钢筋的质量。钢筋调直机如图 7-25 所示。

图 7-25　钢筋调直机

（3）钢筋切断

钢筋切断时采用的机具设备有钢筋切断机和手动液压切断器。钢筋切断机如图 7-26 所示。

1）将同规格钢筋根据不同长度长短搭配，统筹排料；一般应先断长料，后断短料，减少短头，减少损耗。

2）断料时应避免用短尺量长料，防止在量料中产生累计误差。

3）钢筋切断机的刀片，应由工具钢热处理制成。

4）在切断过程中，若发现钢筋有劈裂、缩头或严重的弯头等必须切除；若发现钢筋的硬度与该钢筋有较大的出入，应及时向有关人员反映，查明情况。

5）钢筋的断口，不得有马蹄形或起弯等现象。

图 7-26　钢筋切断机

4. 钢筋的连接

钢筋的连接可分为三类：绑扎搭接、焊接和机械连接。当受拉钢筋的直径 $d>25$ mm 及受压钢筋的直径 $d>28$ mm 时，不宜采用绑扎搭接接头。

（1）钢筋绑扎搭接连接

同一构件中相邻纵向受力钢筋的绑扎搭接接头宜相互错开。绑扎搭接接头中钢筋的横向净距不应小于钢筋直径，且不应小于 25 mm。同一连接区段内，纵向受拉钢筋搭接接头面积百分率应符合设计要求；当设计无具体要求时，应符合下列规定：对梁类、板类及墙类构件不宜大于 25%；对柱类构件不宜大于 50%；当工程中确有必要增大接头面积百分率时，对梁类构件不应大于 50%，对其他构件可根据实际情况放宽。纵向受力钢筋绑扎搭接接头的最小搭接长度应符合设计要求。

（2）钢筋焊接连接

1）钢筋闪光对焊：钢筋闪光对焊是将两根钢筋安放成对接形式，利用焊接电流通过两根钢筋的接触点产生的电阻热，使接触点金属熔化，产生强烈飞溅，形成闪光，迅速施加顶锻力完成的一种压焊方法。

闪光对焊分为连续闪光焊、预热闪光焊和闪光—预热—闪光焊。钢筋直径较小的 HRB400级以下钢筋可采用"连续闪光焊"；钢筋直径较大、端面较平整时，宜采用"预热闪光焊"；钢筋直径较大、端面不平整时，应采用"闪光—预热—闪光焊"。连续闪光对焊所能焊接的钢筋直径上限应根据焊接容量、钢筋牌号等具体情况而定，具体要求应符合《钢筋焊接及验收规程》（JGJ 18—2012）的规定。不同直径的钢筋焊接时径差不得超过 4 mm。对焊机的基本构造如图 7-27 所示，钢筋对焊接头外形如图 7-28 所示。

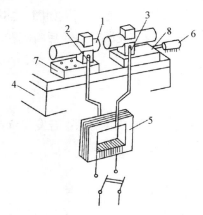

1—焊接的钢筋；2—固定电极；3—可动电极；4—机座；
5—变压器；6—手动顶压机构；7—固定座板；8—动板。

图 7-27　对焊机基本构造

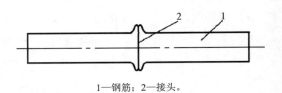

1—钢筋；2—接头。

图 7-28　钢筋对焊接头的外形示意

2）钢筋电阻点焊：钢筋电阻点焊是将两根钢筋安放成交叉叠接形式，压紧于两电极之间，利用电阻热熔化母材金属，加压形成焊点的一种压焊方法。

3）钢筋电弧焊：钢筋电弧焊是以焊条作为一极、钢筋为另一极，利用焊接电流通过产生的电弧热进行焊接的一种熔焊方法。钢筋电弧焊包括帮条焊、搭接焊、坡口焊、窄间隙焊和熔槽帮条焊 5 种接头形式。帮条焊时，宜采用双面焊；当不能进行双面焊时，可采用单面焊，帮条长度应符合表 7-3 的规定。当帮条焊牌号与主筋相同时，帮条直径可与主筋相同或小一个规格；当帮条焊直径与主筋相同时，帮条牌号可与主筋相同或第一个牌号等级。搭接焊时，宜采用双面焊。当不能进行双面焊时，可采用单面焊。搭接长度需满足表 7-3 的要求。

表 7-3　钢筋帮条长度

钢筋牌号	焊缝形式	帮条长度
HPB300	单面焊	≥8d
	双面焊	≥4d

续表

钢筋牌号	焊缝形式	帮条长度
HRB335、HRBF335	单面焊	≥10d
HRB400、HRBF400		
HRB500、HRBF500、RRB400W	双面焊	≥5d

注：d 为主筋直径，mm。

4）钢筋电渣压力焊：钢筋电渣压力焊是将两根钢筋安放成竖向对接形成，利用焊接电流通过两根钢筋端面间隙，在焊剂层下形成电弧过程和电渣过程，产生电弧热和电阻热，熔化钢筋，加压完成的一种压焊方法。电渣压力焊适用于 Φ12～32 的 HPB300、HRB335、HRB400、HRB500、HRBF335、HRBF400、HRBF500 钢筋。钢筋电渣压力焊应用于柱、墙、构筑物等现浇混凝土结构中竖向受力钢筋连接；不得在竖向焊接后横置于梁、板等构件中作水平钢筋使用。图 7-29 为杠杆式单柱焊接机头，图 7-30 为丝杆传动式双柱焊接机头。

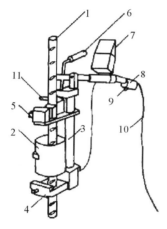

1—钢筋；2—焊剂盒；3—单导柱；4—固定夹头；5—活动夹；
6—手柄；7—监控仪表；8—操作把；9—开关；
10—控制电缆；11—电缆插座。

图 7-29　杠杆式单柱焊接机头

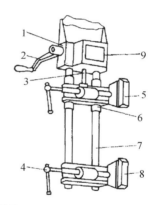

1—伞形齿轮箱；2—手柄；3—升降丝杆；4—夹紧装置；
5—上夹头；6—导管；7—双导柱；8—下夹头；9—操作盒。

图 7-30　丝杆传动式双柱焊接机头

（3）钢筋机械连接

1）钢筋套筒挤压连接：钢筋套筒挤压连接是将两根待接钢筋插入钢套筒，用挤压连接设备沿径向挤压钢套筒，使之产生塑性变形，依靠变形后的钢套筒与被连接钢筋纵、横肋产生的机械咬合成为整体的钢筋连接方法。如图 7-31 和图 7-32 所示。

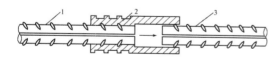

1—已挤压的钢筋；2—钢套筒；3—未挤压的钢筋。

图 7-31　钢筋套筒挤压连接原理

图 7-32　钢筋套筒挤压连接实物

2）钢筋锥螺纹套筒连接：钢筋锥螺纹套筒连接是将两根待接钢筋端头用套丝机做出锥形

外丝，然后用带锥形内丝的套筒将钢筋两端拧紧的钢筋连接方法。锥螺纹套筒连接适用于直径 16～40 mm 的 HPB300～HRB400 级同径或异径的钢筋连接，如图 7-33 所示。

图 7-33　钢筋锥螺纹套筒连接示意

3）钢筋镦粗直螺纹套筒连接：钢筋镦粗直螺纹套筒连接是先将钢筋端头镦粗，再切削成直螺纹，然后用带直螺纹的套筒将钢筋两端拧紧的钢筋连接方法。

4）钢筋滚压直螺纹套筒连接：钢筋滚压直螺纹套筒连接是利用金属材料塑性变形后冷作硬化增强金属材料强度的特性，使接头与母材等强的连接方法，如图 7-34 所示。根据滚压直螺纹成型方式，又可分为直接滚压螺纹、压肋滚压螺纹、剥肋滚压螺纹 3 种类型。

图 7-34　钢筋滚压直螺纹套筒连接图

5. 钢筋安装

基面终验清理完毕或施工缝处理完毕养护一定时间，混凝土强度达到 2.5 MPa 后，即进行钢筋的绑扎与安装作业。钢筋的安设方法有两种：一种是将钢筋骨架在加工厂制好，再运到现场安装，称为整装法；另一种是将加工好的散钢筋运到现场，再逐根安装，称为散装法。

三、混凝土工程施工工艺

混凝土工程施工包括混凝土拌合料的制备、运输、浇筑、振捣、养护等工艺过程，传统的混凝土拌合料是在混凝土配合比确定后在施工现场进行配料和拌制，近年来，混凝土拌合料的制备实现了工业化生产，大多数城市实现了混凝土集中预拌，商品化供应混凝土拌合料，施工现场的混凝土工程施工工艺减少了制备过程。

1. 混凝土拌合料的运输

（1）运输要求

混凝土拌合料自商品混凝土厂装车后，应及时运至浇筑地点。混凝土拌合料运输过程中一般要求：

1）保持其均匀性，不离析、不漏浆。

2）运到浇筑地点时应具有设计配合比所规定的坍落度。

3）应在混凝土初凝前浇入模板并捣实完毕。

4）保证混凝土浇筑能连续进行。

（2）运输时间

混凝土从搅拌机卸出到浇筑进模的时间间隔不得超过表 7-4 中所列的数值。若使用快硬水泥或掺有促凝剂的混凝土，其运输时间由试验确定，轻骨料混凝土的运输、浇筑延续时间应适当缩短。

表 7-4 混凝土从搅拌机中卸出到浇筑完毕的延续时间

单位：min

混凝土强度等级	气温低于 25℃	气温高于 25℃
C30 及 C30 以下	120	90
C30 以上	90	60

（3）运输方案及运输设备

混凝土拌合料自搅拌站运至工地，多采用混凝土搅拌运输车，在工地内，混凝土运输目前可以选择的组合方案有：

1）"泵送"方案。泵送混凝土是用混凝土泵或泵车沿输送管运输和浇筑混凝土拌合物。是一种有效的混凝土拌合物运输方式，速度快、劳动力少，尤其适合于大体积混凝土和高层建筑混凝土的运输和浇筑。混凝土泵有活塞泵、气压泵和挤压泵等几种类型，而以活塞泵应用较多。活塞泵又根据其构造原理不同分为机械式和液压式两种，常用液压式。混凝土泵分拖式（地泵）和泵车两种形式。图 7-35 为 HBT60 拖式混凝土泵。

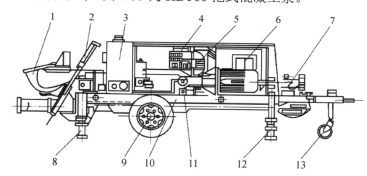

1—料斗；2—集流阀组；3—油箱；4—操作盘；5—冷却器；6—电器柜；7—水泵；8—后支脚；9—车桥；10—车架；
11—排出量手轮；12—前支腿；13—导向轮。

图 7-35 HBT60 拖式混凝土泵

2）"塔式起重机+料斗"方案。

2. 混凝土浇筑

混凝土浇筑就是将混凝土放入已安装好的模板内并振捣密实以形成符合要求的结构或构件的施工过程，包括布料、振捣、抹平等工序。

（1）混凝土浇筑的基本要求

1）混凝土应分层浇筑，分层捣实，但两层混凝土浇捣时间间隔不超过规范规定。

2）浇筑应连续作业，在竖向结构中如浇筑高度超过 3 m 时，应采用溜槽或串筒下料。

3）在浇筑竖向结构混凝土前，应先在浇筑处底部填入 50～100 mm 与混凝土内砂浆成分相同的水泥浆或水泥砂浆（接浆处理）。

4）浇筑过程应经常观察模板及其支架、钢筋、埋设件和预留孔洞的情况，当发现有变形或位移时，应立即快速处理。

（2）施工缝

施工缝指的是在混凝土浇筑过程中，因设计要求或施工需要分段浇筑，而在先、后浇筑的混凝土之间所形成的接缝。施工缝并不是一种真实存在的"缝"，它只是因先浇筑混凝土超过初凝时间，而与后浇筑的混凝土之间存在一个结合面，该结合面就称为施工缝。

浇筑混凝土应连续进行，如必须间歇，间歇时间应尽量缩短。间歇的最长时间应按所用水泥品种及混凝土凝结条件确定，并不得超过表 7-5 的规定，超过规定时间必须设置施工缝。

表 7-5 混凝土浇筑中的最大间歇时间 单位：min

混凝土强度等级	气温低于 25℃	气温高于 25℃
≤C30	210	180
>C30	180	150

由于技术上或组织上的原因混凝土不能连续浇筑完毕，应预先设置施工缝。施工缝的位置应设置在结构受剪力较小和便于施工的部位，且应符合下列规定：柱、墙应留水平缝，梁、板的混凝土应一次浇筑，不留施工缝。

（3）后浇带

后浇带是在现浇混凝土结构施工过程中，为克服由于温度、收缩和沉降等可能产生有害裂缝设置的临时施工缝。该缝需根据设计要求保留一段时间后再浇筑，将整个结构连成整体后浇带的设置距离应在考虑有效降低温差和收缩应力的条件下，通过计算确定。在正常施工条件下，一般间距为 30～50 m，采取特殊措施后，可适当增加。后浇带的保留时间应根据设计确定，如无设计要求，一般至少保留 28 d 以上。后浇带的宽度一般为 70～200 cm，后浇带内钢筋应保护完好。后浇带在施工前，必须将整个混凝土表面按照施工缝的要求进行处理。填充后浇带的混凝土可采用微膨胀或低收缩混凝土，混凝土强度等级应比原结构混凝土强度等级提高一级，须保持 14 d 以上的湿润养护。

（4）大体积混凝土

大体积混凝土结构整体性要求较高，通常不允许留施工缝。因此，必须保证混凝土搅拌、运输、浇筑、振捣各工序协调配合，并在此基础上，根据结构大小、钢筋疏密等具体情况，选用如下浇筑方案，如图 7-36 所示。

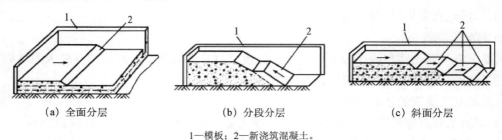

（a）全面分层　　　　　　（b）分段分层　　　　　　（c）斜面分层

1—模板；2—新浇筑混凝土。

图 7-36 大体积混凝土浇筑方案

1）全面分层。在整个结构内全面分层浇筑混凝土，要做到第一层全部浇筑完毕，在初凝前再回来浇筑第二层，如此逐层进行，直到浇筑完成。采用此方案，结构平面尺寸不宜过大，施工时从短边开始，沿长边进行。必要时也可从中间向两端或从两端向中间同时进行。为保证混凝土的整体性，则要保证每一浇筑层在前一层混凝土初凝前覆盖并捣实成整体。

　　2）分段分层。混凝土从底层开始浇筑，进行一定距离后回来浇筑第二层，如此依次向前浇筑，以上各层每段的长度可根据混凝土浇筑到末端后，下层末端的混凝土还未初凝来确定分段分层浇筑方案，适用于厚度不太大但面积或长度较大的结构。

　　3）斜面分层。适用于结构的长度大大超过厚度而混凝土的流动性又较大时，采用分层分段方案混凝土往往不能形成稳定的分层踏步，这时可采用斜面分层浇筑方案。施工时将混凝土一次浇筑到顶，让混凝土自然地流淌，形成一定的斜面。这时混凝土的振捣工作应从浇筑层下端开始，逐渐上移，以保证混凝土施工质量。这种方案适用于混凝土泵送工艺，可免除混凝土输送管的反复拆装。

3. 混凝土振捣

　　在浇筑过程中，必须使用振捣工具振捣混凝土，尽快将拌合物中的空气振出，将混凝土拌合料中的空气赶出来，因为空气含量太多的混凝土会降低强度。用于振捣密实混凝土拌合物的机械，按其作业方式可分为插入式振动器、表面振动器、附着式振动器和振动台。在施工工地主要使用插入式振动器和表面振动器。

　　1）插入式振动器常用于振实梁、柱、墙等构件和大体积混凝土，如图 7-37 所示。当振动大体积混凝土时，还可将几个振动器组成振动束进行强力振捣。

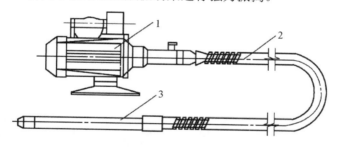

1—电动机；2—软轴；3—振动棒。

图 7-37　插入式振动器

　　采用插入式振动器捣实混凝土时，振动棒宜垂直插入混凝土中，为使上层、下层混凝土结合成整体，振动棒应插入下层混凝土 50 mm。振动棒插点间距要均匀排列，以免漏振。一般间距不要超过振动棒有效作用半径的 1.5 倍。插点可按行列式或交错式布置，如图 7-38 所示（图中 R 为振动棒的有效作用半径）。其中，交错式的重叠搭接较好，比较合理。

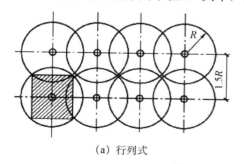

（a）行列式　　　　　　（b）交错式

图 7-38　振捣点的布置

2）表面振动器

表面振动器又称平板振动器，是将附着式振动器固定在一块底板上。它适用于振捣楼板、地面、板形构件和薄壳等构件。

4. 混凝土养护

混凝土养护方法根据混凝土在养护过程中所处温度和湿度条件的不同，一般可分为标准养护、自然养护和加热养护 3 种。

混凝土在温度为（20±2）℃和相对湿度为 95%以上的潮湿环境或水中的条件下进行的养护称为标准养护。

在自然气候条件下，对混凝土采取相应的保湿、保温等措施所进行的养护称为自然养护。自然养护可分为覆盖浇水养护和塑料薄膜养护两类。

为了加速混凝土的硬化过程，对混凝土进行加热处理，将其置于较高温度条件下进行硬化的养护称为加热养护。

四、装配式混凝土建筑预制构件生产工艺

预制构件生产应在工厂或符合条件的现场进行。根据场地的不同、构件的尺寸、实际需要等情况，分别采取固定模台（如图 7-39 所示）法或流动模台（如图 7-40 所示）法预制生产。构件生产企业应依据构件制作图进行预制构件的制作，配置符合相关行业技术标准要求的生产设备，并应根据预制构件型号、形状、重量等特点制定相应的工艺流程，明确质量要求和生产各阶段质量控制要点，编制完整的构件制作计划书，对预制构件生产全过程进行质量管理和计划管理。

图 7-39　固定模台　　　　　　　　　　图 7-40　流动模台

1. 预制构件生产工艺流程

预制构件生产的通用工艺流程为：建筑制作图设计→构件拆分设计（构件模板配筋图、预埋件设计图）→模具设计→模具制造→模台清理→模具组装→脱模剂涂刷→钢筋加工绑扎→水电、预埋件、门窗预埋→隐蔽工程验收→混凝土浇筑→养护→脱模→表面处理→质检→构件成品入库或运输。预制构件生产的通用工艺流程如图 7-41 所示。

对于较复杂的构件，如预制混凝土外墙板，其制造工艺目前有反打工艺和正打工艺两种。反打工艺是指在模台的底模上预铺各种花纹的衬模，使墙板的外表皮在下面，内表皮在上面；

正打工艺则与之相反，通常直接在模台的底模上浇筑墙板，使墙板的内表皮朝下，外表皮朝上。反打工艺可以在浇筑外墙混凝土墙体的同时一次将外饰面的各种线型及质感做出来，贴有面砖的预制混凝土外墙板通常采用反打工艺。对于预制混凝土夹心保温外墙板，两种工艺都可以实施，但两者的工艺流程会有差异，对预制构件生产工艺流水线的布置有一定影响。

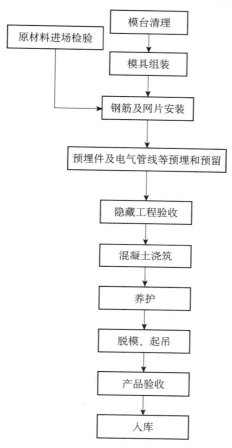

图 7-41 预制构件生产的通用工艺

2. 预制构件生产工艺

预制构件的生产通常采用固定模台工艺和自动流水线工艺。

（1）固定模台工艺

固定模台工艺的主要特点是模板固定不动，在一个位置上完成构件成型的各道工序。采用此工艺时，一般要求人工或机械振捣成型、封闭蒸汽养护。

（2）自动流水线工艺

生产线一般建在厂房内，适合生产板类构件，如楼板、内外墙板等。在生产线上，按工艺要求依次设置若干操作工位，模板沿生产线行走完成各道工序，然后将已成型的构件连同模台送进养护窑。这种工艺机械化程度较高，生产效率高，可连续循环作业，便于实现自动化生产。

五、装配式混凝土建筑构件安装基本施工工艺

1. 施工工艺流程

本部分内容依照装配整体式框架结构和装配整体式剪力墙结构给出参考的施工流程。

（1）装配整体式框架的施工流程

构件进场验收→构件编号→构件弹线控制→支撑连接件设置复核→预制柱吊装、固定、校正、连接→预制梁吊装、固定、校正、连接→预制板吊装、固定、校正、连接→浇筑梁板叠合层混凝土→预制楼梯吊装、固定、校正、连接→预制墙板吊装、固定、校正、连接。

（2）装配整体式剪力墙结构的施工流程

构件进场验收→构件编号→弹墙体控制线→预制剪力墙吊装就位→预制剪力墙斜撑固定→预制墙体注浆→预制外填充墙吊装→竖向节点构件钢筋绑扎→预制内填充墙吊装→支设竖向节点构件模板→预制梁吊装→预制楼板吊装→预制阳台吊装、固定、校正、连接→后浇筑叠合楼板及竖向节点构件→预制楼梯吊装。

2. 施工要点

（1）预制构件安装

1）预制构件吊装应符合下列规定：

①应根据当天的作业内容进行班前安全技术交底。

②预制构件应按照吊装顺序预先编号，吊装时严格按编号顺序起吊。

③预制构件在吊装过程中，宜设置缆风绳控制构件转动。

2）预制构件吊装就位后，应及时校准并采取临时固定措施。预制构件就位校核与调整应符合下列规定：

①预制墙板、预制柱等竖向构件安装后，应对安装位置、安装标高、垂直度进行校核与调整。

②叠合构件、预制梁等水平构件安装后应对安装位置、安装标高进行校核与调整。

③水平构件安装后，应对相邻预制构件平整度、高低差、拼缝尺寸进行校核与调整。

④装饰类构件应对装饰面的完整性进行校核与调整。

⑤临时固定措施、临时支撑系统应具有足够的强度、刚度和整体稳固性，应按《混凝土结构工程施工规范》（GB 50666—2011）的有关规定进行验算。

3）预制构件与吊具的分离应在校准定位及临时支撑安装完成后进行。

4）竖向预制构件安装采用临时支撑时，应符合下列规定：

①预制构件的临时支撑不宜少于2道。

②对预制柱、墙板构件的上部斜支撑，其支撑点与板底的距离不宜小于构件高度的2/3，且不应小于构件高度的1/2；斜支撑应与构件可靠连接。

③构件安装就位后，可通过临时支撑对构件的位置和垂直度进行微调。

5）水平预制构件安装采用临时支撑时，应符合下列规定：

①首层支撑架体的地基应平整坚实，宜采取硬化措施。

②临时支撑的间距及其墙、柱、梁边的净距应经过设计，计算确定，竖向连续支撑层数不

宜少于 2 层且上下层支撑宜对准。

③叠合板预制底板下部支架宜选用定型独立钢支柱，竖向支撑间距应经计算确定。

6）预制柱安装应符合下列规定：

①宜按照角柱、边柱、中柱顺序进行安装，与现浇部分连接的柱宜先行吊装。

②预制柱的就位以轴线和外轮廓现为控制线，对于边柱和角柱，应以外轮廓线控制为准。

③就位前应设置柱底调平装置，控制住安装标高。

④预制柱安装就位后应在两个方向设置可调节临时固定措施，并应进行垂直度、扭转调整。

⑤采用灌浆套筒连接的预制柱调整就位后，柱脚连接部位宜采用模板封堵。

7）预制剪力墙板安装应符合下列规定：

①与现浇部分连接的墙板宜先行吊装，其他宜按照外墙先行吊装的原则进行吊装。

②就位前，应在墙板底部设置调平装置。

③采用灌浆套筒连接、浆锚搭接连接的夹芯保温外墙板应在保温材料部位采用弹性密封材料进行封堵。

④采用灌浆套筒连接、浆锚搭接连接的墙板需要分仓灌浆时，应采用坐浆料进行分仓；多层剪力墙采用坐浆时应均匀铺设坐浆料；坐浆料强度应满足设计要求。

⑤墙板以轴线和轮廓线为控制线，外墙应以轴线和外轮廓线双控制。

⑥安装就位后，应设置可调斜撑来临时固定，测量预制墙板的水平位置、垂直度、高度等，通过墙底垫片、临时支撑进行调整。

⑦预制墙板调整就位后，墙底不连接部位宜采用模板封堵。

⑧叠合墙板安装就位后进行叠合墙板拼缝处附加钢筋安装，附加钢筋应与现浇段钢筋网交叉点全部绑扎牢固。

8）预制梁或叠合梁安装应符合下列规定：

①安装顺序宜遵循先主梁后次梁、先低后高的原则。

②安装前，应测量并修正临时支撑标高，确保与梁底标高一致，并在柱上弹出梁边控制线；安装后，根据控制线进行精密调整。

③安装前，应复核柱钢筋与梁钢筋的位置、尺寸，发现梁钢筋与柱钢筋位置有冲突的，应按设计单位确认的技术方案调整。

④梁伸入支座的长度与搁置长度应符合设计要求。

⑤安装就位后，应对水平度、安装位置、标高进行检查。

⑥叠合梁的临时支撑应在后浇混凝土强度达到设计要求后方可拆除。

9）叠合板预制底板安装应符合下列规定：

①预制底板吊装完成后应对板底接缝高差进行校核；当叠合板板底接缝高差不满足设计要求时，应将构件重新起吊，通过可调托座进行调节。

②预制底板的接缝宽度应满足设计要求。

③临时支撑应在后浇混凝土强度达到设计要求后方可拆除。

10）预制楼梯安装应符合下列规定：

①安装前，应检查楼梯构件平面定位及标高，并宜设置调平装置。

②就位后，应及时调整并固定。

11）预制阳台板、空调板安装应符合下列规定：

①安装前，应检查支座顶面标高及支撑面的平整度。

②临时支撑应在后浇混凝土强度达到设计要求后方可拆除。

（2）预制构件连接

1）采用钢筋套筒灌浆连接、钢筋浆锚搭接的预制构件施工，应符合下列规定：

①现浇混凝土中伸出的钢筋应采用专用模具进行定位，并采用可靠的固定措施控制连接钢筋的中心位置及外露长度满足设计要求。

②构件安装前应检查预制构件上套筒、预留孔的规格、位置、数量和深度；当套筒、预留孔内有杂物时，应清理干净。

③应检查被连接钢筋的规格、数量、位置和长度。当连接钢筋倾斜时，应进行校直；连接钢筋偏离套筒或孔洞中线不宜超过 3 mm。连接钢筋中心位置存在严重偏差影响预制构件安装时，应会同设计单位制定专项处理方案，严禁随意切割、强行调整定位钢筋。

2）装配式混凝土结构后浇混凝土部分的模板与支架应符合下列规定：

①装配式混凝土结构宜采用工具式支架和定型模板。

②模板应保证后浇混凝土部分形状、尺寸的位置准确。

③模板与预制构件接缝处应采取防止漏浆的措施，可粘贴密封条。

3）后浇混凝土的施工应符合下列规定：

①预制构件结合面疏松部分的混凝土应剔除并清理干净。

②混凝土分层浇筑高度应符合国家现行有关标准的规定，应在底层混凝土初凝前将上一层混凝土浇筑完毕。

③浇筑时应采取保证混凝土或砂浆浇筑密实的措施。

④预制梁、柱混凝土强度等级不同时，预制梁柱节点区混凝土强度等级应符合设计要求。

⑤混凝土浇筑应布料均衡，浇筑和振捣时，应对模板及支架进行观察和维护，发现异常情况应及时处理；构件接缝混凝土浇筑和振捣应采取措施防止模板、相连接构件、钢筋、预埋件及其定位件移位。

4）构件连接部位后浇混凝土及灌浆料的强度达到设计要求后，方可拆除临时支撑系统。拆模时的混凝土强度应符合《混凝土结构工程施工规范》（GB 50666—2011）的有关规定和设计要求。

5）外墙板接缝防水施工应符合下列规定：

①防水施工前，应将板缝空腔清理干净。

②应按设计要求填塞背衬材料。

③密封材料嵌填应饱满、密实、均匀、顺直、表面平滑，其厚度应满足设计要求。

（3）部品安装

1）装配式混凝土建筑的部品安装宜与主体结构同步进行，可在安装部位的主体结构验收合格后进行，并应符合国家现行相关标准的规定。

2）安装前的准备工作应符合下列规定：

①应编制施工组织设计和专项施工方案，包括安全、质量、环境保护方案及施工进度计划等内容。

②应对所有进场部品、零配件及辅助材料按设计规定的品种、规格、尺寸和外观要求进行检查。

③应进行技术交底。

④现场应具备安装条件，安装部位应清理干净。

⑤装配安装前应进行测量放线工作。

3）严禁擅自改动主体结构或改变房间的主要使用功能，严禁擅自拆改燃气、暖通、电气等配套设施。

4）部品吊装应采用专用吊具，起吊和就位应平稳，避免磕碰。

5）预制外墙安装应符合下列规定：

①墙板应设置临时固定和调整装置。

②墙板应在轴线、标高和垂直度调校合格后方可永久固定。

③当条板采用双层墙板安装时，内层和外层墙板的拼缝宜错开。

④蒸压加气混凝土板施工应符合《蒸压加气混凝土制品应用技术标准》（JGJ/T 17—2020）的规定。

6）现场组合骨架外墙安装应符合下列规定：

①竖向龙骨安装应平直，不得扭曲，间距应满足设计要求。

②空腔内的保温材料应连续、密实，并应在隐蔽验收合格后方可进行面板安装。

③面板安装方向及拼缝位置应满足设计要求，内侧和外侧接缝不宜在同一根竖向龙骨上。

④木骨架组合墙体施工应符合《木骨架组合墙体技术标准》（GB/T 50361—2018）的规定。

7）幕墙安装应符合下列规定：

①玻璃幕墙安装应符合《玻璃幕墙工程技术规范》（JGJ 102—2003）的规定。

②金属与石材幕墙安装应符合《金属与石材幕墙工程技术规范》（JGJ 133—2001）的规定。

③人造板材幕墙安装应符合《人造板材幕墙工程技术规范》（JGJ 336—2016）的规定。

8）外门窗安装应符合下列规定：

①铝合金门窗安装应符合《铝合金门窗工程技术规范》（JGJ 214—2010）的规定。

②塑料门窗安装应符合《塑料门窗工程技术规程》（JGJ 103—2008）的规定。

9）轻质隔墙部品的安装应符合下列规定：

①条板隔墙的安装应符合《建筑轻质条板隔墙技术规程》（JGJ/T 157—2014）的相关规定。

②龙骨骨架应与主体结构连接牢固，并应垂直、平整、位置准确；龙骨的间距应满足设计要求；门洞口和窗洞口等位置应采用双排竖向龙骨；壁挂设备、装饰物等的安装位置应设置加固措施；隔墙饰面板安装前，隔墙板内管线应进行隐蔽工程验收；面板拼缝应错缝设置，当采用双层面板安装时，上下层板的接缝应错开。

10）吊顶部品的安装应符合下列规定：

①装配式吊顶龙骨应与主体结构固定牢靠。

②超过 3 kg 的灯具、电扇及其他设备应设置独立吊挂结构。

③饰面板安装前应完成吊顶内管道、管线施工，并经隐蔽验收合格。

11）架空地板部品的安装应符合下列规定：

①安装前应完成架空层内管线敷设，且应经隐蔽验收合格。

②地板辐射供暖系统安装时应对地暖加热水管进行水压试验，并经隐蔽验收合格后铺设面层。

（4）设备与管线安装

1）设备与管线需要与结构构件连接时宜采用预留埋件的连接方式。如果采用其他连接方法，不得影响混凝土构件的完整性与结构的安全性。

2）设备与管线施工前应按设计文件核对设备及管线参数，并应对结构构件预埋套管及预留孔洞的尺寸、位置进行复核，合格后方可施工。

3）室内架空地板内排水管道支（托）架及管座（墩）的安装应按排水坡度排列整齐，支（托）架与管道接触紧密，非金属排水管道采用金属支架时，应在与管外径接触处设置橡胶垫片。

4）隐蔽在装饰墙体内的管道，其安装应牢固可靠。管道安装部位的装饰结构应采取方便更换、维修的措施。

5）当管线需埋置在桁架钢筋混凝土叠合板后浇混凝土中时，应设置在桁架上弦钢筋下方，管线之间不宜交叉。

6）防雷引下线、防侧击雷、等电位连接施工应与预制构件安装配合。利用预制柱、预制梁、预制墙板内钢筋作为防雷引下线、接地线时，应按设计要求进行预埋和跨接，并进行引下线导通性试验，保证连接的可靠性。

（5）成品保护

1）交叉作业时，应做好工序交接，不得对已完成工序的成品、半成品造成破坏。

2）在装配式混凝土建筑施工全过程中，应采取防止预制构件、部品及预制构件上的建筑附件、预埋件、预埋吊件等损伤或污染的保护措施。

3）预制构件饰面砖、石材、涂刷、门窗等处宜采用贴膜保护或其他专业材料保护。安装完成后，门窗框应采用槽型木框保护。

4）连接止水条、高低口、墙体转角等薄弱部位，应采用定型保护垫块或专用套件加强保护。

5）预制楼梯饰面应采用铺设木板或其他覆盖形式的成品保护措施。楼梯安装后，踏步口宜铺设木条或其他覆盖形式的保护措施。

6）遇有大风、大雨、大雪等恶劣天气时，应采取有效措施对存放的预制构件成品进行保护。

7）装配式混凝土建筑的预制构件和部品在安装施工过程、施工完成后，不应受到施工机具的碰撞。

8）施工梯架、工程用的物料等不得支撑、顶压或斜靠在部品上。

9）当进行混凝土地面等施工时，应防止物料污染、损坏预制构件和部品表面。

第四节　钢结构工程

一、钢结构的连接方法

1. 焊接

钢结构工程常用的焊接方法有药皮焊条手工电弧焊、自动（半自动）埋弧焊、气体保护焊。

（1）药皮焊条手工电弧焊

原理是在涂有药皮的金属电极与焊件之间施加电压，由于电极强烈放电导致气体电离，产生焊接电弧，高温下致使焊条和焊件局部熔化，形成气体、熔渣和熔池，气体和熔渣对熔池起保护作用，同时，熔渣与熔池金属产生冶炼反应后凝固成焊渣，冷却凝成焊缝，固态焊渣覆盖于焊缝金属表面后成型。

（2）自动埋弧焊

埋弧焊是生产效率较高的机械化焊接方法之一，又称焊剂层下自动电弧焊。焊丝与母材之间施加电压并相互接触放弧后使焊丝端部及电弧区周围的焊剂及母材熔化，形成金属熔滴、熔池及熔渣。金属熔池受到浮于表面的熔渣和焊剂蒸气的保护，不与空气接触，避免有害气体侵入。自动埋弧焊设备由交流或直流焊接电源、焊接小车、控制盒、电缆等附件组成。

（3）气体保护焊

气体保护焊包括钨极氩弧焊（TIG）、熔化极气体保护焊（GMAW）。目前应用较多的是 CO_2 气体保护焊，CO_2 气体保护焊是采用喷枪喷出 CO_2 气体作为电弧焊的保护介质，使熔化金属与空气隔绝，保护焊接过程的稳定。

2. 螺栓连接

（1）普通螺栓连接

建筑钢结构中常用的普通螺栓牌号为 Q235，很少采用其他牌号的钢材制作。普通螺栓强度等级较低，一般为 4.4 级、4.8 级、5.6 级和 8.8 级。例如，4.8S，"S"表示级，"4"表示栓杆抗拉强度为 400 MPa，0.8 表示屈强比，则屈服强度为 400×0.8=320 MPa。建筑钢结构中使用的普通螺栓，一般为六角头螺栓，常用规格有 M8、M10、M12、M16、M20、M24、M30、M36、M42、M18、M56、M64 等。普通螺栓质量等级按加工制作质量及精度分为 A、B、C 3 个等级，A 级加工精度最高，C 级最差，A 级螺栓为精制螺栓，B 级螺栓为半精制螺栓，A、B 级适用于拆装式结构或连接部位需传递较大剪力的重要结构中，C 级螺栓为粗制螺栓，由圆钢压制而成，适用于钢结构安装中的临时固定，或用于承受静载的次要连接。普通螺栓可重复使用，建筑结构主结构螺栓连接，一般应选用高强螺栓，高强螺栓不可重复使用，属于永久连接的预应力螺栓。

（2）高强度螺栓连接

高强度螺栓按形状不同分为大六角头型高强度螺栓和扭剪型高强度螺栓。大六角头高强度螺栓一般采用指针式扭力（测力）扳手或预置式扭力（定力）扳手施加预应力，目前使用较多的是电动扭矩扳手，按拧紧力矩的 50%进行初拧，然后按 100%拧紧力矩进行终拧，大型节点初拧后，按初拧力矩进行复拧，最后终拧；扭剪型高强度螺栓的螺栓头为盘头，检杆端部有一个承受拧紧反力矩的十二角体（梅花头）和一个能在规定力矩下剪断的断颈槽。扭剪型高强度螺栓通过特制的电动扳手，拧紧时对螺母施加顺时针力矩，对梅花头施加逆时针力矩，终拧至栓杆端部断颈拧掉梅花头为止。

（3）自攻螺钉连接

自攻螺钉多用于薄金属板间的连接，连接时先对被连接板制出螺纹底孔，再将自攻螺钉拧入被连接件螺纹底孔中，由于自攻螺钉螺纹表面具有较高硬度（≥HRC45），其螺纹为具有弧型三角截面的普通螺纹。螺纹表面也具有较高硬度，可在被连接板的螺纹底孔中攻出内螺纹，从而形成连接。

（4）铆钉连接

铆钉连接按照铆接应用情况，可以分为活动铆接、固定铆接、密缝铆接。铆接在建筑工程中一般不使用。

二、钢结构安装施工工艺

1. 安装工艺流程

场地"三通一平"→构件进场→吊机进场→屋面梁（楼层梁）安装→檩条支撑系杆安装→涂料工程→屋面系统安装→零星构件安装→装饰工程施工→收尾拆除施工设备→交工。

2. 安装施工要点

（1）吊装施工

1）吊点采用四点绑扎，绑扎点应用软材料垫至其中以防钢构件受损。

2）起吊时先将钢构件吊离地面 50 cm 左右，使钢构件中心对准安装位置中心，然后徐徐升钩，将钢构件吊至需连接位置即刹车对准预留螺栓孔，并将螺栓穿入孔内，初拧作临时固定，同时进行垂直度校正和最后固定，经校正后，并终拧螺栓做最后固定。

（2）钢构件连接

1）钢构件螺栓连接：

①钢构件拼装前应检查清除飞边、毛刺、焊接飞溅物等，摩擦面应保持干燥、整洁，不得在雨中作业。

②高强度螺栓在大六角头上部有规格和螺栓号，安装时其规格和螺栓号要与设计图上要求相同，螺栓应能自由穿入孔内，不得强行敲打，并不得气割扩孔，穿放方向符合设计图纸的要求。

③从构件组装到螺栓拧紧，一般要经过一段时间，为防止高强度螺栓连接副的扭矩系数、

标高偏差、预拉力和变异系数发生变化，高强度螺栓不得兼作安装螺栓。

④为使被连接板叠密贴，应从螺栓群中央顺序向外施拧，即从节点中刚变大的中央按顺序向下受约束的边缘施拧。为防止高强度螺栓连接副的表面处理涂层发生变化影响预拉力，应在当天终拧完毕，为了减少先拧与后拧的高强度螺栓预拉力的差别，其拧紧必须分为初拧和终拧两步进行，对于大型节点，螺栓数量较多，则需要增加一道复拧工序，复拧扭矩仍等于初拧的扭矩，以保证螺栓均达到初拧值。

⑤高强度六角头螺栓施拧采用的扭矩扳手和检查采用的扭矩扳手在扳前和扳后均应进行扭矩校正。其扭矩误差应分别为使用扭矩的±5%和±3%。

⑥高强度螺栓上、下接触面处加有 1/20 以上斜度时应采用垫圈垫平。高强度螺栓孔必须是钻成的，孔边应无飞边、毛刺，中心线倾斜度不得大于 2 mm。

2）钢构件焊接连接：

①焊接区表面及其周围 20 mm 范围内，应用钢丝刷、砂轮、氧乙炔火焰等工具，彻底清除待焊处表面的氧化皮、锈、油污、水分等污物。施焊前，焊工应复核焊接件的接头质量和焊接区域的坡口、间隙、钝边等的处理情况。当发现有不符合要求时，应修整合格后方可施焊。

②厚度 12 mm 以下板材，可不开坡口，采用双面焊，正面焊电流稍大，熔深达 65%～70%，反面达 40%～55%。厚度大于 12～20 mm 的板材，单面焊后，背面清根，再进行焊接。厚度较大板，开坡口焊，一般采用手工打底焊。

③多层焊时，一般每层焊高为 4～5 mm，多道焊时，焊丝离坡口面 3～4 mm 处焊。

④填充层总厚度低于母材表面 1～2 mm，稍凹，不得熔化坡口边。

⑤盖面层应使焊缝对坡口熔宽每边（3±1）mm，调整焊速，使余高为 0～3 mm。

⑥焊道两端加引弧板和熄弧板，引弧和熄弧焊缝长度应大于或等于 80 mm。引弧和熄弧板长度应大于或等于 150 mm。引弧和熄弧板应采用气割方法切除，并修磨平整，不得用锤击落。

⑦埋弧焊每道焊缝熔敷金属横截面的成型系数（宽度：深度）应大于 1。

⑧不应在焊缝以外的母材上打火引弧。

（3）防腐涂装

防腐涂装工程施工工艺流程为：基面喷砂除锈→底漆涂装→中间漆涂装→面漆涂装→检查验收。

建筑钢结构工程的油漆涂装应在钢结构制作安装验收合格后进行。油漆涂刷前，应采取适当的方法将需要涂装部位的铁锈、焊缝药皮、焊接飞溅物、油污、尘土等杂物清理干净。

（4）防火涂装

防火涂装工程施工工艺流程为：施工准备→调配涂料→涂装施工→检查验收。

钢结构防火涂料的选用应符合《钢结构防火涂料》（GB 14907—2002）的规定。所选用防火涂料应是主管部门鉴定合格，并经当地消防部门批准的产品。防火涂料涂装前，钢结构工程已验收合格，钢结构表面除锈及防锈底漆应符合设计要求和规范规定，并经过验收合格后方可进行涂装。防火涂料涂装前，应彻底清除钢构件表面的灰尘、油污等杂物。对钢构件防锈涂层破损或漏涂部位补刷防锈底漆，并应在室内装饰之前和不被后续工程所损坏的条件下进行。施工前，对不需要进行防火保护的墙面、门窗、机械设备和其他构件应用塑料布遮挡保护。涂装施工时，环境温度宜在 5～38℃，相对湿度不应大于 80%，空气应流通。露天作业时应选择适当的天气，大风、遇雨、严寒等恶劣天气均不应作业。

第五节　防水工程

一、防水砂浆及防水混凝土防水工程施工工艺

1. 防水砂浆施工工艺

防水砂浆防水层通常称为刚性防水层，是依靠增加防水层厚度和提高砂浆层的密实性来达到防水要求。防水砂浆防水层（刚性防水层）适用于地下砖石结构的防水层或防水混凝土结构的加强层。其抵抗变形的能力较差，当结构受较强烈振动荷载或受腐蚀、高温及反复冻融的部位不宜采用。

（1）基层处理

刚性防水层的基层处理十分重要。基层处理包括清理、浇水、刷洗、补平，使基层表面保持潮湿、清洁、平整、坚实、粗糙。超过 1 cm 的棱角及凹凸不平处，应剔成慢坡形，并浇水清洗干净，用素灰和水泥砂浆分层找平。

（2）防水层施工

1）水泥砂浆防水层是用纯水泥浆和水泥砂浆分层交叉涂抹而成，防水层涂抹的遍数由设计确定，较常采用的是 5 遍做法。

2）第一层素灰层，厚 2 mm，先抹一道 1 mm 厚水泥浆，用铁抹子往返刮抹，水泥浆填充基层表面孔隙，随即再抹一道 1 mm 厚水泥浆找平层，抹完后用湿毛刷在水泥浆表面按序涂刷一遍。

3）第二层水泥砂浆层，厚度 6～8 mm，在水泥浆层初凝后进行，使水泥砂浆薄薄地嵌入水泥浆层厚度的 1/4 最为理想。素灰层和水泥砂浆层应交替进行。

4）防水层的施工缝需用斜坡阶梯形槎，槎的搭接依照层次操作顺序层层搭接。留槎的位置一般留在地面上，留槎均需离阴阳角 20 cm。

（3）掺外加剂的水泥砂浆防水层施工

1）常用防水剂：

金属盐类防水剂——防水浆：如氯化钙、氯化铝、氯化铁等。

金属皂类防水剂——避水浆：如碱金属化合物、氨水、硬脂酸、水混合皂化。

2）施工工艺：

①抹压法：基层抹水灰比 1∶0.4 的素灰，然后分层抹防水砂浆 20 mm 以上（下层凝固后再抹上层）。

②扫浆法：基层薄涂防水净浆，然后分层刷防水砂浆，第一层凝固后刷第二层，每层厚10 mm，相邻两层防水砂浆铺刷方向相互垂直，最后将表面扫出条纹。

③砂浆养护：掺外加剂的水泥砂浆防水层施工后8～12 h即应养护，养护至少14 d。

④施工水泥砂浆防水层时，气温不应低于5℃，且基层表面温度应保持在0℃以上。掺氯化物金属盐类防水剂及膨胀剂的防水砂浆，不应在35℃以上或烈日照射下施工。

2. 防水混凝土施工工艺

（1）施工工艺流程

选料→制备→浇筑→养护。

（2）施工要点

1）选料：水泥选用强度等级不低于32.5级，水化热低，抗水（软水）性好，泌水性小（即保水性好），有一定的抗侵蚀性的水泥。粗骨料选用级配良好、粒径5～30 mm的碎石。细骨料选用级配良好、平均粒径0.4 mm的中砂。

2）制备：在保证能振捣密实的前提下水灰比尽可能小，一般不大于0.6，坍落度不大于50 mm，水泥用量为320～400 kg/m³，砂率取35%～40%。

3）防水混凝土浇筑与养护：

①模板：防水混凝土所用模板，除满足一般要求外，应特别注意模板拼缝严密，保证不漏浆。对于贯穿墙体的对拉螺栓，要加止水片，做法是在对拉螺栓中部焊一块2～3 mm厚、80 mm×80 mm的钢板，止水片与螺栓必须满焊严密，拆模后沿混凝土结构边缘将螺栓割断，也可以使用膨胀橡胶止水片，做法是将膨胀橡胶止水片紧套于对拉螺栓中部即可。

②钢筋：为了有效地保护钢筋和阻止钢筋的引水作用，迎水面防水混凝土的钢筋保护层厚度不得小于50 mm。留设保护层，应以相同配合比的细石混凝土或水泥砂浆制成垫块，将钢筋垫起，严禁以钢筋垫钢筋。钢筋以及绑扎钢丝均不得接触模板。若采用铁马凳架设钢筋时，在不能取掉的情况下，应在铁马凳上加焊止水环，防止水沿铁马凳渗入混凝土结构。

③混凝土：在浇筑过程中，应严格分层连续浇筑，每层厚度宜为300～400 mm，机械振捣密实。浇筑防水混凝土的自由装下高度不得超过1.5 m。在常温下，混凝土终凝后（一般浇筑后4～6 h），应在其表面覆盖草袋，并经常浇水养护，保持湿润，由于抗渗强度等级发展慢，养护时间比普通混凝土要长，故防水混凝土养护时间不少于14 d。

④施工缝：底板混凝土应连续浇灌，不得留施工缝。墙体一般只允许留水平施工缝，其位置一般宜留在高出底板上表面不小于500 mm的墙身上，如必须留设垂直施工缝时，则应留在结构的变形缝处。

二、防水涂料及防水卷材防水工程施工工艺

1. 防水涂料施工工艺

防水涂料防水层属于柔性防水层。涂料防水层是用防水涂料涂刷于结构表面所形成的表面防水层。一般采用外防外涂和外防内涂施工方法。常用的防水涂料有橡胶沥青类防水涂料、聚氨酯防水涂料、硅橡胶防水涂料、丙烯酸酯防水涂料、沥青类防水涂料等。

（1）施工工艺流程

找平层施工→防水层施工→保护层施工→质量检查。

（2）施工要点

1）找平层施工：找平层有水泥砂浆找平层、沥青砂浆找平层、细石混凝土找平层 3 种，施工要求密实平整，找好坡度。

2）防水层施工：

①涂刷基层处理剂：基层处理剂涂制时应用刷子用力薄涂，使涂料尽量刷进基层表面的毛细孔，并将基层可能留下来的少量灰尘等无机杂质，像填充料一样混入基层处理剂中，使之与基层牢固结合。这样即使屋面上灰尘不能完全清扫干净，也不会影响涂层与基层的牢固黏结。特别在较为干燥的屋面上进行溶剂型防水涂料施工时，使用基层处理剂打底后再进行防水涂料涂刷，效果相当明显。

②涂刷防水涂料：厚质涂料宜采用铁抹子或胶皮板刮涂施工；薄质涂料可采用棕刷、长柄刷、圆滚刷等进行人工涂刷，也可采用机械喷涂。涂料涂刷应分条或按顺序进行，分条进行时，每条宽度应与胎体增强材料宽度相一致，以避免操作人员踩踏刚涂好的涂层。流平性差的涂料，为便于抹压，加快施工进度，可以采用分条间隔施工的方法，条带宽 800～1 000 mm。

③铺设胎体增强材料：在涂料第二遍涂刷时，或第三遍涂刷前，即可加铺胎体增强材料。胎体增强材料可采用湿铺法或干铺法铺贴。

a. 湿铺法：是在第二遍涂料涂刷时，边倒料、边涂刷、边铺贴的操作方法。

b. 干铺法：是在上道涂层干燥后，边干铺胎体增强材料，边在已展平的表面上用刮板均匀满刮一道涂料，也可将胎体增强材料按要求在已干燥的涂层上展平后，用涂料将边缘部位点粘固定，然后再在上面满刮一道涂料，使涂料浸入网眼渗透到已固化的涂膜上。胎体增强材料可以是单一品种的，也可以采用玻璃纤维布和聚酯纤维布混合使用。混合使用时，一般下层采用聚酯纤维布，上层采用玻璃纤维布。

④收头处理：为了防止收头部位出现翘边现象，所有收头均应用密封材料压边，压边宽度不得小于 10 mm，收头处的胎体增强材料应裁剪整齐，如有凹槽时应压入凹槽内，不得出现翘边、皱褶、露白等现象，否则应进行处理后再涂封密封材料。

3）保护层施工：保护层的种类有水泥砂浆、泡沫塑料、细石混凝土和砖墙 4 种，施工要求不得损坏防水层。

2. 卷材防水施工工艺

卷材防水应采用沥青防水卷材或高聚物改性沥青防水卷材，所选用的基层处理剂、胶黏剂应与卷材配套。防水卷材及配套材料应有产品合格证书和性能检测报告，材料的品种、规格、性能等应符合现行国家产品标准和设计要求。

（1）施工工艺流程

找平层施工→防水层施工→保护层施工→质量检查。

（2）施工要点

1）找平层、保护层施工要求与涂料防水层的施工基本相同。

2）防水层施工要点：

①找平层表面应坚固、洁净、干燥。铺设防水卷材前应涂刷基层处理剂，基层处理剂应采

用与卷材性能配套（相容）的材料，或采用同类涂料的底子油。

②要使用该品种高分子防水卷材的专用胶黏剂，不得错用或混用。

③必须根据所用胶黏剂的使用说明和要求，控制胶黏剂涂刷与黏合的间隔时间，间隔时间受胶黏剂本身性能、气温、湿度影响，要根据试验确定。

④铺贴高分子防水卷材时，切忌拉伸过紧，以免使卷材长期处在受拉应力状态，易加速卷材老化。

⑤卷材搭接缝结合面应清洗干净，均匀涂刷胶黏剂后，要控制好胶黏剂涂刷与粘合间隔时间，粘合时要排净接缝间的空气，辊压粘牢。接缝口应采用宽度不小于 10 mm 的密封材料封严，以确保防水层的整体防水性能。

第六节　装饰装修工程

一、楼地面工程施工工艺

按照《建筑工程施工质量验收统一标准》（GB 50300—2013）的规定，整体面层包括水泥混凝土面层、水泥砂浆面层、水磨石面层、水泥钢（铁）屑面层、防油渗面层、不发火（防爆的）面层；板块面层包括砖面层（陶瓷锦砖、缸砖、陶瓷地砖和水泥化砖面层）、大理石面层和花岗石面层、预制板块面层（水泥混凝土板块、水磨石板块面层）、料石面层（条石、块石面层）、塑料板面层、活动地板面层、地毯面层；木（竹）面层包括实木地板面层、实木复合地板面层、中密度（强化）复合地板面层、竹地板面层等。

1. 整体面层施工

（1）水泥混凝土地面施工

1）材料：

①水泥。宜采用硅酸盐水泥、普通硅酸盐水泥或矿渣硅酸盐水泥，其强度等级应在 32.5级以上。

②砂。应选用水洗粗砂，含泥量不大于 3%。

③粗骨料。水泥混凝土采用的粗骨料最大粒径不大于面层厚度的 2/3，细石混凝土面层采用的石子粒径不应大于 15 mm。

2）机具设备：

①根据施工条件，应合理选用适当的机具设备和辅助用具，以能达到设计要求为基本原则，兼顾进度、经济要求。

②常用机具设备有混凝土搅拌机、平板振捣器、手推车、计量器、筛子、木耙、铁锹、小线、钢尺、胶皮管、木拍板、刮杠、木抹子、铁抹子等。

3）施工工艺流程：检验水泥、砂子、石子质量→配合比试验→技术交底→准备机具设备→基底处理→找标高→贴饼冲筋→搅拌→铺设混凝土面层→振捣→撒面找平→压光养护→检查验收。

（2）水泥砂浆地面施工

1）材料：

①水泥。宜采用硅酸盐水泥、普通硅酸盐水泥或矿渣硅酸盐水泥，其强度等级应在32.5级以上；不同品种、不同强度等级的水泥严禁混用。

②砂。应选用水洗中、粗砂，当选用石屑时，其粒径为1～5 mm；且含泥量不大于3%。

2）机具设备：

①根据施工条件，应合理选用适当的机具设备和辅助用具，以能达到设计要求为基本原则，兼顾进度、经济要求。

②常用机具设备有砂浆搅拌机、手推车、计量器、筛子、木耙、铁锹、小线、钢尺、胶皮管、木拍板、刮杠、木抹子、铁抹子等。

3）施工工艺流程：检验水泥、砂子质量→配合比实验→技术交底→准备机具设备→基底处理→找标高→贴饼冲筋→搅拌→铺设砂浆面层→搓平→压光养护→检查验收。

（3）水磨石地面施工

1）材料：

①水泥。宜采用硅酸盐水泥、普通硅酸盐水泥或矿渣硅酸盐水泥，其强度等级应在32.5级以上；不同品种、不同强度等级的水泥严禁混用。

②石粒。应选用坚硬耐磨白云石、大理石等岩石加工而成，石粒应清洁无杂物，其粒径除特殊要求外应为6～15 mm，使用前应过筛洗净。

③分格条。玻璃条（3 mm厚平板玻璃裁制）或铜条（1～2 mm厚铜板裁制），宽度根据面层厚度确定，长度根据面层分格尺寸确定。

④砂、草酸、白蜡等。

⑤颜料。应选用耐碱、耐光性强，着色力好的矿物颜料，不得使用酸性颜料。色泽必须按设计要求。水泥与颜料一次进场为宜。

2）机具设备：

①根据施工条件，应合理选用适当的机具设备和辅助用具，以能达到设计要求为基本原则，兼顾进度、经济要求。

②常用机具设备有水磨石机、滚筒、油石（粗、中、细）、手推车、计量器、筛子、木耙、铁锹、小线、钢尺、胶皮管、木拍板、刮杠、木抹子、铁抹子等。

3）施工工艺流程：检验水泥、石粒质量→配合比试验→技术交底→准备机具设备→基底处理→找标高→铺抹找平层砂浆→养护→弹分格线→镶分格条→搅拌→铺设水磨石拌合料→滚压抹平→养护→试磨→粗磨→细磨→磨光→清洗→打蜡上光→检查验收。

2. 板块面层施工

（1）材料

1）水泥。宜采用硅酸盐水泥或普通硅酸盐水泥，其强度等级应在32.5级以上；不同品种、不同强度等级的水泥严禁混用。

2) 砂。应选用中砂或粗砂，含泥量不得大于 3%。

3) 砖。均有出厂合格证及性能检测报告，抗压、抗折及规格品种均符合设计要求，外观颜色一致、表面平整，图案花纹正确，边角齐整，无翘曲、裂纹等缺陷。

4) 如采用沥青胶结料或胶黏剂，其技术指标应符合设计要求，有出厂合格证和进场复试报告，并通过试验确定其适用性和使用要求。

（2）机具设备

常用机具设备有云石机、手推车、计量器、筛子、木靶、铁锹、大桶、小桶、钢尺、水平尺、小线、胶皮锤、木抹子、铁抹子等。

（3）施工工艺流程

检验水泥、沙、砖质量→试验→技术交底→选砖→准备机具设备→排砖→找标高→基底处理→铺抹结合层砂浆→铺砖→养护→勾缝→检查验收。

3. 木（竹）面层施工

（1）材料

1) 实木地板或竹地板：实木地板或竹地板面层所采用的材质和铺设时的木材含水率必须符合设计要求，木格栅、垫木和毛地板等必须做防腐、防蛀、防火处理。

2) 硬木踢脚板：宽度、厚度、含水率均应符合设计要求，背面应满涂防腐剂，花纹颜色应力求与面层地板相同。

（2）机具设备

1) 根据施工条件，应合理选用适当的机具设备和辅助用具，以能达到设计要求为基本原则，兼顾进度、经济要求。

2) 常用机具设备有刨地板机、砂带机、手刨、角度锯、螺机、水平仪、水平尺、方尺、钢尺、小线、錾子、刷子、钢丝刷等。

（3）施工工艺流程

检验实木地板或竹地板质量→技术交底→准备机具设备→安装木格栅→铺毛地板→铺实木地板或竹地板→刨平磨光。

二、一般抹灰工程施工工艺

一般抹灰是指在建筑墙面（包括混凝土、砖砌体、加气混凝土砌块等墙体立面）涂抹石灰砂浆、水泥砂浆、水泥混合砂浆、聚合物水泥砂浆和麻刀石灰、纸筋石灰、石膏灰等。根据抹灰部位的不同，一般抹灰可分为室内抹灰和室外抹灰；根据使用机械的不同，一般抹灰可分为人工抹灰和机械抹灰；根据工序和质量的要求的不同，一般抹灰又分为高级抹灰和普通抹灰两个级别。一般抹灰的施工顺序，宜遵循"先室外后室内、先上面后下面、先顶棚后墙地"的原则，也可根据具体工程的不同而调整抹灰先后顺序。

抹灰层的组成如图 7-42 所示。

普通抹灰一般为一道底层、一道中层和一道面层，三遍成活，质量要求为分层涂抹、赶

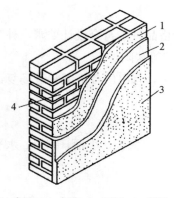

1—底层；2—中层；3—面层；4—基层。

图 7-42　抹灰层的组成

平、表面应光滑、洁净、接槎平整，分格缝应清晰。普通抹灰适用于一般居住、公共和工业建筑以及高级建筑物中的附属用房等。

高级抹灰一般为一道底层、数道中层和一道面层，多遍成活，质量要求为分层涂抹、赶平、表面应光滑、洁净、颜色均匀、无抹纹、接槎平整，分格缝和灰线应清晰美观，阴阳角方正。高级抹灰适用于大型公共建筑、纪念性建筑物以及有特殊要求的高级建筑等。

一般抹灰的施工工艺流程为基层清理→浇水湿润、吊垂直、套方、找规矩、抹灰饼→墙面冲筋→分层抹灰→设置分格→保护成品。

三、涂饰工程施工工艺

涂饰工程是指将水性涂料、溶剂型涂料涂覆于基层表面，在一定条件下可形成与基层牢固结合的连续、完整的固体膜层的过程。涂料涂饰是建筑物内外墙最简便、经济、易于维修更新的一种装饰方法。涂饰工程施工操作方法有刷涂、滚涂、喷涂、刮涂、弹涂、抹涂等。

1. 刷涂

刷涂是人工用刷子蘸上涂料直接涂刷于被饰涂面。要求：不流、不挂、不皱、不漏、不露刷痕。刷涂一般不少于两道，应在前一道涂料表面干后再涂刷下一道。两道施涂间隔时间由涂料品种和涂刷厚度确定，一般为 2～4 h。

2. 滚涂

滚涂是利用涂料辊子蘸上少量涂料，在基层表面上下垂直来回滚动施涂。阴角及上下口一般需先用排笔、鬃刷刷涂。

3. 喷涂

喷涂是一种利用压缩空气将涂料制成雾状（或粒状）喷出，涂于被饰涂面的机械施工方法。其操作过程如下。

1）将涂料调至施工所需黏度，将其装入贮料罐或压力供料筒中。

2）打开空压机，调节空气压力，使其达到施工压力，一般为 0.4～0.8 MPa。

3）喷涂时，手握喷枪要稳，涂料出口应与被涂面保持垂直，喷枪移动时应与喷涂面保持平行。喷距 500 mm 左右为宜，喷枪运行速度应保持一致。

4）喷枪移动的范围不宜过大，一般直接喷涂 700～800 mm 后折回，再喷涂下一行，也可选择横向或竖向往返喷涂。

5）涂层一般两遍成活，横向喷涂一遍，竖向再喷涂一遍。两遍之间间隔时间由涂料品种及喷涂厚度而定，要求涂膜应厚薄均匀、颜色一致、平整光滑，不出现露底、裂纹、流挂、钉孔、气泡和失光现象。

4. 刮涂

刮涂是利用刮板，将涂料厚浆均匀地批刮于涂面上，形成厚度为 1～2 mm 的厚涂层。这种施工方法多用于地面等较厚层涂料的施涂。刮涂施工的方法如下。

1）刮涂时应用力按刀，使刮刀与饰面成 50°～60°角刮涂。刮涂时只能来回刮 1～2 次，不能往返多次刮涂。

2）遇有圆、菱形物面可用橡皮刮刀进行刮涂。刮涂地面施工时，为了增加涂料的装饰效果，可用划刀或记号笔刻出席纹、仿木纹等各种图案。

3）腻子一次刮涂厚度一般不应超过 0.5 mm，孔眼较大的物面应将腻子填嵌压实，并高出物面，待干透后再进行打磨。待批腻子或者厚浆涂料全部干燥后，再涂刷面层涂料。

5. 弹涂

弹涂时先在基层刷涂 1～2 道底涂层，待其干燥后通过机械的方法将色浆均匀地溅在墙面上，形成 1～3 mm 的圆状色点。弹涂时，弹涂器的喷出口应垂直正对被饰面，距离 300～500 mm，按一定速度自上而下，由左至右弹涂。选用压花型弹涂时，应适时将彩点压平。

6. 抹涂

抹涂时先在基层刷涂或滚涂 1～2 道底涂料，待其干燥后，使用不锈钢抹灰工具将饰面涂料抹到底层涂料上。一般抹 1～2 遍，间隔 1 h 后再用不锈钢抹子压平。涂抹厚度内墙为 1.5～2 mm，外墙 2～3 mm。

四、门窗工程施工工艺

门窗工程施工前，应对门窗及其附件进行检查，对部分材料及其性能指标进行复检，对门窗洞口尺寸进行检查。

1. 木门窗的安装

（1）施工工艺流程

木门窗的安装工艺流程为：弹线→决定门窗框安装位置→决定安装标高→掩扇、门框安装样板→窗框、扇、安装→门框安装→门扇安装。

（2）安装

安装木门窗框有两种方法：一种是先安装后砌筑的方法；另一种是预留洞口的方法。一般优先采用预留洞口的方法施工，它可避免门窗框在施工中受损、受压变形或污染。

2. 钢门窗的安装

（1）施工工艺流程

钢门窗的安装工艺流程为：弹控制线→立钢门窗→校正→门窗框固定→安装五金零件→成品保护。

（2）安装

1）弹控制线：门窗安装前应弹出离楼地面 500 mm 高的水平控制线，按门窗安装标高、尺寸和开启方向，在墙体预留洞口四周弹出门窗就位线。

2）立钢门窗、校正：钢门窗采用后塞框法施工，安装时先用木楔块临时固定，木楔块应塞在四角和中梃处；然后用水平尺、对角线尺、线锤校正其垂直与水平。

3）门窗框固定：门窗位置确定后，将铁脚与预埋件焊接或埋入预留墙洞内，用 1∶2 水泥砂浆或细石混凝土将洞口缝隙填实，养护 3 d 后取出木楔；门窗框与墙之间缝隙应填嵌饱满，并采用密封胶密封。

4）安装五金零件：安装零附件应在内外墙装饰结束后进行。

3. 铝合金门窗

铝合金门窗的安装工艺与钢门窗大致相同，也是预留洞口法施工。但门窗与墙体之间的连接、填缝等工艺等要求并不完全相同，也无表面油饰工艺。

门窗框与墙体间的填缝材料一般采用矿棉或玻璃毡条等软质材料分层填入，不应使用水泥砂浆，且边框需留 5～8 mm 的槽口，待洞口饰面完成并干燥后，清除槽内的浮尘，填防水密封胶。

铝合金门窗框的安装应在抹灰前进行，而门窗扇可在抹灰后或施工结束后安装，以免受损或污染。

4. 塑料门窗

塑料门窗应采用后塞口施工，不得先立口后进行结构施工。

（1）施工工艺流程

塑料门窗安装工艺流程为：弹线→门窗洞口处理→安装连接件的检查→塑料门窗外观检查→按图示要求运到安装地点→塑料门窗安装→门窗四周嵌缝→安装五金配件→清理。

（2）安装

塑料门窗的品种、类型、规格、尺寸、开启方向、安装位置、连接方式及填嵌密封处理应符合设计要求；塑料门窗框、副框和扇的安装必须牢固；门窗扇应开关灵活、关闭严密，无倒翘。推拉门窗扇必须有防脱落措施；门窗配件的型号、规格、数量应符合设计要求，安装应牢固，位置应正确，功能应满足使用要求；门窗框与墙体间缝隙应采用闭孔弹性材料填嵌饱满，表面应采用密封胶密封。密封胶应黏结牢固，表面应光滑、顺直无裂纹。

第七节　建筑节能工程

一、屋面节能工程

屋面工程节能，按照屋面类型可以分为坡屋面和平屋面节能屋面，按选用的节能材料、构造、工序流程不同，可以分为型材保温节能屋面、现浇保温节能屋面、喷涂保温节能屋面、架空隔热屋面、植被隔热屋面、蓄水隔热屋面等。

1. 屋面型材保温工程

屋面型材保温工程是指采用水泥、沥青或其他有机胶结材料与松散保温材料按照一定的比例拌和，采用规定的施工工艺加工形成的板状或块状制品，以及用化学合成聚酯、合成橡胶类材料或其他有机或无机保温材料加工制成的板块状制品。在屋面工程中常用的有聚苯乙烯泡沫挤塑板、聚氨酯硬泡塑料板、水泥膨胀珍珠岩板（块）、水泥膨胀蛭石板（块）、沥青膨

胀蛭石板（块）、沥青膨胀珍珠岩板（块）、预制加气混凝土板、水泥陶粒板、矿物板和岩棉板等。以聚苯乙烯泡沫挤塑板屋面为例，这种屋面的构造如图 7-43 所示。

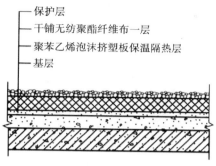

图 7-43　聚苯乙烯泡沫挤塑板屋面构造

型材保温屋面施工工艺流程：屋面型材（板块状材料）保温工程的施工工艺流程为：基层清理→抄平弹线→干铺或粘贴铺砌→分层铺设挤紧压实→接缝嵌填→保护遮盖→检查验收。

2. 屋面现浇保温工程

整体现浇保温层是采用松散保温材料膨胀蛭石和膨胀珍珠岩，用水泥作为胶结材料，按照设计要求配合比拌制、浇筑，经过一定时间的固化而形成的保温层。

现浇水泥膨胀蛭石及水泥膨胀珍珠岩不宜用于整体封闭式保温层，当需要采用时应设置排气道。排气道应纵横贯通，并应通过排气孔与大气连通，排气孔应做好防水处理。一般应根据基层的潮湿程度和屋面构造确定留置排气孔，其数量宜按屋面面积每 36 m 设置一个。

现浇保温屋面施工工艺流程：整体现浇保温层施工工艺流程为：基层处理→分块隔断→做标准块→摊铺压实→表面找平→保温层养护→排气处理。

3. 屋面喷涂保温工程

工程实践证明，屋面喷涂保温工程主要适用于钢筋混凝土平屋面、坡屋面保温层施工，具有工程造价低、施工简便、维修容易等显著特点。喷涂保温层施工最常用的材料是硬质聚氨酯泡沫塑料。硬质聚氨酯泡沫塑料，简称聚氨酯硬泡，它在聚氨酯制品中的用量仅次于聚氨酯软泡。聚氨酯硬泡多为闭孔结构，具有绝热效果好、质量轻、比强度大、施工方便等优良特性，同时还具有隔声、防震、电绝缘、耐热、耐寒、耐溶剂等特点。

喷涂保温屋面施工工艺流程：屋面喷涂硬质聚氨酯泡沫塑料保温层施工工艺流程为：基层清理→满刷聚氨酯防潮底漆→喷涂硬质聚氨酯泡沫塑料→喷涂聚氨酯界面砂浆→抹抗裂砂浆、铺耐碱网布→工程验收。

4. 屋面架空隔热工程

架空隔热屋面是指用烧结黏土或混凝土制成的薄型制品，覆盖在屋面防水层上并架设一定高度的空间，利用空气流动加快散热，起到隔热作用的屋面。

架空隔热屋面施工工艺流程如图 7-44 所示。

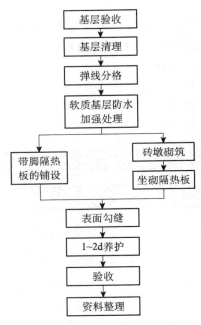

图 7-44　架空隔热屋面施工工艺流程

5. 屋面种植保温工程

在建筑屋面和地下工程顶板的防水层上铺以种植土，并种植植物，使其起到防水、保温、隔热和生态环保作用的屋面称为种植屋面。

二、墙体节能工程

墙体节能工程，就是为减少建筑墙体的热能传导，所采用的保温隔热系统。在建筑节能方面，墙体起着决定性作用。墙体节能工程的施工关键是有效阻断墙体的热（冷）桥、增加墙体的保温隔热性，从而达到墙体节能的设计目标。

1. 粘贴保温板保温系统工程

粘贴保温板保温系统是墙体保温节能中常用的技术措施，主要由黏结层、保温层、抹面层和饰面层构成。黏结层材料为胶黏剂；保温层材料可为 EPS 板、XPS 板和 PUR 板；抹面层材料为抹面胶浆，抹面胶浆中满铺加强网；饰面材料可为涂料或饰面砂浆。保温板采用胶黏剂固定在基层上，并按照设计需要辅以锚栓固定。

粘贴保温板保温系统的施工工艺流程为基层清理→测量、放线→挂基准线→准备粘贴材料→粘贴保温板→表面修整、界面处理→挂网、挂面胶浆层→做饰面层。

2. 涂抹保温浆料保温系统工程

胶粉聚苯颗粒浆料外墙外保温施工技术在内外墙保温工程上得到了广泛应用，取得了很好的经济效益和社会效益。胶粉聚苯颗粒外墙外保温系统适用范围广，施工可操作性强，质量易控制，材料利用率高，基层凿补量小，节约人工费及材料费，具有很好的节能环保效果。在实际墙体节能工程中，常用的有胶粉 EPS 颗粒保温浆料外保温系统和胶粉 EPS 颗粒浆料贴砌 EPS 保温板保温系统。

胶粉 EPS 颗粒保温浆料外保温系统的施工工艺流程为基层处理→涂刷界面砂浆→吊垂直、套方→抹保温浆料→挂网、抹抗裂砂浆→做饰面层。

3. 胶粉 EPS 颗粒浆料贴砌 EPS 保温板保温系统

胶粉 EPS 颗粒浆料贴砌 EPS 保温板保温系统，主要由界面砂浆层、胶粉 EPS 颗粒黏结浆料层、EPS 保温板、胶粉 EPS 颗粒黏结浆料找平层、抹面层和饰面层构成。

胶粉 EPS 颗粒浆料贴砌 EPS 保温板保温系统的施工工艺流程为基层检查、界面处理→吊垂直、套方、弹控制线→贴砌 EPS 板→涂刷 EPS 界面砂浆→做灰饼、冲筋→抹面层保温浆料→挂网、抹抗裂砂浆→做饰面层。

4. 现浇混凝土外保温系统工程

现浇混凝土外墙外保温系统是将模塑聚苯板或挤塑聚苯板或其他预制板保温材料直接设置在外墙模板内侧，待浇筑外墙混凝土后，拆除模板，保温层就与墙体连成一体，按保温板与混凝土的连接方式不同可分为无网体系和有网体系。现浇混凝土外墙外保温系统目前常用的有 EPS 板现浇混凝土外保温系统和 EPS 钢丝网架板现浇混凝土保温系统。

三、建筑幕墙节能工程

幕墙工程按照帷幕饰面材料不同，可以分为玻璃幕墙、石材幕墙、金属幕墙、人造板材幕墙和组合幕墙等，在实际工程中最常见的有玻璃幕墙。幕墙技术的应用为建筑装饰提供了更多的选择，它新颖耐久、美观时尚、装饰感强，具有施工速度快、工业化和装配化程度高、便于维修等特点，它是融建筑技术、建筑功能、建筑艺术、建筑结构为一体的建筑构件。

1）玻璃幕墙施工工艺流程为幕墙构件、玻璃板材和组件加工→施工测量→安装连接件→涂刷隔汽层→安装立柱和横梁→安装保温防火、隔断材料→安装玻璃、板材→板缝及节点处理→板面处理。

2）金属幕墙工艺流程为：测量放线→预埋件位置尺寸检查→金属骨架安装→钢结构刷防锈漆→防火保温岩棉安装→金属板安装→注密封胶→幕墙表面清理→工程验收。

3）干挂石材幕墙安装施工工艺流程为：测量放线→预埋位置尺寸检查→金属骨架安装→钢结构防锈漆涂刷→防火保温棉安装→石材干挂→嵌填密封胶→石材幕墙表面清理→工程验收。

四、楼地面节能工程

楼地面节能工程包括底面接触室外空气、土壤或毗邻不采暖空间的地面节能工程。楼地面工程中地面构造一般为保温层、垫层和基层（素土夯实），楼层地面构造一般为面层、保温层和结构层，有时为了满足使用和构造的要求，可增设找平层、隔离层、防潮层、保护层等结构层次。

楼地面节能工程常用的保温材料主要有炉渣、膨胀蛭石、膨胀珍珠岩、岩棉等无机材料；有机保温材料主要有聚苯乙烯泡沫板（EPS、XPS）、硬质聚氨酯泡沫板等。楼地面节能工程的施工，应在主体或基层质量验收合格后进行。在施工过程中，应及时进行质量检查、隐蔽工程验收和检验批验收，施工完成后应进行楼地面节能分项工程验收。

1. 地面炉渣垫层铺设

炉渣又称溶渣。火法冶金过程中生成的浮在金属等液态物质表面的熔体，其组成以氧化物（二氧化硅、氧化铝、氧化钙、氧化镁）为主，还常含有硫化物并夹带少量金属。冶炼过程产生的弃渣数量很大，如生产 1 t 生铁则产生 0.3～1.0 t 高炉渣。炉渣用途比较广泛，在建筑工程中主要可以作为地面的保温隔热垫层。

炉渣垫层工艺流程为基层处理→炉渣过筛与水闷→找标高、弹线、做找平墩→基层洒水湿润、拌和炉渣→铺炉渣垫层→刮平、滚压→洒水养护。

2. 楼地面保温填充层铺设

楼地面保温填充层一般是采用松散保温材料、板状保温材料、现浇成形保温材料等。楼地面填充层的基本构造如图 7-45 所示。

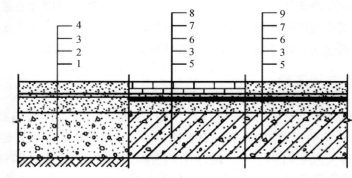

1—基层；2—垫层；3—找平层；4—松散填充层；5—楼层结构层；6—隔离层；
7—保护层；8—板结块填充层；9—现浇填充层。

图 7-45　楼地面填充层的基本构造

楼地面保温填充层工艺流程为：基层表面处理→抄平放线→填充层铺设→检验清理。

3. 找平层和隔离层施工

找平层是在垫层、楼板上或填充层上整平、找坡或加强作用的构造层，有利于在其上面铺设面层或防水、保温层。找平层一般采用水泥砂浆或水泥混凝土铺设。

地面找平层的工艺流程为：检验水泥、砂子、石子质量→配合比试验→技术交底→准备机具设备→基底清理→找标高→搅拌混凝土→铺设混凝土垫层→振捣混凝土→对找平层养护→检查验收。

隔离层是地面工程的组成部分之一，其主要作用是防止做细石混凝土保护层的施工过程中对防水卷材产生破坏，起着隔离、保护的作用。

隔离层施工工艺流程为：清理基层→做结合层→细部附加层施工→第一遍涂布→清理基层→第二遍涂布→清理基层→第三遍涂布→第一次试水→保护层施工→第二次试水→防水隔离层验收。

4. EPS 板薄抹灰楼板底面保温工程

EPS 板薄抹灰楼板底面保温分为无锚栓及有锚栓两类。无锚栓 EPS 板薄抹灰楼板底面保温工程主要由饰面层、抗裂砂浆面层、耐碱网格布、EPS 板、胶黏剂粘接层、钢筋混凝土顶板组成。有锚栓 EPS 板薄抹灰楼板底面保温工程主要由饰面层、抗裂砂浆面层、耐碱网格布、锚栓、EPS 板、胶黏剂粘接层、钢筋混凝土顶板组成。其基本构造分别如图 7-46 和图 7-47 所示。工程实践证明，EPS 板薄抹灰是楼板底面保温隔热、隔声较好的技术措施。

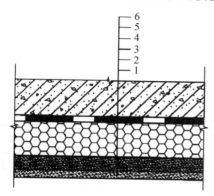

1—饰面层；2—抗裂砂浆面层；3—耐碱网格布；
4—EPS 板；5—胶黏剂粘接层；6—钢筋混凝土楼板。

**图 7-46　无锚栓 EPS 板薄抹灰楼板底面
保温基本构造**

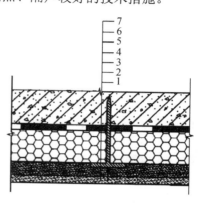

1—饰面层；2—抗裂砂浆面层；3—耐碱网格布；4—锚栓；
5—EPS 板；6—胶黏剂粘接层；7—钢筋混凝土楼板。

**图 7-47　有锚栓 EPS 板薄抹灰楼板底面
保温基本构造**

EPS 板薄抹灰楼板底面保温工程施工工艺流程为：楼板底面清理→涂抹界面剂→施工弹线→EPS 板裁割→粘贴 EPS 板→抹抗裂砂浆→铺挂网格布→施工饰面层。

5. 板材类楼地面保温工程

保温板是指给楼地面保温用的板子。保温板是以聚苯乙烯树脂为原料加上其他的原辅料与聚合物，通过加热混合同时注入催化剂，然后挤塑压出成型而制造的硬质泡沫塑料板，这种保温板材具有防潮、防水性能，是楼地面常用的保温技术措施之一。板材类地面保温基本构造如图 7-48 所示，板材类楼面保温基本构造如图 7-49 所示。

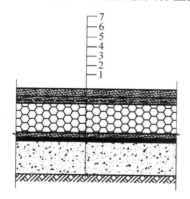

1—回填夯实层；2—垫层；3—防潮层；4—水泥砂浆找平层；
5—保温层；6—抗裂砂浆、耐碱玻纤网格布层；7—保护层。

图 7-48　板材类地面保温基本构造

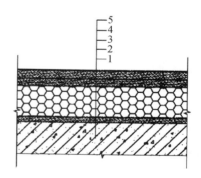

1—基层楼板；2—水泥砂浆找平层；3—保温层；
4—抗裂砂浆、耐碱玻纤网格布层；5—保护层。

图 7-49　板材类楼地面保温基本构造

板材类楼地面保温工程施工工艺流程为：进行基层处理→水泥砂浆找平→施工弹线→保温板预铺→保温板铺贴→抹抗裂砂浆、压入耐碱玻纤网格布→保护层施工。

6. 浆料类楼地面保温工程

浆料类楼地面保温也是楼地面保温工程中的主要措施之一，具有构造简单、施工简便、造价低廉、效果良好等特点。浆料类地面保温基本构造如图7-50所示，浆料类楼面保温基本构造如图7-51所示。

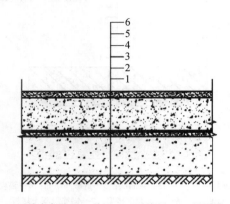

1—回填夯实层；2—垫层；3—防潮层；4—界面层；
5—保温层；6—保护层。

图7-50 浆料类地面保温基本构造

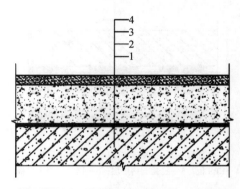

1—基层楼板；2—及面层；3—保温层；4—保护层。

图7-51 浆料类楼面保温基本构造

浆料类楼地面保温工程的施工工艺流程为：基层处理→施工弹线→做灰饼、冲筋→喷刷界面砂浆→抹保温砂浆→保护层施工。

第八节　道路工程

一、路基施工工艺

城市道路路基工程包括路基（路床）本身及有关的土（石）方、沿线的涵洞、挡土墙、路肩、边坡、排水管线等项目。

1. 基本流程

（1）准备工作

1）按照交通管理部门批准的交通导行方案设置围挡，导行临时交通。

2）开工前，施工项目技术负责人应依据获准的施工方案向施工人员进行技术安全交底，强调工程难点、技术要点、安全措施。使作业人员掌握要点，明确责任。

3）对已知的测量控制点进行闭合加密，建立测量控制网，再进行施工控制桩放线测量，恢复中线，补钉转角桩、路两侧外边桩等。

4）施工前，应根据工程地质勘察报告，对路基土进行天然含水量、液限、塑限、标准击实、CBR试验，必要时应做颗粒分析、有机质含量、易溶盐含量、冻胀和膨胀量等试验。

（2）附属构筑物

1）地下管线、涵洞（管）等构筑物是城镇道路路基工程中必不可少的组成部分。涵洞（管）

等构筑物可与路基（土方）同时进行，但新建的地下管线施工必须遵循"先地下，后地上""先深后浅"的原则。

2）既有地下管线等构筑物的拆改、加固保护。

3）修筑地表水和地下水的排除设施，为后续的土、石方工程创造条件。

（3）路基（土、石方）施工

开挖路堑、填筑路堤，整平路基、压实路基、修整路床，修建防护工程等。

2. 施工要点

（1）填土路基

当地面标高低于设计标高时，需要填筑土方（即填方路基）。

1）排除原地面积水，清除树根、杂草、淤泥等。应妥善处理坟坑、井穴、树根坑的坑槽，分层填实至原地面高。

2）填方段内应事先找平，当地面横向坡度陡于 1∶5 时，需修成台阶形式，每层台阶高度不宜大于 300 mm，宽度不应小于 1.0 m。

3）根据测量中线桩和下坡脚桩，分层填土、压实。

4）碾压前先检查铺筑土层的宽度、厚度及含水量，合格后即可碾压，碾压时"先轻后重"，最后碾压应采用不小于 12 t 级的压路机。

5）填方高度内的管涵顶面填土 500 mm 以上才能用压路机碾压。

6）路基填方高度应按设计标高增加预沉量值。填土至最后一层时，应按设计断面、高程控制填土厚度并及时碾压修整。

（2）挖土路基

当路基设计标高低于原始地面标高时，需要挖土成型（即挖方路基）。

1）路基施工前，应将现况地面上的积水排除、疏干，将树根坑、坟坑、井穴等部位进行技术处理。

2）根据测量中线和边坡开挖。

3）挖土时应自上向下分层开挖，严禁掏洞开挖。机械开挖时，必须避开构筑物、管线，在距离管道边 1 m 范围内应采用人工开挖；在距离直埋缆线 2 m 范围内必须采用人工开挖。挖方段不得超挖，应留有碾压到设计标高的压实量。

4）压路机不小于 12 t 级，碾压应自路两边向路中心进行，直至表面无明显轮迹为止。

5）碾压时，应视土的干湿程度而采取洒水或换土、晾晒等措施。

6）过街雨水支管沟槽及检查井周围应用石灰土或石灰粉煤灰砂砾填实。

（3）石方路基

1）修筑填石路堤应进行地表清理，先码砌边部，然后逐层水平填筑石料，确保边坡稳定。

2）先修筑试验段，以确定松铺厚度、压实机具组合、压实遍数及沉降差等施工参数。

3）填石路堤宜选用 12 t 以上的振动压路机，25 t 以上轮胎压路机或 2.5 t 的夯锤压（夯）实。

4）路基范围内管线、构筑物四周的沟槽宜回填土料。

二、路面施工工艺

1. 路面垫层施工

路面垫层是指基层或底基层与路基之间的结构层次，主要起扩散荷载应力和改善路基水温状况的作用，以保证面层和基层的强度、刚度和稳定性不受土基水温状况变化而造成不良的影响。路面垫层所用的材料应符合设计及相关规范的要求，常用的垫层材料有石灰土、砂垫层、砂石垫层和手摆片石等。

2. 路面基层施工

路面基层是指直接位于路面面层下用高质量材料铺筑的主要承重层，底基层是在路面基层下铺筑的辅助层。基层（底基层）按力学性能可分为柔性基层和半刚性基层。柔性基层主要指碎（砾）石基层，包括级配碎（砾）石基层和填隙碎石基层。而采用无机结合料处治粒料和土，因其硬化后具有较高的整体刚度，以此修筑的基层称为半刚性基层，又称为稳定土基层，包括水泥、石灰、沥青稳定土基层和工业废渣基层。

（1）碎（砾）石基层的施工

1）级配碎（砾）石基层施工：

级配碎（砾）石基层是将粒径不同的石料和砂（或石屑）组成良好级配的混合料，经碾压形成密实的基层结构。其施工方法有路拌法和厂拌法两种。级配碎（砾）石基层的施工关键是保证级配料拌和均匀，含水量适宜，摊铺均匀，压实度达到规定的要求。

①级配碎（砾）石基层路拌法施工的工艺流程为：准备下承层→施工放样→运输和摊铺主要集料→洒水湿润→运输和摊铺石屑→拌和并补充洒水→整型→碾压。

②厂拌法。级配碎石混合料可以在中心站采用强制式拌和机、卧式双轴桨叶式拌和机、普通水泥混凝土拌和机等进行集中拌和，然后运输至现场进行摊铺、整形和碾压。集中厂拌法施工时应注意：混合料的掺配比例一定要正确；在正式拌制级配碎石混合料前，必须先调试所需的厂拌设备，使混合料的颗粒组成和含水量都达到规定的要求；在采用未筛分碎石和石屑时，如未筛分碎石和石屑的颗粒组成发生明显变化时，应重新调整掺配比例。

2）填隙碎石基层施工：

用单一尺寸的粗碎石作骨料，形成嵌锁作用，用石屑填满碎石间的孔隙，以增加密实度和稳定性，这种结构称为填隙碎石。按照施工方法的不同，填隙碎石基层可分为干压碎石和水结碎石。

填隙碎石基层施工的工艺流程为：准备下承层→施工放样→运输和摊铺粗碎石→初压→撒布石屑→振动压实→第二次撒布石屑→振动压实→局部石屑及扫匀→振动压实填满孔隙→终压。

（2）稳定土基层的施工

1）水泥稳定土基层施工：水泥稳定土基层施工方法有路拌法和厂拌法两种。

①路拌法。对于二级或二级以下的一般公路，水泥稳定土可以采用路拌法施工。其施工工艺流程为：准备下承层→施工放样→粉碎土或运送、摊铺集料→洒水闷料→整平和轻压→

摆放和摊铺水泥→拌和（干拌）→加水并湿拌→整型→碾压→接缝处理→养生。

②厂拌法。稳定土混合料可以在中心站用强制式拌和机、双转轴桨叶式拌和机等进行集中拌和。厂拌法施工的工艺流程为：准备下承层→施工放样→拌和与运输→摊铺→整型→碾压→接缝处理→养生。其施工要求同路拌法。

2）石灰稳定土基层施工：石灰稳定土路拌法施工的工艺流程与水泥稳定土的施工基本相同，即准备下承层→施工放样→粉碎土或运送、摊铺集料→洒水闷料→整平和轻压→摆放和摊铺石灰→拌和→加水并湿拌→整型→碾压→接缝处理→养生。

（3）沥青稳定土基层施工

以沥青为结合料，将其与粉碎的土拌和均匀，摊铺平整，经碾压密实成型的基层称为沥青稳定土基层。通常采用慢凝液体石油沥青和低标号煤沥青作为制备沥青土的结合料，也可采用乳化沥青作为沥青土的结合料。还可采用沥青膏浆，它比较适用于稳定砂类土，使其具有较好的整体性；对于黏性土，可采用机械将土与沥青膏浆进行强力搅拌，然后铺筑碾压成型。

沥青稳定土基层施工的关键在于拌和与碾压。结合料如采用液体石油沥青或低标号煤沥青时，一般采用热油冷料拌和，油温为120～160℃；如采用乳化沥青或沥青膏浆时，采用冷油冷料拌和。沥青稳定土基层的碾压可采用轮胎式压路机，也可采用钢轮压路机，但应选用轻型或中型，且只压一遍即可，否则可能会出现裂缝或推移。碾压后过2～3 d再复压1～2遍效果最佳，如先用钢轮压路机碾压一遍后再用轮胎压路机碾压几遍，其平整度与密实度都较好。碾压后应特别注意加强初期养护，以加速路面成型。

（4）工业废渣基层施工

目前已广泛采用石灰稳定工业废渣混合料来代替常用的路面基层。石灰工业废渣材料可分为两大类：一类是石灰与粉煤灰类；另一类是石灰与其他废渣类，包括煤渣、高炉矿渣、钢渣（已崩解稳定）、其他冶金矿渣、煤矸石等。石灰工业废渣基层的施工方法可分为路拌法和厂拌法两种，其施工工艺与石灰稳定土基层的施工基本相同，此不再赘述。

3. 路面面层施工

（1）沥青路面施工

1）洒铺法沥青路面面层施工：用洒铺法施工的沥青路面面层有沥青表面处治路面和沥青贯入式路面两种。

①沥青表面处治路面施工。沥青表面处治路面是用沥青和细集料铺筑而成的厚度不大于3 cm的薄层路面面层，主要用来抵抗行车的磨损和大气作用，并起到增强防水性、提高平整度和改善路面行车条件的作用。它通常采用层铺法施工，层铺法沥青表面处治路面的施工方法为"先油后料"的方法，其工艺流程为：清理基层→浇洒透层沥青→洒布沥青→铺撒集料→碾压→养护。

②沥青贯入式路面施工。沥青贯入式路面是在初步压实的碎石（或破碎砾石）上，分层浇洒沥青、铺撒嵌缝料，经压实而成的路面结构，其厚度通常为4～8 cm。根据沥青材料贯入深度的不同，贯入式路面可分为深贯入式（6～8 cm）或浅贯入式（4～5 cm）两种。其施工工艺

流程为：基层准备→摊铺主层石料→第一次碾压→撒布沥青及嵌缝料→重复撒布沥青及嵌缝料→重复撒布沥青及嵌缝料。当沥青贯入式路层上部直接加铺拌和沥青混合料面层时，后者应紧跟贯入层施工，使上下成为整体。若贯入层用乳化沥青时，应待其破乳，水分蒸发且成型后方可铺筑面层。

2）热拌沥青混合料路面施工：热拌沥青混合料路面的施工过程包括 4 个方面：沥青混合料的拌制、运输、摊铺和压实成型。

（2）水泥混凝土路面施工

水泥混凝土路面具有强度高、刚度大、稳定性好、耐久性好、抗滑性能好、日常养护费用少，且有利于夜间行车等优点。目前采用最广泛的是普通混凝土（亦称素混凝土）路面，这是一种除在接缝处和局部范围以外均不配置钢筋的混凝土路面。其施工工艺过程一般为模板安装→传力杆安装→混凝土拌制与运输→混凝土摊铺、振捣与表面修整→制作防滑纹理→接缝施工→混凝土养护和填缝。

第九节　桥梁工程

一、桥梁下部结构施工工艺

下部结构是桥梁的重要组成部分，又通常称为桥梁墩台，它主要由桥墩、桥台和基础 3 部分组成。下部结构承担着桥梁上部结构所产生的作用，并将作用有效地传递给地基；桥台还与路堤相连接，承受着桥头填土的土压力。墩台主要决定着桥梁的高度和平面上的位置，受地形、地质、水文和气候等自然因素影响较大。

1. 基础施工

在桥梁工程中，通常采用的基础形式有扩大基础、桩基础、沉井基础、管柱基础等，其施工方法大致可分为如下几类。

（1）扩大基础施工

所谓扩大基础，是将墩台及上部结构传来的荷载由其直接传递至较浅的支承地基的一种形式，一般采用基坑的方法进行施工，故又称为明挖扩大基础或浅基础。

扩大基础施工的顺序是开挖基坑，对基底进行处理（当地基的承载力不满足设计要求时，需对地基进行加固），然后砌筑圬工或立模、绑扎钢筋、浇筑混凝土。其中开挖基坑是施工中的一项主要工作，而在开挖过程中，必须解决挡土与止水的问题。

当土质坚硬时，对基坑的坑壁可不进行支护，仅按一定坡度进行开挖。在采用土、石围堰或土质疏松情况下，一般应对开挖后的基坑坑壁进行支护加固，以防止坑壁坍塌。支护的方法有挡板支护加固、混凝土及喷射混凝土加固等。扩大基础施工的难易程度与地下水处理的难易有关。当地下水位高于基础的设计底面标高时，则施工时须采取止水措施。如打钢板桩或考虑采用集水坑用水泵排水、深井排水及井点法等使地下水位降低至开挖面以下，以使开挖工作能在干燥的状态下进行，还可采用化学灌浆法及帷幕法（冻结法、硅化法、水泥灌浆法和沥青灌浆法等）进行止水或排水。

（2）桩基础施工

桩是深入土层的柱形构件，其作用是将作用于桩顶以上的荷载传递到土体中的较深处。按成桩方法不同，桩基础可以分为沉入桩和灌注桩两种。

（3）沉井基础施工

沉井基础是一种断面和刚度均比桩大得多的筒状结构，施工时在现场重复交替进行构筑和开挖井内土方，使之沉落到预定的支承地基上。若为陆地基础，在地表建造，由取土井排土以减少刃脚土的阻力，借自重下沉；若为水中基础，可用筑岛法或浮运法建造。在下沉过程中，如侧摩阻力过大，可采用高压射水法、泥浆套法或井壁后压气法等加速下沉。

（4）管柱基础施工

管柱基础因其施工的方法和工艺相对较复杂，所需的机械设备也较多，一般的桥梁极少采用这种形式的基础，仅当桥址处的水文地质条件十分复杂，应用通常的基础施工方法不能奏效时才采用这种基础形式。因此，对于大型的深水或海中基础，特别是深水岩面不平、流速大的地方采用管柱基础是比较适宜的。

管柱基础的施工一般包括管柱预制、围笼拼装浮运和下沉定位、下沉管柱，在管柱底基岩上钻孔，在管柱内安放钢筋笼并灌注水下混凝土等物体。管柱有钢筋混凝土、预应力钢筋混凝土和钢管3种。其下沉与前述的沉入桩类似，大多采用振动法并辅以射水、吸泥等措施。管柱的下沉必须要有导向装置，浅水时可用导向架，深水时则用整体围笼。

2. 墩台施工

（1）现浇混凝土墩台施工

1）重力式混凝土墩台施工：

①墩台混凝土浇筑前应对基础混凝土顶面做凿毛处理，并清除锚筋污、锈。

②墩台混凝土宜水平分层浇筑，每层高度宜 1.5～2 m。

③墩台混凝土分块浇筑时，接缝应与墩台水平截面尺寸较小的一边平行，邻层分块接缝应错开，接缝宜做成企口形。分块数量，墩台水平截面积在 200 m² 内不得超过 2 块；在 300 m² 以内不得超过 3 块，每块面积不得小于 50 m²。

④明挖基础上灌注墩、台第一层混凝土时，要防止水分被基础吸收或基顶水分渗入混凝土而降低强度。

⑤应采取措施对大体积混凝土浇筑及质量进行控制。

2）柱式墩台施工：

①模板、支架除应满足强度、刚度外，稳定计算中应考虑风力影响。

② 墩台柱与承台基础接触面应凿毛处理，清除钢筋污、锈。浇筑墩台柱混凝土时，应铺同配合比的水泥砂浆一层。墩台柱的混凝土宜一次连续浇筑完成。

③柱身高度内有系梁连接时，系梁应与柱同步浇筑。"V"形墩柱混凝土应对称浇筑。

④采用预制混凝土管做柱身外模时，预制管安装应符合下列要求：基础面宜采用凹槽接头，凹槽深度不得小于 50 mm。上下管节安装就位后，应采用 4 根竖向方木对称设置在管柱

四周并绑扎牢固，防止撞击错位。混凝土管柱外模应设斜撑，保证浇筑时的稳定。管节接缝应采用水泥砂浆等材料密封。

⑤墩柱滑模浇筑应选用低流动度的或半干硬性的混凝土拌合料，分层分段对称浇筑，并应同时浇完一层；各段的浇筑应到距模板上缘 100～150 mm 处为止。

⑥钢管混凝土墩柱应采用微膨胀混凝土，一次连续浇筑完成。钢管的焊制与防腐应符合设计要求或相关的规范规定。

（2）重力式墩台施工

1）墩台砌筑前，应清理基础，保持洁净，并测量放线，设置线杆。

2）墩台砌体应采用坐浆法分层砌筑，竖缝均应错开，不得贯通。

3）砌筑墩台镶面石应从曲线部分或角部开始。

4）桥墩分水体镶面石的抗压强度不得低于设计要求。

5）砌筑的石料和混凝土预制块应清洗干净，保持湿润。

二、桥梁上部结构施工工艺

1. 装配式梁（板）施工

装配式桥梁施工包括构件的预制、运输和安装等过程。该方法可以节约支架、模板，减少混凝土收缩、徐变对结构的影响，有利于保证工程质量，缩短现场施工工期，但这种施工方法需要大型吊装设备。桥梁结构的架设方法主要有以下几种。

（1）移动式支架架设法

移动式支架架设法是在架设桥孔的地面上，沿桥轴线方向铺设轨道，在其上设置可移动的支架。预制梁的前端搭在支架上，通过牵引支架，将梁移运到要求的位置后，用龙门架或扒杆进行安装，或在桥墩上组成枕木垛，用千斤顶将其卸下，再横移就位。

（2）自行式吊机架设法

由于自行式吊机本身有动力，不需要临时动力设备以及任何架设设备，故安装方便、迅速，它适用于中小跨径预制梁的吊装。自行式吊机架设法可采用一台吊机架设、两台吊机架设和吊机与绞车配合架设。

（3）联合架桥机架设法

在墩高、水深的情况下，可使用联合架桥机进行预制梁的架设。该方法还具有作业中不影响桥下通航的优点。联合架桥机由一根两跨长的钢导梁、两套龙门架和一个托架组成。

2. 预应力混凝土梁桥悬臂法施工

预应力混凝土梁桥的悬臂法施工分为悬臂浇筑（简称悬浇）法和悬臂拼装（简称悬拼）法两种。悬浇法是在桥墩上安装钢桁架并向两侧伸出悬臂以供垂吊挂篮，在挂篮上进行施工，对称浇筑混凝土，最后合龙；悬拼法是将预制块件在桥墩上逐段进行悬臂拼装，并穿束和张拉预应力筋，最后合龙。悬臂施工适用于梁的上翼缘承受拉应力的桥梁形式，如连续梁、悬臂梁、T形刚构梁、连续刚构梁等桥型。

（1）悬臂浇筑法

悬臂浇筑法的主要工作内容包括：在墩顶浇筑起步梁段（0号块）；在起步梁段上拼装悬

浇挂篮，并依次分段悬浇梁段；悬浇最后节段及总体合龙。悬浇分段示意如图 7-52 所示。

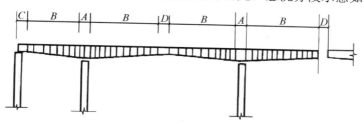

A—墩顶梁段；*B*—对称悬浇梁段；*C*—支架现浇梁段；*D*—合龙梁段。

图 7-52　悬浇分段示意

（2）悬臂拼装法

悬臂拼装法是将主梁划分成适当长度并预制成块件，将其运至施工地点进行安装，经施加预应力后使块件连接成整体桥梁。预制块件的长度主要取决于悬拼吊机的起重能力，一般为 2～5 m。移动式吊车悬拼施工如图 7-53 所示。

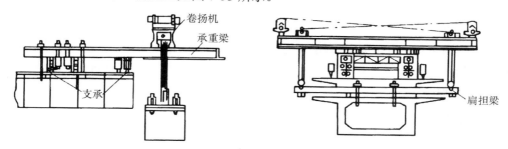

图 7-53　移动式吊车悬拼施工

3. 预应力混凝土连续梁桥顶推法施工

顶推法施工是沿桥梁纵轴方向，在桥台后方（或引桥上）设置预制场，浇筑梁段混凝土；待混凝土达到设计强度后施加预应力，并用千斤顶向前顶推；空出的底座继续浇筑梁段，随后施加预应力与前一段梁连接，直至将整个桥梁的梁段浇筑并顶推完毕；最后进行体系转换而形成连续梁桥。顶推法施工概貌及辅助设施如图 7-54 所示。

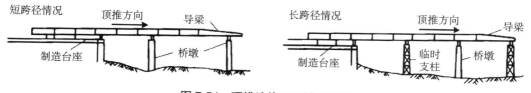

图 7-54　顶推法施工及辅助设施

顶推法施工工艺流程为：预制场准备工作，安装顶推设备→制作底座→预制梁段→张拉预应力筋及孔道压浆→顶推预制梁段→顶推就位，放松部分预应力筋，拆除辅助设施→张拉后期预应力筋及孔道压浆→更换支座、桥梁横向联系→桥面施工。

三、桥梁桥面系施工工艺

桥面系主要包括桥面铺装（行车道铺装）、排水防水系统、栏杆（或防撞栏杆）、灯光照明等。本节主要对桥面铺装、排水防水系统、防撞栏杆的施工工艺进行简单介绍。

1. 桥面铺装施工

桥面铺装的施工工艺流程为：凿除浮碴、清洗桥面→精确放样→绑扎钢筋→安装模板→精确的模板标高、轴线放样→浇筑桥面铺装混凝土→混凝土养生。

桥面铺装之前，应对梁板进行预处理，去除梁板表面的杂质，经过开凿使梁板表面粗糙以增强铺装后材料的粘接性，在固定间隔处进行标高，确保铺装层平整误差。

绑扎钢筋时施工人员避免直接造成钢筋网应力，而是制作支架铺设板类材料，支架不宜过大，以便于移动施工为准，且略高于绑扎的钢筋网，在进行湿接缝作业时，须对钢筋间距进行控制并安装架立筋，将架力筋同钢筋网进行焊接，同时提高钢筋网的稳定性，在梁板上进行浅钻孔（2～4 cm），不能伤及梁主筋，加设固定筋与钢筋网一并焊接。采用半幅施工的办法时，外漏钢筋至少应控制在 50 cm 以上，发现钢筋有弯曲形变的及时进行校正，如校正不利应予以更换，相邻施工段在接驳时，钢筋搭接长度须控制在 30～40 cm，同时采取绑接和焊接处理。

在浇筑环节，选择泵送、吊送等方式递送铺装材料，禁止重型机械碾压钢筋网导致变形，浇筑时及时采用设备进行振捣至振捣密实、无气泡冒出为止。铺装及振捣时需要时刻注意标高与材料顶面水平情况，遇水平高度误差较大的应及时进行找平。待材料收浆抹面之后，检查凝固基本完成而失去塑性，再进行刷毛，需要将表面的浆质层全部剔除，漏出粗粒材料确保粘接度。

施工时还需要根据天气采取相应的措施，早晚温差过大，或者是出现极高和极低气温、大雨天气等应暂停施工，避免湿度、温度不达标导致材料物理性质发生变化。

混凝土材料在浇筑后，须在初凝、终凝时进行找平、压实处理，混凝土需要严格遵照至少 15 h 的养生规定，采用覆膜、洒水、隔离等办法，避免混凝土部分变形、开裂等。

2. 排水防水系统施工

一般采用油毡、沥青等材料进行防水施工，厚度控制在 1～3 cm，设置位置在垫层之上，且在防水层铺设之后，应当在其上面覆盖一层由细料混凝土和细丝网组合成的保护层，确认防水层强度达到应力指标后，再进行表层铺装。为降低成本且避免因材料不合格导致的铺装层翘起、分层、中空等异常情况，尽可能选择防水式混凝土和沥青混凝土等作为中层和表层防水材料。

在整个防水层铺设时，需注意完整性和连接性，不能因为后期作业切断防水层，导致出现防水漏洞。在排水系统方面，需要提前对桥梁的纵坡、引水能力等进行调查和分析，根据结果对引水性能差而容易积水的桥面，需要设置专门的泄水孔、泄水管和引水槽。尤其是桥面纵坡不足 2%时，应加设排水设施，确保排水效果，排水系统引流的水最终应当妥善处理，如引入桥梁两端的城市排水系统等。

排水管道的安装采用交叉安装的办法，保障桥梁路面的稳定性。排水管道在安装时，还应当注意与防水层的结合，需要进行缝隙填补和对接，如金属管道安装应当与底部钢板进行无缝焊接。

3. 防撞栏杆施工

1）模板及其支撑。为保证防撞栏外观质量，防撞栏模板采用大块定型钢模板。钢模板事先进行设计，请专业厂家制作，并按设计要求严格验收。

2）钢筋制作与安装。调正已预埋的防撞栏主筋；安装水平纵向分布筋；安装并固定预埋件，确保预埋件位置准确；在钢筋外侧绑扎砂浆垫块，以保证保护层的厚度。

3）浇筑防撞栏混凝土。采用现场拌制混凝土，搅拌车运输，用起重机配合浇筑，插入式振捣器振捣。混凝土的搅拌同预应力现浇箱梁。浇筑前派专人对每车混凝土进行质量检验，包括坍落度、离析情况等，满足要求才投入使用，并预备试件以做强度检查；采用水平分层连续浇筑法浇筑防撞栏混凝土，由专人统一指挥。用较慢速度浇灌，并用插入式振动器振捣密实，振动点间距不大于 50 cm。插入式振动器难以插进的个别部位，应用小铁条伸入补插；随振捣随按标高抹平混凝土顶面，并检查防撞栏的顶宽。如顶宽或标高的偏差超过允许偏差时，及时采取措施纠正；防撞栏杆混凝土不应出现蜂窝、麻面，外表应平整、光洁、美观。

4）混凝土养护。混凝土终凝后，以麻袋覆盖并浇水养护，浇水次数以保持混凝土湿润状态为度，养护时间为 7 d 以上。

第十节　管道工程和构筑物工程

一、沟埋管道施工方法

沟埋管道施工即开槽铺设预制成品管，开槽铺设预制成品管是目前国内外地下管道工程施工的主要方法，主要包括沟槽开挖与支护、地基处理与安管。

1. 沟槽开挖与支护施工要点

（1）分层开挖及深度

1）人工开挖沟槽的槽深超过 3 m 时应分层开挖，每层的深度不超过 2 m。

2）人工开挖多层沟槽的层间留台宽度：放坡开槽时不应小于 0.8 m，直槽时不应小于 0.5 m，安装井点设备时不应小于 1.5 m。

3）采用机械挖槽时，沟槽分层的深度按机械性能确定。

（2）沟槽开挖施工要点

1）槽底原状地基土不得扰动，机械开挖时槽底预留 200～300 mm 土层，由人工开挖至设计高程，整平。

2）槽底不得受水浸泡或受冻，槽底局部扰动或受水浸泡时，宜采用天然级配砂砾石或石灰土回填；槽底扰动土层为湿陷性黄土时，应按设计要求进行地基处理。

3）槽底土层为杂填土、腐蚀性土时，应全部挖除并按设计要求进行地基处理。

4）槽壁平顺，边坡坡度符合施工方案的规定。

5）在沟槽边坡稳固后设置供施工人员上下沟槽的安全梯。

（3）支撑与支护

1）采用木撑板支撑和钢板桩，应经计算确定撑板构件的规格尺寸。

2）撑板支撑应随挖土及时安装。

3）在软土或其他不稳定土层中采用横排撑板支撑时，开始支撑的沟槽开挖深度不得超过 1.0 m；开挖与支撑交替进行，每次交替的深度宜为 0.4～0.8 m。

4）支撑应经常检查，当发现支撑构件有弯曲、松动、移位或劈裂等迹象时，应及时处理；雨期及春季解冻时期应加强检查。

5）拆除支撑前，应对沟槽两侧的建筑物、构筑物和槽壁进行安全检查，并应制定拆除支撑的作业要求和安全措施。

6）施工人员应由安全梯上下沟槽，不得攀登支撑。

7）拆除撑板应制定安全措施，配合回填交替进行。

2. 地基处理与安管施工要点

（1）地基处理

1）管道地基应符合设计要求，管道天然地基的强度不能满足设计要求时应按设计要求加固。

2）槽底局部超挖或发生扰动时，超挖深度不超过 150 mm 时，可用挖槽原土回填夯实，其压实度不应低于原地基土的密实度；槽底地基土壤含水量较大，不适于压实时，应采取换填等有效措施。

3）排水不良造成地基土扰动时，扰动深度在 100 mm 以内，宜填天然级配砂石或砂砾处理；扰动深度在 300 mm 以内，但下部坚硬时，宜填卵石或块石，并用砾石填充空隙找平表面。

4）设计要求换填时，应按要求清槽，并经检查合格；回填材料应符合设计要求或有关规定。

5）柔性管道地基处理宜采用砂桩、搅拌桩等复合地基。

（2）安管

1）管节及管件下沟前准备工作。管节、管件下沟前，必须对管节外观质量进行检查，排除缺陷，以保证接口安装的密封性。

2）采用法兰和胶圈接口时，安装应按照施工方案严格控制上、下游管道接装长度、中心位移偏差及管节接缝宽度和深度。

3）采用焊接接口时，两端管的环向焊缝处齐平，错口的允许偏差应为 0.2 倍壁厚，内壁错边量不宜超过管壁厚度的 10%，且不得大于 2 mm。

4）采用电熔连接、热熔连接接口时，应选择在当日温度较低离接近最低时进行；电熔连接、热熔连接时电热设备的温度控制、时间控制，挤出焊接时对焊接设备的操作等，必须严格按接头的技术指标和设备的操作程序进行；接头处应有沿管节圆周平滑对称的内、外翻边；接头检验合格后，内翻边宜护平。

5）金属管道应按设计要求进行内外防腐施工和阴极保护工程。

二、不开槽管道施工方法

不开槽管道施工方法是相对于开槽管道施工方法而言，不开槽管道施工方法通常也称为暗挖施工方法。市政公用工程常用顶管法、盾构法、浅埋暗挖法、地表式水平定向钻法、夯管法等施工方法。不开槽施工方法与适用条件见表7-6。

表7-6　不开槽施工方法与适用条件

施工工法	密闭式顶管	盾构	浅埋暗挖	定向钻	夯管
工法优点	施工精度高	施工速度快	适用性强	施工速度快	施工速度快、成本较低
工法缺点	施工成本高	施工成本高	施工速度慢、施工成本高	控制精度低	控制精度低
适用范围	给水排水管道、综合管道	给水排水管道、综合管道	给水排水管道、综合管道	给水管道	钢管
适用管径/mm	300～4 000	3 000 以上	1 000 以上	300～1 000	200～1 800
施工精度	小于±50 mm	不可控	不超过30 mm	小于0.5倍管道内径	不可控
施工距离	较长	长	较长	较短	短
适用地质条件	各种土层	各种土层	各种土层	砂卵石及含水地层不适用	含水地层不适用，砂卵石地层困难

三、构筑物（场站）工程施工方法

本节简要介绍给水排水场站工程的结构特点和常用的施工方法。

1. 场站构筑物组成

1）水处理（含调蓄）构筑物，指按水处理工艺设计的构筑物。给水处理构筑物包括配水井、药剂间、混凝沉淀池、澄清池、过滤池、反应池、吸滤池、清水池、二级泵站等。污水处理构筑物包括进水闸井、进水泵房、格筛间、沉砂池、初沉淀池、二次沉淀池、曝气池、氧化沟、生物塘、消化池、沼气储罐等。

2）工艺辅助构筑物，指主体构筑物的走道平台、梯道、设备基础、导流墙（槽）、支架、盖板、栏杆等的细部结构工程，各类工艺井（如吸水井、泄空井、浮渣井）、管廊桥架、闸槽、水槽（廊）、堰口、穿孔、孔口等。

3）辅助建筑物，分为生产辅助性建筑物和生活辅助性建筑物。生产辅助性建筑物指各项机械设备的建筑厂房如鼓风机房、污泥脱水机房、发电机房、变配电设备房及化验室、控制室、仓库、砂料场等。生活辅助性建筑物包括综合办公楼、食堂、浴室、职工宿舍等。

4）配套工程，指为水处理厂生产及管理服务的配套工程，包括厂内道路、厂区给水排水、照明、绿化等工程。

5）工艺管线，指水处理构筑物之间、水处理构筑物与机房之间的各种连接管线，包括进水管、出水管、污水管、给水管、回用水管、污泥管、出水压力管、空气管、热力管、沼气管、投药管线等。

2. 构筑物（场站）工程结构形式与特点

1）水处理（调蓄）构筑物和泵房多数采用地下或半地下钢筋混凝土结构，特点是构件断面较薄，属于薄板或薄壳型结构，配筋率较高，具有较高抗渗性和良好的整体性要求。少数构筑物采用土膜结构（如氧化塘或生物塘等），面积大且有一定深度，抗渗性要求较高。

2）工艺辅助构筑物多数采用钢筋混凝土结构，特点是构件断面较薄，结构尺寸要求精确；少数采用钢结构预制，现场安装，如出水堰等。

3）辅助性建筑物视具体需要采用钢筋混凝土结构或砖砌结构，符合房建工程结构要求。

4）配套的市政公用工程结构符合相关专业结构与性能要求。

5）工艺管线中给水排水管道越来越多采用水流性能好、抗腐蚀性高、抗地层变位性好的PE管、球墨铸铁管等新型管材。

3. 构筑物（场站）与施工方法

本节主要介绍构筑物（场站）施工中常用的几种施工方法。

（1）全现浇混凝土施工

1）水处理构筑物中圆柱形混凝土池体结构，当池壁高度大（12～18 m）时宜采用整体现浇施工，支模方法有满堂支模法及滑升模板法。

2）污水处理构筑物中卵形消化池，通常采用无黏结预应力筋、曲面异型大模板施工。消化池钢筋混凝土主体外表面，需要做保温和外饰面保护。

（2）单元组合现浇混凝土施工

1）沉砂池、生物反应池、清水池等大型池体的断面形式可分为圆形水池和矩形水池，宜采用单元组合式现浇混凝土结构。以圆形储水池为例，单元一次性浇筑而成，底板单元间用高聚氯乙烯胶泥嵌缝，壁板单元间用橡胶止水带接缝。

2）大型水池为避免裂缝渗漏，设计通常采用单元组合结构将水池分块（单元）浇筑。各块（单元）间留设后浇缝带，池体钢筋按设计要求一次绑扎好，缝带处不切断，待块（单元）养护42 d后，再采用比块（单元）强度高一个等级的混凝土或掺加UEA的补偿收缩混凝土灌筑后浇缝带使其连成整体。

（3）预制拼装施工

1）水处理构筑物中沉砂池、沉淀池、调节池等混凝土圆形水池宜采用装配式预应力钢筋混凝土结构。

2）预制拼装圆形水池可采用绕丝法、电热张拉法或径向张拉法进行壁板环向预应力施工。

（4）预制沉井施工

预制沉井法施工通常采取排水下沉干式沉井方法和不排水下沉湿式沉井方法。前者适用于渗水量不大、稳定的黏性土；后者适用于比较深的沉井或有严重流沙的情况。排水下沉分为人工挖土下沉、机具挖土下沉、水力机具下沉。不排水下沉分为水下抓土下沉、水下水力吸泥下沉、空气吸泥下沉。

第十一节　地下暗挖工程

一、矿山隧道施工工艺

市政公用地下工程，因地下障碍物和周围环境限制通常采用喷锚暗挖（矿山）法施工。

1. 施工技术

喷锚暗挖（矿山）隧道施工技术主要包括掘进方式的选择、喷锚加固支护施工技术、衬砌及防水施工技术等。

2. 技术简介

（1）喷锚暗挖法的掘进方式选择

浅埋暗挖法施工因掘进方式不同，可分为众多的具体施工方法，如全断面法、正台阶法、环形开挖预留核心土法、单侧壁导坑法、双侧壁导坑法、中隔壁法、交叉中隔壁法、中洞法、侧洞法、柱洞法等。

（2）喷锚加固支护施工技术

1）喷锚暗挖与支护加固：

①浅埋暗挖法施工地下结构须采用喷锚初期支护，主要包括钢筋网喷射混凝土、锚杆—钢筋网喷射混凝土、钢拱架—钢筋网喷射混凝土等支护结构形式；可根据围岩的稳定状况，采用一种或几种结构组合。

②在浅埋软岩地段、自稳性差的软弱破碎围岩、断层破碎带、砂土层等不良地质条件下施工时，若围岩自稳时间短、不能保证安全地完成初次支护，为确保施工安全，加快施工进度，应采用各种辅助技术进行加固处理，使开挖作业面围岩保持稳定。

2）支护与加固技术：

①暗挖隧道内常用的技术措施有超前锚杆或超前小导管支护、小导管周边注浆或围岩深孔注浆、设置临时仰拱、管棚超前支护。

②暗挖隧道外常用的技术措施有地表锚杆或地表注浆加固、冻结法固结地层、降低地下水位法。

（3）衬砌及防水施工技术

1）喷锚暗挖（矿山）法施工隧道通常采用复合式衬砌设计，衬砌结构是由初期（一次）支护、防水层和二次衬砌组成。

2）喷锚暗挖（矿山）法施工隧道的复合式衬砌，以结构自防水为根本，辅以防水层组成防水体系，以变形缝、施工缝、后浇带、穿墙管、预埋件、桩头等接缝部位混凝土及防水层施工为防水控制的重点。

二、盾构与 TBM 法隧道施工工艺

盾构机（shield machine），是一种用于软土隧道暗挖施工的机械，开挖面的稳定方法是它

区别于硬岩掘进机的主要方面。硬岩掘进机，也称岩石掘进机，国内一般称为 TBM（Tunnel Boring Machine），即全断面岩石隧道掘进机，是以岩石地层为掘进对象，但在日本，一般称它为盾构机，欧美称 TBM。硬岩掘进机与盾构的主要区别就是不具备泥水、土压等维护掌子面稳定的功能。

1. 盾构法隧道施工工艺

（1）工艺简介

盾构法施工的主要原理就是尽可能在不扰动围岩的前提下完成施工，从而最大限度地减少对地面建筑物、交通设施及地下管线的影响。为了达到这一目的，除刀盘和盾构钢壳可以被动地产生支护作用以外，使用压力仓内泥土或泥水压力平衡开挖面上的土压力和水压力；使用壁后注浆及时填充由开挖产生的盾尾空隙，主动地控制围岩应力释放和变形是盾构技术的关键。

（2）施工工艺流程

盾构法隧道施工工艺流程：施工准备（"三通一平"、生产生活设施布置）→始发井洞门加固→盾构机就位（盾构基座安装、后靠支撑安装、盾构机下井及安装调试）→负环拼装→盾构出洞（凿除洞门、洞圈止水装置安装、出洞推进）→盾构正常段推进（轴线控制、推进出土、同步注浆、管片拼装）→盾构进洞（接收井洞门加固、贯通测量、盾构基座安装、凿除洞门、洞圈止水装置安装、盾构进洞、封堵洞门、补注浆）→盾构机吊出→洞圈施工、管片嵌缝、孔洞封堵→工程竣工。

（3）适用范围

盾构法隧道施工中常选用土压平衡式盾构机或泥水平衡式盾构机进行施工。

1）土压平衡盾构机：土压平衡盾构是在泥水加压盾构基础上开发的一种新型盾构，主要由盾壳、开挖机构、推进机构、排土机构、拼装机构及附属装置组成。土压平衡盾构通过对压管理，保持土压或土渣量的相对平衡与稳定来进行工作。

土压平衡盾构机广泛适用于对冲积黏土、洪积黏土砂质土、砂、砂砾、卵石等地质的施工，不需分离装置，占地面积少，施工时的覆土层可相对较浅。

2）泥水平衡盾构机：泥水加压平衡盾构由盾壳、开挖机构、推进机构、送排泥浆机构、拼装机构及附属装置组成，是目前各种盾构中最复杂、价格最贵的一种。

泥水平衡盾构机适用范围较大，多用于含水率高的软弱土质中，是一种低沉降、较安全的施工机械，对稳定的地层优点尤为明显，其工作效率要高于土压平衡盾构机，但随着土砂百分比的增加，会出现泥水分离难度增大的不足。

2. TBM 法隧道施工工艺

（1）工艺简介

TBM 法隧道施工工艺，即利用全断面隧道掘进机，进行隧道施工的施工方法。主要施工过程为在硬岩环境中，利用全断面隧道掘进机旋转刀盘上的滚刀挤压剪切破岩，通过旋转刀盘上的铲斗齿拾起石渣，落入主机皮带机上向后输送，再通过牵引矿渣车或隧洞连续皮带机运渣到洞外。

（2）施工工艺流程

TBM 法隧道施工工艺流程：施工准备→全断面开挖与出渣→外层管片式衬砌或初期支护→TBM 前推→管片外灌浆或二次衬砌。

（3）适用范围

1）一般只适用于圆形断面隧道，只有铣削滚筒式掘进机可在软岩中掘进非圆形断面隧道。

2）开挖隧道直径在 1.8～12 m，以直径 3～6 m 最为成熟。

3）一次性连续开挖长度不宜短于 1 km，也不宜长于 10 km，以 3～8 km 最佳。

4）适用于中硬岩层，岩石单轴抗压强度介于 20～250 MPa，尤以 50～100 MPa 最佳。

5）地质条件对 TBM 掘进效率影响很大。在良好岩层中月进尺可达 500～600 m，而在破碎岩层中只有 100 m 左右，在塌陷、涌水、暗河地段甚至须停机处理。

6）选用 TBM 开挖隧道应尽量避开复杂不良岩层。

第十二节　季节性施工基本知识

一、高温与雨季施工措施

1. 高温施工的卫生保健

1）宿舍应保持通风、干燥，有防蚊蝇措施，统一使用安全电压。生活办公设施要有专人管理，定期清扫、消毒，保持室内整齐清洁卫生。

2）炎热地区夏季施工应有防暑降温措施，防止中暑，防暑降温应采取综合性措施。

①组织措施：合理安排作息时间，实行工间休息制度，早晚干活，中午延长休息时间等。

②技术措施：改革工艺，减少与热源接触的机会，疏散、隔离热源。

③通风降温：可采用自然通风、机械通风和遮阳措施等。

④卫生保健措施：供给含盐饮料，补偿高温作业工人因大量出汗而损失的水分和盐分。

3）施工现场应供应符合卫生标准的饮用水，不得多人共用一个饮水器皿。

2. 雨季施工基本安全措施

由于雨期施工持续时间较长，而且大雨、大风等恶劣天气具有突然性，因此应认真编制好雨期施工的安全技术措施，做好雨期施工的各项准备工作。

（1）合理组织施工

根据雨期施工的特点，将不宜在雨期施工的工程提早或延后安排，对必须在雨期施工的工程制定有效的措施。晴天抓紧室外作业，雨天安排室内工作。注意天气预报，做好防汛准备。遇到大雨、大雾、雷击和 6 级以上大风等恶劣天气，应当停止进行露天高处、起重吊装和打桩等作业。暑期作业应调整作息时间，从事高温作业的场所应当采取通风和降温措施。

（2）做好施工现场的排水

1）根据施工总平面图、排水总平面图，利用自然地形确定排水方向，按规定坡度挖好排水沟，确保施工工地排水畅通。

2）应严格按防汛要求，设置连续、通畅的排水设施和其他应急设施，防止泥浆、污水、废水外流或塞下水道和排水河沟。

3）若施工现场临近高地，应在高地的边缘（现场的上侧）挖好截水沟，防止洪水冲入现场。

4）雨期前应做好傍山施工现场边缘的危石处理，防止滑坡、塌方威胁工地。

5）雨期应设专人负责，及时疏浚排水系统，确保施工现场排水畅通。

（3）运输道路

1）临时道路应起拱 5‰，两侧做宽 300 mm、深 200 mm 的排水沟。

2）对路基易受冲刷部分，应铺石块、焦渣、砾石等渗水防滑材料，或者设涵管排泄，保证路基的稳固。

3）雨期应指定专人负责维修路面，对路面不平或积水处应及时修好。

4）场区内主要道路应当硬化。

（4）临时设施及其他施工准备工作

1）施工现场的大型临时设施，在雨期前应整修加固完毕，应保证不漏、不塌、不倒，周围不积水，严防水冲入设施内。选址要合理，避开滑坡、泥石流、山洪、坍塌等灾害地段。大风和大雨后，应当检查临时设施地基和主体结构情况，发现问题及时处理。

2）雨期前应清除沟边多余的弃土，减轻坡顶压力。

3）雨后应及时对坑槽沟边坡和固壁支撑结构进行检查，深基坑应当派专人进行认真测量、观察边坡情况，如果发现边坡有裂缝、疏松、支撑结构折断、走动等危险征兆，应当立即采取措施。

4）雨期施工中遇到气候突变，发生暴雨、水位暴涨、山洪暴发或因雨发生坡道打滑等情况时应当停止土石方机械作业施工。

5）雷雨天气不得露天进行电力爆破土石方，如中途遇到雷电时，应当迅速将雷管的脚线、电线主线两端连成短路。

6）大风大雨后作业，应当检查起重机械设备的基础、塔身的垂直度、缆风绳和附着结构，以及安全保险装置并先试吊，确认无异常方可作业。轨道式塔机，还应对轨道基础进行全面检查，检查轨距偏差、轨顶倾斜度、轨道基础沉降、钢轨不直和轨道通过性能等。

7）落地式钢管脚手架底应当高于自然地坪 50 mm，并夯实整平，留一定的散水坡度，在周围设置排水措施，防止雨水浸泡脚手架。

8）遇到大雨、大雾、高温、雷击和 6 级以上大风等恶劣天气，应当停止脚手架的搭设和拆除作业。

9）大风、大雨后，要组织人员检查脚手架是否牢固，如有倾斜、下沉、松扣、崩扣和安全网脱落、开绳等现象，要及时进行处理。

（5）雨期施工的用电与防雷

1）雨期施工的用电：

①各种露天使用的电气设备应选择较高的干燥处放置。

②机电设备（配电盘、闸箱、电焊机、水泵等）应有可靠的防雨措施，电焊机应加防护雨罩。

③雨期前应检查照明和动力线有无混线、漏电，电杆有无腐蚀，埋设是否牢靠等，防止触电事故发生。

④雨期要检查现场电气设备的接零、接地保护措施是否牢靠，漏电保护装置是否灵敏，电线绝缘接头是否良好。

2）雨期施工的防雷：

①防雷装置的设置范围：施工现场高出建筑物的塔吊、外用电梯、井字架、龙门架以及较高金属脚手架等高架设施，如果在相邻建筑物、构筑物的防雷装置保护范围以外，在表 7-7 的规定范围内，则应当按照规定设防雷装置，并经常进行检查。

表 7-7 施工现场内机械设备需要安装防雷装置的规定

地区平均雷暴日/d	机械设备高度/m
≤15	≥50
>15，<40	≥32
≥40，<90	≥20
≥90 及雷灾特别严重的地区	≥12

如果最高机械设备上的避雷针，其保护范围按照 60°计算能够保护其他设备，且最后退出现场，其他设备可以不设置避雷装置。

②防雷装置的构成及操作要求。施工现场的防雷装置一般由避雷针、接地线和接地体 3 部分组成。避雷针，装在高出建筑物的塔吊、人货电梯、钢脚手架等的顶端。机械设备上的避雷针（接闪器）长度应当为 1～2 m。接地线，可用截面积不小于 16 mm² 的铝导线，或用截面积不小于 12 mm² 的铜导线，或者用直径不小于 $\phi8$ 的圆钢，也可以利用该设备的金属结构体，但应当保证电气连接。接地体，有棒形和带形两种。棒形接地体一般采用长度 1.5 m、壁厚不小于 2.5 mm 的钢管或∟5×50 的角钢，将其一端垂直打入地下，其顶端离地平面不小于 50 mm，带形接地体可采用截面积不小于 50 mm²，长度不小于 3 m 的扁钢，平卧于地下 500 mm 处。防雷装置的避雷针、接地线和接地体必须焊接（双面焊），焊缝长度应为圆钢直径的 6 倍或扁钢厚度的 2 倍以上。

3. 雨季施工主要技术措施

（1）土方和基础工程施工措施

1）大量的土方开挖和回填土工程应在雨期来临前完成。当必须在雨季进行基坑或边坡土方施工时，应编制切实可行的施工方案、制定有针对性的施工技术措施和安全措施。

2）基坑或边坡土方施工须严格按规定放坡，雨季施工的工作面不宜过大，应逐段、逐片地分期完成。

3）在坑内做好排水沟和集水井，基坑（槽）挖到标高后，及时验收并浇筑混凝土垫层。

4）回填土施工前，应排除基坑集水，取土、运土、铺填、压实等工序连续进行，分层夯实回填土。

（2）砌体工程施工措施

1）砖在雨期必须集中堆放，不宜浇水。砌墙时要求干湿砖块合理搭配。砖湿度较大时不可上墙。砌筑高度不可超过 1.2 m。

2）测量砂含水率，调整砂浆用水量。

3）遇大雨必须停工。砌砖收工时应在砖墙顶盖一层干砖，避免大雨冲刷灰浆。大雨过后受雨水冲刷过的新砌墙体应翻砌最上面两层砖。

4）稳定性较差的窗间墙、独立砖柱，应架设临时支撑或及时浇筑圈梁。

5）砌体施工时，内外墙要尽量同时砌筑。

6）雨后继续施工，须复核已完工砌体垂直度和标高，并检查砌体灰缝，受雨水冲刷严重之处须采取必要的补救措施。

（3）混凝土工程施工措施

1）拆模后模板要及时修理并涂刷隔离剂，涂刷前要掌握天气预报，以防隔离剂被雨水冲掉。

2）混凝土浇筑不得在中雨以上的情况下进行，如突然遇雨，应采取防雨措施，做好临时施工缝，已浇部位应当加以覆盖，方可收工。

3）雨季施工时，应加强对混凝土粗细骨料含水量的测定，及时调整用水量；混凝土浇筑前须清除模板内的积水。

4）大面积的混凝土浇筑前，要了解2～3 d的天气预报，尽量避开大雨，现场要准备大量的防雨材料，以备浇筑时突然遇雨覆盖。

5）模板堆放场地不得有积水，垫木支撑处地基应坚实，上部设置防雨措施，雨后及时检查支撑是否牢固。

二、冬季施工措施

1. 建筑地基基础工程施工措施

1）冬期施工的地基基础工程，除应有建筑场地的工程地质勘察资料外，尚应根据需要提出地基土的主要冻土性能指标。

2）建筑场地宜在冻结前清除地上和地下障碍物，地表积水，并应平整场地与道路。冬期应及时清除积雪，春融期应做好排水。

3）对建筑物、构筑物的施工控制坐标点、水准点及轴线定位点的埋设，应采取防止土壤冻胀、融沉变位和施工振动影响的措施，并应定期复测校正。

4）在冻土上进行桩基础和强夯措施时所产生的振动，对周围建筑物及各种设施有影响时，应采取隔振措施。

5）靠近建筑物、构筑物基础的地下基坑施工时，应采取防止相邻地基土遭冻的措施。

6）同一建筑物基槽（坑）开挖时应同时进行，基底不得留冻土层，基础施工中，应防止地基土被融化的雨水或冰水浸泡。

2. 砌体工程施工措施

1）冬期施工所用材料应符合下列规定：

①砖、砌块在砌筑前，应清除表面污物、冰雪等，不得使用遭水浸和受冻后表面结冰、污染的砖或砌块。

②砌筑砂浆宜采用普通硅酸盐水泥配制，不得使用无水泥拌制的砂浆。

③现场拌制砂浆所用砂中不得含有直径大于 10 mm 的冻结块或冰块。

④石灰膏、电石渣膏等材料应有保温措施，遭冻结时应经融化后方可使用。

⑤砂浆拌和水温不宜超过 80℃，砂加热温度不宜超过 40℃，且水泥不得与 80℃以上的热水直接接触；砂浆稠度宜较常温适当增大，且不得二次加水调整砂浆和易性。

2）砌筑间歇期间，宜及时在砌体表面进行保护性覆盖，砌体面层不得留有砂浆。继续砌筑前，应将砌体表面清理干净。

3）砌体工程宜选用外加剂法进行施工，对绝缘、装饰灯有特殊要求的工程，应采用其他方法。

4）施工日记中应记录大气温度、暖棚内温度、砌筑砂浆温度、外加剂掺量等有关资料。

5）砂浆试块的留置，除应按常温规定要求外，还应增设一组与砌体同条件养护的试块，用于检验转入常温 28 d 的强度。如有特殊需要，可另外增加相应龄期的同条件试块。

3. 钢筋工程施工措施

1）钢筋调直冷拉温度不宜低于−20℃。预应力钢筋张拉温度不宜低于−15℃。

2）钢筋负温焊接，可采用闪光对焊、电弧焊、电渣压力焊等方法。当采用细晶粒热轧钢筋时，其焊接工艺应经试验确定。当环境温度低于−20℃时，不宜进行施焊。

3）负温条件下使用的钢筋，施工过程中应加强管理和检验，钢筋在运输和加工过程中应防止撞击和刻痕。

4）钢筋张拉与冷拉设备、仪表和液压工作系统油液应根据环境温度选用，并应在使用温度条件下进行配套检验。

5）当环境温度低于−20℃时，不得对 HRB335、HRB400 钢筋进行冷弯加工。

4. 混凝土工程施工措施

1）混凝土的配置宜选用硅酸盐水泥或普通硅酸盐水泥，并应符合下列规定：

①当采用蒸汽养护时，宜选用矿渣硅酸盐水泥。

②混凝土最小水泥用量不宜低于 280 kg/m^3，水胶比不应大于 0.55。

③大体积混凝土的最小水泥用量，可根据实际情况决定。

④强度等级不大于 C15 的混凝土，其水胶比和最小水泥用量可不受以上限制。

2）拌制混凝土所用骨料应清洁，不得含有冰、雪、冻块及其他易冻裂物质。掺加含有钾、钠离子的防冻剂混凝土，不得采用活性骨料或在骨料中混有此类物质的材料。

3）冬期施工混凝土选用外加剂应符合《混凝土外加剂应用技术规程》（GB 50119—2013）的相关规定。非加热养护法混凝土施工，所选用的外加剂应含有引气组分或掺入引气剂，含气量宜控制在 3.0%～5.0%。

4）钢筋混凝土掺用氯盐类防冻剂时，氯盐掺量不得大于水泥质量的 1.0%，掺用氯盐的混凝土应振捣密实，且不宜采用蒸汽养护。

5）模板和混凝土表面覆盖的保温层，不应采用潮湿状态的材料，也不应将保温材料直接铺盖在潮湿的混凝土表面，新浇混凝土表面应铺一层塑料薄膜。

6）采用加热养护的整体结构，浇筑程序和施工缝位置的设置，应采取能防止产生较大温度应力的措施。当加热温度超过 45℃时，应进行温度应力核算。

7）型钢混凝土组合结构，浇筑混凝土前应对型钢进行预热，预热温度宜大于混凝土入模温度，预热方法应符合《建筑工程冬期施工规程》（JGJ/T 104—2011）的有关规定。

5. 保温及屋面防水工程施工措施

1）保温工程、屋面防水工程冬期施工应选择晴朗天气进行，不得在雨、雪天和 5 级及其以上或基层潮湿、结冰、霜冻条件下进行。

2）保温及屋面工程应依据材料性能确定施工气温界限，最低施工环境气温宜符合表 7-8 的规定。

表 7-8　保温及屋面工程施工环境气温要求

防水与保温材料	施工环境气温
黏结保温板	有机胶黏剂不低于−10℃；无机胶黏剂不低于 5℃
现喷硬泡聚氨酯	15～30℃
高聚物改性沥青防水卷材	热熔性不低于−10℃
合成高分子防水卷材	冷黏法不低于 5℃；焊接法不低于−10℃
高聚物改性沥青防水涂料	溶剂型不低于 5℃；热熔型不低于−10℃
合成高分子防水涂料	溶剂型不低于−5℃
防水混凝土、防水砂浆	符合本规程混凝土、砂浆相关规定
改性石油沥青密封材料	不低于 0℃
合成高分子密封材料	溶剂型不低于 0℃

3）保温与防水材料进场后，应存放于通风、干燥的暖棚内，并严禁接近火源和热源。棚内温度不宜低于 0℃，且不得低于表 7-8 规定的温度。

4）屋面防水施工时，应先做好排水比较集中的部位，凡节点部位均应加铺一层附加层。

5）施工时，应合理安排隔气层、保温层、找平层、防水层的各项工序，连续操作，已完成部位应及时覆盖，防止受潮与受冻。穿过屋面防水层的管道、设备或预埋件，应在防水施工前安装完毕并做好防水处理。

6. 建筑装饰装修工程施工措施

1）室外建筑装饰装修工程施工不得在 5 级及以上大风或雨，雪天气下进行。施工前，应采取挡风措施。

2）外墙饰面板、饰面砖以及马赛克饰面工程采用湿贴法作业时，不宜进行冬期施工。

3）外墙抹灰后需进行涂料施工时，抹灰砂浆内所掺的防冻剂品种应与所选用的涂料材质相匹配，具有良好的相溶性，防冻剂掺量和使用效果应通过试验确定。

4）装饰装修施工前，应将墙体基层表面的冰、雪、霜等清理干净。

5）室内抹灰前，应提前做好屋面防水层、保温层及室内封闭保温层。

6）室内装饰施工可采用建筑物正式热源、临时性管道或火炉、电气取暖。若采用火炉取暖时，应采取预防煤气中毒的措施。

7）室内抹灰，块料装饰工程施工与养护期间的温度不应低于 5℃。

8）冬期抹灰及粘贴面砖所用砂浆应采取保温、防冻措施。室外用砂浆内可掺入防冻剂，其掺量应根据施工及养护期间环境温度经试验确定。

9）室内粘贴壁纸时，其环境温度不宜低于 5℃。

7. 钢结构工程施工措施

1）在负温下进行钢结构的制作和安装时，应按照负温施工的要求，编制钢结构制作工艺规程和安装施工组织设计文件。

2）钢结构制作和安装采用的钢尺和量具，应和土建单位使用的钢尺和量具相同，并应采用同一精度级别进行鉴定。土建结构和钢结构应采取不同的温度膨胀系数差值调整措施。

3）钢构件在正温下制作，负温下安装时，施工中应采取相应调整偏差的技术措施。

4）参加负温钢结构施工的电焊工应经过负温焊接工艺培训，并应取得合格证，方能参加钢结构的负温焊接工作。定位点焊工作应由取得定位点焊合格证的电焊工来担任。

8. 混凝土构件安装工程施工措施

1）混凝土构件运输及堆放前，应将车辆、构件、垫木及堆放场地的积雪、结冰清除干净，场地应平整、坚实。

2）混凝土构件在冻胀性土壤的自然地面上或冻结前回填上地面上堆放时，应符合下列规定：

①每个构件在满足刚度、承载力条件下，应尽量减少支承点数量；

②对于大型板、槽板及空心板等板类构件，两端的支点应选用长度大于板宽的垫木；

③构件堆放时，如支点为两个及以上时，应采取可靠措施防止土壤的冻胀和融化下沉；

④构件用垫木垫起时，地面与构件之间的间隙应大于 150 mm。

3）在回填冻土并经一般压实的场地上堆放构件时，当构件重叠堆放时间长，应根据构件质量，尽量减少重叠层数，底层构件支垫与地面接触面积应适当加大。在冻土融化之前，应采取防止因冻土融化下沉造成构件变形和破坏的措施。

4）构件运输时，混凝土强度不得小于设计混凝土强度等级值 75%。在运输车上的支点设置应按设计要求确定。对于重叠运输的构件，应与运输车固定并防止滑移。

9. 越冬工程维护措施

1）对于有采暖要求，但却不能保证正常采暖的新建工程、跨年施工的在建工程以及停建、缓建工程等，在入冬前均应编制越冬维护方案。

2）越冬工程保温维护，应就地取材，保温层的厚度应由热工计算确定。

3）在制定越冬维护措施之前，应认真检查核对有关工程地质、水文、当地气温以及地基上的冻胀特征和最大冻结深度等资料。

4）施工场地和建筑物周围应做好排水，地基和基础不得被水浸泡。

5）在山区坡地建造的工程，入冬前应根据地表水流动的方向设置截水沟、泄水沟，但不得在建筑物底部设暗沟和盲沟疏水。

6）凡按采暖要求设计的房屋竣工后，应及时采暖，室内温度不得低于 5℃。当不能满足上述要求时，应采取越冬防护措施。

第八章　施工项目管理

第一节　施工项目管理概述

一、施工项目管理的内容

1. 建设工程项目管理的类型

（1）建设工程项目管理的概念

建设工程项目管理的内涵：自项目开始至项目完成，通过项目策划和项目控制，以使项目的费用目标、进度目标和质量目标得以实现。

"自项目开始至项目完成"指的是项目的实施期；"项目策划"指的是项目实施的策划（它区别于项目决策的策划），即项目目标控制前的一系列筹划和准备工作；"费用目标"对业主而言是投资目标，对施工方而言是成本目标。

项目决策期管理工作的主要任务是确定项目的定义，而项目实施期管理的主要任务是通过管理使项目的目标得以实现。

（2）建设工程项目管理的类型

按建设工程生产组织的特点，一个项目往往由众多参与单位承担不同的建设任务，而各参与单位的工作性质、工作任务和利益不同，因此就形成了不同类型的项目管理。由于业主方是建设项目生产过程的总集成者——人力资源、物资资源和知识的集成，业主方也是建设工程项目生产过程的总组织者，因此对于一个建设工程项目而言，虽然代表不同利益方的项目管理，但是，业主方的项目管理是管理的核心。

按建设工程项目不同参与方的工作性质和组织特征划分，项目管理有如下几种类型：

①业主方的项目管理。

②设计方的项目管理。

③施工方的项目管理。

④供货方的项目管理。

⑤建设项目工程总承包方的项目管理等。

投资方、开发方和由咨询公司的代表业主方利益的项目管理服务都属于业主方的项目管理。施工总承包方和分包方的项目管理都属于施工方的项目管理。材料和设备供应方的项目管理都属于供货方的项目管理。建设项目总承包有多种形式，如设计和施工任务综合的承包，设计、采购和施工任务综合的承包（简称 EPC 承包）等，它们的项目管理都属于建设项目总承包方的项目管理。

2. 施工项目管理的目标和任务

施工方作为项目建设的一个参与方，其项目管理主要服务于项目的整体利益和施工方本身的利益。其项目管理的目标包括施工的成本目标、施工的进度目标和施工的质量目标。

施工方的项目管理工作主要在施工阶段进行，但它也涉及设计准备阶段、设计阶段、动用前准备阶段和保修期。在工程实践中，设计阶段和施工阶段往往是交叉的。因此施工方的项目管理工作也涉及设计阶段。

（1）施工方项目管理的任务

①施工安全管理。

②施工成本控制。

③施工进度控制。

④施工质量控制。

施工方是承担施工任务的单位的总称谓，它可能是施工总承包方、施工总承包管理方、分包施工方、建设项目总承包的施工任务执行方或仅仅提供施工劳务的参与方。当施工方担任的角色不同，其项目管理的任务和工作重点也会有差异。

（2）施工总承包方的管理任务

施工总承包方对所承包的建设工程承担施工任务的执行和组织的总的责任，它的主要管理任务如下。

1）负责整个工程的施工安全、施工总进度控制、施工质量控制和施工的组织与协调等。

2）控制施工成本（这是施工总承包方内部的管理任务）。

3）施工总承包方是工程施工的总执行者和总组织者，它除了完成自己承担的施工任务，还负责组织和指挥它自行分包的分包施工单位和业主指定的分包施工单位的施工（业主指定的分包施工单位有可能与业主单独签订合同，也可能与施工总承包方签约，无论采用何种合同模式，施工总承包方应负责组织和管理业主指定的分包施工单位的施工，这也是国际惯例），并为分包施工单位提供和创造必要的施工条件。

4）负责施工资源的供应组织。

5）代表施工方与业主方、设计方、工程监理方等外部单位进行必要的联系和协调等。

分包施工方承担合同所规定的分包施工任务，以及相应的项目管理任务。若采用施工总承包或施工总承包管理模式，分包方（无论是一般的分包方，或由业主指定的分包方）必须接受施工总承包或施工总承包管理方的工作指令，服从其总体的项目管理。

（3）施工总承包管理方的主要特征

施工总承包管理方对所承包的建设工程承担施工任务组织的总的责任，它的主要特征如下：

1）一般情况下，施工总承包管理方不承担施工任务，它主要进行施工的总体管理和协调。

如果施工总承包管理方通过投标（在平等条件下竞标）获得一部分施工任务，则它也可参与施工。

2）一般情况下，施工总承包管理方不与分包方和供货方直接签订施工合同，这些合同都由业主方直接签订。但若施工总承包管理方应业主方的要求，协助业主参与施工的招标和发包工作，其参与的工作深度由业主方决定。业主方也可能要求施工总承包管理方负责整个施工的招标和发包工作。

3）无论是业主方选定的分包方，还是经业主方授权由施工总承包管理方选定的分包方，施工总承包管理方都承担对其的组织和管理责任。

4）施工总承包管理方和施工总承包方承担相同的管理任务和责任，即负责整个工程的施工安全控制、施工总进度控制、施工质量控制和施工的组织与协调等。因此，由业主方选定的分包方应经施工总承包管理方的认可，否则施工总承包管理方难以承担对工程管理的总的责任。

5）负责组织和指挥分包施工单位的施工，并为分包施工单位提供和创造必要的施工条件。

6）与业主方、设计方、工程监理方等外部单位进行必要的联系和协调等。

（4）建设项目工程总承包的特点

工程总承包和工程项目管理是国际通行的工程建设项目组织实施方式。积极推行工程总承包的工程项目管理，是深化我国工程建设项目组织实施方式改革，提高工程建设管理水平，保证工程质量和投资效益，规范建筑市场秩序的重要措施；是勘察、设计、施工、监理企业调整经营结构，增强综合实力，加快与国际工程承包和管理方式接轨，适应社会主义市场经济发展和加入世界贸易组织后新形势的必然要求；是积极开拓国际承包市场，带动我国技术、机电设备及工程材料的出口，促进劳务输出，提高我国企业国际竞争力的有效途径。

建设工程项目总承包的基本出发点是借鉴工业生产组织的经验，实现建设生产过程的组织集成化，以克服由于设计与施工的分离致使投资增加，以及克服由于设计和施工的不协调而影响建设进度等弊病。

建设项目工程总承包的核心是通过设计与施工过程的组织集成，促进设计与施工的紧密结合，以达到为项目建设增值的目的。通常采用变动总价合同。

3. 施工项目管理的内容

施工项目管理的内容主要包括建立项目管理责任制度、项目管理策划、采购与投标管理、合同管理、设计与技术管理、进度管理、质量管理、成本管理、安全生产管理、绿色建造与环境管理、资源管理、信息与知识管理、沟通管理、风险管理、收尾管理、管理绩效评价。

在施工项目管理的全过程中，为了取得各阶段目标和最终目标的实现，在进行各项活动中，必须加强管理工作。必须强调，施工项目管理的主体是以施工项目经理为首的项目经理部，即作业管理层，管理的客体是具体的施工对象、施工活动及相关生产要素。

（1）项目管理责任制度

项目管理责任制度应作为项目管理的基本制度。项目经理部负责人责任制应是项目管理责任制度的核心内容。项目经理部负责人应根据法定代表人的授权范围、期限和内容，履行管理职责。项目经理部负责人应取得相应资格，并按规定取得安全生产考核合格证书。项目管理机构负责人应按相关约定在岗履职，对项目实施全过程及全面管理。

项目经理部负责人职责、权限和管理：

①项目经理部负责人应履行下列职责：项目管理目标责任书中规定的职责；工程质量安全责任承诺书中应履行的职责；组织或参与编制项目管理规划大纲、项目管理实施规划，对项目目标进行系统管理；主持制定并落实质量、安全技术措施和专项方案，负责相关的组织协调工作；对各类资源进行质量监控和动态管理；对进场的机械、设备、工器具的安全、质量和使用进行监控；建立各类专业管理制度，并组织实施；制定有效的安全、文明和环境保护措施并组织实施；组织或参与评价项目管理绩效；进行授权范围内的任务分解和利益分配；按规定完善工程资料，规范工程档案文件，准备工程结算和竣工资料，参与工程竣工验收；接受审计，处理项目管理机构解体的善后工作；协助和配合组织进行项目检查、鉴定和评奖申报；配合项目承包单位完善缺陷责任期的相关工作。

②项目经理部负责人应具有下列权限：参与项目招标、投标和合同签订；参与组建项目经理部；参与组织对项目各阶段的重大决策；主持项目经理部工作；决定授权范围内的项目资源使用；在组织制度的框架下制定项目管理机构管理制度；参与选择并直接管理具有相应资质的分包人；参与选择大宗资源的供应单位；在授权范围内与项目相关方进行直接沟通；法定代表人和组织授予的其他权利。

③项目经理部负责人应接受法定代表人和项目承包单位的业务管理，项目承包单位有权对项目管理机构负责人给予奖励和处罚。

（2）项目管理策划

项目管理策划应由项目管理规划策划和项目管理配套策划组成。项目管理规划应包括项目管理规划大纲和项目管理实施规划，项目管理配套策划应包括项目管理规划策划以外的所有项目管理策划内容。

1）项目管理规划大纲：

①项目管理规划大纲编制依据应包括下列内容：项目文件、相关法律法规和标准；类似项目经验资料；实施条件调查资料。

②项目管理规划大纲宜包括，项目承包单位也可根据需要在其中选定：项目概况；项目范围管理；项目管理目标；项目管理组织；项目采购与投标管理；项目进度管理；项目质量管理；项目成本管理；项目安全生产管理；绿色建造与环境管理；项目资源管理；项目信息管理；项目沟通与相关方管理；项目风险管理；项目收尾管理。

③项目管理规划大纲文件应具备：项目管理目标和职责规定；项目管理程序和方法要求；项目管理资源的提供和安排。

2）项目管理实施规划：项目管理实施规划应对项目管理规划大纲的内容进行细化。

①项目管理实施规划编制依据包括以下几个方面：适用的法律、法规和标准；项目合同及相关要求；项目管理规划大纲；项目设计文件；工程情况与特点；项目资源和条件；有价值的历史数据；项目团队的能力和水平。

②项目管理实施规划应包括以下几个方面：项目概况；项目总体工作安排；组织方案；设计与技术措施；进度计划；质量计划；成本计划；安全生产计划；绿色建造与环境管理计划；资源需求与采购计划；信息管理计划；沟通管理计划；风险管理计划；项目收尾计划；项目现场平面布置图；项目目标控制计划；技术经济指标。

③项目管理实施规划文件应满足下列要求：规划大纲内容应得到全面深化和具体化；实施规划范围应满足实现项目目标的实际需要；实施项目管理规划的风险应处于可以接受的水平。

（3）项目采购与投标管理

项目承包单位应建立采购管理制度和投标管理制度，确定采购管理流程和实施方式、项目投标实施方式，规定管理与控制的程序和方法。

1）采购管理：项目承包单位应根据项目立项报告、工程合同、设计文件、项目管理实施规划和采购管理制度编制采购计划。采购计划应包括下列内容：采购工作范围、内容及管理标准；采购信息，包括产品或服务的数量、技术标准和质量规范；检验方式和标准；供方资质审查要求；采购控制目标及措施。

2）项目投标管理：项目投标前，投标单位应进行投标策划，确定投标目标，并编制投标计划。

（4）项目合同管理

项目承包单位应建立项目合同管理制度，明确合同管理责任，设立专门机构或人员负责合同管理工作。

（5）项目技术管理

①项目管理机构应实施项目技术管理策划，确定项目技术管理措施，进行项目技术应用活动。项目技术管理措施应包括下列内容：技术规格书；技术管理规划；施工组织设计、施工措施、施工技术方案；采购计划。

②技术管理规划应是项目承包人根据招标文件要求和自身能力编制的、拟采用的各种技术和管理措施，以满足发包人的招标要求。项目技术管理规划应明确：技术管理目标与工作要求；技术管理体系与职责；技术管理实施的保障措施；技术交底要求，图纸自审、会审，施工组织设计与施工方案，专项施工技术，新技术的推广与应用，技术管理考核制度；各类方案、技术措施报审流程；根据项目内容与项目进度需求，拟编制技术文件、技术方案、技术措施计划及责任人；新技术、新材料、新工艺、新产品的应用计划；对设计变更及工程洽商实施技术管理制度；各项技术文件、技术方案、技术措施的资料管理与归档。

（6）项目进度管理

项目进度管理主要包括进度计划、进度控制和进度变更管理。

1）进度计划：

①项目进度计划编制依据应包括下列内容：合同文件和相关要求；项目管理规划文件；资源条件、内部与外部约束条件。

②各类进度计划应包括下列内容：编制说明；进度安排；资源需求计划；进度保证措施。

2）进度控制：项目经理部应按规定的统计周期，检查进度计划并保存相关记录。进度计划检查应包括下列内容：工作完成数量；工作时间的执行情况；工作顺序的执行情况；资源使用及其与进度计划的匹配情况；前次检查提出问题的整改情况。

3）进度变更管理：项目经理部应根据进度管理报告提供的信息，纠正进度计划执行中的偏差，对进度计划进行变更调整。

①进度计划变更可包括下列内容：工程量或工作量；工作的起止时间；工作关系；资源供应。

②项目管理机构应识别进度计划变更风险，并在进度计划变更前制定下列预防风险的措施：组织措施；技术措施；经济措施；沟通协调措施。

（7）项目质量管理

项目质量管理包括质量计划、质量控制、质量检查与处置、质量改进等内容。

1）质量计划：

①项目质量计划编制依据应包括下列内容：合同中有关产品质量要求；项目管理规划大纲；项目设计文件；相关法律法规和标准规范；质量管理其他要求。

②项目质量计划应包括下列内容：质量目标和质量要求；质量管理体系和管理职责；质量管理与协调的程序；法律法规和标准规范；质量控制点的设置与管理；项目生产要素的质量控制；实施质量目标和质量要求所采取的措施；项目质量文件管理。

2）质量控制：项目质量控制应确保下列内容满足规定要求：实施过程的各种输入；实施过程控制点的设置；实施过程的输出；各个实施过程之间的接口。

3）质量检查与处理：对项目质量计划设置的质量控制点，项目经理部应按规定进行检验和监测。质量控制点可包括：对施工质量有重要影响的关键质量特性、关键部位或重要影响因素；工艺上有严格要求，对下道工序的活动有重要影响的关键质量特性、部位；严重影响项目质量的材料质量和性能；影响下道工序质量的技术间歇时间；与施工质量密切相关的技术参数；容易出现质量通病的部位；紧缺工程材料、构配件和工程设备或可能对生产安排有严重影响的关键项目；隐蔽工程验收。

4）质量改进：项目经理部应定期对项目质量状况进行检查、分析，向项目承包单位提出质量报告，明确质量状况、发包人及其他相关方满意程度、产品要求的符合性以及项目经理部的质量改进措施。

（8）项目成本管理

项目成本管理包括成本计划、成本控制、成本核算、成本分析、成本考核等内容。

1）成本计划：

①项目成本计划编制依据应包括：合同文件；项目管理实施规划；相关设计文件；价格信息；相关定额；类似项目的成本资料。

②编制成本计划应符合下列规定：由项目管理机构负责组织编制；项目成本计划对项目成本控制具有指导性；各成本项目指标和降低成本指标明确。

2）成本控制：项目管理机构成本控制应依据：合同文件；成本计划；进度报告；工程变更与索赔资料；各种资源的市场信息。

3）成本核算：项目经理部应坚持形象进度、产值统计、成本归集同步的原则，按规定的周期进行项目成本核算。

4）成本分析：

①项目成本分析依据应包括：项目成本计划；项目成本核算资料；项目的会计核算、统计核算和业务核算的资料。

②成本分析宜包括：时间节点成本分析；工作任务分解单元成本分析；组织单元成本分析；单项指标成本分析；综合项目成本分析。

5）成本考核：项目承包单位应以项目成本降低额、项目成本降低率作为对项目经理部成本考核主要指标。

（9）项目安全生产管理

项目安全生产管理包括安全生产管理计划、安全生产管理实施与检查、安全生产应急响应与事故处理、安全生产管理评价等内容。

1）安全生产管理计划：项目安全生产管理计划应满足事故预防的管理要求，并应符合下列规定：针对项目危险源和不利环境因素进行辨识与评估的结果，确定对策和控制方案；对危险性较大的分部分项工程编制专项施工方案；对分包人的项目安全生产管理、教育和培训提出要求；对项目安全生产交底、有关分包人制定的项目安全生产方案进行控制的措施；应急准备与救援预案。

2）安全生产管理实施与检查：施工现场的安全生产管理应符合下列要求：应落实各项安全管理制度和操作规程，确定各级安全生产责任人；各级管理人员和施工人员应进行相应的安全教育，依法取得必要的岗位资格证书；各施工过程应配置齐全劳动防护设施和设备，确保施工场所安全；作业活动严禁使用国家及地方政府明令淘汰的技术、工艺、设备、设施和材料；作业场所应设置消防通道、消防水源，配备消防设施和灭火器材，并在现场入口处设置明显标志；作业现场场容、场貌、环境和生活设施应满足安全文明达标要求；食堂应取得卫生许可证，并应定期检查食品卫生，预防食物中毒；项目管理团队应确保各类人员的职业健康需求，防治可能产生的职业和心理疾病；应落实减轻劳动强度、改善作业条件的施工措施。

3）安全生产应急响应与事故处理：项目经理部应识别可能的紧急情况和突发过程的风险因素，编制项目应急准备与响应预案。应急准备与响应预案应包括：应急目标和部门职责；突发过程的风险因素及评估；应急响应程序和措施；应急准备与响应能力测试；需要准备的相关资源。

4）安全生产管理评价：项目经理部应按规定实施项目安全管理标准化工作，开展安全文明工地建设活动。

（10）项目绿色建造与环境管理

绿色建造与环境管理包括绿色建造和环境管理等内容。

1）绿色建造：

施工项目管理机构应编制绿色建造计划并实施下列绿色施工活动：选用符合绿色建造要

求的绿色技术、建材和机具，实施节能降耗措施；进行节约土地的施工平面布置；确定节约水资源的施工方法；确定降低材料消耗的施工措施；确定施工现场固体废物的回收利用和处置措施；确保施工产生的粉尘、污水、废气、噪声和光污染的控制效果。

2）环境管理：

施工现场应符合下列环境管理要求：工程施工方案和专项措施应保证施工现场及周边环境安全、文明，减少噪声污染、光污染、水污染及大气污染，杜绝重大污染事件的发生；在施工过程中应进行垃圾分类，实现固体废物的循环利用，设专人按规定处置有毒有害物质，禁止将有毒、有害废弃物用于现场回填或混入建筑垃圾中外运；按照分区划块原则，规范施工污染排放和资源消耗管理，进行定期检查或测量，实施预控和纠偏措施，保持现场良好的作业环境和卫生条件；针对施工污染源或污染因素，进行环境风险分析，制定环境污染应急预案，预防可能出现的非预期损害；在发生环境事故时，进行应急响应以消除或减少污染，隔离污染源并采取相应措施防止二次污染。

（11）项目资源管理

项目资源管理包括人力资源管理、劳务管理、工程材料与设备管理、施工机具与设施管理、资金管理等内容。

（12）项目信息与知识管理

项目信息与知识管理包括信息管理计划、信息过程管理、信息安全管理、文件与档案管理、信息技术应用管理、知识管理等内容。

（13）沟通管理

沟通管理包括相关方需求识别与评估、沟通管理计划、沟通程序与方式、组织协调、冲突管理等内容。

（14）项目风险管理

项目风险管理包括风险管理计划、风险识别、风险评估、风险应对、风险监控等内容。

1）风险管理计划：

风险管理计划应包括下列内容：风险管理目标；风险管理范围；可使用的风险管理方法、措施、工具和数据；风险跟踪的要求；风险管理的责任和权限；必需的资源和费用预算。

2）风险识别：

项目经理部应进行下列风险识别：工程本身条件及约定条件；自然条件与社会条件；市场情况；项目相关方的影响；项目管理团队的能力。

3）风险评估：

①项目经理部应按下列内容进行风险评估：风险因素发生的概率；风险损失量或效益水平的估计；风险等级评估。

②风险评估后应出具风险评估报告。风险评估报告应由评估人签字确认，并经批准后发布。风险评估报告应包括下列内容：各类风险发生的概率；可能造成的损失量或效益水平、风险等级确定；风险相关的条件因素。

4）风险应对：项目经理部应依据风险评估报告确定针对项目风险的应对策略。

5）风险监控：项目承包单位应采取措施控制风险的影响，降低损失，提高效益，防止负面风险的蔓延，确保工程的顺利实施。

（15）项目收尾管理

项目收尾管理包括竣工验收、竣工结算、保修期管理和项目管理总结等内容。

项目经理部应实施下列项目收尾工作：编制项目收尾计划；提出有关收尾管理要求；理顺、终结所涉及的对外关系；执行相关标准与规定；清算合同双方的债权债务。

1）竣工验收：项目经理部应编制工程竣工验收计划，经批准后执行。工程竣工验收计划应包括下列内容：工程竣工验收工作内容；工程竣工验收工作原则和要求；工程竣工验收工作职责分工；工程竣工验收工作顺序与时间安排。

2）竣工结算：工程竣工验收后，项目承包单位应按照约定的条件向发包人提交工程竣工结算报告及完整的结算资料，报发包人确认。

3）保修期管理：项目承包单位应根据保修合同文件、保修责任期、质量要求、回访安排和有关规定编制保修工作计划，保修工作计划应包括下列内容：主管保修的部门；执行保修工作的责任者；保修与回访时间；保修工作内容。

4）项目管理总结：在项目管理收尾阶段，项目经理部应进行项目管理总结，编写项目管理总结报告，纳入项目管理档案。

二、施工项目管理的程序

施工项目管理的程序主要有编制项目管理规划大纲，编制投标书进行投标，签订施工合同，选定项目经理，项目经理接受企业法定代表人的委托组建项目经理部，企业法定代表人与项目经理签订"项目管理目标责任书"，项目经理部编制"项目管理实施规划"，进行项目开工前的准备，施工期间按"项目管理实施规划"进行管理，在项目竣工验收阶段进行竣工结算、清理各种债权债务、移交资料和工程，进行经济分析，做出项目管理总结报告并送企业管理层有关职能部门，企业管理层组织考核委员会对项目管理工作进行考核评价并兑现"项目管理目标责任书"中的奖惩承诺，项目经理部解体，在保修期满前项目承包单位管理层根据"工程质量保修书"的约定进行项目回访保修。

1. 项目管理规划

项目管理规划分为项目管理规划大纲和项目管理实施规划。

（1）项目管理规划大纲

项目管理规划大纲是项目管理工作中具有战略性、全局性和宏观性的指导文件。

编制项目管理规划大纲应遵循下列步骤：

①明确项目需求和项目管理范围。

②确定项目管理目标。

③分析项目实施条件，进行项目工作结构分解。

④确定项目管理组织模式、组织结构和职责分工。

⑤规定项目管理措施。

⑥编制项目资源计划。

⑦报送审批。

（2）项目管理实施规划

项目管理实施规划是在开工之前由项目经理主持编制的，旨在指导施工项目实施阶段管理的文件。

编制项目管理实施规划应遵循下列步骤：

①了解相关方的要求。

②分析项目具体特点和环境条件。

③熟悉相关的法律和文件。

④实施编制活动。

⑤履行报批手续。

2. 项目采购与投标管理

（1）项目采购

1）项目承包单位应建立采购管理制度，确定采购管理流程和实施方式，规定管理与控制的程序和方法。项目承包单位应建立投标管理制度，确定项目投标实施方式，规定管理与控制的流程和方法。

2）采购计划应经过相关部门审核，并经授权人批准后实施。必要时，采购计划应按规定进行变更。

3）采购过程应按法律、法规和规定程序，依据工程合同需求采用招标、询价或其他方式实施。符合公开招标规定的采购过程应按相关要求进行控制。

4）项目承包单位应确保采购控制目标的实现，对供方下列条件进行有关技术和商务评审：

①经营许可、企业资质。

②相关业绩与社会信誉。

③人员素质和技术管理能力。

④质量要求与价格水平。

5）项目承包单位应制定供方选择、评审和重新评审的准则。评审记录应予以保存。

6）项目承包单位应对特殊产品和服务的供方进行实地考察并采取措施进行重点监控，实地考察应包括下列内容：

①生产或服务能力。

②现场控制结果。

③相关风险评估。

7）承压产品、有毒有害产品和重要设备采购前，项目承包单位应要求供方提供下列证明文件：

①有效的安全资质。

②生产许可证。

③其他相关要求的证明文件。

8）项目承包单位应按工程合同的约定和需要，订立采购合同或规定相关要求。采购合同或相关要求应明确双方责任、权限、范围和风险，并经项目承包单位授权人员审核批准，确保采购合同或要求内容的合法性。

9）项目承包单位应依据采购合同或相关要求对供方的下列生产和服务条件进行确认：

①项目管理机构和相关人员的数量、资格。

②主要材料、设备、构配件、生产机具与设施。

10）供方项目实施前，项目承包单位应对供方进行相关要求的沟通或交底，确认或审批供方编制的生产或服务方案。项目承包单位应对供方的下列生产或服务过程进行监督管理：

①实施合同的履约和服务水平。

②重要技术措施、质量控制、人员变动、材料验收、安全条件和污染防治。

11）采购产品的验收与控制应符合下列条件：

①项目采用的设备、材料应经检验合格，满足设计及相关标准的要求。

②检验产品使用的计量器具、产品的取样和抽验应符合标准要求。

③进口产品应确保验收结果符合合同规定的质量标准，并按规定办理报关和商检手续。

④采购产品在检验、运输、移交和保管过程中，应避免对职业健康安全和环境产生负面影响。

⑤采购过程应按规定对产品和服务进行检验或验收，对不合格品或不符合项依据合同和法规要求进行处置。

（2）投标管理

1）在招标信息收集阶段，项目承包单位应分析、评审相关项目风险，确认项目承包单位满足投标工程项目需求的能力。

2）项目投标前，项目承包单位应进行投标策划，确定投标目标，并编制投标计划。

3）项目承包单位应识别和评审下列与投标项目有关的要求：

①招标文件和发包方明示的要求。

②发包方未明示但应满足的要求。

③法律法规和标准规范要求。

④项目承包单位的相关要求。

4）项目承包单位应依据规定程序形成投标计划，经过授权人批准后实施。

5）项目承包单位应依法与发包方或其代表有效沟通，分析投标过程的变更信息，形成必要的记录。

6）项目承包单位应识别和评价投标过程风险，并采取相关措施以确保实现投标目标要求。

7）中标后，项目承包单位应根据相关规定办理有关手续。

3. 项目合同管理

组织应配备符合要求的项目合同管理人员，实施合同的策划和编制活动，规范项目合同管理的实施程序和控制要求，确保合同订立和履行过程的合规性。

项目合同管理应遵循下列程序：合同评审；合同订立；合同实施计划；合同实施控制；合同管理总结。

4. 项目进度管理

项目经理部应建立项目进度管理制度，明确进度管理程序，规定进度管理职责及工作要求。

项目进度管理应遵循下列程序：编制进度计划；进度计划交底，落实管理责任；实施进度计划；进行进度控制和变更管理。

（1）进度计划

1）编制步骤：

①确定进度计划目标。

②进行工作结构分解与工作活动定义。

③确定工作之间的顺序关系。

④估算各项工作投入的资源。

⑤估算工作的持续时间。

⑥编制进度图（表）。

⑦编制资源需求计划。

⑧审批并发布。

2）编制方法：

编制进度计划应根据需要选用的方法有里程碑表、工作量表、横道计划和网络计划。

（2）进度控制

项目进度控制应遵循下列步骤：

①熟悉进度计划的目标、顺序、步骤、数量、时间和技术要求。

②实施跟踪检查，进行数据记录与统计。

③将实际数据与计划目标对照，分析计划执行情况。

④采取纠偏措施，确保各项计划目标实现。

（3）进度变更

项目经理部应根据进度管理报告提供的信息，纠正进度计划执行中的偏差，对进度计划进行变更调整。

进度计划的变更控制应调整相关资源供应计划，并与相关方进行沟通。变更计划的实施应与组织管理规定及相关合同要求一致。

5. 项目质量管理

项目经理部应根据需求制定项目质量管理和质量管理绩效考核制度，配备质量管理资源。项目质量管理应坚持缺陷预防的原则，按照策划、实施、检查、处置的循环方式进行系统运作。项目经理部应通过对人员、机具、材料、方法、环境要素的全过程管理，确保工程质量满足质量标准和相关方要求。

项目质量管理应按下列程序实施：确定质量计划；实施质量控制；开展质量检查与处置；落实质量改进。

（1）质量计划

项目质量计划应在项目管理策划过程中编制。项目质量计划作为对外质量保证和对内质量控制的依据，体现项目全过程质量管理要求。项目质量计划应报批，项目质量计划须修改时，应按原批准程序报批。

（2）质量控制

项目经理部应在质量控制过程中，跟踪、收集、整理实际数据，与质量要求进行比较，分析偏差，采取措施予以纠正和处置，并对处置效果复查。分包的质量控制应纳入项目质量控制范围，分包人应按分包合同的约定对其分包的工程质量对项目经理部负责。

1）采购质量控制应包括下列流程：

①确定采购程序。

②明确采购要求。

③选择合格的供应单位。

④实施采购合同控制。

⑤进行进货检验及问题处置。

2）施工质量控制应包括下列流程：

①施工质量目标分解。

②施工技术交底与工序控制。

③施工质量偏差控制。

④产品或服务的验证、评价和防护。

3）项目质量创优控制宜符合下列规定：

①明确质量创优目标和创优计划。

②精心策划和系统管理。

③制定高于国家标准的控制准则。

④确保工程创优资料和相关证据的管理水平。

（3）质量检查与处置

项目经理部应根据项目管理策划要求实施检验和监测，并按照规定配备检验和监测设备。

项目经理部对检验和监测中发现的不合格品，应按规定进行标识、记录、评价、隔离，防止非预期的使用或交付；对不合格品的处置应采取返修、加固、返工、让步接受和报废措施。

（4）质量改进

项目经理部应定期对项目质量状况进行检查、分析，向单位提出质量报告，明确质量状况、发包人及其他相关方满意程度、产品要求的符合性以及项目经理部的质量改进措施。

6. 项目成本管理

项目承包单位应建立项目全面成本管理制度，明确职责分工和业务关系，把管理目标分解到各项技术和管理过程。

项目承包单位管理层，应负责项目成本管理的决策，确定项目的成本控制重点、难点，确定项目成本目标，并对项目经理部进行过程和结果的考核。

项目经理部，应负责项目成本管理，遵守单位管理层的决策，实现项目管理的成本目标。

项目成本管理应遵循下列程序：掌握生产要素的价格信息；确定项目合同价；编制成本计划，确定成本实施目标；进行成本控制；进行项目过程成本分析；进行项目过程成本考核；编制项目成本报告；项目成本管理资料归档。

（1）成本计划

项目经理部应通过系统的成本策划，按成本组成、项目结构和工程实施阶段分别编制项目成本计划。

项目成本计划编制应符合下列程序：

①预测项目成本。

②确定项目总体成本目标。

③编制项目总体成本计划。

④项目经理部与组织的职能部门根据其责任成本范围，分别确定自己的成本目标，并编制相应的成本计划。

⑤针对成本计划制定相应的控制措施。

⑥由项目经理部与组织的职能部门负责人分别审批相应的成本计划。

（2）成本控制

项目成本控制应遵循下列程序：

①确定项目成本管理分层次目标。

②采集成本数据，监测成本形成过程。

③找出偏差，分析原因。

④制定对策，纠正偏差。

⑤调整改进成本管理方法。

（3）成本核算

项目经理部应根据项目成本管理制度明确项目成本核算的原则、范围、程序、方法、内容、责任及要求，健全项目核算台账。

（4）成本分析

成本分析应遵循下列步骤：

①选择成本分析方法。

②收集成本信息。

③进行成本数据处理。

④分析成本形成原因。

⑤确定成本结果。

（5）成本考核

项目承包单位应根据项目成本管理制度，确定项目成本考核目的、时间、范围、对象、方式、依据、指标、组织领导、评价与奖惩原则。

7. 项目安全管理

（1）安全生产管理计划

项目经理部应根据合同的有关要求，确定项目安全生产管理范围和对象，制订项目安全生产管理计划，在实施中根据实际情况进行补充和调整。

（2）安全生产管理实施与检查

1）项目经理部应根据项目安全生产管理计划和专项施工方案的要求，分级进行安全技术交底。对项目安全生产管理计划进行补充、调整时，仍应按原审批程序执行。

2）施工现场的安全生产管理应符合下列要求：

①应落实各项安全管理制度和操作规程，确定各级安全生产责任人。

②各级管理人员和施工人员应进行相应的安全教育，依法取得必要的岗位资格证书。

③各施工过程应配置齐全劳动防护设施和设备，确保施工场所安全。

④作业活动严禁使用国家及地方政府明令淘汰的技术、工艺、设备、设施和材料。

⑤作业场所应设置消防通道、消防水源，配备消防设施和灭火器材，并在现场入口处设置明显标志。

⑥作业现场场容、场貌、环境和生活设施应满足安全文明达标要求。

⑦食堂应取得卫生许可证，并应定期检查食品卫生，预防食物中毒。

⑧项目管理团队应确保各类人员的职业健康需求，防治可能产生的职业和心理疾病。

⑨应落实减轻劳动强度、改善作业条件的施工措施。

（3）安全生产应急响应与事故处理

1）项目经理部应对应急预案进行专项演练，对其有效性和可操作性实施评价并修改完善。

2）发生安全生产事故时，项目经理部应启动应急准备与响应预案，采取措施进行抢险救援，防止发生二次伤害。

3）项目经理部在事故应急响应的同时，应按规定上报上级和地方主管部门，及时成立事故调查组对事故进行分析，查清事故发生原因和责任，进行全员安全教育，采取必要措施防止事故再次发生。

（4）安全生产管理评价

项目承包单位应按相关规定实施项目安全生产管理评价，评估项目安全生产能力满足规定要求的程度。

8. 项目资源管理

项目承包单位应建立项目资源管理制度，确定资源管理职责和管理程序，根据资源管理要求，建立并监督项目生产要素配置过程。

项目经理部应根据项目目标管理的要求进行项目资源的计划、配置、控制，并根据授权进行考核和处置。

项目资源管理应遵循下列程序：

①明确项目的资源需求。

②分析项目整体的资源状态。

③确定资源的各种提供方式。

④编制资源的相关配置计划。

⑤提供并配置各种资源。

⑥控制项目资源的使用过程。

⑦跟踪分析并总结改进。

9. 项目信息与知识管理

项目承包单位应建立项目信息与知识管理制度，及时、准确、全面地收集信息与知识，安全、可靠、方便、快捷地存储、传输信息和知识，有效、适宜地使用信息和知识。

项目经理部应根据实际需要设立信息与知识管理岗位，配备熟悉项目管理业务流程，并经过培训的人员担任信息与知识管理人员，开展项目的信息与知识管理工作。

10. 项目沟通管理

项目承包单位应建立项目相关方沟通管理机制，健全项目协调制度，确保组织内部与外部各个层面的交流与合作。

项目经理部应将沟通管理纳入日常管理计划。沟通信息，协调工作，避免和消除在项目运行过程中的障碍、冲突和不一致。

11. 项目风险管理

项目承包单位应建立风险管理制度，明确各层次管理人员的风险管理责任，管理各种不确定因素对项目的影响。

项目风险管理应包括下列程序：

①风险识别。

②风险评估。

③风险应对。

④风险监控。

12. 项目收尾管理

项目经理部应编制工程竣工验收计划，经批准后执行。工程竣工验收工作按计划完成后，项目承包单位应自行检查，根据规定在监理机构组织下进行预验收，合格后向发包人提交竣工验收申请。

工程竣工验收后，项目承包单位应按照约定的条件向发包人提交工程竣工结算报告及完整的结算资料，报发包人确认。

项目承包单位应根据保修合同文件、保修责任期、质量要求、回访安排和有关规定编制保修工作计划。

在项目管理收尾阶段，项目经理部应进行项目管理总结，编写项目管理总结报告，纳入项目管理档案。

项目管理总结完成后，项目承包单位应进行下列工作：

①在适当的范围内发布项目总结报告。

②兑现在项目管理目标责任书中对项目管理机构的承诺。

③根据岗位责任制和部门责任制对职能部门进行奖罚。

三、施工项目管理的组织

1. 施工项目管理的组织

（1）系统的概念

系统取决于人们对客观事物的观察方式，一家企业、一所学校、一个科研项目或者一个建设项目都可以作为一个系统，但上述不同系统的目标不同，从而形成的组织关联、组织方法和组织手段也就会不相同，上述各种系统的运行方式也不同。

建设工程项目作为一个系统，它与一般的系统相比，有其明显的特征，例如：

1）建设项目都是一次性的，没有两个完全相同的项目。

2）建设项目全寿命周期一般由决策阶段、实施阶段和运营阶段组成，各阶段的工作任务和工作目标不同，其参与或设计的单位也不相同，它的全寿命周期持续时间长。

3）一个建设项目的任务往往由多家甚至许多家单位共同完成，他们的合作关系多数不是固定的，并且一些参与单位的利益不尽相同，甚至相对立。

因此，在考虑一个建设工程项目的组织问题或者进行项目管理的组织设计时，应充分考虑上述特征。

（2）系统的目标与系统的组织的关系

影响一个系统目标实现的主要因素除组织以外，还有以下两种因素（图 8-1）：

1）人的因素，它包括管理人员和生产人员的数量和质量。

2）方法和工具，它包括管理的方法与工具以及生产的方法与工具。

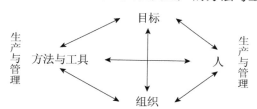

图 8-1　影响一个系统目标实现的主要因素

结合建设工程项目的特点，其中人的因素包括：

1）建设单位和该项目所参与单位（设计、工程监理、施工、供货单位等）的管理人员的数量和质量。

2）该项目所有参与单位（设计、工程监理、施工、供货单位等）的生产人员的数量和质量。

其中方法与工具包括：

1）建设单位和所有参与单位管理的方法与工具。

2）所有参与单位生产的方法与工具（设计和施工的方法与工具等）。

系统的目标决定了系统的组织，而组织是目标能否实现的决定性因素，这是组织论的一个重要结论。如果把一个建设项目的管理视作为一个系统，其目标决定了项目管理的组织，而项目管理的组织是项目管理的目标能否实现的决定性因素，因此可见项目管理的组织的重要性。

控制项目目标的主要措施包括组织措施、管理措施、经济措施和技术措施，其中组织措施是最为重要的措施。如果对一个建设工程的项目管理进行诊断，首先应分析其组织方面存在的问题。

（3）组织论和组织工具

组织论是一门学科，它主要研究系统的组织结构模式、组织分工和工作流程组织，如图 8-2 所示，它是与项目管理学相关的一门非常重要的基础理论学科。

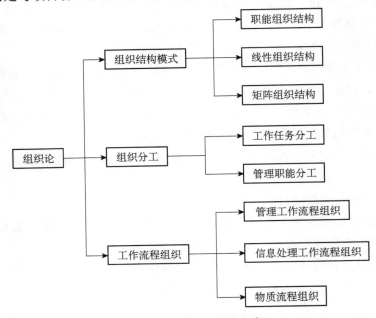

图 8-2　组织论的基本内容

1）组织结构模式反映一个组织系统中各子系统之间或各元素（各工作部门或各管理人员）之间的指令关系。

指令关系指的是哪一个工作部门或哪一位管理人员可以对哪些工作部门或哪些管理人员下达工作指令。

2）组织分工反映一个组织系统中各子系统或各元素的工作任务分工和管理职能分工。

3）组织结构模式和组织分工都是一种相对静态的组织关系。工作流程组织则可反映一个组织系统中各项工作之间的逻辑关系，是一种动态关系。图 8-2 所示的物质流程组织对于建设工程项目而言，指的是项目实施任务的工作流程组织，例如，设计的工作流程组织可以是方案设计、初步设计、技术设计、施工图设计，也可以是方案设计、初步设计（扩大初步设计）、施工图设计。施工作业也有多个可能的工作流程。

组织工具是组织论的应用手段，用图或表等形式表示各种组织关系，它包括项目结构图、组织结构图（管理组织结构图）、工作任务分工表、管理职能分工表、工作流程图等。

2. 施工管理的组织结构

（1）基本的组织结构模式

组织结构模式可用组织结构图来描述，组织结构图（图 8-3）也是一个重要的组织工具，反映一个组织系统中各组成部门（组成元素）之间的组织关系（指令关系）。在组织结构图中，矩形框表示工作部门，上级工作部门对其直接下属工作部门的指令关系用单项箭线表示。

组织论的 3 个重要的组织工具——项目结构图、组织结构图和合同结构图（图 8-4）的区别，见表 8-1。

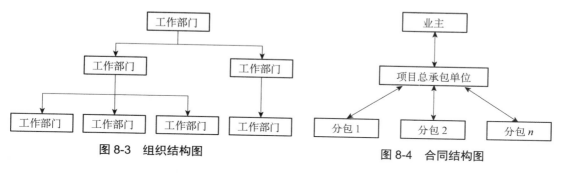

图 8-3　组织结构图　　　　　　　　　图 8-4　合同结构图

表 8-1　项目结构图、组织结构图和合同结构图的区别

	表达的含义	图中矩形框的含义	矩形框连接的表达
项目结构图	对一个项目的机构进行逐层分节，以反映组成该项目的所有工作任务（该项目的组成部分）	一个项目的组成部分	直线
组织结构图	反映一个组织系统中各组成部门（组成元素）之间的组织关系（指令关系）	一个组织系统中的组成部分（工作部门）	单向箭线
合同结构图	反映一个建设项目参与单位之间的合同关系	一个建设项目的参与单位	双向箭线

组织结构模式反映了一个组织系统中各子系统之间或元素（各工作部门）之间的指令关系。组织分工反映了一个组织系统中各子系统或各元素的工作任务分工和管理职能分工。组织结构模式和组织分工都是一种相对静态关系。在一个建设工程项目实施过程中，其管理工作的流程、信息处理的流程，以及设计工作、物资采购和施工的流程的组织都属于工作流程组织的范畴。

常用的组织结构模式包括职能组织结构、线性组织结构和矩阵组织结构等。这几种常用的组织结构模式既可以在企业管理中运用，也可以在建设项目管理中运用。

（2）职能组织结构的特点及其应用

在人类历史发展过程中，当手工业作坊发展到一定的规模时，一家企业内需要设置对人、财、物和产、供、销管理的职能部门，这样就产生了初级的职能组织结构。因此，职能组织结构是一种传统的组织结构模式。在职能组织结构中，每一个职能部门可根据它的管理职能对其直接和非直接的下属部门下达工作指令。因此，每一个工作部门可能得到其直接和非直接的上级工作部门下达的工作指令，它就会有多个矛盾的指令源。一个工作部门的多个矛盾的指令源会影响企业管理机制的运行。

在一般的工业企业中，设有人、财、物和产、供、销管理的职能部门，另有生产车间和后勤保障机构等。虽然生产车间和后勤保障机构并不一定是职能部门的直接下属部门，但是，职能管理部门可以在其管理的职能范围内对生产车间和后勤保障机构下达工作指令，这是典型的职能组织结构。在高等院校中，设有人事、财务、教学、科研和基本建设等管理的职能部门（处室），另有学院、系和研究中心等教学和科研的机构，其组织结构模式也是职能组织结构，人事处和教务处等都可对学院和系下达其分管范围内的工作指令。我国多数的企业、学校、事业单位目前还沿用这种传统的组织结构模式。许多建设项目也还用这种传统的组织结构模式，在工作中常出现交叉和矛盾的工作指令关系，严重影响了项目管理机制的运行和项目目标的实现。

因此，在施工项目中采用职能组织结构的优缺点分别如下。

优点：专业人员分工明确，专业性强，集中了专业化程度高的技术专家为项目服务，具有权力集中、职责分明、指挥灵活及效率高等；分工协作好，能使项目获得部门内广泛的知识和技术支持，对创造性地解决项目的技术问题十分有利。

缺点：项目摊子太大，消耗资源多，难以兼顾整体利益，可能出现部门之间的摩擦，对项目的总目标实现造成一定影响。

（3）线性组织结构的特点及其应用

在军事组织系统中，组织纪律非常严谨，军、师、旅、团、营、连、排和班的组织关系是按指令逐级下达，一级指挥一级和一级对一级负责。线性组织结构就是来之于这种十分严谨的军事组织系统。在线性组织结构中，每一个工作部门职能对其直接的下属部门下达工作指令，每一个工作部门也只有一个直接的上级部门，因此，每一个工作部门只有唯一一个指令源，避免了由于矛盾的指令而影响组织系统的运行。

在国际上，现行组织结构模式是建设项目管理组织系统的一种常用模式，因为一个建设项目参与单位很多，少则数十，多则数百，大型项目的参与单位将以千计，在项目实施过程中矛盾的指令会给工程项目目标的实现造成很大的影响，而线性组织结构模式可确保工作指令的唯一性。但在一个特大的组织系统中，由于线性组织结构的模式的指令路径过长，有可能会造成组织系统在一定程度上运行的困难。

这种组织结构具有结构简单、权力集中、职责分明、指令统一、指挥灵活及效率高等优点。其缺点是专业分工差，横向联系薄弱，信息交流困难，其决策、指挥、协调和控制基本属于个人管理。线性组织适合于规模小、技术简单、级别较低、协作关系少的工程项目。

（4）矩阵组织结构的特点及其应用

矩阵组织结构是一种较新型的组织结构模式。在矩阵组织结构最高指挥者（部门）下设纵向和横向两种不同类型的工作部门。纵向工作部门如人、财、物、产、供、销的职能管理部门，横向工作部门如生产车间等。一家施工企业，如采用矩阵组织结构模式，则纵向工作部门可以是计划管理、技术管理、合同管理、财务管理和人事管理部门等，而横向工作部门可以是项目部。

一个大型建设项目如采用矩阵组织结构模式，则纵向工作部门可以是投资控制、进度控制、质量控制、合同管理、信息管理、人事管理、财务管理和物资管理等部门，而横向工作部门可以是各子项目的项目管理部。矩阵组织结构适宜用于大的组织系统，在上海地铁和广州地铁一号线建设时都采用了矩阵组织结构模式。

在矩阵组织结构中，每一项纵向和横向交汇的工作，指令都来自纵向和横向两个工作部门，因此其指令源为两个。当纵向和横向工作部门的指令发生矛盾时，由该系统的最高指挥者（部门）进行协调和决策。

在矩阵组织结构中为避免纵向和横向工作部门指令矛盾对工作的影响，可以采用以纵向工作部门指令为主或以横向工作部门指令为主的矩阵组织结构模式，这样也可减轻该组织系统的最高指挥者的协调工作量。

矩阵组织结构既发挥职能部门的纵向优势，又发挥项目组织的横向优势。项目经理将团队成员与项目组织的职能人员在横向上有效地组织在一起，为实现项目目标协同工作。

矩阵组织结构中专业职能部门是永久性的，项目组织是临时性的。职能部门负责人对参与项目组织的人员有组织调配、业务指导和管理考察的责任。每个成员都要接受原部门负责人和项目经理的双重领导，但部门的控制力大于项目的控制力，要求部门负责人在专业人员的调配中充分运筹，提高人才利用率。

矩阵组织结构中项目经理掌握用人决策权，其工作受到多个职能部门支持，但要求其在横向和纵向都有良好的信息沟通及良好的协调配合。

矩阵式组织结构适用于大型、复杂的工程项目，因为这种项目要求多部门、多技术、多工种配合实施，可以充分利用有限的人才对多个项目进行管理，特别有利于发挥稀有人才的作用。

3. 工程项目组织机构形式的选择方法

如何确定工程项目组织机构类型，对项目实施效果影响很大，在确定最适宜的项目组织机构时，应综合将企业的素质、任务、条件、基础同工程项目的规模、性质、内容、要求的管理方式结合起来分析。

第二节　施工项目目标控制

一、施工项目目标控制的任务

1. 施工项目目标控制的内涵

施工项目目标控制包括施工项目进度控制、施工项目质量控制、施工项目成本控制、施工项目安全控制4个方面。

（1）施工项目进度控制

施工项目进度控制指在既定的工期内，编制出最优的施工进度计划，在执行该计划的施工中，经常检查施工实际进度情况，并将其与计划进度相比较，若出现偏差，便分析产生的原因和对工期的影响程度，找出必要的调整措施，修改原计划，不断地如此循环，直至工程竣工验收。施工项目进度控制的总目标是确保施工项目的合同工期的实现，或者在保证施工质量和不因此而增加施工实际成本的条件下，适当缩短工期。

（2）施工项目质量控制

1）施工项目质量控制的内涵：

施工项目质量控制是指对项目的实施情况进行监督、检查和测量，并将项目实施结果与事先制定的质量标准进行比较，判断其是否符合质量标准，找出存在的偏差，分析偏差形成原因的一系列活动。项目质量控制贯穿于项目实施的全过程。

2）施工项目质量控制的特点：

施工质量控制的特点是由建设项目的工程特点和施工生产的特点决定的，施工质量控制必须考虑和适应这些特点，进行有针对性的管理。

①需要控制的因素多。工程项目的施工质量受到多种因素的影响，这些因素包括地质、水文、气象和周边环境等自然条件因素，勘察、设计、材料、机械、施工工艺、操作方法、技术措施，以及管理制度、办法等人为的技术管理因素，要保证工程项目的施工质量，必须对所有这些影响因素进行有效控制。

②控制的难度大。由于建筑产品的单件性和施工生产的流动性，不具有一般工业产品生产常有的固定的生产流水线、规范化的生产工艺、完善的检测技术、成套的生产设备和稳定的生产环境等条件，不能进行标准化施工，施工质量容易产生波动；而且施工场面大、人员多、工序多、关系复杂、作业环境差，都加大了质量控制的难度。

③过程控制要求高。工程项目的施工过程，工序衔接多、中间交接多、隐蔽工程多，施工质量具有一定的过程性和隐蔽性。上道工序的质量往往会影响下道工序的质量，下道工序的施工往往又掩盖了上道工序的质量。因此，在施工质量控制工作中，必须强调过程控制，加强对施工过程的质量检查，及时发现和整改存在的质量问题，并及时做好检查、签证记录，为证明施工质量提供必要的证据。

④终检局限大。由于前面所述原因，工程项目建成以后不能像一般工业产品那样，可以依靠终检来判断和控制产品的质量；也不可能像工业产品那样将其拆卸或解体检查内在质量、更换不合格的零部件，工程项目的终检（竣工验收）只能从表面进行检查，难以发现在施工过程中产生、又被隐蔽了的质量隐患，存在较大的局限性，如果在终检时才发现严重质量问题，要整改也很难，如果不得不推倒重建，必然导致重大损失。

3）施工项目质量控制的责任：

《建设工程质量管理条例》（国务院令 第 279 号）规定，施工单位对建设工程的施工质量负责。

施工单位应当建立质量责任制，确定工程项目的项目经理、技术负责人和施工管理负责人。施工单位项目经理应当按照经审查合格的施工图设计文件和施工技术标准进行施工，对因施工导致的工程质量事故或质量问题承担责任。

根据住房和城乡建设部《建筑施工项目经理质量安全责任十项规定（试行）》（建质〔2014〕123 号）和《建筑工程五方责任主体项目负责人质量终身责任追究暂行办法》（建质〔2014〕

124 号）的规定，建筑施工项目经理必须对工程项目施工质量安全负全责；其质量终身责任，是指参与新建、扩建、改建的施工单位项目经理按照国家法律法规和有关规定，在工程设计使用年限内对工程质量承担相应责任。

（3）施工项目成本控制

施工项目成本控制指在成本形成过程中，根据事先制定的成本目标，对企业经常发生的各项生产经营活动参照一定的原则，采用专门的控制方法，进行指导、调节、限制和监督，将各项生产费用控制在原来所规定的标准和预算之内。如果发生偏差或问题，应及时进行分析研究，查明原因，并及时采取有效措施，不断降低成本，以保证实现规定的成本目标。

（4）施工项目安全控制

施工项目安全控制指经营管理者对施工生产过程中的安全生产工作进行的策划、组织、指挥、协调、控制和改进的一系列活动，其目的是保证在生产经营活动中的人身安全、资产安全，促进生产的发展，保持社会的稳定。安全管理的对象是生产活动中的一切人、物、环境和管理状态，安全管理是一种动态管理。

2. 施工项目目标控制的任务

施工项目控制的任务是进行以项目进度控制、质量控制、成本控制和安全控制为主要内容的四大目标控制。这四项目标是施工项目的约束条件，也是施工效益的象征。其中前三项目标是指施工项目成果，而安全目标则是指施工过程中人和物的状态。也就是说，安全既指人身安全，又指财产安全。所以，安全控制既要克服人的不安全行为，又要克服物的不安全状态。

（1）项目进度控制的任务

施工方进度控制的任务是依据施工任务委托合同对施工进度的要求控制施工进度，这是施工方履行合同的义务。在进度计划编制方面，施工方应视项目的特点和施工进度控制的需要，编制深度不同的控制性、指导性和实施性施工的进度计划，以及按不同计划周期（年度、季度、月度和旬）的施工计划等。

施工方进度控制的主要工作环节包括下列内容：编制施工进度计划及相关的资源需求计划；组织施工进度计划的实施；施工进度计划的检查与调整。

1）编制施工进度计划及相关的资源需求计划：

施工方应视项目的特点和施工进度控制的需要，编制深度不同的控制性和直接指导项目施工的进度计划，以及按不同计划周期的计划等。为确保施工进度计划得以实施，施工方还应编制劳动力需求计划、物资需求计划以及资金需求计划等。

2）组织施工进度计划的实施：

施工进度计划的实施指的是按进度计划的要求组织人力、物力和财力进行施工。在进度计划实施过程中，应进行下列工作：

跟踪检查、收集实际进度数据；将实际进度数据与进度计划对比；分析计划执行的情况；对产生的偏差，采取措施予以纠正或调整计划；检查措施的落实情况；进度计划的变更必须与有关单位和部门及时沟通。

3）施工进度计划的检查与调整：

施工进度计划的检查应按统计周期的规定定期进行，并应根据需要进行不定期的检查。施工进度计划检查的内容包括下列内容：检查工程量的完成情况；检查工作时间的执行情况；检查资源使用及进度保证的情况；前一次进度计划检查提出问题的整改情况。

施工进度计划检查后应按下列内容编制进度报告：进度计划实施情况的综合描述；实际工程进度与计划进度的比较；进度计划在实施过程中存在的问题及其原因分析；进度执行情况对工程质量、安全和施工成本的影响情况；将采取的措施；进度的预测。

施工进度计划的调整应包括下列内容：工程量的调整；工作（工序）起止时间的调整；工作关系的调整；资源提供条件的调整；必要目标的调整。

（2）项目质量控制的任务

工程项目质量控制的任务就是对项目的建设、勘察、设计、施工、监理单位的工程质量行为，以及涉及项目工程实体质量的设计质量、材料质量、设备质量、施工安装质量进行控制。

（3）项目成本控制的任务

项目成本控制的任务包括成本计划编制、成本控制、成本核算、成本分析、成本考核。

1）成本计划编制。

成本计划是以货币形式编制施工项目在计划期内的生产费用、成本水平、成本降低率以及为降低成本所采取的主要措施和规划的书面方案。它是建立施工项目成本管理责任制、开展成本控制和核算的基础，此外，它还是项目降低成本的指导文件，是建立目标成本的依据，即成本计划是目标成本的一种形式。项目成本计划一般由施工单位编制。施工单位应围绕施工组织设计或相关文件进行编制，以确保对施工项目成本控制的适宜性和有效性。具体可按成本组成（如直接费用、间接费用、其他费用等）、项目结构（如各单位工程或单项）和工程实施阶段（如基础、主体、安装、装修等或月、季、年等）进行编制，也可以将几种方法结合使用。

为了编制出能够发挥积极作用的成本计划，在编制成本计划时应遵循以下原则：

①从实际情况出发：编制成本计划必须根据国家的方针政策，从企业的实际情况出发，充分挖掘企业内部潜力，使降低成本指标既积极可靠，又切实可行。施工项目管理部门降低成本的潜力在于正确选择施工方案，合理组织施工；提高劳动生产率；改善材料供应；降低材料消耗；提高机械利用率；节约施工管理费用等。但必须注意避免以下情况发生：为了降低成本而偷工减料，忽视质量；不顾机械的维护修理而过度、不合理使用机械；片面增加劳动强度，加班加点；忽视安全工作，未给职工办理相应的保险等。

②与其他计划相结合：成本计划必须与施工项目的其他计划，如施工方案、生产进度计划、财务计划、材料供应及消耗计划等密切结合，保持平衡。一方面，成本计划要根据施工项目的生产、技术组织措施、劳动工资、材料供应和消耗等计划来编制；另一方面，其他各项计划指标又影响着成本计划，所以其他各项计划在编制时应考虑降低成本的要求，与成本计划密切配合，而不能单纯考虑单一计划本身的要求。

③采用先进技术经济指标：成本计划必须以各种先进的技术经济指标为依据，并结合工程的具体特点，采取切实可行的技术组织措施作保证。只有这样才能编制出既有科学依据，又切实可行的成本计划，从而发挥成本计划的积极作用。

④统一领导、分级管理：编制成本计划时应采用统一领导、分级管理的原则，同时应树立全员进行成本控制的理念。在项目经理的领导下，以财务部门和计划部门为主体，发动全体职工共同进行，总结降低成本的经验，找出降低成本的正确途径，使成本计划的制订与执行更符合项目的实际情况。

⑤适度弹性：成本计划应留有一定的余地，保持计划的弹性。在计划期内，项目经理部的内部或外部环境都有可能发生变化，尤其是材料供应、市场价格等具有很大的不确定性，这给拟定计划带来困难。因此在编制计划时应充分考虑到这些情况，使计划具有一定适应环境变化的能力。

2）成本控制。

成本控制是在施工过程中，对影响成本的各种因素加强管理，并采取各种有效措施。将实际发生的各种消耗和支出严格控制在成本计划范围内；通过动态监控并及时反馈，严格审查各项费用是否符合标准，计算实际成本和计划成本之间的差异并进行分析，进而采取多种措施，减少或消除损失浪费。

建设工程项目施工成本控制应贯穿于项目从投标阶段开始直至保证金返还的全过程，它是企业全面成本管理的重要环节。成本控制可分为事前控制、事中控制（过程控制）和事后控制。

3）成本核算。

项目经理部应根据项目成本管理制度明确项目成本核算的原则、范围、程序、方法、内容、责任及要求，健全项目核算台账。

施工成本核算包括两个基本环节：一是按照固定的成本开支范围对施工成本进行归集和分配，计算出施工成本的实际发生额；二是根据成本核算对象，采用适当的方法，计算出该施工项目的总成本和单位成本。

施工成本核算一般以单位工程为对象，但也可以按照承包工程项目的规模、工期、结构类型、施工组织和施工现场等情况，结合成本管理要求，灵活划分成本核算对象。

项目经理部应按固定的会计周期进行项目成本核算。

项目经理部应编制项目成本报告。

对竣工工程的成本核算，应区分为竣工工程现场成本和竣工工程完全成本，分别由项目经理部和企业财务部门进行核算分析，其目的在于分别考核项目管理绩效和企业经营效益。

4）成本分析。

成本分析是在成本核算的基础上，对成本的形成过程和影响成本升降的因素进行分析，以寻求进一步降低成本的途径，包括有利偏差的挖掘和不利偏差的纠正。成本分析主要利用项目的成本核算资料（成本信息），与目标成本、预算成本以及类似项目的实际成本等进行比较，了解成本的变动情况，同时也要分析主要技术经济指标对成本的影响。成本偏差的控制，分析是关键，纠偏是核心，因此要针对分析得出的偏差发生原因，采取切实措施，加以纠正。

5）成本考核。

成本考核是指在项目完成后，对项目成本形成过程中的各责任者，按项目成本目标责任制的有关规定，将成本的实际指标与计划、定额、预算进行对比和考核，评定施工项目成本计划的完成情况和各责任者的业绩，并以此给予相应的奖励和处罚。

成本管理的每一个环节都是相互联系和相互作用的。成本预测是成本决策的前提，成本计划是成本决策所确定目标的具体化。成本计划控制则是对成本计划的实施进行控制和监督，保证决策的成本目标的实现，而成本核算又是对成本计划是否实现的最后检验，它所提供的成本信息又将为下一个施工项目成本预测和决策提供基础资料。成本考核是实现成本目标责任制的保证和实现决策目标的重要手段。

（4）项目安全控制的任务

①减少或消除人的不安全行为。

②减少或消除设备、材料的不安全状态。

③改善生产环境和保护自然环境。

二、施工项目目标控制的措施

1. 施工项目管理目标的动态控制

基于项目管理的哲学理念：项目实施过程中主客观条件的变化是绝对的，不变则是相对的；在项目进展过程中平衡是暂时的，不平衡则是永恒的，因此在项目实施过程中必须随着情况的变化进行项目目标的动态控制。项目目标的动态控制是项目管理最基本的方法论。

（1）动态控制原理

项目目标动态控制的工作程序如下：

1）项目目标动态控制的准备工作：对项目的目标（如投资/成本、进度和质量目标）进行分解，以确定用于目标控制的计划值（如计划投资/成本、计划进度和质量标准等）。

2）在项目实施过程中（如设计过程中、招投标过程中和施工过程中等）对项目目标进行动态跟踪和控制。

①收集项目目标的实际值，如实际投资/成本、实际施工进度和施工的质量状况等；

②定期（如每两周或每月）进行项目目标的计划值和实际值的比较；

③通过项目目标的计划值和实际值的比较，如有偏差，则采取纠偏措施进行纠偏。

如有必要（即原定的项目目标不合理或原定的项目目标无法实现），进行项目目标的调整，目标调整后控制过程再回到上述的第一步。由于在项目目标动态控制时要进行大量的数据处理，当项目的规模比较大时，数据处理的量就相当可观。采用计算机辅助的手段可高效、及时而准确地生成许多项目目标动态控制所需要的报表，如计划成本与实际成本的比较报表、计划进度与实际进度的比较报表等，将有助于项目目标动态控制的数据处理。

（2）项目目标动态控制的纠偏措施

项目目标动态控制的纠偏措施主要包括下列内容

1）组织措施。分析由于组织的原因而影响项目目标实现的问题，并采取相应的措施，如调整项目组织结构、任务分工、管理职能分工、工作流程组织和项目管理班子人员等。

2）管理措施（包含合同措施）。分析由于管理的原因而影响项目目标实现的问题，并采取相应的措施，如调整进度管理的方法和手段，改变施工管理和强化合同管理等。

3）经济措施。分析由于经济的原因而影响项目目标实现的问题，并采取相应的措施，如落实加快工程施工进度所需的资金等。

4）技术措施。分析由于技术（包括设计和施工的技术）的原因而影响项目目标实现的问题，并采取相应的措施，如调整设计、改进施工方法和改变施工机具等。

当项目目标失控时，人们往往首先考虑的是采取什么技术措施，而忽略可能或应当采取的组织措施和管理措施。组织论的一个重要结论：组织是目标能否实现的决定性因素，应充分重视组织措施对项目目标控制的作用。

（3）项目目标的事前控制

项目目标动态控制的核心是，在项目实施的过程中定期地进行项目目标的计划值和实际值的比较，当发现项目目标偏离时采取纠偏措施。为避免项目目标偏离的发生，还应重视事前的主动控制，即事前分析可能导致项目目标偏离的各种影响因素，并对这些影响因素采取有效的预防措施。

2. 动态控制方法在施工管理中的应用

我国施工管理中引进项目管理的理论和方法已多年，但是，运用动态控制原理控制项目目标尚未得到普及，许多施工企业还不重视在施工过程中依据和运用定量的施工成本控制、施工进度控制和施工质量控制的报告系统指导施工管理工作，项目目标控制还处于相当粗放的状态。应认识到，运用动态控制原理进行项目目标控制将有利于项目目标的实现，并有利于促进施工管理科学化的进程。

（1）运用动态控制原理控制施工进度

运用动态控制原理控制施工进度的步骤如下：

1）施工进度目标的逐层分解：从施工开始前和在施工过程中，逐步地由宏观到微观，由粗到细编制深度不同的进度计划的过程。对于大型建设工程项目，应通过编制施工总进度规划、施工总进度计划、项目各子系统和各子项目施工进度计划等进行项目施工进度目标的逐层分解。

2）在施工过程中对施工进度目标进行动态跟踪和控制：

①按照进度控制的要求，收集施工进度实际值。

②定期对施工进度的计划值和实际值进行比较。进度的控制周期应视项目的规模和特点而定，一般的项目控制周期为一个月，对于重要的项目控制周期可定为一旬或一周等。比较施工进度的计划值和实际值时应注意，其对应的工程内容应一致，如以里程碑事件的进度目标值或者再细化的进度目标值作为进度的计划值，则进度的实际值是相对于里程碑事件或再细化的分项工作的实际进度。进度的计划值和实际值的比较应是定量的数据比较，比较的成果是进度跟踪和控制报告，如编制进度控制的旬、月度、季度、半年度和年度报告等。

③通过施工进度计划值和实际值的比较，如发现进度的偏差，则必须采取相应的纠偏措

施进行纠偏。

3）调整施工进度目标：如有必要（即发现原定的施工进度目标不合理，或原定的施工进度目标无法实现等），则调整施工进度目标。

（2）运用动态控制原理控制施工成本

运用动态控制原理控制施工成本的步骤如下：

1）施工成本目标的逐层分解指的是通过编制施工成本规划，分析和论证施工成本目标实现的可能性，并对施工成本目标进行分解。

2）在施工过程中对施工成本目标进行动态跟踪和控制：

①按照成本控制的要求，收集施工成本的实际值。

②定期对施工成本的计划值和实际值进行比较。

成本的控制周期应视项目的规模和特点而定，一般的项目控制周期为一个月。

施工成本的计划值和实际值的比较包括下列内容：工程合同价与投标价中的相应成本项的比较；工程合同价与施工成本规划中的相应成本项的比较；施工成本规划与实际施工成本中的相应成本项的比较；工程合同价与实际施工成本中的相应成本项的比较；工程合同价与工程款支付中的相应成本项的比较等。

由上可知，施工成本的计划值和实际值也是相对的，例如，相对于工程合同价而言，施工成本规划的成本值是实际值；而相对于实际施工成本，则施工成本规划的成本值是计划值等。成本的计划值和实际值的比较应是定量的数据比较，比较的成果是成本跟踪和控制报告，如编制成本控制的月度、季度、半年度和年度报告等。

③通过施工成本计划值和实际值的比较，如发现进度的偏差，则必须采取相应的纠偏措施进行纠偏。

3）调整施工成本目标：如有必要（即发现原定的施工成本目标不合理，或原定的施工成本目标无法实现等），则调整施工成本目标。

（3）运用动态控制原理控制施工质量

运用动态控制原理控制施工质量的工作步骤与进度控制和成本控制的工作步骤相类似。质量目标不仅是各分部分项工程的施工质量，它还包括材料、半成品、成品和有关设备等的质量。在施工活动开展前，首先应对质量目标进行分解，也即对上述组成工程质量的各元素的质量目标作出明确的定义，它就是质量的计划值。在施工过程中则应收集上述组成工程质量的各元素的实际值，并定期地对施工质量的计划值和实际值进行跟踪和控制，编制质量控制的月度、季度、半年度和年度报告。通过施工质量计划值和实际值的比较，如发现质量的偏差，则必须采取相应的纠偏措施进行纠偏。

3. 施工项目进度控制的措施

项目进度控制的措施如下：

（1）项目进度控制的组织措施

组织是目标能否实现的决定性因素，为实现项目的进度目标，应充分重视健全项目管理的组织体系。

在项目组织结构中应有专门的工作部门和符合进度控制岗位资格的专人负责进度控制工作。

进度控制的主要工作环节包括进度目标的分析和论证、编制进度计划、定期跟踪进度计划的执行情况、采取纠偏措施以及调整进度计划。这些工作任务和相应的管理职能应在项目管理组织设计的任务分工表和管理职能分工表中标示并落实。

应编制项目进度控制的工作流程，例如：

①定义项目进度计划系统的组成。

②各类进度计划的编制程序、审批程序和计划调整程序等。

进度控制工作包含了大量的组织和协调工作，而会议是组织和协调的重要手段，应进行有关进度控制会议的组织设计，以明确会议的类型、各类会议的主持人及参加单位和人员、各类会议的召开时间、各类会议文件的整理、分发和确认等。

（2）项目进度控制的管理措施

施工进度控制在管理观念方面存在的主要问题：

①缺乏进度计划系统的观念——分别编制各种独立而互不联系的计划，不能形成计划系统。

②缺乏动态控制的观念——只重视计划的编制，而不重视及时地进行计划的动态调整。

③缺乏进度计划多方案比较和选优的观念——合理的进度计划应体现资源的合理使用、工作面的合理安排、有利于提高建设质量、有利于文明施工和有利于合理地缩短建设周期。

施工方进度控制的管理措施如下：

①建设工程项目进度控制的管理措施涉及管理的思想、管理的方法、管理的手段、承发模式、合同管理和风险管理等。在理顺组织的前提下，科学和严谨的管理显得十分重要。

②用工程网络计划的方法编制进度计划必须很严谨地分析和考虑工作之间的逻辑关系，通过工程网络的计算可发现关键工作和关键线路，也可知道非关键工作可使用的时差，工程网络计划的方法有利于实现进度控制的科学化。

③承发包模式的选择直接关系到工程实施的组织和协调。为了实现进度目标，应选择合理的合同结构，以避免过多的合同交界面而影响工程的进展。工程物资的采购模式对进度也有直接的影响，对此应作比较分析。

④为实现进度目标，不但应进行进度控制，还应注意分析影响工程进度的风险，并在分析的基础上采取风险管理措施，以减少进度失控的风险量。常见的影响工程进度的风险，如组织风险、管理风险、合同风险、资源（人力、物力和财力）风险、技术风险等。

⑤重视信息化技术（包括相应软件、局域网、互联网以及数据处理设备）在进度控制中的应用。虽然信息技术对进度控制而言只是一种管理手段，但它的应用有利于提高进度信息处理的效率、有利于提高进度信息的透明度、有利于促进进度信息的交流和项目各参与方的协同工作。

（3）项目进度控制的经济措施

①建设工程项目进度控制的经济措施涉及资金需求计划、资金供应的条件和经济激励措施等。为确保进度目标的实现，应编制与进度计划相适应的资源需求计划（资源进度计划），包括资金需求计划和其他资源（人力和物力资源）需求计划，以反映工程实施的各时段所需

要的资源。通过资源需求的分析，可发现所编制的进度计划实现的可能性，若资源条件不具备，则应调整进度计划。资金需求计划也是工程融资的重要依据。

②资金供应条件包括可能的资金总供应量、资金来源（自有资金和外来资金）以及资金供应的时间。在工程预算中应考虑加快工程进度所需要的资金，其中包括为实现进度目标将要采取的经济激励措施所需要的费用。

（4）项目进度控制的技术措施

建设工程项目进度控制的技术措施涉及对实现进度目标有利的设计技术和施工技术的选用。

①不同的设计理念、设计技术路线、设计方案会对工程进度产生不同的影响，在设计工作的前期，特别是在设计方案评审和选用时，应对设计技术与工程进度的关系作分析比较。在工程进度受阻时，应分析是否存在设计技术的影响因素，为实现进度目标有无设计变更的可能性。

②施工方案对工程进度有直接的影响，在决策其是否选用时，不仅应分析技术的先进性和经济合理性，还应考虑其对进度的影响。在工程进度受阻时，应分析是否存在施工技术的影响因素，为实现进度目标有无改变施工技术、施工方法和施工机械的可能性。

4. 项目质量控制的措施

由于项目的质量目标最终是由项目工程实体的质量来体现，而项目工程实体的质量最终是通过施工作业过程直接形成的，设计质量、材料质量、设备质量往往也要在施工过程中进行检验，因此，施工质量控制是项目质量控制的重点。

（1）施工质量控制的基本环节

施工质量控制应贯彻全面、全过程质量管理的思想，运用动态控制原理，进行质量的事前控制、事中控制和事后控制。

①事前质量控制。即在正式施工前进行的事前主动质量控制，通过编制施工质量计划，明确质量目标，制定施工方案，设置质量管理点，落实质量责任，分析可能导致质量目标偏离的各种影响因素，针对这些影响因素制定有效的预防措施，防患于未然。

②事中质量控制。即在施工质量形成过程中，对影响施工质量的各种因素进行全面的动态控制。事中控制首先是对质量活动的行为约束，其次是对质量活动过程和结果的监督控制。事中控制的关键是坚持质量标准，控制的重点是对工序质量、工作质量和质量控制点的控制。

③事后质量控制。也称为事后质量把关，以防止不合格的工序或最终产品（包括单位工程或整个工程项目）流入下道工序，进入市场。事后控制包括对质量活动结果的评价、认定和对质量偏差的纠正。控制的重点是发现施工质量方面的缺陷，并通过分析提出施工质量改进的措施，保持质量处于受控状态。

以上三大环节不是互相孤立和截然分开的，而是共同构成有机的系统过程，实质上也就是质量管理 PDCA 循环的具体化，在每一次滚动循环中不断提高，达到质量管理和质量控制的持续改进。

（2）施工质量控制的依据

1）共同性依据：指适用于施工阶段，且与质量管理有关的通用的、具有普遍指导意义和必须遵守的基本条件。主要包括下列内容：工程建设合同；设计文件、设计交底及图纸会审记录、设计修改和技术变更等；国家和政府有关部门颁布的与质量管理有关的法律和法规性文件，如《建筑法》《招投标法》和《建设工程质量管理条例》等。

2）专门技术法规性依据：指针对不同的行业、不同质量控制对象制定的专门技术法规文件，包括规范、规程、标准、规定等，如工程建设项目质量检验评定表；有关建筑材料、半成品和构配件的质量方面的专门技术法规性文件；有关材料验收、包装和标志等方面的技术标准和规定；施工工艺质量等方面的技术法规性文件；有关新工艺、新技术、新材料、新设备的质量规定和鉴定意见等。

（3）施工质量的影响因素分析

建设工程项目施工质量的影响因素，主要是指在项目质量目标策划、决策和实现过程中影响质量形成的各种客观因素和主观因素，包括人的因素、机械因素、材料（含设备）因素、方法因素和环境因素（简称人、机、料、法、环）等。

1）人的因素。

在工程项目质量管理中，人的因素起决定性的作用。项目质量控制应以控制人的因素为基本出发点。影响项目质量的人的因素，包括两个方面：一是指直接履行项目质量职能的决策者、管理者和作业者个人的质量意识及质量活动能力；二是指承担项目策划、决策或实施的建设单位、勘察设计单位、咨询服务机构、工程承包企业等实体组织的质量管理体系及其管理能力。前者是个体的人，后者是群体的人。我国实行建筑企业经营资质管理制度、市场准入制度、执业资格注册制度、作业及管理人员持证上岗制度等，从本质上说，都是对从事建设工程活动的人的素质和能力进行必要的控制。人，作为控制对象，人的工作应避免失误；作为控制动力，应充分调动人的积极性，发挥人的主导作用。因此，必须有效控制项目参与各方的人员素质，不断提高人的质量活动能力，才能保证项目质量。

2）机械的因素。

机械主要是指施工机械和各类工器具，包括施工过程中使用的运输设备、吊装设备、操作工具、测量仪器、计量器具以及施工安全设施等。施工机械设备是所有施工方案和工法得以实施的重要物质基础，合理选择和正确使用施工机械设备是保证项目施工质量和安全的重要条件。

3）材料（含设备）的因素。

材料包括工程材料和施工用料，又包括原材料、半成品、成品、构配件和周转材料等。各类材料是工程施工的基本物质条件，材料质量不符合要求，工程质量就不可能达到标准。这里的设备是指工程设备，是组成工程实体的工艺设备和各类机具，如各类生产设备、装置和辅助配套的电梯、泵机，以及通风空调、消防、环保设备等，它们是工程项目的重要组成部分，其质量的优劣，直接影响工程使用功能的发挥。所以加强对材料设备的质量控制，是保证工程质量的基础。

4）方法的因素。

方法的因素也可以称为技术因素，包括勘察、设计、施工所采用的技术和方法，以及工程检测、试验的技术和方法等。从某种程度上说，技术方案和工艺水平的高低，决定了项目质量的优劣。依据科学的理论，采用先进合理的技术方案和措施，按照规范进行勘察、设计、施工，必将对保证项目的结构安全和满足使用功能，对组成质量因素的产品精度、强度、平整度、清洁度、耐久性等物理、化学特性等方面起到良好的推进作用。如建设主管部门推广应用的"建筑业 10 项新技术"，即地基基础和地下空间工程技术，钢筋与混凝土技术，模板及脚手架技术，装配式混凝土结构技术，钢结构技术，机电安装工程技术，绿色施工技术，防水与围护结构节能技术，抗震、加固与检测技术和信息化技术，对消除质量通病、保证建设工程质量都有积极作用，收到了明显的效果。

5）环境的因素。

影响项目质量的环境因素，包括项目的自然环境因素、社会环境因素、管理环境因素和作业环境因素。

自然环境因素，主要指工程地质、水文、气象条件和地下障碍物以及其他不可抗力等影响项目质量的因素。例如，复杂的地质条件必然对建设工程的地基处理和基础设计提出更高的要求，处理不当就会对结构安全造成不利影响；在地下水位高的地区，若在雨期进行基坑开挖，遇到连续降雨或排水困难，就会引起基坑塌方或地基受水浸泡影响承载力等；在寒冷地区冬期施工措施不当，工程会因受到冻融而影响质量；在基层未干燥或大风天进行卷材屋面防水层的施工，就会导致粘贴不牢及空鼓等质量问题。

社会环境因素，主要是指会对项目质量造成影响的各种社会环境因素，包括国家建设法律法规的健全程度及其执法力度；建设工程项目法人决策的理性化程度以及经营者的经营管理理念；建筑市场（包括建设工程交易市场和建筑生产要素市场）的发育程度及交易行为的规范程度；政府的工程质量监督及行业管理成熟程度；建设咨询服务业的发展程度及其服务水准的高低；廉政管理及行风建设的状况等。

管理环境因素，主要是指项目参建单位的质量管理体系、质量管理制度和各参建单位之间的协调等因素。例如，参建单位的质量管理体系是否健全，运行是否有效，决定了该单位的质量管理能力。在项目施工中根据承发包合同结构，理顺管理关系，建立统一的现场施工组织系统和质量管理的综合运行机制，确保工程项目质量保证体系处于良好的状态，创造良好的质量管理环境和氛围，则是施工顺利进行，提高施工质量的保证。

作业环境因素，主要是指项目实施现场平面和空间环境条件，各种能源介质供应，施工照明、通风、安全防护设施，施工场地给水排水，以及交通运输和道路条件等因素。这些条件是否良好，都直接影响施工能否顺利进行，以及施工质量能否得到保证。

上述因素对项目质量的影响，具有复杂多变和不确定性的特点。对这些因素进行控制，是项目质量控制的主要内容。

（4）质量控制的基本原理

1）质量管理的 PDCA 循环。

PDCA 循环是人们在管理实践中形成的基本理论方法。从实践论的角度来看，管理就是确定任务目标，并按照 PDCA 循环原理来实现预期目标。由此可见，PDCA 是目标控制的基本方法。

计划 P 可以理解为质量计划阶段，明确目标并制定实现目标的行动方案。在建设工程项目的实施中，"计划"是指各相关主体根据其任务目标和责任范围，确定质量控制的组织制度、工作程序、技术方法、业务流程、资源配置、检验试验要求、质量记录方式、不合格处理、管理措施等具体内容和做法的文件，"计划"还需对其实现预期目标的可行性、有效性、经济合理性进行分析论证，按照规定的程序与权限审批执行。

实施 D 包含两个环节，即计划行动方案的交底和按计划规定的方法与要求展开工程作业技术活动。计划交底目的在于使具体的作业者和管理者，明确计划的意图和要求，掌握标准，从而规范行为，全面地执行计划的行动方案，步调一致地去努力实现预期的目标。

检查 C 指对计划实施过程进行各种检查，包括作业者的自检、互检和专职管理者专检。各类检查都包含两大方面：一是检查是否严格执行了计划的行动方案，实际条件是否发生了变化，不执行计划的原因；二是检查计划执行的结果，即产出的质量是否达到标准的要求，对此进行确认和评价。

处置 A 对于质量检查所发现的质量问题或质量不合格的，及时进行原因分析，采取必要的措施，予以纠正，保持质量形成的受控状态。处置分纠偏和预防两个步骤，前者是采取应急措施，解决当前的质量问题，后者是信息反馈管理部门，反思问题症结或计划时的不周，为今后类似问题的质量预防提供借鉴。

2）全面质量管理。

全面质量管理（TQC）的基本原理就是强调在企业或组织的最高管理者质量方针的指引下，实现全面、全过程和全员参与的质量管理。TQC 的主要特点是以顾客满意为宗旨，领导参与质量方针和目标的制定，提倡预防为主、科学管理、用数据说话等。建设工程质量管理同样应贯彻全面质量管理的思想和方法。

①全方位质量管理：建设工程项目全方位的质量管理，指建设工程项目的各参与方所进行的工程项目质量管理，包括工程（产品）的质量和工作质量的全面管理。工作质量是产品质量的保证，工作质量直接关系产品的质量。业主、监理、勘察、设计、施工、材料供应等，任何一方任何环节的怠慢或质量责任不到位都会对工程质量产生影响。

②全过程质量管理：根据工程质量的形成规律，从源头抓起，应用"过程方法"进行全程质量控制。主要的过程有项目策划与决策过程、勘察设计过程、施工采购过程、施工组织与准备过程、施工生产的检验与试验过程、工程质量的评定过程、工程验收与交付过程、工程回访与维修服务过程等。

③全员参与质量管理：按照全面质量管理的思想，组织内部的每个部门和工作岗位都承担相应的质量职能，组织的最高管理者确定了质量方针和目标，就应组织和动员全体员工参与到实施质量方针的系统活动中去，发挥自己的角色作用。开展全员参与质量管理的重要手段就是运用目标管理方法，将组织的质量总目标逐级进行分解，使之形成自上而下的质量目

标分解体系和自下而上的质量目标保证体系。发挥组织系统内部每个工作岗位、部门或班组在实现质量总目标过程中的作用。

质量控制的基本原理就是运用全面质量管理的思想和动态控制的原理，进行工程质量的事前预控、事中控制和事后的纠偏控制。

任何工程项目都是由分项工程、分部工程和单位工程所组成，而工程项目的建设，则是通过一道道工序来完成的。所以，施工项目的质量管理是从工序质量到分项工程质量、分部工程质量、单位工程质量的系统控制过程。

（5）施工质量控制的一般方法

1）质量文件审核：审核有关技术文件、报告或报表，是对工程质量进行全面管理的重要手段。这些文件包括下列内容：

①施工单位的技术资质证明文件和质量保证体系文件。

②施工组织设计和施工方案及技术措施。

③有关材料和半成品及构配件的质量检验报告。

④有关应用新技术、新工艺、新材料和现场试验报告和鉴定报告。

⑤反映工序质量动态的统计资料或控制图表。

⑥设计变更和图纸修改文件。

⑦有关工程质量事故的处理方案。

⑧相关方面在现场签署的有关技术签证和文件等。

2）现场质量检查。

现场质量检查的内容包括：

①开工前检查。主要检查是否具备开工条件，开工后是否能够保持连续正常施工，能否保证工程质量。

②工序交接检查。对于重要的工序或对工程质量有重大影响的工序，应严格执行"三检"制度，即自检、互检、专检。未经监理工程师（或建设单位项目技术负责人）检查认可，不得进入下道工序施工。

③隐蔽工程检查。施工中凡是隐蔽工程均应认证后方能隐蔽掩盖。

④停工后复工的检查。因客观因素停工或处理质量事故等停工复工时，应经检查认可后方能复工。

⑤分项、分部工程完工后的检查。分项、分部工程完工后应经检查认可，并签署验收记录后，才能进行下一工程项目施工。

⑥成品保护检查。检查成品有无保护措施或保护措施是否可靠。

现场质量检查的方法主要有目测法、实测法和试验法等。

①目测法：其手段可归纳为看、摸、敲、照 4 个字。

②实测法：就是通过实测数据与施工规范及质量标准所规定的允许偏差对照，来判断质量是否合格。实测检查法的手段，也可归纳为靠、吊、量、套 4 个字。

③试验法：指必须通过试验手段（主要包括理化试验和无损检测），才能对质量进行判断

的检查方法。如对水泥的试验，确定安定性和质量是否符合标准。对钢筋接头进行拉力试验，检查焊接的质量等。

（6）施工过程的质量控制

1）技术交底。

做好技术交底是保证施工质量的重要措施之一。项目开工前应由项目技术负责人向承担施工的负责人或分包人进行书面技术交底，技术交底资料应办理签字手续并归档保存。每一分部工程开工前均应进行作业技术交底。技术交底书应由施工项目技术人员编制，并经项目技术负责人批准实施。技术交底的内容主要包括任务范围、施工方法、质量标准和验收标准，施工中应注意的问题，可能出现意外的预防措施及应急方案，文明施工和安全防护措施以及成品保护要求等。技术交底应围绕施工材料、机具、工艺、工法、施工环境和具体的管理措施等方面进行，应明确具体的步骤、方法、要求和完成的时间等。技术交底的形式有书面、口头、会议、挂牌、样板、示范操作等。

2）测量控制。

项目开工前应编制测量控制方案，经项目技术负责人批准后实施。对相关部门提供的测量控制点应在施工准备阶段做好复核工作，经审批后进行施工测量放线，并保存测量记录。在施工过程中应对设置的测量控制点、线妥善保护，不准擅自移动。施工过程中必须认真进行施工测量复核工作，这是施工单位应履行的技术工作职责，其复核结果应报送监理工程师复验确认后，方能进行后续相关工序的施工。常见的施工测量复核有：

①工业建筑测量复核。厂房控制网测量、桩基施工测量、柱模轴线与高程检测、厂房结构安装定位检测、设备基础与预埋螺栓定位检测等。

②民用建筑测量复核。建筑物定位测量、基础施工测量、墙体皮数杆检测、楼层轴线检测、楼层间高程传递检测等。

③高层建筑测量复核。建筑场地控制测量、基础以上的平面与高程控制、建筑物中垂准检测和施工过程中沉降变形观测等。

④管线工程测量复核。管网或输配电线路定位测量、地下管线施工检测、架空管线施工检测、多管线交会点高程检测等。

3）计量控制。

计量控制是工程项目质量保证的重要内容，是施工项目质量管理的一项基础工作。施工过程中的计量工作，包括施工生产时的投料计量、施工测量、监测计量以及对项目、产品或过程的测试、检验、分析计量等。其主要任务是统一计量单位制度，组织量值传递，保证量值统一。计量控制的工作重点是：建立计量管理部门和配置计量人员；建立健全计量管理的规章制度；严格按规定有效控制计量器具的使用、保管、维修和检验；监督计量过程的实施，保证计量的准确。

4）工序施工质量控制。

施工过程是由一系列相互联系与制约的工序构成，工序是人、材料、机械设备、施工方法和环境因素对工程质量综合起作用的过程，所以对施工过程的质量控制，就是以工序质量控制为基础和核心。因此，工序的质量控制是施工阶段质量控制的重点。只有严格控制工序质量，才能确保施工项目的实体质量。工序施工质量控制主要包括工序施工条件质量控制和工序施工效果质量控制。

①工序施工条件控制。工序施工条件是指从事工序活动的各生产要素质量及生产环境条件。工序施工条件控制就是控制工序活动的各种投入要素质量和环境条件质量。控制的手段主要有检查、测试、试验、跟踪监督等。控制的依据主要有设计质量标准、材料质量标准、机械设备技术性能标准、施工工艺标准以及操作规程等。

②工序施工效果控制。工序施工效果是工序产品的质量特征和特性指标的反映。对工序施工效果的控制就是控制工序产品的质量特征和特性指标达到设计质量标准以及施工质量验收标准的要求。工序施工质量控制属于事后控制，其控制的主要途径是实测获取数据、统计分析所获取的数据、判断认定质量等级和纠正质量偏差。

按有关施工验收规范规定，下列工程质量必须进行现场质量检测，合格后才能进行下道工序施工：

①地基基础工程：包括地基及复合地基承载力静载检测；桩的承载力检测；桩身完整性检测。

②主体结构工程：包括混凝土、砂浆、砌体强度现场检测；钢筋保护层厚度检测；混凝土预制构件结构性能检测。

③建筑幕墙工程：包括铝塑复合板的玻璃强度检测；石材的弯曲强度检测；室内用花岗石的放射性检测；玻璃幕墙用结构胶的邵氏硬度、标准条件拉伸黏结强度、相容性试验检测；石材用结构胶黏结强度及石材用密封胶的污染性检测；建筑幕墙的气密性、水密性、风压变形性能、层间变位性能检测；硅酮结构胶相容性检测。

④钢结构及管道工程：包括钢结构及钢管焊接质量无损检测；钢结构、钢管防腐及防火涂装检测；钢结构节点、机械连接用紧固标准件及高强度螺栓力学性能检测。

5）特殊过程的质量控制。

特殊过程是指该施工过程或工序的施工质量不易或不能通过其后的检验和试验而得到充分的验证，或者万一发生质量事故则难以挽救的施工过程。特殊过程的质量控制是施工阶段质量控制的重中之重。对项目质量计划中界定的特殊过程，应设置工序质量控制点，抓住影响工序施工质量的主要因素进行强化控制。

①选择质量控制点的原则。质量控制点的选择应以那些保证质量的难度大、对质量影响大或是发生质量问题时危害大的对象进行设置。选择原则主要有对工程质量形成过程产生直接影响的关键部位、工序或环节及隐蔽工程；施工过程中的薄弱环节，或者质量不稳定的工序、部位或对象；对下道工序有较大影响的上道工序；采用新技术、新工艺、新材料的部位或环节；施工上无把握的、施工条件困难的或技术难度大的工序或环节；用户反馈指出和过去有过返工的不良工序。

根据上述选择质量控制点的原则，一般建筑工程质量控制点的位置可见表 8-2。

②质量控制的重点控制对象。质量控制点的设置要正确、有效，要根据对重要质量特性

进行重点控制的要求，选择施工过程的重点部位、重点工序和重点质量因素作为质量控制对象，进行重点预控和过程控制，从而有效地控制和保证施工质量。质量控制点中重点控制对象主要包括下列内容：人的行为；材料的质量与性能；施工方法与关键操作；施工技术参数；技术间歇；施工顺序；易发生或常见的质量通病；新技术、新材料及新工艺的应用；产品质量不稳定和不合格率较高的工序；特殊地基或特种结构。

表 8-2　质量控制点的设置位置

分项工程	质量控制点
工程测量定位	标准轴线桩、水平桩、龙门板、定位轴线、标高
地基、基础（含设备基础）	基坑（槽）尺寸、标高、土质、地基承载力，基础垫层标高，基础位置、尺寸、标高，预埋件、预留洞孔的位置、标高、规格、数量，基础杯口线
砌体	砌体轴线，皮数杆，砂浆配合比，预留洞孔、预埋件的位置、数量，砌块排列
模板	位置、标高、尺寸，预留洞孔位置、尺寸，预埋件的位置，模板的强度、刚度和稳定性，模板内部清理及润湿情况
钢筋混凝土	水泥品种、强度等级，砂石质量，混凝土配合比，外加剂比例，混凝土振捣，钢筋品种、规格、尺寸、搭接长度，钢筋焊接、机械连接，预留洞孔及预埋件规格、位置、尺寸、数量，预制构件吊装或出厂（脱模）强度、吊装位置、标高、支承长度、焊缝长度
吊装	吊装设备的起重能力、吊具、索具、地锚
钢结构	翻样图、放大样
焊接	焊接条件、焊接工艺
装修	视具体情况而定

③特殊过程质量控制的管理。特殊过程的质量控制除按一般过程质量控制的规定执行外，还应由专业技术人员编制作业指导书，经项目技术负责人审批后执行。作业前施工员、技术员做好交底和记录，使操作人员在明确工艺标准、质量要求的基础上进行作业。为保证质量控制点的目标实现，应严格按照三级检查制度进行检查控制。在施工中发现质量控制点有异常时，应立即停止施工，召开分析会，查找原因采取对策予以解决。

6）成品保护的控制。

所谓成品保护，一般是指在项目施工过程中，某些部位已经完成，而其他部位还在施工，在这种情况下，施工单位必须负责对已完成部分采取妥善的措施予以保护，以免因成品缺乏保护或保护不善而造成损失或污染，影响工程的实体质量。加强成品保护，首先要加强教育，提高全体员工的成品保护意识，其次要合理安排施工顺序，采取有效的保护措施。

成品保护的措施一般有防护（即提前保护，针对被保护对象的特点采取各种保护的措施，防止对成品的污染及损坏）、包裹（即将被保护物包裹起来，以防损伤或污染）、覆盖（即用表面覆盖的方法，防止堵塞或损伤）、封闭（即采取局部封闭的办法进行保护）等几种方法。

5. 项目成本控制的措施

（1）项目成本控制的依据

1）工程承包合同。施工成本控制要以工程承包合同为依据，围绕降低工程成本这个目标，从预算收入和实际成本两方面，努力挖掘增收节支潜力，以获得最大的经济效益。

2）施工成本计划。施工成本计划是根据施工项目的具体情况制定的施工成本控制方案，既包括预定的具体成本控制目标，又包括实现控制目标的措施和规划，是施工成本控制的指导文件。

3）进度报告。进度报告提供了每一时刻工程实际完成量，工程施工成本实际支付情况等重要信息。施工成本控制工作正是通过实际情况与施工成本计划相比较，找出二者之间的差别，分析偏差产生的原因，从而采取措施改进以后的工作。此外，进度报告还有助于管理者及时发现工程实施中存在的问题，并在事态还未造成重大损失之前采取有效措施，尽量避免损失。

4）工程变更与索赔资料。在项目的实施过程中，由于各方面的原因，工程变更是很难避免的。工程变更一般包括设计变更、进度计划变更、施工条件变更、技术规范与标准表更、施工次序变更、工程数量变更等。一旦出现变更，工程量、工期、成本都必将发生变化，从而使得施工成本控制工作变得更加复杂和困难。因此，施工成本管理人员应当通过对变更要求当中各类数据的计算、分析，随时掌握变更情况，包括已发生工程量、将要发生工程量、工期是否拖延、支付情况等重要信息，判断变更以及变更可能带来的索赔额度等。

5）各种资源的市场信息。都是施工成本控制的依据。

（2）项目成本控制的步骤

在确定施工成本计划之后，必须定期进行施工成本计划值与实际值的比较，当实际值偏离计划值时，分析产生偏差的原因，采取适当的纠偏措施，以确保施工成本控制目标的实现，其步骤如下：

1）比较。按照某种确定的方式将施工成本计划值与实际值逐项进行比较，以发现施工成本是否以超支。

2）分析。在比较的基础上，对比较的结构进行分析，以确定偏差的严重性及偏差产生的原因。这一步是施工成本控制工作的核心，其主要目的在于找出产生偏差的原因，从而采取有针对性的措施，减少或避免相同原因的再次发生或减少由此造成的损失。

3）预测。按照完成情况估计完成项目所需的总费用。

4）纠偏。当工程项目的实际施工成本出现了偏差，应当根据工程的具体情况、偏差分析和预测的结果，采取适当的措施，以期达到使施工成本偏差尽可能小的目的。纠偏是施工成本控制中最具实质性的一步。只有通过纠偏，才能最终达到有效控制施工成本的目的。

对偏差原因进行分析的目的是有针对性地采取纠偏措施，从而实现成本的动态控制和主动控制。纠偏首先要确定纠偏的主要对象，偏差原因有些是无法避免和控制的，如客观原因，充其量只能对其中少数原因做到防患于未然，力求减少该原因所产生的经济损失，在确定了纠偏的主要对象之后，就需要采取有针对性的纠偏措施，纠偏可采用组织措施、经济措施、技术措施和合同措施等。

5）检查。是指对工程的进展进行跟踪和检查，及时了解工程进展状况以及纠偏措施的执行情况和效果，为今后的工作积累经验。

（3）项目成本控制的措施

为了取得成本管理的理想成效，应当从多方面采取措施实施管理，通常可以将这些措施归纳为组织措施、技术措施、经济措施和合同措施。

1）组织措施。

组织措施是从成本管理的组织方面采取的措施。成本控制是全员的活动，如实行项目经理责任制，落实成本管理的组织机构和人员，明确各级成本管理人员的任务和职能分工、权利和责任。成本管理不仅是专业成本管理人员的工作，各级项目管理人员都负有成本控制责任。

组织措施同时也是编制成本控制工作计划，确定合理详细的工作流程。要做好施工采购计划，通过生产要素的优化配置、合理使用、动态管理，有效控制实际成本；加强施工定额管理和施工任务单管理，控制活劳动和物化劳动的消耗；加强施工调度，避免因施工计划不周和盲目调度造成窝工损失、机械利用率降低、物料积压等问题。成本控制工作只有监理在科学管理的基础之上，才能取得成效。组织措施是其他各类措施的前提和保障，而且一般不需要增加额外的费用，运用得当可以取得良好的效果。

2）技术措施。

施工过程中降低成本的技术措施包括下列内容：进行技术经济分析，确定最佳的施工方案；结合施工方法，进行材料使用的比选，在满足功能要求的前提下，通过代用、改变配合比、使用外加剂等方法降低材料消耗的费用；确定最合适的施工机械、设备使用方案；结合项目的施工组织设计及自然地理条件，降低材料的库存成本和运输成本；应用先进的施工技术，运用新材料，使用先进的机械设备等。在实践中，也要避免仅从技术角度选定方案而忽视对其经济效果的分析论证。

技术措施不仅对解决成本管理过程中的技术问题是不可缺少的，而且对纠正成本管理目标偏差也有相当重要的作用。因此，运用技术纠偏措施的关键，一是要能提出多个不同的技术方案；二是要对不同的技术方案进行技术经济分析比较，选择最佳方案。

3）经济措施。

经济措施是最易为人们所接受和采用的措施。管理人员应编制资金使用计划，确定、分解成本管理目标。对成本管理目标进行风险分析，并制定防范性对策。在施工中严格控制各项开支，及时准确地记录、收集、整理、核算实际支出的费用。对各种变更，应及时做好增减账，落实业主签证并结算工程款。通过偏差分析和未完工程预测，发现一些潜在的可能引起未完工程成本增加的问题，及时采取预防措施。因此，经济措施的运用绝不仅仅是财务人员的事情。

①人工成本控制。人工成本占全部工程成本的比例较大，一般在 10%左右。因此，要严格控制人工成本。在编制施工组织设计时，要体现先进的劳动生产率，从用工数量控制，努力降低工程施工的间接时间、空闲浪费时间，有针对性地减少或缩短某些工序的工日消耗量，从而达到控制成本的目的。

②材料成本的控制。材料成本占整个工程项目成本的比例最大，直接影响工程成本的控制。应采用按量、价分离的原则。一是做好对材料用量的控制。坚持按定额确定的材料消耗

量，实行限额领料制度；二是改进施工技术，推广使用降低料耗的新工艺，对工程进行功能分析，对材料进行性能分析，力求以低价材料替代高价材料，加强周转材料的管理；三是对材料价格进行控制。采购部门在采购时应先对市场行情进行调查，在确保质量的前提下，择优购料。并合理组织运输，就近购料，选用最经济的运输方式，以降低运输成本。同时，还应考虑资金的时间价值，减少资金占用，合理确定进货批量与批次，尽可能地降低材料的储备。

③机械成本的控制。尽量减少施工中所消耗的机械台班量，通过合理组织施工、机械调配，提高机械设备的利用率。同时，加强现场设备的维修、保养工作，降低大修、经常性修理等各项成本的支出，避免因不正当使用造成机械设备的闲置；加强租赁设备计划的管理，充分利用社会闲置机械资源，从不同角度降低台班价格。

④加强质量管理控制返工率。在施工过程中要严把质量关，各级质量检查人员定点、定岗、定责，使质量管理工作贯穿于项目的全过程中。做到工程一次成型、一次合格，杜绝返工现象的发生，避免造成因不必要的人、财、物等大量的投入而加大工程成本，达到了保证项目效益的目的。

4）合同措施。

采用合同措施控制成本，应贯穿整个合同周期，包括从合同谈判开始到合同终结的全过程。对于分包项目，首先是选用合适的合同结构，对各种合同结构模式进行分析、比较，在合同谈判时，要争取选用适合于工程规模、性质和特点的合同结构模式。其次，在合同的条款中应仔细考虑一切影响成本和效益的因素，特别是潜在的风险因素。通过对引起成本变动的风险因素的识别和分析，采取必要的风险对策，如通过合理的方式增加承担风险的个体数量以降低损失发生的比例，并最终将这些策略体现在合同的具体条款中。在合同执行期间，合同管理的措施既要密切注视对方合同执行的情况，以寻求合同索赔的机会，同时也要密切关注自己履行合同的情况，以防被对方索赔。

6. 项目施工安全控制的技术措施

（1）施工安全的控制程序

1）确定每项具体建设工程项目的安全目标。

按"目标管理"方法在以项目经理为首的项目管理系统内进行分解，从而确定每个岗位的安全目标，实现全员安全控制。

2）编制建设工程项目安全技术措施计划。

工程施工安全技术措施计划时对生产过程中的不安全因素，用技术手段加以消除和控制的文件，是落实"预防为主"方针的具体体现，是进行工程项目安全控制的指导性文件。

3）安全技术措施计划的落实和实施。

安全技术措施计划的落实和实施包括建立健全安全生产责任制，设置安全生产设施，采用安全技术和应急措施，进行安全教育和培训，安全检查，事故处理，沟通和交流信息，通过一系列安全措施的贯彻，使生产作业的安全状况处于受控状态。

4）安全技术措施计划的验证。

安全技术措施计划的验证是通过施工过程中对安全技术措施计划实施情况的安全检查，纠正不符合安全技术措施计划的情况，保证安全技术措施的贯彻和实施。

5）持续改进根据安全技术措施计划的验证结果，对不适宜的安全技术措施计划进行修改、补充和完善。

（2）施工安全技术措施的一般要求

1）施工安全技术措施必须在工程开工前制定。

2）施工安全技术措施要有全面性。

3）施工安全技术措施要有针对性。

4）施工安全技术措施应力求全面、具体、可靠。

5）施工安全技术措施必须包括应急预案。

6）施工安全技术措施要有可行性和可操作性。

（3）施工安全技术措施的主要内容

1）进入施工现场的安全固定。

2）地面及深槽作业的防护。

3）高处及立体交叉作业的防护。

4）施工用电安全。

5）施工机械设备的安全使用。

6）在采取"四新"技术时，有针对性的专门安全技术措施。

7）有针对自然灾害预防的安全措施。

8）预防有毒、有害、易燃、易爆等作业造成危害的安全技术措施。

9）现场消防措施。

安全技术措施中必须包含施工总平面图，在图中必须对危险的油库、易燃材料库、变电设备、材料和构配件的堆放位置、塔式起重机、物料提升机（井架、龙门架）、施工用电梯、垂直运输设备位置、搅拌台的位置等按照施工需求和安全规程的要求明确定位，并提出具体要求。

结构复杂、危险性大、特性较多的分部分项工程，应编制专项施工方案和安全措施。如基坑支护与降水工程、土方开挖工程、模板工程、起重吊装工程、脚手架工程、拆除工程、爆破工程等，必须编制单项的安全技术措施，并要有设计依据、有计算、有详图、有文字要求。

季节性施工安全技术措施，就是考虑夏季、冬季等不同季节的气候对施工生产带来的不安全因素可能造成的各种突发性事故，而从防护、技术、管理方面采取的防护措施。一般工程可在施工组织设计或施工方案的安全技术措施中编制季节性施工安全措施；危险性大、高温期长的工程，应单独编制季节性的施工安全措施。

第三节　施工资源与现场管理

一、施工资源管理的任务和内容

1. 资源管理的概念

资源是对项目中使用的人力资源、劳务、工程材料与设备、施工机具与设施和资金的总称。

资源管理是对项目所需人力资源、劳务、工程材料与设备、施工机具与设施和资金所进行的计划、组织、指挥、协调和控制等活动。

资源管理应以实现资源优化配置、动态控制和成本节约为目的。优化配置就是按照优化的原则安排各资源在时间和空间上的位置，满足生产经营活动的需要，在数量、比例上合理，实现最佳的经济效益。另外，还要不断调整各种资源的配置和组合，最大限度地使用好项目部有限的人、财、物去完成施工任务，始终保持各种资源的最优组合，努力节约成本，追求最佳经济效益。

2. 资源管理的任务

1）确定资源的选择。确定项目所需的管理人员和各工种的工人的数量；确定项目所需的各种物资资源的品种、类型、规格和相应的数量；以及确定对各种施工定量的需求；确定项目所需的各种来源的资金的数量。

2）确定资源的分配计划。编制人员需求分配计划，编制物资需求分配计划，编制施工设施需求分配计划，编制资金需求分配计划。

3）编制资源进度计划。应视项目的特点和施工资源供应的条件而确定编制哪种资源进度计划。合理地考虑施工资源的运用编制进度计划，将有利于提高施工质量、降低施工成本和加快施工进度。

4）施工项目人力资源管理：

①编制人力资源规划、劳动力曲线和项目管理人员要求。根据项目对人力资源的需求，建立项目的组织结构，组建项目管理班子，确定项目角色、组织结构、职责和报告关系；

②组织项目管理班子人员，招聘、选择、培训；

③管理项目管理班子的成员，安排工作；

④团队建设过程通过沟通，调动积极性，提高项目管理效率。

3. 资源管理的内容

（1）人力资源管理

人力资源是能够推动经济和社会发展的体力和脑力劳动者，在施工项目中包括不同层次的管理人员和各种工人。

施工项目人力资源管理是指项目组织对该项目的人力资源所进行的科学的计划、适当的培训、合理的配置、准确的评估和有效的激励等方面的一系列管理工作。

施工企业或项目经理部的劳动成员构成包括固定工、临时工、合同工等。项目经理部应根据施工进度计划和作业特点配置劳动力需求计划，报主管部门协助配置。

人力资源的特征：人力资源是一种特殊而又重要的资源，是各种生产力要素中最具有活力和弹性的部分，它具有以下的基本特征：

1）生物性。与其他任何资源不同，人力资源属于人类自身所有，存在于人体之中是一种"活"的资源，与人的生理特征、基因遗传等密切相关，具有生物性。

2）时代性。人力资源的数量、质量以及人力资源素质的提高，即人力资源的形成受时代条件的制约，具有时代性。

3）能动性。人力资源的能动性是指人力资源是体力与智力的结合，具有主观能动性，具有不断开发的潜力。

4）两重性。两重性（双重性）是指人力资源既具有生产性，又有消费性。

5）时效性。人力资源的时效性是指人力资源如果长期不用，就会荒废和退化。

6）连续性。人力资源开发的连续性（持续性）是指人力资源是可以不断开发的资源，不仅人力资源的使用过程是开发的过程，培训、积累、创造过程也是开发的过程。

7）再生性。人力资源是可再生资源，通过人口总体内各个个体的不断替换更新和劳动力的"消耗—生产—再消耗—再生产"的过程实现其再生。人力资源的再生性除受生物规律支配外，还受到人类自身意识、意志的支配，人类文明发展活动的影响，新技术革命的制约。

项目经理部应对进入现场的劳动力下达施工任务书，并可对劳动力进行补充和减员。加强培训工作，进行适当激励，以提高劳动效率，保证作业质量，是项目经理部进行劳动力管理的重要任务之一。

（2）材料管理

材料管理是项目经理部为顺利完成工程施工任务，合理使用和节约材料，努力降低材料成本所进行的材料计划、订货采购、运输、库存保管、供应加工、使用、回收等一系列的组织和管理工作。

（3）机械设备管理

机械设备管理是指项目经理部根据所承担施工项目的具体情况，科学优化选择和配备施工机械，并在生产过程中合理使用、维修保养等各项管理工作。

机械设备管理的中心环节是尽量提高施工机械设备的使用效率和完好率，严格实行责任制，依操作规程加强机械设备的使用、保养和维修。

（4）技术管理

技术管理是项目经理部在项目施工的过程中，对各项技术活动过程和技术工作的各种资源进行科学管理的总称。主要包括技术管理基础性工作，项目实施过程中的技术管理工作，技术开发管理工作，技术经济分析与评价。技术活动过程是指技术计划、技术运用、技术评价等。技术工作资源是指技术人才、技术装备、技术规程等。技术作用的发挥，除取决于技术本身的水平外，在很大程度上还依赖于技术管理水平。没有完善的技术管理，再先进的技术也是难以发挥作用的。

（5）资金管理

资金管理是指施工项目经理部根据工程项目施工过程中资金运动的规律，进行资金预测、编制资金计划、筹集投入资金、资金核算与分析等一系列资金管理工作。项目的资金管理要以保证收入、节约支出、防范风险和提高经济效益为目的。通过对资金的预测和对比及资金计划等方法，不断进行分析对比，调整与考核，以达到降低成本，提高效益的目的。

二、施工现场管理的任务和内容

1. 施工现场管理的任务

建筑施工现场管理的任务，具体可以归纳为以下几点：

1）全面完成生产计划规定的任务，包含产量、产值、质量、工期、资金、成本、利润和安全等。

2）按施工规律组织生产，优化生产要素的配置，实现高效率和高效益。

3）搞好劳动组织和班组建设，不断提高施工现场人员的思想和技术素质。

4）加强定额管理，降低物料和能源的消耗，减少生产储备和资金占用，不断降低生产成本。

5）优化专业管理，建立完善管理体系，有效地控制施工现场的投入和产出。

6）加强施工现场的标准化管理，使人流、物流高效有序。

7）治理施工现场环境，改变"脏、乱、差"的状况，注意保护施工环境，做到施工不扰民。

2. 施工现场管理的内容

（1）平面布置与管理

现场平面管理的经常性工作主要包括下列内容：根据不同时间和不同需要，结合实际情况，合理调整场地；做好土石方的平衡工作，规定各单位取弃土石方的地点、数量和运输路线；审批各单位在规定期限内，对清除障碍物，挖掘道路，断绝交通、断绝水电动力线路等申请报告；对运输大宗材料的车辆，作出妥善安排，避免拥挤堵塞交通；做好工地的测量工作，包括测定水平位置、高程和坡度，已完工工程量的测量和竣工图的测量等。

（2）建筑材料的计划安排、变更和储存管理

建筑材料的计划安排、变更和储存管理的主要内容是：确定供料和用料目标；确定供料、用料方式及措施；组织材料及制品的采购、加工和储备，做好施工现场的进料安排；组织材料进场、保管及合理使用；完工后及时退料及办理结算等。

（3）合同管理工作

承包商与业主之间的合同管理工作的主要内容包括下列内容：合同分析；合同实施保证体系的建立；合同控制；施工索赔等。现场合同管理人员应及时填写并保存有关方面签证的文件。包括业主负责供应的设备、材料进场时间及材料规格、数量和质量情况的备忘录；材料代用议定书；材料及混凝土试块试验单；完成工程记录和合同议事记录；经业主和设计单位签证的设计变更通知单；隐蔽工程检查验收记录；质量事故鉴定书及其采取的处理措施；合理化建议及节约分成协议书；中间交工工程验收文件；合同外工程及费用记录；与业主的来往信件、工程照片、各种进度报告；监理工程师签署的各种文件等。

承包商与分包商之间的合同管理工作主要是监督和协调现场分包商的施工活动，处理分包合同执行过程中所出现的问题。

（4）质量检查和管理

质量检查和管理包括两个方面工作：第一，按照工程设计要求和国家有关技术规定，如施工及验收规范、技术操作规程等，对整个施工过程的各个工序环节进行有组织的工程质量检验工作，不合格的建筑材料不能进入施工现场，不合格的分部分项工程不能转入下道工序施工。第二，采用全面质量管理的方法，进行施工质量分析，找出产生各种施工质量缺陷的原因，随时采取预防措施，减少或尽量避免工程质量事故的发生，把质量管理工作贯穿到工程施工全过程，形成一个完整的质量保证体系。

（5）安全管理与文明施工

安全生产是现场施工的重要控制目标之一，也是衡量施工现场管理水平的重要标志。主要内容包括安全教育、建立安全管理制度、安全技术管理、安全检查与安全分析等。

文明施工是指在施工现场管理中，按照现代化施工的客观要求，使施工现场保持良好的施工环境和施工秩序。

（6）施工过程中的业务分析

为了达到对施工全过程控制，必须进行许多业务分析。如施工质量情况分析、材料消耗情况分析、机械使用情况分析、成本费用情况分析、施工进度情况分析、安全施工情况分析等。

第九章　施工现场职业健康与个人安全保护

第一节　职业健康的基本知识

一、施工现场危害职业健康的因素

1. 生产过程中存在的有害因素

1）化学因素：主要包括生产性粉尘、生产性毒物。有的为原料，有的为中间产品，有的为产品。常见的有氯、氨等刺激性气体，一氧化碳、氰化氢等窒息性气体。较长时间飘在空气中的各种粉尘，如滑石粉、石棉尘、电焊烟尘等。

2）物理性因素：①各种异常气象条件：如夏天进入油罐车或油槽车内进行高温作业等；②低温：如石蜡成型的冷库；③生产性机械声：如球磨机、粉碎机等发出机械噪声；④振动：如锻锤、风锤等；⑤非电离辐射：如高频电磁场、电焊等产生的紫外线；⑥电离辐射：如工业探伤用的 X 射线。

3）生物性因素：主要指细菌、寄生虫或病毒等能引起与职业有关的疾病的生物性有害因素。

2. 劳动过程中存在的有害因素

1）劳动组织和制度不合理，劳动作息制度不合理等。如劳动时间过长。

2）精神（心理）性职业紧张。多见于新工人或新装置投产试运行生产不正常时，所产生的紧张心理。

3）劳动强度过大或生产定额不当。

4）身体个别器官或系统过度紧张，如光线不足使视力紧张。

5）长时间不良体位或使用不合理的工具等。

3. 生产环境中存在的有害因素

1）自然环境中的因素。如头部受长时间太阳辐射而发生中暑。

2）厂房建筑或布局不合理。如车间布置不当、厂房矮小、狭窄；设计时没有考虑必要的卫生技术设施，如通风、换气或照明等。

3）环境污染因素。如氯碱厂泄漏氯气，处于下风侧的无毒生产岗位的工人，吸入了氯气等。

二、职业病防范的基本要求

1）严格执行职业卫生法规和卫生标准。

截至目前，国家制定和颁布了一系列劳动保护法规和数百个职业卫生标准，这些法规都是搞好职业病预防和控制工作的依据。必须认真贯彻执行，并对执行情况进行监督检查。

2）对建设项目进行预防性卫生监督。

对新建、扩建、改建、技术改造和引进的建设项目中有可能产生职业危害的，要根据《工业企业设计卫生标准》（GBZ 1—2010）的要求，在其设计、施工、验收过程中进行卫生学监督审查，使其职业卫生防护措施与主体工程同时设计、同时施工、同时运行使用，保证在其运行使用后能形成良好的工作环境和条件。

3）对工作环境职业危害因素进行监测和评价。

经常和定期监测工作环境中有害因素的浓（强）度、及时了解有害因素产生、扩散、变化规律，鉴定防护设施的效果，以及对接触化学物质劳动者的血、尿等生物材料中的有害物质或其他代谢产物及一些生化指标进行监测。发现工作环境中有害因素浓（强）度超过卫生标准或生物材料中化学物质的含量超过正常值范围时，要查明原因，为采取措施提供依据。

4）对劳动者进行职业性健康检查。

应当对劳动者进行就业前、定期和离岗时的职业性健康检查。在就业前的检查中如发现有不宜从事某一职业危害因素作业的职业禁忌症者，不得安排其从事所禁忌的作业。定期健康检查便于早期发现病人，及时处理，防止职业危害的发展，为制定预防对策提供依据。

5）建立职业卫生档案和劳动者个人的健康监护档案。

企业建立职业卫生和劳动者个人的健康监护档案，是加强职业病防治管理的要求。职业卫生档案主要包括工作单位的基本情况，职业卫生防护设施的设置、运转和效果，职业危害因素的浓（强）度监测结果与分析，职业性健康检查的组织和检查结果及评价。劳动者个人健康档案主要包括职业危害接触史，职业健康检查的结果，职业病的诊断、处理、治疗和疗养，职业危害事故的抢救情况等。

6）消除职业危害，改善劳动条件。

①禁止生产、进口和使用国际上禁止的严重危害人体健康的物质。如联苯胺、β萘胺等强致癌物和有机汞农药等。

②改善作业方式，减少有害因素散发。

③加强设备的维护检修和管理，减少有毒物质的跑、冒、滴、漏。

④搞好工作场所的环境卫生，消除有害物质的污染。

7）合理使用有效的个人防护用品。

在工作场所有害因素的浓（强）度高于国家卫生标准，或因进行设备检修而不得不接触高浓（强）度有害物质时，必须配备有效的个人防护用品。

8）注意个人卫生，合理安排劳动和休息，注意劳逸结合。

9）对青少年和女工要给予特殊保护。

不得安排未成年人从事接触职业危害的工作。不得安排孕期、哺乳期的女工从事对其本人和胎儿有危害的工作。

10）开展健康教育，普及防护知识，制定职业卫生制度和操作规程。

用人单位领导和劳动者要通过培训，学习有关职业病防治的政策和法规、职业危害及其防护知识。改善劳动条件，提高职业危害重要性的认识，防止职业病的发生。

11）职业病的诊断。

职业病的诊断应根据以下原则：

①有明确的职业史、工作环境有害因素的监测资料和生物监测资料等。

②症状、体征和常规实验室检查、物理学检查、生化检查、其他辅助检查等的结果与所接触的职业危害因素有明确的因果关系。

12）职业病患者的治疗。

职业病确诊后，根据职业病诊断机构的诊断结果，按以下原则进行治疗：

①防止危害因素继续侵入人体。

②促使已被吸收的危害因素排出体外。

③消除病因。

④特效拮抗治疗。

第二节　个人安全保护的基本知识

一、个人防护用品的配备与使用

1. 基本规定

1）从事施工作业人员必须配备符合国家现行有关标准的劳动防护用品，并应按规定正确使用。

2）劳动防护用品的配备，应按照"谁用工、谁负责"的原则，由用人单位为作业人员按作业工种配备。

3）进入施工现场人员必须佩戴安全帽。作业人员必须戴安全帽、穿工作鞋和工作服；应按作业要求正确使用劳动防护用品。在 2 m 及 2 m 以上的无可靠安全防护设施的高处、悬崖和陡坡作业时，必须系挂安全带。

4）从事机械作业的女工及长发者应配备工作帽等个人防护用品。

5）从事登高架设作业、起重吊装作业的施工人员应配备防止滑落的劳动防护用品，应为从事自然强光环境下作业的施工人员配备防止强光伤害的劳动防护用品。

6）从事施工现场临时用电工程作业的施工人员应配备防止触电的劳动防护用品。

7）从事焊接作业的施工人员应配备防止触电、灼伤、强光伤害的劳动防护用品。

8）从事锅炉、压力容器、管道安装作业的施工人员应配备防止触电、强光伤害的劳动防护用品。

9）从事防水、防腐和油漆作业的施工人员应配备防止触电、中毒、灼伤的劳动防护用品。

10）从事基础施工、主体结构、屋面施工、装饰装修作业人员应配备防止身体、手足、眼部等受到伤害的劳动防护用品。

11）冬期施工期间或作业环境温度较低的，应为作业人员配备防寒类防护用品。

12）雨期施工期间，应为室外作业人员配备雨衣、雨鞋等个人防护用品。在环境潮湿及水中作业的人员应配备相应的劳动防护用品。

2. 个人防护用品的配备

（1）架子工、起重吊装工、信号指挥工

架子工、起重吊装工、信号指挥工的劳动防护用品配备应符合以下规定：

1）架子工、塔式起重机操作人员、起重吊装工应配备灵便紧口的工作服，系带防滑鞋和工作手套。

2）信号指挥工应配备专用标志服装。在自然强光环境作业时，应配备有色防护眼镜。

（2）电工

电工的劳动防护用品配备应符合下列规定：

1）维修电工应配备绝缘鞋、绝缘手套和灵便紧口的工作服。

2）安装电工应配备手套和防护眼镜。

3）高压电气作业时，应配备相应等级的绝缘鞋、绝缘手套和有色防护眼镜。

（3）电焊工、气割工

电焊工、气割工的劳动防护用品配备应符合下列规定：

1）电焊工、气割工应配备阻燃防护服、绝缘鞋、鞋盖、电焊手套和焊接防护面罩。在高处作业时，应配备安全帽与面罩连接式焊接防护面罩和阻燃安全带。

2）从事清除焊渣作业时，应配备防护眼镜。

3）从事磨削钨极作业时，应配备手套、防尘口罩和防护眼镜。

4）从事酸碱等腐蚀性作业时，应配备防腐性工作服、耐酸碱胶鞋，戴耐酸碱手套、防护口罩和防护眼镜。

5）在密闭环境或通风不良的情况下，应配备送风式防护面罩。

（4）锅炉、压力容器及管道安装工

锅炉、压力容器及管道安装工的劳动防护用品配备应符合下列规定：

1）锅炉及压力容器安装工、管道安装工应配备紧口工作服和安全鞋。在强光环境作业时，应配备有色防护眼镜。

2）在地下或潮湿场所，应配备紧口工作服、绝缘鞋和绝缘手套。

（5）油漆工

油漆工在从事涂刷、喷漆作业时，应配备防静电工作服、防静电鞋、防静电手套、防毒口罩和防护眼镜；从事砂纸打磨作业时，应配备防尘口罩和密闭式防护眼镜。

（6）普通工

普通工从事淋灰、筛灰作业时，应配备高腰工作鞋、鞋盖、手套和防尘口罩，应配备防护眼镜；从事抬、扛物料作业时，应配备垫肩；从事拆除工程作业时，应配备安全鞋、手套。

（7）混凝土工

混凝土工应配备工作服、系带高腰防滑鞋、鞋盖、防尘口罩和手套，宜配备防护眼镜；从事混凝土浇筑作业时，应配备胶鞋和手套；从事混凝土振捣作业时，应配备绝缘胶靴、绝缘手套。

（8）瓦工和砌筑工

瓦工、砌筑工应配备安全鞋、胶面手套和普通工作服。

（9）抹灰工

抹灰工应配备高腰布面胶底防滑鞋和手套，宜配备防护眼镜。

（10）磨石工

磨石工应配备紧口工作服、绝缘胶鞋、绝缘手套和防尘口罩。

（11）石工

石工应配备紧口工作服、安全鞋、手套和防尘口罩，宜配备防护眼镜。

（12）木工

木工从事机械作业时，应配备紧口工作服、防噪声耳罩和防尘口罩，宜配备防护眼镜。

（13）钢筋工

钢筋工应配备紧口工作服、安全鞋和手套。从事钢筋除锈作业时，应配备防尘口罩，宜配备防护眼镜。

（14）防水工

防水工的劳动防护用品配备应符合下列规定：

1）从事涂刷作业时，应配备防静电工作服、防静电鞋和鞋盖、防护手套、防毒口罩和防护眼镜。

2）从事沥青熔化、运送作业时，应配备防烫工作服、高腰布面胶底防滑鞋和鞋盖、工作帽、耐高温长手套、防毒口罩和防护眼镜。

（15）玻璃工

玻璃工应配备工作服和防切割手套；从事打磨玻璃作业时，应配备防尘口罩，宜配备防护眼镜。

（16）司炉工

司炉工应配备耐高温工作服、安全鞋、工作帽、防护手套和防尘口罩，宜配备防护眼镜；从事添加燃料作业时，应配备有色防冲击眼镜。

（17）钳工、铆工、通风工

钳工、铆工、通风工的劳动防护用品配备应符合下列规定：

1）从事使用锉刀、刮刀、錾子、扁铲等工具作业时，应配备紧口工作服和防护眼镜。

2）从事剔凿作业时，应配备手套和防护眼镜；从事搬抬作业时，应配备安全鞋和手套。

3）从事石棉、玻璃棉等含尘毒材料作业时，操作人员应配备防异物工作服、防尘口罩、风帽、风镜和薄膜手套。

（18）筑炉工

筑炉工从事磨砖、切砖作业时，应配备紧口工作服、安全鞋、手套和防尘口罩、宜配备防护眼镜。

（19）电梯安装工、起重机械安装拆卸工

电梯安装工、起重机械安装拆卸工从事安装、拆卸和维修作业时，应配备紧口工作服、安全鞋和手套。

（20）其他人员

其他人员的劳动防护用品配备应符合下列规定：

1）从事电钻、砂轮等手持电动工具作业时，应配备绝缘鞋、绝缘手套和防护眼镜。

2）从事蛙式夯实机、振动冲击夯作业时，应配备具有绝缘功能的安全鞋、绝缘手套和防噪声耳塞（耳罩）。

3）从事可能飞溅渣屑的机械设备作业时，应配备防护眼镜。

4）从事地下管道检修作业时，应配备防毒面罩、防滑鞋（靴）和工作手套。

3. 个人防护用品使用及管理

1）建筑施工企业应选定劳动防护用品的合格分供方，为作业人员配备的劳动防护用品必须符合国家有关标准，应具备生产许可证、产品合格证等相关资料。经本单位安全生产管理部门审查合格后方可使用。建筑施工企业不得采购和使用无厂家名称、无产品合格证、无安全标志的劳动防护用品。

2）劳动防护用品的使用年限应按国家现行相关标准执行。劳动防护用品达到使用年限或报废标准的应由建筑施工企业统一收回报废，并应为作业人员配备新的劳动防护用品。劳动防护用品有定期检测要求的应按照其产品的检测周期进行检测。

3）建筑施工企业应建立健全劳动防护用品购买、验收、保管、发放、使用、更换、报废管理制度。在劳动防护用品使用前，应对其防护功能进行必要的检查。

4）建筑施工企业应教育从业人员按照劳动防护用品使用规定和防护要求，正确使用劳动防护用品。

5）建设单位应按国家有关法律和行政法规的规定，支付建筑工程的施工安全措施费用。建筑施工企业应严格执行国家相关法规和标准，使用合格的劳动防护用品。

6）建筑施工企业应对危险性较大的施工作业场所及具有尘毒危害的作业环境设置安全警示标志及应使用的安全防护用品标识牌。

二、临边、临洞口、攀登、悬空安全防护

1. 基本安全要求

1）高处作业是指在坠落高度基准面 2 m 及以上有可能坠落的高处进行的作业。

2）建筑施工中凡涉及临边与洞口作业、攀登与悬空作业、操作平台、交叉作业及安全网

搭设的，应在施工组织设计或施工方案中制定高处作业安全技术措施。

3）高处作业施工前，应按类别对安全防护设施进行检查、验收，验收合格后方可进行作业，并应做验收记录。验收可分层或分阶段进行。

4）高处作业施工前，应对作业人员进行安全技术交底，并应记录。应对初次作业人员进行培训。

5）应根据要求将各类安全警示标志悬挂于施工现场各相应部位，夜间应设红灯警示。高处作业施工前，应检查高处作业的安全标志、工具、仪表、电气设施和设备，确认其完好后，方可进行施工。

6）高处作业人员应根据作业的实际情况配备相应的高处作业安全防护用品，并应按规定正确佩戴和使用相应的安全防护用品、用具。

7）对施工作业现场可能坠落的物料，应及时拆除或采取固定措施。高处作业所用的物料应堆放平稳，不得妨碍通行和装卸。工具应随手放入工具袋；作业中的走道、通道板和登高用具，应随时清理干净；拆卸下的物料及余料和废料应及时清理运走，不得随意放置或向下丢弃。传递物料时不得抛掷。

8）高处作业应按《建设工程施工现场消防安全技术规范》（GB 50720—2011）的规定，采取防火措施。

9）在雨、霜、雾、雪等天气进行高处作业时，应采取防滑、防冻和防雷措施，并应及时清除作业面上的水、冰、雪、霜。当遇有 6 级及以上强风、浓雾、沙尘暴等恶劣气候，不得进行露天攀登与悬空高处作业。雨雪天气后，应对高处作业安全设施进行检查，当发现有松动、变形、损坏或脱落等现象时，应立即修理完善，维修合格后方可使用。

10）对需临时拆除或变动的安全防护设施，应采取可靠措施，作业后应立即恢复。

11）安全防护设施验收应包括下列主要内容：

①防护栏杆的设置与搭设。

②攀登与悬空作业的用具与设施搭设。

③操作平台及平台防护设施的搭设。

④防护棚的搭设。

⑤安全网的设置。

⑥安全防护设施、设备的性能与质量、所用的材料、配件的规格。

⑦设施的节点构造，材料配件的规格、材质及其与建筑物的固定、连接状况。

12）安全防护设施验收资料应包括下列主要内容：

①施工组织设计中的安全技术措施或施工方案。

②安全防护用品用具、材料和设备产品合格证明。

③安全防护设施验收记录。

④预埋件隐蔽验收记录。

⑤安全防护设施变更记录。

13）应有专人对各类安全防护设施进行检查和维修保养，发现隐患应及时采取整改措施。

14）安全防护设施宜采用定型化、工具化设施，防护栏应为黑黄或红白相间的条纹标示，盖件应为黄或红色标示。

2. 临边作业安全防护

临边作业是指在工作面边沿无围护或围护设施高度低于 800 mm 的高处作业，包括楼板边、楼梯段边、屋面边、阳台边、各类坑、沟、槽等边沿的高处作业。

1）坠落高度基准面 2 m 及以上进行临边作业时，应在临空一侧设置防护栏杆，并应采用密目式安全立网或工具式栏板封闭。

2）施工的楼梯口、楼梯平台和梯段边，应安装防护栏杆；外设楼梯口、楼梯平台和梯段边还应采用密目式安全立网封闭。

3）建筑物外围边沿处，对没有设置外脚手架的工程，应设置防护栏杆；对有外脚手架的工程，应采用密目式安全立网全封闭。密目式安全立网应设置在脚手架外侧立杆上，并应与脚手杆紧密连接。

4）施工升降机、龙门架和井架物料提升机等在建筑物间设置的停层平台两侧边，应设置防护栏杆、挡脚板，并应采用密目式安全立网或工具式栏板封闭。

5）停层平台口应设置高度不低于 1.80 m 的楼层防护门，并应设置防外开装置。井架物料提升机通道中间，应分别设置隔离设施。

3. 洞口作业安全防护

洞口作业是指在地面、楼面、屋面和墙面等有可能使人和物料坠落，其坠落高度大于或等于 2 m 的洞口处的高处作业。

1）洞口作业时，应采取防坠落措施，并应符合下列规定：

①当竖向洞口短边边长小于 500 mm 时，应采取封堵措施；当垂直洞口短边边长大于或等于 500 mm 时，应在临空一侧设置高度不小于 1.2 m 的防护栏杆，并应采用密目式安全立网或工具式栏板封闭，设置挡脚板。

②当非竖向洞口短边边长为 25～500 mm 时，应采用承载力满足使用要求的盖板覆盖，盖板四周搁置应均衡，且应防止盖板移位。

③当非竖向洞口短边边长为 500～1 500 mm 时，应采用盖板覆盖或防护栏杆等措施，并应固定牢固。

④当非竖向洞口短边边长大于或等于 1 500 mm 时，应在洞口作业侧设置高度不小于 1.2 m 的防护栏杆，洞口应采用安全平网封闭。

2）电梯井口应设置防护门，其高度不应小于 1.5 m，防护门底端距地面高度不应大于 50 mm，并应设置挡脚板。

3）在电梯施工前，电梯井道内应每隔 2 层且不大于 10 m 加设一道安全平网。电梯井内的施工层上部，应设置隔离防护设施。

4）洞口盖板应能承受不小于 1 kN 的集中荷载和不小于 2 kN/m² 的均布荷载，有特殊要求的盖板应另行设计。

5）墙面等处落地的竖向洞口、窗台高度低于 800 mm 的竖向洞口及框架结构在浇筑完混凝土未砌筑墙体时的洞口，应按临边防护要求设置防护栏杆。

4. 攀登作业安全防护

攀登作业是指借助登高用具或登高设施进行的高处作业。

1）登高作业应借助施工通道、梯子及其他攀登设施和用具。

2）攀登作业设施和用具应牢固可靠；当采用梯子攀爬作业时，踏面荷载不应大于 1.1 kN；当梯面上有特殊作业时，应按实际情况进行专项设计。

3）同一梯子上不得两人同时作业。在通道处使用梯子作业时，应有专人监护或设置围栏。脚手架操作层上严禁架设梯子作业。

4）便携式梯子宜采用金属材料或木材制作，并应符合《便携式金属梯安全要求》（GB 12142—2007）和《便携式木梯安全要求》（GB 7059—2007）的规定。

5）使用单梯时梯面应与水平面成 75°夹角，踏步不得缺失，梯格间距宜为 300 mm，不得垫高使用。

6）折梯张开到工作位置的倾角应符合《便携式金属梯安全要求》（GB 12142—2007）和《便携式木梯安全要求》（GB 7059—2007）的规定，并应有整体的金属撑杆或可靠的锁定装置。

7）固定式直梯应采用金属材料制成，并应符合《固定式钢梯及平台安全要求 第 1 部分：钢直梯》（GB 4053.1—2009）的规定；梯子净宽应为 400～600 mm，固定直梯的支撑应采用不小于∟70×6 的角钢，埋设与焊接应牢固。直梯顶端的踏步应与攀登顶面齐平，并应加设 1.1～1.5 m 高的扶手。

8）使用固定式直梯攀登作业时，当攀登高度超过 3 m 时，宜加设护笼；当攀登高度超过 8 m 时，应设置梯间平台。

9）钢结构安装时，应使用梯子或其他登高设施攀登作业。坠落高度超过 2 m 时，应设置操作平台。

10）当安装屋架时，应在屋脊处设置扶梯。扶梯踏步间距不应大于 400 mm。屋架杆件安装时搭设的操作平台，应设置防护栏杆或使用作业人员拴挂安全带的安全绳。

11）深基坑施工应设置扶梯、入坑踏步及专用载人设备或斜道等设施。采用斜道时，应加设间距不大于 400 mm 的防滑条等防滑措施。作业人员严禁沿坑壁、支撑或乘运土工具上下。

5. 悬空作业安全防护

悬空作业是指在周边无任何防护设施或防护设施不能满足防护要求的临空状态下进行的高处作业。

1）悬空作业的立足处的设置应牢固，并应配置登高和防坠落装置和设施。

2）构件吊装和管道安装时的悬空作业应符合下列规定：

①钢结构吊装，构件宜在地面组装，安全设施应一并设置。

②吊装钢筋混凝土屋架、梁、柱等大型构件前，应在构件上预先设置登高通道、操作立足点等安全设施。

③在高空安装大模板、吊装第一块预制构件或单独的大中型预制构件时，应站在作业平台上操作。

④钢结构安装施工宜在施工层搭设水平通道，水平通道两侧应设置防护栏杆；当利用钢梁作为水平通道时，应在钢梁一侧设置连续的安全绳，安全绳采用钢丝绳。

⑤钢结构、管道等安装施工的安全防护宜采用工具化、定型化设施。

3）严禁在未固定、无防护设施的构件及管道上进行作业或通行。

4）当利用吊车梁等构件作为水平通道时，临空面的一侧应设置连续的栏杆等防护措施。当安全绳为钢索时，钢索的一端应采用花篮螺栓收紧；当安全绳为钢丝绳时，钢丝绳的自然下垂度不应大于绳长的 1/20，并不应大于 100 mm。

5）模板支撑体系搭设和拆卸的悬空作业，应符合下列规定：

①模板支撑的搭设和拆卸应按规定程序进行，不得在上下同一垂直面上同时装拆模板。

②在坠落基准面 2 m 及以上高处搭设与拆除柱模板及悬挑结构的模板时，应设置操作平台。

③在进行高处拆模作业时应配置登高用具或搭设支架。

6）绑扎钢筋和预应力张拉的悬空作业应符合下列规定：

①绑扎立柱和墙体钢筋，不得沿钢筋骨架攀登或站立在骨架上作业。

②在坠落基准面 2 m 及以上高处绑扎柱钢筋和进行预应力张拉时，应搭设操作平台。

7）混凝土浇筑与结构施工的悬空作业应符合下列规定：

①浇筑高度 2 m 及以上的混凝土结构构件时，应设置脚手架或操作平台。

②悬挑的混凝土梁和檐、外墙和边柱等结构施工时，应搭设脚手架或操作平台。

8）屋面作业时应符合下列规定：

①在坡度大于 25°的屋面上作业，当无外脚手架时，应在屋檐边设置不低于 1.5 m 高的防护栏杆，并应采用密目式安全立网封闭。

②在轻质型材等屋面上作业，应搭设临时走道板，不得在轻质型材上行走；安装轻质型材板前，应采取在梁下支设安全平网或搭设脚手架等安全防护措施。

9）外墙作业时应符合下列规定：

①门窗作业时，应有防坠落措施，操作人员在无安全防护措施时，不得站立在樘子、阳台栏板上作业。

②高处作业不得使用座板式单人吊具，不得使用自制吊篮。

三、消防管理基础知识

1. 施工现场消防管理基本要求

1）施工现场的消防安全管理应由施工单位负责。实行施工总承包时，应由总承包单位负责。分包单位应向总承包单位负责，并应服从总承包单位的管理，同时应承担国家法律、法规规定的消防责任和义务。

2）施工单位应根据建设项目规模、现场消防安全管理的重点，在施工现场建立消防安全管理组织机构及义务消防组织，并应确定消防安全负责人和消防安全管理人员，同时应落实相关人员的消防安全管理责任。

3）施工单位应针对施工现场可能导致火灾发生的施工作业及其他活动，制定消防安全管理制度。消防安全管理制度应包括下列主要内容：

①消防安全教育与培训制度。

②可燃及易燃易爆危险品管理制度。

③用火、用电、用气管理制度。

④消防安全检查制度。

⑤应急预案演练制度。

4）施工单位应编制施工现场防火技术方案，并应根据现场情况变化及时对其修改、完善。防火技术方案应包括下列主要内容：

①施工现场重大火灾危险源辨识。

②施工现场防火技术措施。

③临时消防设施、临时疏散设施配备。

④临时消防设施和消防警示标识布置图。

5）施工单位应编制施工现场灭火及应急疏散预案。灭火及应急疏散预案应包括下列主要内容：

①应急灭火处置机构及各级人员应急处置职责。

②报警、接警处置的程序和通信联络的方式。

③扑救初起火灾的程序和措施。

④应急疏散及救援的程序和措施。

6）施工人员进场时，施工现场的消防安全管理人员应向施工人员进行消防安全教育和培训。消防安全教育和培训应包括下列内容：

①施工现场消防安全管理制度、防火技术方案、灭火及应急疏散预案的主要内容。

②施工现场临时消防设施的性能及使用、维护方法。

③扑灭初起火灾及自救逃生的知识和技能。

④报警、接警的程序和方法。

7）施工作业前，施工现场的施工管理人员应向作业人员进行消防安全技术交底。消防安全技术交底应包括下列主要内容：

①施工过程中可能发生火灾的部位或环节。

②施工过程应采取的防火措施及应配备的临时消防设施。

③初起火灾的扑救方法及注意事项。

④逃生方法及路线。

8）施工过程中，施工现场的消防安全负责人应定期组织消防安全管理人员对施工现场的消防安全进行检查。消防安全检查应包括下列主要内容：

①可燃物及易燃易爆危险品的管理是否落实。

②动火作业的防火措施是否落实。

③用火、用电、用气是否存在违章操作，电、气焊及保温防水施工是否执行操作规程。

④临时消防设施是否完好有效。

⑤临时消防车道及临时疏散设施是否畅通。

9）施工单位应依据灭火及应急疏散预案，定期开展灭火及应急疏散的演练。

10）施工单位应做好并保存施工现场消防安全管理的相关文件和记录，并应建立现场消防安全管理档案。

2. 可燃物及易燃易爆危险品管理

1）用于在建工程的保温、防水、装饰及防腐等材料的燃烧性能等级应符合设计要求。

2）可燃材料及易燃易爆危险品应按计划限量进场。进场后，可燃材料宜存放于库房内，露天存放时，应分类成垛堆放，垛高不应超过 2 m，单垛体积不应超过 50 m³，垛与垛之间的最小间距不应小于 2 m，且应采用不燃或难燃材料覆盖；易燃易爆危险品应分类专库储存，库房内应通风良好，并应设置严禁明火标志。

3）室内使用油漆及其有机溶剂、乙二胺、冷底子油等易挥发产生易燃气体的物资作业时，应保持良好通风，作业场所严禁明火，并应避免产生静电。

4）施工产生的可燃、易燃建筑垃圾或余料，应及时清理。

3. 用火、用电、用气管理

1）施工现场用火应符合下列规定：

①动火作业应办理动火许可证；动火许可证的签发人收到动火申请后，应前往现场查验并确认动火作业的防火措施落实后，再签发动火许可证。

②动火操作人员应具有相应资格。

③焊接、切割、烘烤或加热等动火作业前，应对作业现场的可燃物进行清理；作业现场及其附近无法移走的可燃物应采用不燃材料对其覆盖或隔离。

④施工作业安排时，宜将动火作业安排在使用可燃建筑材料的施工作业前进行。确须在使用可燃建筑材料的施工作业之后进行动火作业时，应采取可靠的防火措施。

⑤裸露的可燃材料上严禁直接进行动火作业。

⑥焊接、切割、烘烤或加热等动火作业应配备灭火器材，并应设置动火监护人进行现场监护，每个动火作业点均应设置 1 个监护人。

⑦5 级（含 5 级）以上风力时，应停止焊接、切割等室外动火作业；确实需要动火作业时，应采取可靠的挡风措施。

⑧动火作业后，应该对现场进行检查，并应该在确认无火灾危险后，动火操作人员再离开。

⑨具有火灾、爆炸危险的场所严禁明火。

⑩施工现场不应采用明火取暖。

⑪厨房操作间炉灶使用完毕后，应将炉火熄灭，排油烟机及油烟管道应定期清理油垢。

2）施工现场用电应符合下列规定：

①施工现场供用电设施的设计、施工、运行和维护应符合《建设工程施工现场供用电安全规范》（GB 50194—2014）的相关规定。

②电气线路应具有相应的绝缘强度和机械强度，严禁使用绝缘老化或失去绝缘性能的电气线路，严禁在电气线路上悬挂物品。破损、烧焦的插座、插头应及时更换。

③电气设备与可燃、易燃易爆危险品和腐蚀性物品应保持一定的安全距离。

④有爆炸和火灾危险的场所，应按危险场所等级选用相应的电气设备。

⑤配电屏上每个电气回路应设置漏电保护器、过载保护器，距配电屏2 m范围内不应堆放可燃物，5 m范围内不应设置可能产生较多易燃、易爆气体、粉尘的作业区。

⑥可燃材料库房不应使用高热灯具，易燃易爆危险品库房内应使用防爆灯具。

⑦普通灯具与易燃物的距离不宜小于300 mm，聚光灯、碘钨灯等高热灯具与易燃物的距离不宜小于500 mm。

⑧电气设备不应超负荷运行或带故障使用。

⑨严禁私自改装现场供用电设施。

⑩应定期对电气设备和线路的运行及维护情况进行检查。

3）施工现场用气应符合下列规定：

①储装气体的罐瓶及其附件应合格、完好和有效；严禁使用减压器及其他附件缺损的氧气瓶，严禁使用乙炔专用减压器、回火防止器及其他附件缺损的乙炔瓶。

②气瓶运输、存放、使用时，应符合下列规定：

a. 气瓶应保持直立状态，并采取防倾倒措施，乙炔瓶严禁横躺卧放。

b. 严禁碰撞、敲打、抛掷、滚动气瓶。

c. 气瓶应远离火源，与火源的距离不应小于10 m，并应采取避免高温和防止暴晒的措施。

d. 燃气储装瓶罐应设置防静电装置。

③气瓶应分类储存，库房内应通风良好；空瓶和实瓶同库存放时，应分开放置，空瓶和实瓶的间距不应小于1.5 m。

④气瓶使用时，应符合下列规定：

a. 使用前，应检查气瓶及气瓶附件的完好性，检查连接气路的气密性，并采取避免气体泄漏的措施，严禁使用已老化的橡皮气管。

b. 氧气瓶与乙炔瓶的工作间距不应小于5 m，气瓶与明火作业点的距离不应小于10 m。

c. 冬季使用气瓶，气瓶的瓶阀、减压器等发生冻结时，严禁用火烘烤或用铁器敲击瓶阀，严禁猛拧减压器的调节螺丝。

d. 氧气瓶内剩余气体的压力不应小于0.1 MPa。

e. 气瓶用后应及时归库。

4. 其他防火管理

1）施工现场的重点防火部位或区域应设置防火警示标识。

2）施工单位应做好施工现场临时消防设施的日常维护工作，对已失效、损坏或丢失的消防设施应及时更换、修复或补充。

3）临时消防车道、临时疏散通道、安全出口应保持畅通，不得遮挡、挪动疏散指示标识，不得挪用消防设施。

4）施工期间，不应拆除临时消防设施及临时疏散设施。

5）施工现场严禁吸烟。

第十章　绿色施工

第一节　绿色施工的定义与内涵

一、绿色施工的概念及意义

绿色施工是指工程建设中，在保证质量、安全等基本要求的前提下，通过科学管理和技术进步，最大限度地节约资源并减少对环境负面影响的施工活动，实现节能、节地、节水、节材和环境保护（"四节一环保"）。

绿色施工作为建筑全寿命周期中的一个重要阶段，是实现建筑领域资源节约和节能减排的关键环节。实施绿色施工，应依据因地制宜的原则，贯彻执行国家、行业和地方相关的技术经济政策。绿色施工应是可持续发展理念在工程施工中全面应用的体现，绿色施工并不仅仅是指在工程施工中实施封闭施工，没有尘土飞扬，没有噪声扰民，在工地四周栽花、种草，实施定时洒水等这些内容，它涉及可持续发展的各个方面，如生态与环境保护、资源与能源利用、社会与经济的发展等内容。

二、绿色施工的原则

1）进行总体方案优化，在规划、设计阶段，充分考虑绿色施工的总体要求，为绿色施工提供基础条件。

2）对施工策划、材料采购、现场施工、工程验收等各阶段进行控制，加强整个施工过程的管理和监督。绿色施工的总体框架由施工管理、环境保护、节材与材料资源利用、节水与水资源利用、节能与能源利用、节地与施工用地保护6个方面组成。

三、绿色施工与绿色建筑

绿色施工不同于绿色建筑。住建部发布的《绿色建筑评价标准》（GB/T 50378—2014）中定义，绿色建筑是指在建筑的全寿命周期内，最大限度地节约资源、保护环境和减少污染，为人们提供健康、适用和高效的使用空间，与自然和谐共生的建筑。因此，绿色建筑体现在建筑物本身的安全、舒适、节能和环保，绿色施工则体现在工程建设过程的"四节一环保"。

绿色施工以打造绿色建筑为落脚点，但又不仅仅局限于绿色建筑的性能要求，更侧重于过程控制。没有绿色施工，建造绿色建筑就成为空谈。

四、绿色施工与文明施工

绿色施工不同于文明施工。绿色施工除涵盖文明施工外，还包括采用降耗环保型的施工工艺和技术，节约水、电、材料等资源能源。因此，绿色施工高于、严于文明施工。例如，建设部 2007 年印发的《绿色施工导则》（建质〔2007〕223 号）中对地下设施、文物和资源的保护，节材、节能措施等都有所规定。绿色施工也需要遵循因地制宜的原则，结合各地区不同自然条件和发展状况稳步扎实地开展，避免做表面文章。

第二节　绿色施工"四节一环保"的技术要点

一、环境保护

1. 环境保护技术指标

1）能明显地减少和避免声、光、扬尘、污水、有害气体对环境造成的污染。

2）能有效地降低建筑废弃物排放。

3）能有效地保护地下设施、文物和资源，避免生态破坏。

2. 环境保护技术措施

1）对于因施工而破坏的植被、造成的裸土，必须及时采取有效措施，以避免土壤侵蚀、流失。如采取覆盖砂石、种植速生草种等措施。施工结束后，被破坏的原有植被场地必须恢复或进行合理绿化。

2）施工环境保护还包含对噪声、扬尘、废水、光污染、废弃物等方面控制。

二、节材与材料资源利用

1. 节材与材料资源利用技术指标

1）能充分合理地降低原材料消耗。

2）能有效地提高材料的周转使用率。

3）能有效地提高建筑垃圾的回收利用率。

2. 节材与材料资源利用措施

1）推广使用高强钢筋和高性能混凝土，减少资源消耗。

2）根据施工进度、材料周转时间、库存情况等制订采购计划，并合理确定采购数量，避免采购过多，造成积压或浪费。

3）优化高层建筑的外脚手架方案，采用整体提升、分段悬挑等方案。

4）优先选用制作、安装、拆除一体化的专业队伍进行模板工程施工。

5）对周转材料进行保养维护，维护其质量状态，延长其使用寿命。

6）依照施工预算，实行限额领料，严格控制材料的消耗。

7）施工现场应建立可回收再利用物资清单，制定并实施可回收废料的回收管理办法，提高废料利用率。

8）工程施工所需临时设施（办公及生活用房、给排水、照明、消防管道及消防设备）应采用可拆卸、可循环使用材料。

三、节能与能源利用

1. 节能与能源利用技术指标

1）能充分利用我国自然资源，显著地节约能源。

2）能有效地节约能源，提高能源利用率。

2. 节能与能源利用措施

1）建立巡视检查制度，设专人随时对现场临时用电的线路、设施进行检查，对停用的设备、线路及时进行拆除清退。

2）合理配置采暖、空调、风扇数量，规定使用时间，实行分段分时使用，节约用电。杜绝长明灯，夜间施工照明灯具安排专人进行管理，做到人走灯灭。及时对不用的设备进行拉闸断电，减少设备闲置空转。

3）优先使用国家、行业推荐的节能、高效、环保的施工设备和机具，如选用变频技术的节能施工设备等。

4）根据总、分包协议的内容，对分包施工单位的用电进行严格控制或装表计量控制。严禁私拉乱接线。

5）临时用电优先选用节能灯具，临电线路合理设计、布置，临电设备宜采用自动控制装置。采用声控、光控等节能照明灯具。采用节电型施工机械，合理安排施工时间等降低用电量，节约电能。

6）下班后随手关闭电脑。

7）临时设施宜采用节能材料，墙体、屋面使用隔热性能好的材料，减少夏天空调、冬天取暖设备的使用时间及耗能量。可根据需要在其外墙窗设遮阳设施。

8）机电安装可采用节电型机械设备，如逆变式电焊机和能耗低、效率高的手持电动工具等，以利节电。机械设备宜使用节能型油料添加剂。

四、节水与水资源利用

1. 节水与水资源利用技术指标

1）在满足地下水安全环保要求的前提下，能有效地提高非传统水源的利用率。

2）能显著地提高用水效率。

2. 节水与水资源利用措施

1）现场机具、设备、车辆冲洗用水必须设立循环用水装置。施工现场办公区、生活区的生活用水采用节水系统和节水器具，提高节水器具配置比率。项目临时用水应使用节水型产品，安装计量装置，采取有针对性的节水措施。

2）在运输车辆清洗处设置沉砂池，冲洗后的水经沉淀后进行二次回收利用，可用于洒水降尘。

3）现场所有出水点均使用节水龙头，杜绝跑、冒、滴、漏等现象，发现问题及时更换。

4）管理工人生活区、食堂、厕所等处的责任人，必须对节约用水进行管理，责任落实到人，杜绝"长流水"现象。尤其是工人生活区水池的管理。

5）现场采用新的施工工艺，推广新的科技成果。立面结构拆模后可涂刷养护液，替代用水养护。平面结构采用洒水覆塑料薄膜养护，减少养护用水量，保证养护质量。

6）施工应实行用水计量管理，严格控制施工阶段用水量，由各工长负责。

7）水资源的节约利用。通过监测水资源的使用，安装小流量的设备和器具，在可能的场所重新利用雨水或施工废水等措施来减少施工期间的用水量。

8）在签订分包或劳务合同时，将节水定额指标纳入合同条款，进行计量考核。

9）雨量充沛地区的大型施工现场建立雨水收集利用系统，充分收集自然降水用于施工和生活中适宜的部位。

五、节地与施工用地保护措施

1. 临时用地指标

1）根据施工规模及现场条件等因素合理确定临时设施，如临时加工厂、现场作业棚及材料堆场、办公生活设施等的占地指标。

2）平面布置合理、紧凑，在满足环境、职业健康与安全及文明施工要求的前提下尽可能减少废弃地和死角，临时设施占地面积有效利用率大于90%。

2. 临时用地保护

1）应当对深基坑施工方案进行优化，减少土方开挖和回填量，最大限度地减少对土地的扰动，保护周边自然生态环境。

2）红线外临时占地应尽量使用荒地、废地，少占用农田和耕地。工程完工后，及时恢复原貌。

3）利用和保护施工用地范围内原有绿色植被。对于施工周期较长的现场，可按建筑永久绿化的要求，安排场地新建绿化。

3. 施工总平面布置

1）施工总平面布置应做到科学、合理，充分利用原有建筑物、构筑物、道路、管线为施工服务。

2）施工现场仓库、加工场、作业棚、材料堆场等布置应尽量靠近已有交通线路或即将修建的正式或临时交通线路，缩短运输距离。

3）临时办公和生活用房应采用多层轻钢活动板房、钢骨架水泥活动板房等标准化装配式结构。生活区与生产区应分开布置，并设置标准的分隔设施。

4）施工现场围墙可采用封闭的轻钢预制装配式活动围挡，减少建筑垃圾。

5）施工现场道路按照永久道路和临时道路相结合的原则布置。施工现场内形成环形通路，减少道路占用土地。施工现场路面硬地化处理的宽度应不小于出口。

6）临时设施布置应注意远近结合，努力减少和避免大量临时建筑拆迁和场地搬迁。

六、绿色施工技术

1. 封闭降水及水收集综合利用技术

（1）基坑施工封闭降水技术

1）技术内容：

基坑封闭降水是指在坑底和基坑侧壁采用截水措施，在基坑周边形成止水帷幕，阻截基坑侧壁及基坑底面的地下水流入基坑，在基坑降水过程中对基坑以外地下水位不产生影响的降水方法；基坑施工时应按需降水或隔离水源。

在我国沿海地区宜采用地下连续墙或护坡桩+搅拌桩止水帷幕的地下水封闭措施；内陆地区宜采用护坡桩+旋喷桩止水帷幕的地下水封闭措施；河流阶地地区宜采用双排或三排搅拌桩对基坑进行封闭，同时兼作支护的地下水封闭措施。

2）技术指标：

①封闭深度：宜采用悬挂式竖向截水和水平封底相结合，在没有水平封底措施的情况下要求侧壁帷幕（连续墙、搅拌桩、旋喷桩等）插入基坑下卧不透水土层一定深度。深度情况应满足下式计算：

$$L = 0.2h_w - 0.5b \tag{10-1}$$

式中，L——帷幕插入不透水层的深度；

h_w——作用水头；

b——帷幕厚度。

②截水帷幕厚度：满足抗渗要求，渗透系数宜小于 1.0×10^{-6} cm/s。

③基坑内井深度：可采用疏干井和降水井，若采用降水井，井深度不宜超过截水帷幕深度；若采用疏干井，井深应插入下层强透水层。

④结构安全性：截水帷幕必须在有安全的基坑支护措施下配合使用（如注浆法），或者帷幕本身经计算能同时满足基坑支护的要求（如地下连续墙）。

3）适用范围：适用于有地下水存在的所有非岩石地层的基坑工程。

（2）施工现场水收集综合利用技术

1）技术内容：

施工过程中应高度重视施工现场非传统水源的水收集与综合利用，该项技术包括基坑施工降水回收利用技术、雨水回收利用技术、现场生产和生活废水回收利用技术。

①基坑施工降水回收利用技术，一般包含两种技术：一是利用自渗效果将上层滞水引渗至下层潜水层中，可使部分水资源重新回灌至地下的回收利用技术；二是将降水所抽水体集中存放施工时再利用。

②雨水回收利用技术是指在施工现场中将雨水收集后，经过雨水渗蓄、沉淀等处理，集

中存放再利用。回收水可直接用于冲刷厕所、施工现场洗车及现场洒水控制扬尘。

③现场生产和生活废水利用技术是指将施工生产和生活废水经过过滤、沉淀或净化等处理达标后再利用。经过处理或水质达到要求的水体可用于绿化、结构养护用水以及混凝土试块养护用水等。

2）技术指标：

①利用自渗效果将上层滞水引渗至下层潜水层中，有回灌量、集中存放量和使用量记录。

②施工现场用水至少应有 20%来源于雨水和生产废水回收利用等。

③污水排放应符合《污水综合排放标准》（GB 8978—1996）。

④基坑降水回收利用率为

$$R = K_6 \frac{Q_1 + q_1 + q_2 + q_3}{Q_0} \times 100\% \tag{10-2}$$

式中，Q_0——基坑涌水量，m^3/d，按照最不利条件下的计算最大流量，m^3/d；

Q_1——回灌至地下的水量（根据地质情况及试验确定），m^3/d；

q_1——现场生活用水量，m^3/d；

q_2——现场控制扬尘用水量，m^3/d；

q_3——施工砌筑抹灰等用水量，m^3/d；

K_6——损失系数，取 0.85～0.95。

3）适用范围：基坑封闭降水技术适用于地下水面埋藏较浅的地区；雨水及废水利用技术适用于各类施工工程。

2. 建筑垃圾减量化与资源化利用技术

（1）技术内容

建筑垃圾指在新建、扩建、改建和拆除、加固各类建筑物、构筑物、管网以及装饰装修等过程中产生的施工废弃物。

建筑垃圾减量化是指在施工过程中采用绿色施工新技术、精细化施工和标准化施工等措施，减少建筑垃圾排放；建筑垃圾资源化利用是指建筑垃圾就近处置、回收直接利用或加工处理后再利用。对于建筑垃圾减量化与建筑垃圾资源化利用主要措施为：实施建筑垃圾分类收集、分类堆放；碎石类、粉类的建筑垃圾进行级配后用作基坑肥槽、路基的回填材料；采用移动式快速加工机械，将废旧砖瓦、废旧混凝土就地分拣、粉碎、分级，变为可再生骨料。

可回收的建筑垃圾主要有散落的砂浆和混凝土、剔凿产生的砖石和混凝土碎块、打桩截下的钢筋混凝土桩头、砌块碎块、废旧木材、钢筋余料、塑料等。

现场垃圾减量与资源化的主要技术有：

1）对钢筋采用优化下料技术，提高钢筋利用率；对钢筋余料采用再利用技术，如将钢筋余料用于加工马凳筋、预埋件与安全围栏等。

2）对模板的使用应进行优化拼接，减少裁剪量；对木模板应通过合理的设计和加工制作提高重复使用率的技术；对短木枋采用指接接长技术，提高木枋利用率。

3）对混凝土浇筑施工中的混凝土余料做好回收利用，用于制作小过梁、混凝土砖等。

4）对二次结构的加气混凝土砌块隔墙施工中，做好加气块的排块设计，在加工车间进行机械切割，减少工地加气混凝土砌块的废料。

5）废塑料、废木材、钢筋头与废混凝土的机械分拣技术；利用废旧砖瓦、废旧混凝土为原料的再生骨料就地加工与分级技术。

6）现场直接利用再生骨料和微细粉料作为骨料和填充料，生产混凝土砌块、混凝土砖、透水砖等制品的技术。

7）利用再生细骨料制备砂浆及其使用的综合技术。

（2）技术指标

1）再生骨料应符合《混凝土用再生粗骨料》（GB/T 25177—2010）、《混凝土和砂浆用再生细骨料》（GB/T 25176—2010）、《再生骨料应用技术规程》（JGJ/T 240—2011）、《再生骨料地面砖和透水砖》（CJ/T 400—2012）和《建筑垃圾再生骨料实心砖》（JG/T 505—2016）的规定；

2）建筑垃圾产生量应不高于 350 t/万 m²；可回收的建筑垃圾回收利用率达到 80%以上。

（3）适用范围

适合建筑物和基础设施拆迁、新建和改扩建工程。

3. 施工现场太阳能、空气能利用技术

（1）施工现场太阳能光伏发电照明技术

1）技术内容：

施工现场太阳能光伏发电照明技术是利用太阳能电池组件将太阳光能直接转化为电能储存并用于施工现场照明系统的技术。发电系统主要由光伏组件、控制器、蓄电池（组）和逆变器（当照明负载为直流电时不使用）及照明负载等组成。

2）技术指标：

施工现场太阳能光伏发电照明技术中的照明灯具负载应为直流负载，灯具选用以工作电压为 12V 的 LED 灯为主。生活区安装太阳能发电电池，保证道路照明使用率达到 90%以上。

①光伏组件：具有封装及内部联结的、能单独提供直流电输出、最小不可分割的太阳电池组合装置，又称太阳电池组件。太阳光充足日照好的地区，宜采用多晶硅太阳能电池；阴雨天气比较多、阳光相对不是很充足的地区，宜采用单晶硅太阳能电池；其他新型太阳能电池，可根据太阳能电池发展趋势选用新型低成本太阳能电池；选用的太阳能电池输出的电压应比蓄电池的额定电压高 20%～30%，以保证蓄电池正常充电。

②太阳能控制器：控制整个系统的工作状态，并对蓄电池起到过充电保护、过放电保护的作用；在温差较大的地方，应具备温度补偿和路灯控制功能。

③蓄电池：一般为铅酸电池，小微型系统中，也可用镍氢电池、镍镉电池或锂电池。根据临建照明系统整体用电负荷数，选用适合容量的蓄电池，蓄电池额定工作电压通常选 12V，容量为日负荷消耗量的 6 倍左右，可根据项目具体使用情况组成电池组。

3）适用范围：施工现场临时照明，如路灯、加工棚照明、办公区廊灯、食堂照明、卫生间照明等。

（2）太阳能热水应用技术

1）技术内容：

太阳能热水器是利用太阳光将水温加热的装置。太阳能热水器分为真空管式太阳能热水器和平板式太阳能热水器，真空管式太阳能热水器占据国内 95%的市场份额，太阳能光热发电比光伏发电的太阳能转化效率较高。它由集热部件（真空管式为真空集热管，平板式为平板集热器）、保温水箱、支架、连接管道、控制部件等组成。

2）技术指标：

①太阳能热水技术系统由集热器外壳、水箱内胆、水箱外壳、控制器、水泵、内循环系统等组成。常见太阳能热水器安装技术参数见表 10-1。

表 10-1 太阳能热水器安装技术参数

产品型号	水箱容积/t	集热面积/m²	集热管规格/mm	集热管支数/支	适用人数/人
DFJN—1	1	15	$\phi 47 \times 1\,500$	120	20～25
DFJN—2	2	30	$\phi 47 \times 1\,500$	240	40～50
DFJN—3	3	45	$\phi 47 \times 1\,500$	360	60～70
DFJN—4	4	60	$\phi 47 \times 1\,500$	480	80～90
DFJN—5	5	75	$\phi 47 \times 1\,500$	600	100～120
DFJN—6	6	90	$\phi 47 \times 1\,500$	720	120～140
DFJN—7	7	105	$\phi 47 \times 1\,500$	840	140～160
DFJN—8	8	120	$\phi 47 \times 1\,500$	960	160～180
DFJN—9	9	135	$\phi 47 \times 1\,500$	1 080	180～200
DFJN—10	10	150	$\phi 47 \times 1\,500$	1 200	200～240
DFJN—15	15	225	$\phi 47 \times 1\,500$	1 800	300～360
DFJN—20	20	300	$\phi 47 \times 1\,500$	2 400	400～500
DFJN—30	30	450	$\phi 47 \times 1\,500$	3 600	600～700
DFJN—40	40	600	$\phi 47 \times 1\,500$	4 800	800～900
DFJN—50	50	750	$\phi 47 \times 1\,500$	6 000	1 000～1 100

特别说明：因每人每次洗浴用水量不同，以上所标适用人数为参考洗浴人数，请购买时根据实际情况选择合适的型号安装。

②太阳能集热器相对储水箱的位置应使循环管路尽可能短；集热器面向正南或正南偏西5°，条件不允许时可向正南±30°；平板型、竖插式真空管太阳能集热器安装倾角须与工程所在地区纬度调整，一般情况安装角度等于当地纬度或当地纬度±10°；集热器应避免遮光物或前排集热器的遮挡，应尽量避免反射光对附近建筑物引起光污染。

③采购的太阳能热水器的热性能、耐压、电气强度、外观等检测项目，应依据《家用太阳能热水系统技术条件》（GB/T 19141—2011）标准要求。

④宜选用合理先进的控制系统，控制主机启停、水箱补水、用户用水等；系统用水箱和管道须做好保温防冻措施。

3）适用范围：适用于太阳能丰富的地区，适用于施工现场办公、生活区临时热水供应。

（3）空气能热水技术

1）技术内容：

空气能热水技术是运用热泵工作原理，吸收空气中的低能热量，经过中间介质的热交换，并压缩成高温气体，通过管道循环系统对水加热的技术。空气能热水器是采用制冷原理从空气中吸收热量来加热水的"热量搬运"装置，把一种沸点为约−10℃的制冷剂通到交换机中，制冷剂通过蒸发由液态变成气态从空气中吸收热量。再经过压缩机加压做工，制冷剂的温度就能骤升至 80～120℃。具有高效节能的特点，较常规电热水器的热效率高达 380%～600%，制造相同的热水量，比电辅助太阳能热水器利用能效高，耗电只有电热水器的 1/4。

2）技术指标：

①空气能热水器利用空气能，不需要阳光，因此放在室内或室外均可，温度在 0℃以上，就可以 24 h 全天候承压运行；部分空气能（源）热泵热水器参数见表 10-2。

表 10-2　部分空气能（源）热泵热水器参数

机组型号	2P	3P		5P	10P
额定制热量/kW	6.79	8.87	8.87	14.97	30
额定输入功率/kW	1.96	2.88	2.83	4.67	9.34
最大输入功率/kW	2.5	3.6	3.8	6.4	12.8
额定电流/A	9.1	14.4	5.1	8.4	16.8
最大输入电流/A	11.4	16.2	7.1	12	20
电源电压/V	220			380	
最高出水温度/℃	60				
额定出水温度/℃	55				
额定使用水压/MPa	0.7				
热水循环水量/（m³/h）	3.6	7.8	7.8	11.4	19.2
循环泵扬程/m	3.5	5	5	5	7.5
水泵输出功率/W	40	100	100	125	250
产水量/（L/h，20～55℃）	150	300	300	400	800
COP 值	2～5.5				
水管接头规格	DN20	DN25	DN25	DN25	DN32
环境温度要求	−5～40℃				
运行噪声	≤50dB（A）	≤55dB（A）	≤55dB（A）	≤60dB（A）	≤60dB（A）
选配热水箱容积/T	1～1.5	2～2.5	2～2.5	3～4	5～8

②工程现场使用空气能热水器时，空气能热泵机组应尽可能布置在室外，进风和排风应通畅，避免造成气流短路。机组间的距离应保持在 2 m 以上，机组与主体建筑或临建墙体（封闭遮挡类墙面或构件）间的距离应保持在 3 m 以上。另外，为避免排风短路，在机组上部不应设置挡雨篷之类的遮挡物。如果机组必须布置在室内，应采取提高风机静压的办法，接风管将排风排至室外。

③宜选用合理先进的控制系统，控制主机启停、水箱补水、用户用水以及其他辅助热源切入与退出；系统用水箱和管道须做好保温防冻措施。

3）适用范围：适用于施工现场办公区、生活区临时热水供应。

4. 施工扬尘控制技术

（1）技术内容

技术内容包括施工现场道路、塔吊、脚手架等部位自动喷淋降尘和雾炮降尘技术、施工现场车辆自动冲洗技术。

1）自动喷淋降尘系统由蓄水系统、自动控制系统、语音报警系统、变频水泵、主管、三通阀、支管、微雾喷头连接而成，主要安装在临时施工道路、脚手架上。

塔吊自动喷淋降尘系统是指在塔吊安装完成后通过塔吊旋转臂安装的喷水设施，用于塔臂覆盖范围内的降尘、混凝土养护等。喷淋系统由加压泵、塔吊、喷淋主管、万向旋转接头、喷淋头、卡扣、扬尘监测设备、视频监控设备等组成。

2）雾炮降尘系统主要有电机、高压风机、水平旋转装置、仰角控制装置、导流筒、雾化喷嘴、高压泵、储水箱等装置，其特点为风力强劲、射程高（远）、穿透性好，可以实现精量喷雾，雾粒细小，能快速将尘埃抑制降沉，工作效率高、速度快，覆盖面积大。

3）施工现场车辆自动冲洗系统由供水系统、循环用水处理系统、冲洗系统、承重系统、自动控制系统组成。采用红外、位置传感器启动自动清洗及运行指示的智能化控制技术。水池采用四级沉淀、分离、处理水质，确保水循环使用；清洗系统由冲洗槽、两侧挡板、高压喷嘴装置、控制装置和沉淀循环水池组成；喷嘴沿多个方向布置，无死角。

（2）技术指标

扬尘控制指标应符合《建筑工程绿色施工规范》（GB/T 50905—2014）中的相关要求。

地基与基础工程施工阶段施工现场 PM_{10} 小时平均浓度不宜大于 $150\ \mu g/m^3$ 或工程所在区域的 PM_{10} 小时平均浓度的 120%；结构工程及装饰装修与机电安装工程施工阶段施工现场 PM_{10} 小时平均浓度不宜大于 $60\ \mu g/m^3$ 或工程所在区域的 PM_{10} 小时平均浓度的 120%。

（3）适用范围

适应用于所有工业与民用建筑的施工工地。

5. 施工噪声控制技术

（1）技术内容

通过选用低噪声设备、先进施工工艺或采用隔声屏、隔声罩等措施有效降低施工现场及施工过程噪声的控制技术。

1）隔声屏是通过遮挡和吸声减少噪声的排放。

隔声屏主要由基础、立柱和隔声屏板几部分组成。基础可以单独设计也可在道路设计时一并设计在道路附属设施上；立柱可以通过预埋螺栓、植筋与焊接等方法，将立柱上的底法兰与基础连接牢靠，声屏障立板可以通过专用高强度弹簧与螺栓及角钢等方法将其固定于立柱槽口内，形成声屏障。隔声屏可模块化生产，装配式施工，选择多种色彩和造型进行组合、搭配与周围环境协调。

2）隔声罩是把噪声较大的机械设备（搅拌机、混凝土输送泵、电锯等）封闭起来，有效地阻隔噪声的外传。

隔声罩外壳由一层不透气的具有一定重量和刚性的金属材料制成，一般用 2～3 mm 厚的钢板，铺上一层阻尼层，阻尼层常用沥青阻尼胶浸透的纤维织物或纤维材料，外壳也可以用木板或塑料板制作，轻型隔声结构可用铝板制作。要求高的隔声罩可做成双层壳，内层较外层薄一些，两层的间距一般是 6～10 mm，填以多孔吸声材料。罩的内侧附加吸声材料，以吸收声音并减弱空腔内的噪声。要减少罩内混响声和防止固体声的传递，尽可能减少在罩壁上开孔，对于必须要开孔的，开口面积应尽量小。在罩壁的构件相接处的缝隙，要采取密封措施，以减少漏声。由于罩内声源机器设备的散热，可能导致罩内温度升高，对此应采取适当的通风散热措施。因此要考虑声源机器设备操作、维修方便的要求。

3）应设置封闭的木工用房，以有效降低电锯加工时噪声对施工现场的影响。

4）施工现场应优先选用低噪声机械设备，优先选用能够减少或避免噪声的先进施工工艺。

（2）技术指标

施工现场噪声应符合《建筑施工场界环境噪声排放标准》（GB 12523—2011）的规定，昼间≤70dB（A），夜间≤55dB（A）。

（3）适用范围

适用于工业与民用建筑工程施工。

6. 绿色施工在线监测评价技术

（1）技术内容

绿色施工在线监测及量化评价技术是根据绿色施工评价标准，通过在施工现场安装智能仪表并借助 GPRS 通信和计算机软件技术，随时随地以数字化的方式对施工现场能耗、水耗、施工噪声、施工扬尘、大型施工设备安全运行状况等各项绿色施工指标数据进行实时监测、记录、统计、分析、评价和预警的监测系统和评价体系。

绿色施工涉及管理、技术、材料、工艺、装备等多个方面。根据绿色施工现场的特点以及施工流程，在确保施工各项目都能得到监测的前提下，绿色施工监测内容应尽可能全面，用最小的成本获得最大限度的绿色施工数据，绿色施工在线监测对象应包括但不限于图 10-1 所示内容。

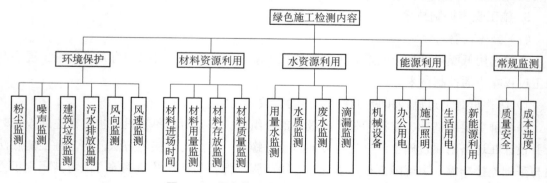

图 10-1 绿色施工在线监测对象内容框架

监测及量化评价系统构成以传感器为监测基础，以无线数据传输技术为通信手段，包括现场监测子系统、数据中心和数据分析处理子系统。现场监测子系统由分布在各个监测点的智能传感器和 HCC 可编程通信处理器组成监测节点，利用无线通信方式进行数据的转发和传输，达到实时监测施工用电、用水、施工产生的噪声和粉尘、风速风向等数据。数据中心负责接收数据和初步的处理、存储，数据分析处理子系统则将初步处理的数据进行量化评价和预警，并依据授权发布处理数据。

（2）技术指标

1）绿色施工在线监测及评价内容包括数据记录、分析及量化评价和预警。

2）应符合《建筑施工场界环境噪声排放标准》（GB 12523—2011）、《污水综合排放标准》（GB 8978—1996）、《生活饮用水卫生标准》（GB 5749—2006）的规定。建筑垃圾产生量应不高于 350 t/万 m^2。施工现场扬尘监测主要为 PM$_{2.5}$、PM$_{10}$ 的控制监测，PM$_{10}$ 不超过所在区域的 120%。

3）受风力影响较大的施工工序场地、机械设备（如塔吊）处风向、风速监测仪安装率宜达到 100%。

4）现场施工照明、办公区需安装高效节能灯具（如 LED）、声光智能开关，安装覆盖率宜达到 100%。

5）对于危险性较大的施工工序，远程监控安装率宜达到 100%。

6）材料进场时间、用量、验收情况实时录入监测系统，保证远程实时接收监测结果。

（3）适用范围

适用于规模较大及科技、质量示范类项目的施工现场。

7. 工具式定型化临时设施技术

（1）技术内容

工具式定型化临时设施包括标准化箱式房、定型化临边洞口防护、加工棚，构件化 PVC 绿色围墙、预制装配式马道、可重复使用临时道路板等。

1）标准化箱式施工现场用房包括办公室用房、会议室、接待室、资料室、活动室、阅读室、卫生间。标准化箱式附属用房，包括食堂、门卫房、设备房、试验用房。

2）定型化临边洞口防护、加工棚定型化、可周转的基坑、楼层临边防护、水平洞口防护，可选用网片式、格栅式或组装式。

当水平洞口短边尺寸大于 1 500 mm 时，洞口四周应搭设不低于 1 200 mm 防护，下口设置踢脚线并张挂水平安全网，防护方式可选用网片式、格栅式或组装式，防护距离洞口边不小于 200 mm。

楼梯扶手栏杆采用工具式短钢管接头，立杆采用膨胀螺栓与结构固定，内插钢管栏杆，使用结束后可拆卸周转重复使用。

可周转定型化加工棚基础尺寸采用 C30 混凝土浇筑，预埋 400 mm×400 mm×12 mm 钢板，钢板下部焊接直径 20 mm 钢筋，并塞焊 8 个 M18 螺栓固定立柱。立柱采用 200 mm×200 mm 型钢，立杆上部焊接 500 mm×200 mm×10 mm 的钢板，以 M12 的螺栓连接桁架主梁，下部焊接 400 mm×400 mm×10 mm 钢板。斜撑为 100 mm×50 mm 方钢，斜撑的两端焊接 150 mm×200 mm×10 mm 的钢板，以 M12 的螺栓连接桁架主梁和立柱。

3）构件化 PVC 绿色围墙：基础采用现浇混凝土，支架采用轻型薄壁钢型材，墙体采用工厂化生产的 PVC 扣板，现场采用装配式施工方法。

4）预制装配式马道：立杆采用 ϕ159 mm×5.0 mm 钢管，立杆连接采用法兰连接，立杆预埋件采用同型号带法兰钢管，锚固入筏板混凝土深度 500 mm，外露长度 500 mm。立杆除埋入筏板的埋件部分，上层区域杆件在马道整体拆除时均可回收。马道楼梯梯段侧向主龙骨采用 16a 号热轧槽钢，梯段长度根据地下室楼层高度确定，每个主体结构层高度内两跑楼梯，并保证楼板所在平面的休息平台高于楼板 200 mm。踏步、休息平台、安全通道顶棚覆盖采用 3 mm 花纹钢板，踏步宽 250 mm，高 200 mm，楼梯扶手立杆采用 30 mm×30 mm×3 mm 方钢管（与梯段主龙骨螺栓连接），扶手采用 50 mm×50 mm×3 mm 方钢管，扶手高度 1 200 mm，梯段与休息平台固定采用螺栓连接，梯段与休息平台随主体结构完成逐步拆除。

5）装配式临时道路：装配式临时道路可采用预制混凝土道路板、装配式钢板、新型材料等，具有施工操作简单，占用场地少，便于拆装、移位，可重复利用，能降低施工成本，减少能源消耗和废弃物排放等优点。应根据临时道路的承载力和使用面积等因素确定尺寸。

（2）技术指标

工具式定型化临时设施应工具化、定型化、标准化，具有装拆方便、可重复利用和安全可靠的性能；防护栏杆体系、防护棚经检测防护有效，符合设计安全要求。预制混凝土道路板适用于建设工程临时道路地基弹性模量≥40 MPa，承受载重≤40 t 施工运输车辆或单个轮压≤7 t 的施工运输车辆路基上铺设使用；其他材质的装配式临时道路的承载力应符合设计要求。

（3）适用范围

工业与民用建筑、市政工程等。

8. 垃圾管道垂直运输技术

（1）技术内容

垃圾管道垂直运输技术是指在建筑物内部或外墙外部设置封闭的大直径管道，将楼层内的建筑垃圾沿着管道靠重力自由下落，通过减速门对垃圾进行减速，最后落入专用垃圾箱内进行处理。

垃圾运输管道主要由楼层垃圾入口、主管道、减速门、垃圾出口、专用垃圾箱、管道与结构连接件等主要构件组成，可以将该管道直接固定到施工建筑的梁、柱、墙体等主要构件上，安装灵活，可多次周转使用。

主管道采用圆筒式标准管道层，管道直径控制在 500～1 000 mm 内，每个标准管道层分上下两层，每层 1.8 m，管道高度可在 1.8～3.6 m 进行调节，标准层上下两层之间用螺栓进行连接；楼层入口可根据管道距离楼层的距离设置转动的挡板；管道入口内设置一个可以自由转动的挡板，防止粉尘在各层入口处飞出。

管道与墙体连接件设置半圆轨道，能在 180°平面内自由调节，使管道上升后，连接件仍能与梁柱等构件相连；减速门采用弹簧板，上覆橡胶垫，根据自锁原理设置弹簧板的初始角度为 45°，每隔三层设置一处，来降低垃圾下落速度；管道出口处设置一个带弹簧的挡板；垃圾管道出口处设置专用集装箱式垃圾箱进行垃圾回收，并设置防尘隔离棚。建筑碎料（凿除、抹灰等产生的旧混凝土、砂浆等矿物材料及施工垃圾）单件粒径尺寸不宜超过 100 mm，重量不宜超过 2 kg；木材、纸质、金属和其他塑料包装废料严禁通过垃圾垂直运输通道运输。

扬尘控制，通过在管道入口内设置一个可以自由转动的挡板，垃圾运输管道楼层垃圾入口、垃圾出口及专用垃圾箱设置自动喷洒降尘系统。

（2）技术指标

垃圾管道垂直运输技术符合《建筑工程绿色施工规范》（GB/T 50905—2014）、《建筑工程绿色施工评价标准》（GB/T 50640—2010）和《建筑施工现场环境与卫生标准》（JGJ 146—2013）的标准要求。

（3）适用范围

适用于多层、高层、超高层民用建筑的建筑垃圾竖向运输，高层、超高层使用时每隔 50～60 m 设置一套独立的垃圾运输管道，设置专用垃圾箱。

9. 透水混凝土与植生混凝土应用技术

（1）透水混凝土

1）技术内容：透水混凝土是由一系列相连通的孔隙和混凝土实体部分骨架构成的具有透气和透水性的多孔混凝土，透水混凝土主要由胶结材和粗骨料构成，有时会加入少量的细骨料。从内部结构来看，主要靠包裹在粗骨料表面的胶结材浆体将骨料颗粒胶结在一起，形成骨料颗粒之间为点接触的多孔结构。

透水混凝土由于不用细骨料或只用少量细骨料，其粗骨料用量比较大，制备 1 m³ 透水混凝土（成型后的体积），粗骨料用量在 0.93～0.97 m³；胶结材在 300～400 kg/m³，水胶比一般在 0.25～0.35。透水混凝土搅拌时应先加入部分拌合水（约占拌合水总量的 50%），搅拌约 30s 后加入减水剂等，再随着搅拌加入剩余水量，至拌合物工作性满足要求为止，最后的部分水量可根据拌合物的工作情况有所控制。透水混凝土路面的铺装施工整平使用液压振动整平辊和抹光机等，对不同的拌合物和工程铺装有不同的要求，应该选择适当的振动整平方式并且施加合适的振动能，过振会降低孔隙率，施加振动能不足，可能导致颗粒黏结不牢固而影响到耐久性。

2）技术指标：透水混凝土拌合物的坍落度为 10～50 mm，透水混凝土的孔隙率一般为 10%～25%，透水系数为 1～5 mm/s，抗压强度在 10～30 MPa；应用于路面不同的层面时，孔隙率要求不同，从面层到结构层再到透水基层，孔隙率依次增大；冻融的环境下其抗冻性不低于 D100。

3）适用范围：适用于严寒以外的地区；城市广场、住宅小区、公园休闲广场和园路、景观道路以及停车场等；在"海绵城市"建设工程中，可与人工湿地、下凹式绿地、雨水收集等组成"渗、滞、蓄、净、用、排"的雨水生态管理系统。

（2）植生混凝土

1）技术内容：植生混凝土是以水泥为胶结材，大粒径的石子为骨料制备的能使植物根系生长于其孔隙的大孔混凝土，它与透水混凝土有相同的制备原理，但由于骨料的粒径更大，胶结材用量较少，所以形成孔隙率和孔径更大，便于灌入植物种子和肥料以及植物根系的生长。

普通植生混凝土用的骨料粒径一般为 20.0～31.5 mm，水泥用量为 200～300 kg/m³，为了降低混凝土孔隙的碱度，应掺用粉煤灰、硅灰等低碱性矿物掺合料；骨料/胶材比为 4.5～5.5，水胶比为 0.24～0.32，旧砖瓦和再生混凝土骨料均可作为植生混凝土骨料，称为再生骨料植生混凝土。轻质植生混凝土利用陶粒作为骨料，可以用于植生屋面，在夏季，植生混凝土屋面较非植生混凝土的室内温度低约 2℃。

植生混凝土的制备工艺与透水混凝土基本相同，但需要注意的是浆体黏度要合适，保证将骨料均匀包裹，不发生流浆离析或因干硬不能充分黏结的问题。

植生地坪的植生混凝土可以在现场直接铺设浇筑施工，也可以预制成多孔砌块后到现场用铺砌方法施工。

2）技术指标：植生混凝土的孔隙率为 25%～35%，绝大部分为贯通孔隙；抗压强度要达到 10 MPa 以上；屋面植生混凝土的抗压强度在 3.5 MPa 以上，孔隙率 25%～40%。

3）适用范围：普通植生混凝土和再生骨料植生混凝土多用于河堤、河坝护坡、水渠护坡、道路护坡和停车场等；轻质植生混凝土多用于植生屋面、景观花卉等。

10. 混凝土楼地面一次成型技术

（1）技术内容

地面一次成型工艺是在混凝土浇筑完成后，用 $\phi150$mm 钢管压滚压平提浆，刮杠调整平整度，或采用激光自动整平、机械提浆方法，在混凝土地面初凝前铺撒耐磨混合料（精钢砂、钢纤维等），利用磨光机磨平，最后进行修饰工序。地面一次成型施工工艺与传统施工工艺相比具有避免地面空鼓、起砂、开裂等质量通病，增加了楼层净空尺寸，提高地面的耐磨性和缩短工期等优势，同时省却了传统地面施工中的找平层，对节省建材、降低成本效果显著。

（2）技术指标

1）冲筋。根据墙面弹线标高和混凝土面层厚度用∟40×63×4 的角钢冲筋，并用作混凝土地面的侧模，角钢用膨胀螺栓（@1 000 mm）固定在结构板上，用激光水准仪进行二次抄平。

2）铺撒耐磨混合料。混合料撒布的时机随气候、温度和混凝土配合比等因素而变化。撒布过早会使混合料沉入混凝土中而失去效果；撒布太晚混凝土已凝固，会失去黏结力，使混合料无法与混凝土黏合而造成剥离。判别混合料撒布时间的方法是脚踩其上，约下沉 5 mm 时，即可开始第一次撒布施工。墙、门、柱和模板等边线处水分消失较快，宜优先撒布施工，以防因失水而降低效果。第一次撒布量是全部用量的 2/3，拌和应均匀落下，不能用力抛而致分离，撒布后用木抹子抹平。拌合料吸收一定的水分后，再用磨光机除去转盘碾磨分散并与基层混凝土浆结合在一起。第二次撒布时，先用靠尺或平直刮杆衡量水平度，并调整第一撒布不平处，第二次方向应于第一次垂直。第二次撒布量为全部用量的 1/3，撒布后立即抹平，磨光，并重复磨光机作业至少 2 次，磨光机作业时应纵横相交错进行，均匀有序，防止材料聚集。

3）表面修饰。磨光机作业后面层仍存在磨纹较凌乱，为消除磨纹最后采用薄钢抹子对面层进行有序方向的人工压光，完成修饰工序。

4）养护及模板拆除。地面面层施工完成 24 h 后进行洒水养护，在常温条件下连续养护不得少于 7 d；养护期间严禁上人；施工完成 24 h 后进行角钢侧模拆除，应注意不得损伤地面边缘。

5）切割分格缝。为避免结构柱周围地面开裂，必须在结构柱等应力集中处设置分格缝，缝宽 5 mm，分格缝在地面混凝土强度达到 70% 后（完工后 5 d 左右），用砂轮切割机切割。柱距大于 6 m 的地面须在轴线中切割一条分格缝，切割深度应至少为地面厚度的 1/5。填缝材料采用弹性树脂等材料。

（3）适用范围

停车场、超市、物流仓库及厂房地面工程等。

11．建筑物墙体免抹灰技术

（1）技术内容

建筑物墙体免抹灰技术是指通过采用新型模板体系、新型墙体材料或采用预制墙体，使墙体表面允许偏差、观感质量达到免抹灰或直接装修的质量水平。现浇混凝土墙体、砌筑墙体及装配式墙体通过现浇、新型砌筑、整体装配等方式使外观质量及平整度达到准清水混凝土墙、新型砌筑免抹灰墙、装饰墙的效果。

现浇混凝土墙体是通过材料配制、细部设计、模板选择及安拆，混凝土拌制、浇筑、养护、成品保护等诸多技术措施，使现浇混凝土墙达到准清水免抹灰效果。

对非承重的围护墙体和内隔墙可采用免抹灰的新型砌筑技术，采用粘接砂浆砌筑，砌块尺寸偏差控制为 1.5～2 mm，砌筑灰缝为 2～3 mm。对内隔墙也可采用高质量预制板材，现场装配式施工，刮腻子找平。

（2）技术指标

1）现浇混凝土墙体是通过材料配制、细部设计、模板选择及安拆，混凝土拌制、浇筑、养护、成品保护等诸多技术措施，使现浇混凝土墙达到准清水免抹灰效果。

准清水混凝土墙技术要求参见表 10-3。

表 10-3　准清水混凝土技术要求

项次	项目		允许偏差/mm	检查方法	说明
1	轴线位移（柱、墙、梁）		5	尺量	表面平整密实、无明显裂缝，无粉化物，无起砂、蜂窝、麻面和孔洞，气泡尺寸不大于 10 mm，分散均匀
2	截面尺寸（柱、墙、梁）		±2	尺量	
3	垂直度	层高	5	坠线	
		全高	30		
4	表面平整度		3	2 m 靠尺、塞尺	
5	角、线顺直		4	线坠	
6	预留洞口中心线位移		5	拉线、尺量	
7	接缝错台		2	尺量	
8	阴阳角方正		3		

2）新型砌筑免抹灰墙体技术要求见表10-4。

表 10-4　新型砌筑墙技术要求

项次	项目	允许偏差/mm		检验方法	说明
1	砌块尺寸允许偏差	长度	±2	—	新型砌筑是采用粘接砂浆砌筑的墙体，砌块尺寸偏差为1.5～2 mm，灰缝为2～3 mm
		宽（厚）度	±1.5		
		高度	±1.5		
2	砌块平面弯曲	不允许		—	
3	墙体轴线位移	5		尺量	
4	每层垂直度	3		2 m托线板，吊垂线	
5	全高垂直度≤10 m	10		经纬仪，吊垂线	
6	全高垂直度>10 m	20		经纬仪，吊垂线	
7	表面平整度	3		2 m靠尺和塞尺	

（3）适用范围

适用于工业与民用建筑的墙体工程。

第十一章 工程建设新技术

第一节 城市地下综合管廊

一、城市地下综合管廊的定义

城市综合管廊就是建于城市地下用于容纳两类及以上城市工程管线的构筑物及附属设施。即在城市地下建造一个隧道空间，将电力、通信、燃气、供热、给排水等各种工程管线集于一体，设有专门的检修口、吊装口和监测系统，实施统一规划、统一设计、统一建设和管理，是保障城市运行的重要基础设施和"生命线"。它是实施统一规划、设计、施工和维护，建于城市地下用于铺设市政公用管线的市政公用设施。城市综合管廊简单地说就是城市地下一个市政的共用隧道。城市综合管廊分为干线综合管廊、支线综合管廊、缆线综合管廊。

干线综合管廊一般设置于道路中央下方，负责向支线综合管廊提供配送服务，主要收容的管线为通信、有线电视、电力、燃气、自来水等，有的干线综合管廊将雨水和污水系统纳入。其特点为结构断面尺寸大、覆土深、系统稳定且输送量大，具有高度的安全性，维修及检测要求高。

支线综合管廊为干线综合管廊和终端用户之间相联系的通道，一般设于道路两旁的人行道下，主要收容的管线为通信、有线电视、电力、燃气、自来水等直接服务的管线，结构断面以矩形居多。其特点为有效断面较小，施工费用较少，系统稳定性和安全性较高。

缆线综合管廊一般埋设在人行道下，其纳入的管线有电力、通信、有线电视等，管线直接供应各终端用户。其特点为空间断面较小，埋深浅，建设施工费用较少，无通风、监控等设备，在维护及管理上较为简单。

二、城市地下综合管廊的主要技术体系

1. 基础工程施工

1）综合管廊工程基坑（槽）开挖前，应根据围护结构的类型、工程水文地质条件、施工工艺和地面荷载等因素制定施工方案。

2）土石方爆破必须按照国家有关部门规定，由专业单位进行施工。

3）基坑回填应在综合管廊结构及防水工程验收合格后进行。回填材料应符合设计要求及

国家现行标准的有关规定。

4）综合管廊两侧回填应对称、分层、均匀。管廊顶板上部 1 000 mm 范围内回填材料应采用人工分层夯实，大型碾压机不得直接在管廊顶板上部施工。

5）综合管廊回填土压实度应符合设计要求。当设计无要求时，应符合表 11-1 的规定。

表 11-1 综合管廊回填土压实度

	检查项目	压实度/%	检查频率		检查方法
			范围	组数	
1	绿化带下	≥90	管廊两侧回填土按 50 延米/层	1（三点）	环刀法
2	人行道、机动车道下	≥95		1（三点）	环刀法

2. 现浇钢筋混凝土结构施工

1）综合管廊模板施工前，应根据结构形式、施工工艺、设备和材料工艺条件进行模板及支架设计。模板及支撑的强度、刚度及稳定性应满足受力要求。

2）混凝土的浇筑应在模板和支架检验合格后进行。入模时应防止离析。连续浇筑时，每层浇筑高度应满足振捣密实的要求。预留孔、预埋管、预埋件及止水带等周边混凝土浇筑时，应辅助人工插捣。

3）混凝土底板和顶板，应连续浇筑不得留置施工缝。设计有变形缝时，应按变形缝分仓浇筑。

3. 预制拼装钢筋混凝土结构施工

1）预制拼装钢筋混凝土构件的模板，应采用精加工的钢模板。

2）构件堆放的场地应平整夯实，并应具有良好的排水措施。

3）构件的标识应朝外侧。

4）构件运输及吊装时，混凝土强度应符合设计要求。当设计无要求时，不应低于设计强度的 75%。

5）预制构件安装前，应复验合格。当构件上有裂缝且宽度超过 0.2 mm 时，应进行鉴定。

6）预制构件和现浇结构之间、预制构件之间的连接应按照设计要求进行施工。

7）预制构件制作单位应具备相应的生产工艺设施，并应有完善的质量管理体系和必要的试验检测手段。

8）预制构件安装前应对其外观、裂缝等情况进行检验，并应按设计要求及《混凝土结构工程施工质量验收规范》（GB 50204—2015）的有关规定进行结构性能检验。

9）预制构件采用螺栓连接时，螺栓的材质、规格、拧紧力矩应符合设计要求及《钢结构工程施工质量验收规范》（GB 50205—2001）的相关规定。

4. 预应力工程施工

1）预应力筋张拉或放张时，混凝土强度应符合设计要求。当设计无要求时，不应低于设计的混凝土立方体抗压强度标准值的 75%。

2）预应力筋张拉锚固后，实际建立的预应力值与工程设计规定检验值的相对允许偏差应为±5%。

3）后张法有黏结预应力筋张拉后应尽早进行孔道灌浆，孔道内水泥浆应饱满、密实。

4）锚具的封闭保护应符合设计要求。当设计无要求时，应符合《混凝土结构工程施工质量验收规范》（GB 50204—2015）的相关规定。

5. 砌体结构施工

1）砌体结构所用的材料应符合下列规定：

①石材强度等级不应低于MU40，并应质地坚实，无风化剥落层和裂纹。

②砌筑砂浆应采用水泥砂浆，强度等级应符合设计要求，且不应低于M10。

2）砌体结构中的预埋管、预留洞口结构应符合设计要求，且不应低于M10。

6. 附属工程施工

1）综合管廊预埋过路排管的管口应无毛刺和尖锐棱角。排管弯制后不应有裂缝和明显的凹瘪现象，弯扁程度不应大于排管外径的10%。

2）电缆排管的连接应符合下列规定：

①金属电缆排管不得直接对焊，应采用套管焊接的方式。连接时管口应对准，连接牢固，密封应良好。套接的短套管或带螺纹的管接头的长度，不应小于排管外径的2.2倍。

②硬质塑料管在套接或插接时，插入深度宜为排管内径的1.1～1.8倍。插接面上应涂胶合剂粘牢密封。

③水泥管宜采用管箍或套接方式连接，管孔应对准，接缝应严密，管箍应设置防水垫密封。

3）支架及桥架宜优先选用耐腐蚀的复合材料。

4）电缆支架的加工、安装及验收，仪表工程的安装及验收，电器设备、照明、接地施工安装及验收、火灾自动报警系统施工及验收、通风系统施工及验收应符合相应的国家标准的有关规定。

7. 综合管廊施工关键技术

综合管廊施工常用的方法有明挖法、矿山法、盾构法和顶管法，明挖法适用于新城区施工，矿山法、盾构法和顶管法适用于老城区施工。从国内已建成的综合管廊来看，多以明挖现浇法为主。

综合管廊施工方法较多，但根据环境的不同，其经济性和社会效益差别很大。在新建城区，应同步建设综合管廊，采用明挖法修建是经济的，对社会环境影响小。在老城区进行综合管廊建设，考虑环境和可能的征拆费用，盾构法、顶管法、浅埋暗挖法等优于明挖法，应根据地层条件选择合适的施工方法。

（1）明挖现浇施工方法

明挖现浇法便于快速施工，但会大面积破坏路面，须采取临时围护及必要的排水措施，单方工程造价相对较低，适用于城市新区、与其他市政工程整合建设。

（2）明挖预制拼装法

明挖预制拼装法是一种较为先进的施工方法，在发达国家较为常用。采用这种施工方法要求有较大规模的预制厂和大吨位的运输及起吊设备，同时施工技术要求较高，工程造价相对较高。

在夏短冬长的寒冷地区，施工工期短，综合管廊的建设需要一种工期短、整体性好、断面易变化的修建方法。装配整体式综合管廊是利用装配整体式混凝土技术将预制混凝土构件或部件通过可靠的方式进行连接，现场浇筑混凝土或水泥基灌浆料形成整体的综合管廊。其中各部分预制、叠合构件均可根据情况采用现场浇筑构件任意替换。装配整体式混凝土技术的应用成功解决了高寒地区综合管廊建设的难题，大大缩短了综合管廊的施工工期。

（3）浅埋暗挖法

浅埋暗挖法施工机械化程度较低，对地下管线影响较小。综合管廊的断面形状可以做成圆形、马蹄形、矩形、多跨联拱等，易于不同断面间的转化衔接。浅埋暗挖法对工程的适应性强，可根据不同的地质条件及时调整施工工艺与参数，施工噪声小，对环境干扰小，在新、老城区均可采用。但暗挖法施工难度大，施工工期较长，投资控制难度大。

（4）盾构法

盾构法具有自动化程度高、施工速度快、一次成洞、不受气候影响、开挖时可控制地面沉降、减小对交通与环境的影响等特点，在繁华的城区用盾构法更为经济合理。

（5）顶管法

顶管施工采用边顶进、边开挖、边将管段接长的管道埋设方法。顶管法施工设备少、工序简单、工期短、对地面影响小。

（6）预衬砌法（预切槽法）

机械预切槽工法在美国、法国、日本、意大利和西班牙等国家已经得到较多的应用。国外实践表明预切槽法是一个很有效的方法，对于软弱围岩隧道每月进尺能达到近 100 m。预切槽法的显著优势是具有很好的控制地层变形的能力，在城市浅埋下穿道路和既有建（构）筑物的施工中具有很大的优势。

第二节　海绵城市基本知识

一、海绵城市的概念

海绵城市是指通过加强城市规划建设管理，充分发挥建筑、道路和绿地、水系等生态系统对雨水的吸纳、蓄渗、缓释作用，有效控制雨水径流，实现自然积存、自然渗透、自然净化的城市发展方式。通过屋顶绿化、雨水收集利用设施等措施，让城市像"海绵"一样，能够吸收和释放雨水，弹性地适应环境变化，应对自然灾害，做到"小雨不积水，大雨不内涝，水体不黑臭"，同时缓解城市的"热岛效应"。

二、建设海绵城市的技术措施

针对传统城市开发模式的遗留问题，从"源头减排、过程控制、系统治理"着手，通过城市规划、建设的管控，综合采用"渗、滞、蓄、净、用、排"等工程技术措施，控制城市雨水径流，实现低影响城市开发建设（LID），最大限度地减少由于城市开发建设行为对原有自然水文特征和水生态环境造成的破坏，将城市建设成"自然积存、自然渗透、自然净化"的"海绵体"。

1. 海绵城市——渗

由于城市下垫面过硬，到处都是水泥，改变了原有自然生态本底和水文特征，因此，要加强自然的渗透，把渗透放在第一位。其好处在于，可以减少地表径流，减少从水泥地面、路面汇集到管网里的水流，同时，涵养地下水，补充地下水的不足，还能通过土壤净化水质，改善城市微气候。而渗透雨水的方法多样，主要是改变各种路面、地面铺装材料，改造屋顶绿化，调整绿地竖向，从源头将雨水留下来然后"渗"下去。

（1）透水景观铺装

传统的城市开发中无论是市政公共区域景观铺装还是居住区设计的景观铺装多数采用的都是透水性差的材料，所以导致地面渗透性差，因此可以通过透水铺装实现雨水渗透，或通过水渠和沟槽将雨水引流至街道附近的滞留设施中。

（2）透水道路铺装

传统城市开发建设中道路占据了城市面积的 10%～25%，而传统的道路铺装材料是导致地面渗透性差的重要因素之一，除可以通过透水铺装实现雨水渗透之外，还可以将园区道路、居住区道路、停车场铺装材料改为透水混凝土，加大雨水渗透量，减少地表径流，渗透的雨水储蓄在地下储蓄池内，经净化排入河道或者补给地下水，减少了直接性雨水对路面冲刷及快速径流排水对于水源的污染。

（3）绿色建筑

海绵城市建设措施不仅在地面，屋顶和屋面雨水的处理也同样重要。在承重、防水和坡度合适的房顶打造绿色屋顶，利于屋面完成雨水的减排和净化。对于不适用绿色屋顶的建筑，可以通过排水沟、雨水链等方式收集引导雨水进行贮蓄或下渗。

2. 海绵城市——滞

其主要作用是延缓短时间内形成的雨水径流量。例如，通过微地形调节，让雨水缓慢地汇集到一个地方，用时间换空间。通过"滞"，可以延缓形成径流的高峰。具体形式总结为 4种：雨水花园、生态滞留池、渗透池和人工湿地。

（1）雨水花园

雨水花园是指在园林绿地中种有树木或灌木的低洼区域，由树木或地被植物作为覆盖，通过将雨水滞留下渗来补充地下水并降低暴雨地表径流的洪峰，还可通过吸附、降解、离子交换和挥发等过程减少污染。其中浅坑部分能够蓄积一定的雨水，延缓雨水汇集的时间，土壤能够增加雨水下渗，缓解地表积水。蓄积的雨水能够供给植物利用，减少绿地的水量灌溉。

（2）生态滞留区

从概念上讲，生态滞留区就是浅水洼地或景观区利用工程土壤和植被来存储和治理径流的一种形式，治理区域包括草地过滤、砂层和水洼面积、有机层或覆盖层、种植土壤和植被。生态滞留区对于土壤的要求和工程技术上的要求不同于雨水花园，根据场地位置不同形式多样，如生态滞留带、滞留树池等。

3. 海绵城市——蓄

蓄即把雨水存留下来，保持自然的地形地貌，使降水自然散落。现在人工建筑物改变了自然地形地貌后，降水短时间内汇集到一起，就形成了内涝。所以要把降水蓄起来，以达到调蓄和错峰。而目前海绵城市蓄水环节没有固定的标准和要求，地下蓄水样式多样，总体常用形式有两种：蓄水模块、地下蓄水池。

（1）蓄水模块

雨水蓄水模块是一种可以用来储存水，但不占空间的新型产品；具有超强的承压能力；95%的镂空空间可以实现更有效率地蓄水。配合防水布或者土工布可以完成蓄水、排放，同时还需要在结构内设置好进水管、出水管、水泵位置和检查井。

（2）地下蓄水池

雨水收集池，由水池池体，水池进水沉砂井，水池出水井，高、低位通气帽，水池进、出水水管，水池溢流管，水池曝气系统等几部分组成。

4. 海绵城市——净

通过土壤的渗透，通过植被、绿地系统、水体等，都能对水质产生净化作用。因此，把雨水蓄起来，经过净化处理，然后回用到城市中。雨水净化系统根据区域环境不同从而设置不同的净化体系，根据城市现状可将区域环境大体分为3类：居住区雨水收集净化、工业区雨水收集净化、市政公共区域雨水收集净化。根据这3类区域环境可设置不同的雨水净化环节，而现阶段较为常见的净化过程有3个：土壤渗滤净化、人工湿地净化、生物处理。

（1）雨水净化系统

土壤渗滤净化：大部分雨水在收集的同时进行土壤渗滤净化，并通过穿孔管将收集的雨水排入次级净化池或贮存在渗滤池中；来不及通过土壤渗滤的表层水经过水生植物初步过滤后排入初级净化池中。

人工湿地净化：分为两个处理过程：一是初级净化池，净化未经土壤渗滤的雨水；二是次级净化池，进一步净化初级净化池排出的雨水，以及经土壤渗滤排出的雨水。经二次净化的雨水排入下游清水池中，或用水泵直接提升到贮水池中。初级净化池与次级净化池之间、次级净化池与清水池之间用水泵进行循环。

（2）雨水净化系统三大区域环境

1）居住区雨水收集净化。

居住区雨水收集净化过程中，由于居住区内建筑面积和绿化面积较大，雨水冲刷过后大量水体可以经生态滞留区、雨水花园、渗透池收集起来，经过土壤过滤下渗到模块蓄水池中，相对来说雨水径流量较少。利用海绵城市雨水收集系统将雨水蓄存、下渗、过滤，再经过生物技术净化之后就可以用于绿化灌溉、冲厕、洗车等方面。

2）工业区雨水收集净化。

工业区有别于居住区，相对来说绿地面积较少，硬质场地和建筑较多，再加上工业产物的影响，所以在海绵城市雨水收集和净化环节就要格外注意下渗雨水的截污环节。经过承载海绵城市原理的园林设施对工业污染物的过滤之后，雨水经过土壤下渗到模块蓄水池，在这个过程中设置截污处理，对下渗雨水进行二次净化，进入模块蓄水池之后配合生物技术再次净化后，可以循环利用到冷却水补水、绿化灌溉、混凝土搅拌等方面。

3）市政公共区域雨水收集净化。

市政公共区域雨水收集净化对比前两个区域环境有差异，这个区域绿地面积大，不同地区地形高程不同，产生的径流量不同，并且河流、湖泊面积较大，所以减缓雨水冲刷对地形表面的冲击破坏和对水源的直接污染是最为重要的问题。就上述情况而言，市政区域雨水净化在雨水收集方面要考虑生态滞留区和植物缓冲带对地形的维护作用以及对河流、湖泊的过滤作用。对下渗雨水主要使用调蓄池进行调蓄，净化后的水一方面用于市政绿化和冲洗公厕，另一方面排入河流、湖泊补给水源，缓解水资源短缺的问题。

5. 海绵城市——用

要尽可能地利用经过土壤渗滤净化、人工湿地净化、生物处理多层净化之后的雨水。不管是丰水地区还是缺水地区，都应该加强对雨水资源的利用，不仅能缓解洪涝灾害，收集的水资源还可以进行再利用，如将停车场地面的雨水收集净化后用于洗车等。应该通过"渗"涵养，通过"蓄"把水留在原地，再通过净化把水"用"在原地。

6. 海绵城市——排

排是利用城市竖向规划与工程设施相结合，排水防涝设施与天然水系河道相结合，地面排水与地下雨水管渠相结合的方式来实现一般排放和超标雨水的排放，避免城市街道因短时降水量过大，雨水过多而产生的内涝灾害。

经过雨水花园、生态滞留区、渗透池净化之后蓄起来的雨水，既可以用于绿化灌溉，又可以经过渗透补给地下水，还可以经市政管网排进河流，不仅降低了雨水峰值过高时出现积水现象，也减少了对水源的直接污染。

第十二章　建筑工程信息化管理

第一节　建筑工程信息化管理的概念

一、建筑工程信息化管理的概念

工程管理信息化指的是工程管理信息资源的开发和利用，以及信息技术在工程管理中的开发和应用。工程管理的信息资源包括组织类信息、管理类信息、经济类信息、技术类信息。信息技术在工程管理中的开发和应用，包括项目决策阶段的开发管理、实施阶段的项目管理和使用阶段的设施管理。建筑工程管理信息化主要是为了优化建筑工程管理，包括整个建筑工程信息资源的开发以及利用，还涉及信息技术在建筑工程管理中的开发与应用等。一般而言，建筑工程管理工作需要工程施工方、设计方以及监督管理方等共同合作，在建筑工程施工中，由于工作量较大、任务较为繁重、涉及的专业较广、交叉施工较多等，所以仅依靠传统的人工管理方式难以实现高水平的管理。信息化管理能够很好地解决这些问题，运用计算机技术，对信息进行科学的管理，从而有效地提高管理的效果。

二、建筑工程信息化管理建设的意义

（1）建筑工程信息化管理建设有助于提高建筑工程施工效率

通过信息化管理方式，使工程施工各部门与参与人员之间的信息交流不断加快，这样大大减轻了管理工作者的工作负担，有助于管理工作者对建筑工程开展及时有效的监控，从而有助于发现问题并采取适当的措施予以解决，使建筑工程管理水平与效率得以提高。

（2）建筑工程信息化管理建设适应现代建筑业信息量迅速增加的要求

随着城市化进程的不断加快，建筑业也取得了较快的发展。现代建筑工程管理对信息的要求非常高，信息的收集十分重要，在信息化管理的基础上有助于从整体上对建筑工程开展动态化监管，进而推动建筑工程的顺利展开。所以，信息化建设是现代建筑业可持续发展的必然要求。

（3）建筑工程信息化管理建设有助于科学引导建筑工程

通过对建筑工程相关信息的搜索、分析及传播等，能够为工程施工提供科学的分析数据，

在对这些数据的研究中，能够制定出科学的工程管理方案，从而为后续工程施工以及工程管理提供正确的方向，使工程得以顺利开展。

除此之外，建筑工程信息化管理有助于不断提高工程项目的风险管理水平。相对于其他行业而言，建筑行业具有一定的风险性，要想有效地降低风险发生率必须要对建筑工程管理相关信息予以及时、系统的掌握。通过现代化信息技术方法能够为建筑工程施工中风险的预防提供便利。

第二节　BIM 技术应用基本知识

一、BIM 技术的概念

1. 定义

建筑信息模型（Building Information Modeling/Building Information Model，BIM），即在建设工程及设施全生命期内，对其物理和功能特性进行数字化表达，并依此设计、施工、运营的过程和结果的总称。

2. 简述

BIM 技术是 Autodesk 公司在 2002 年率先提出，目前已经在全球范围内得到业界的广泛认可，它可以帮助实现建筑信息的集成，从建筑的设计、施工、运行直至建筑全寿命周期的终结，各种信息始终整合于一个三维模型信息数据库中，设计团队、施工单位、设施运营部门和业主等各方人员可以基于 BIM 进行协同工作，有效提高工作效率、节省资源、降低成本，以实现可持续发展。

BIM 的核心是通过建立虚拟的建筑工程三维模型，利用数字化技术，为这个模型提供完整的、与实际情况一致的建筑工程信息库。该信息库不仅包含描述建筑物构件的几何信息、专业属性及状态信息，还包含了非构件对象（如空间、运动行为）的状态信息。借助这个包含建筑工程信息的三维模型，大大提高了建筑工程的信息集成化程度，从而为建筑工程项目的相关利益方提供了一个工程信息交换和共享的平台。

BIM 有如下特征：它不仅可以在设计中应用，还可应用于建设工程项目的全寿命周期中；用 BIM 进行设计属于数字化设计；BIM 的数据库是动态变化的，在应用过程中不断在更新、丰富和充实；为项目参与各方提供了协同工作的平台。

我国 BIM 标准正在研究制定中，根据国家 BIM 标准体系计划，我国 BIM 标准体系分为三层，第一层是作为最高标准的《建筑工程信息模型应用统一标准》；第二层是基础数据标准，包括《建筑信息模型分类和编码标准》和《建筑工程信息模型存储标准》；第三层为执行标准，即《建筑工程设计信息模型交付标准》《制造工业工程设计信息模型应用标准》《建筑信息模型施工应用标准》。其中《建筑工程信息模型应用统一标准》《建筑信息模型分类和编码标准》《建筑信息模型施工应用标准》已编制完成并已实施。

3. 特点

（1）可视化

可视化即"所见所得"的形式，对于建筑行业来说，可视化真正运用在建筑业的作用是非常大的，例如，经常拿到的施工图纸，只是各个构件的信息在图纸上采用线条绘制表达，但是其真正的构造形式就需要建筑业从业人员去自行想象了。

BIM 提供了可视化的思路，将以往的线条式的构件形成一种三维的立体实物图形展示在人们的面前。现在建筑业也有设计方面的效果图，但是这种效果图不含有除构件的大小、位置和颜色以外的其他信息，缺少不同构件之间的互动性和反馈性。而 BIM 提到的可视化是一种能够同构件之间形成互动性和反馈性的可视化，由于整个过程都是可视化的，其结果不仅可以用效果图展示及生成报表，更重要的是，项目设计、建造、运营过程中的沟通、讨论、决策都在可视化的状态下进行。

（2）协调性

协调是建筑业中的重点内容，不管是施工单位，还是业主及设计单位，都在做着协调及相配合的工作。一旦项目的实施过程中遇到了问题，就要将各有关人士组织起来开协调会，找各个施工问题发生的原因及解决办法。然后作出变更，提出相应的补救措施等解决问题。在设计时，往往由于各专业设计师之间的沟通不到位，出现各种专业之间的碰撞问题。例如，由于施工图纸是各自专业绘制在各自的施工图纸上的，因此在实地施工过程中，可能会出现在暖通专业布置管线处正好有结构设计的梁等构件，在此阻碍管线的布置，像这样的碰撞问题就只能在问题出现之后才可进行协调解决。

BIM 的协调性服务就可以帮助处理这种问题，也就是说，BIM 建筑信息模型可在建筑物建造前期对各专业的碰撞问题进行协调，生成协调数据，并提供出来。当然，BIM 的协调作用也并不是只能解决各专业间的碰撞问题，它还可以解决如电梯井布置与其他设计布置及净空要求的协调、防火分区与其他设计布置的协调、地下排水布置与其他设计布置的协调等。

（3）模拟性

模拟性并不是只能模拟设计出的建筑物模型，还可以模拟不能够在真实世界中进行操作的事物。

在设计阶段，BIM 可以对设计上需要进行模拟的一些东西进行模拟实验。例如，节能模拟、紧急疏散模拟、日照模拟、热能传导模拟等；在招投标和施工阶段可以进行 4D 模拟（三维模型加项目的发展时间）。也就是根据施工的组织设计模拟实际施工，从而确定合理的施工方案来指导施工。同时还可以进行 5D 模拟（基于 4D 模型加造价控制），从而实现成本控制；后期运营阶段可以模拟日常紧急情况的处理方式，如遇地震，人员逃生模拟及消防人员疏散模拟等。

（4）优化性

事实上，整个设计、施工、运营的过程就是一个不断优化的过程。当然优化和 BIM 也不存在实质性的必然联系，但在 BIM 的基础上可以做更好的优化。

优化受三种因素的制约：信息、复杂程度和时间。没有准确的信息，做不出合理的优化结果，BIM 模型提供了建筑物实际存在的信息，包括几何信息、物理信息、规则信息，还提供了建筑物变化以后的实际存在信息。复杂程度较高时，参与人员本身的能力无法掌握所有的信息，必须借助一定的科学技术和设备的帮助。现代建筑物的复杂程度大多超过参与人员本身的能力极限，BIM 及与其配套的各种优化工具提供了对复杂项目进行优化的可能。

（5）可出图性

通过对建筑物进行可视化、协调、模拟、优化以后，可以帮助业主出如下图纸：

①综合管线图（经过碰撞检查和设计修改、消除相应错误以后）。

②综合结构留洞图（预埋套管图）。

③碰撞检查侦错报告和建议改进方案等。

二、BIM 技术的应用

BIM 技术在施工中主要应用于施工模型、深化设计、施工模拟、预制加工、进度管理、预算与成本管理、质量与安全管理、施工监理等方面。

1. BIM 技术的应用——基本要求

1）施工 BIM 应用的目标和范围应根据项目特点、合约要求及工程项目相关方 BIM 应用水平等综合确定。

2）施工 BIM 应用宜覆盖包括工程项目深化设计、施工实施、竣工验收等的施工过程，也可根据工程项目实际需要应用于某些环节或任务。

3）施工 BIM 应用应事先制定施工 BIM 应用策划，并遵照策划进行 BIM 应用的过程管理。项目 BIM 应用也是工程任务的一部分，也应该遵循 PDCA［计划（Plan）、执行（Do）、检查（Check）、行动（Action）］过程控制和管理方法，因此制定 BIM 应用策划应该是 BIM 应用的第一步，并通过后期 BIM 应用过程管理逐步完善和提升。BIM 应用策划作为项目整体计划的一部分，应与项目整体计划协调一致。

4）施工模型宜在施工图设计模型基础上创建，也可根据施工图等已有工程项目文件进行创建。

5）工程项目相关方在施工 BIM 应用中应采取协议约定等措施确定施工模型数据共享和协同工作的方式。目前，BIM 还没有取得像工程图纸一样的法律地位，所以应通过事前约定的方式，在合作前期明确信息交换和共享涉及双方的权利、义务和责任。

6）工程项目相关方应根据 BIM 应用目标和范围选用具有相应功能的 BIM 软件。每个项目的 BIM 应用目标和范围不一样，没有一个或一套 BIM 软件适合所有项目的需求。因此，需要为项目选择合适的 BIM 软件。

7）BIM 软件应具备下列基本功能：

①模型输入、输出。

②模型浏览或漫游。

③模型信息处理。

④相应的专业应用。

⑤应用成果处理和输出。

⑥支持开放的数据交换标准。

8）BIM 软件宜具有与互联网、移动通信、地理信息系统等技术集成或融合的能力。

2. BIM 技术的应用——施工模型

1）施工模型可包括深化设计模型、施工过程模型和竣工验收模型。

深化设计模型一般包括现浇混凝土结构深化设计模型、装配式混凝土结构深化设计模型、钢结构深化设计模型、机电深化设计模型等。

施工过程模型包括施工模拟模型、预制加工模型、进度管理模型、预算与成本管理模型、质量与安全管理模型、监理模型等。其中预制加工模型包括预制构件生产模型、钢结构构件加工模型、机电产品加工模型等。施工模型关系如图 12-1 所示。

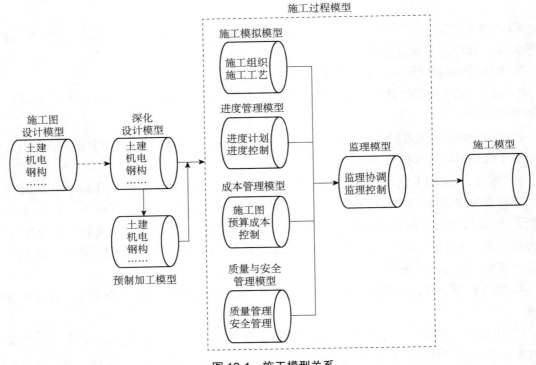

图 12-1 施工模型关系

2）施工模型应根据 BIM 应用相关专业和任务的需要创建，其模型细度应满足深化设计、施工过程和竣工验收等任务的要求。

3）施工模型宜按统一的规则和要求创建。当按专业或任务分别创建时，各模型应协调一致，并能够集成应用。

在具体的工程项目中，各专业间如何确定 BIM 应用的协同方式，选择会是多种多样的，如各专业形成各自的中心文件，最终链接或集成各专业中心文件的方式形成最终完整的模型；或是其中某些专业间采用中心文件协同，与其他专业以连接或集成方式协同等，不同项目需要根据项目的大小、类型和形体等情况来进行合适的选择。

4）模型创建宜采用统一的坐标系、原点和度量单位。当采用自定义坐标系时，应通过坐标转换实现模型集成。

不管施工模型创建采用集成模型还是分散模型的方式，项目施工模型都宜采用全比例尺和统一的坐标系、原点、度量单位。

5）模型元素信息应包括下列内容：

①尺寸、定位、空间拓扑关系等几何信息。

②名称、规格型号、材料和材质、生产厂商、功能与性能技术参数以及系统类型、施工段、施工方式、工程逻辑关系等非几何信息。

模型元素除了包含足够的信息，一般还应满足如下要求：

①模型元素几何形体没有表达出的信息，采用非几何信息表达方式。

②模型元素几何形体应按照 1：1 比例建模。

③应为模型元素定义符合其用途的插入点。

④模型元素应支持参数化几何形体建模，并能锁定、对齐到合适的参考元素上，如平面、线、楼层和点等。

⑤模型元素应包含约束到参照平面上的标注尺寸和标签。

⑥模型元素的几何形体应采用公制单位，如米或毫米等。

⑦模型元素应包含对该工程项目外部边界定义的空间几何表现。

⑧宜建立模型元素常用比例尺的几何形体缩略图，如 1：5、1：20 或 1：100 等，缩略图的表现形式和使用符号应符合相关制图标准。

⑨模型元素可以包含二维或三维的空间约束数据，如最小操作空间、使用空间、放置和运输空间、安装空间、检测空间等。

⑩模型元素可以包含颜色、填充图案或比例适当的纹理图像文件。

⑪模型元素应可在相关视图中表现工程项目的材质和外观，相关视图包括平面图、剖面图、立面图、节点详图等。

⑫模型元素应能以某种表达方式反映与其他模型元素的关联关系。

⑬宜通过模型元素库软件对模型元素进行统一的管理和应用。

3. BIM 技术的应用——深化设计

1）建筑施工中的现浇混凝土结构深化设计、装配式混凝土结构深化设计、钢结构深化设计、机电深化设计等宜应用 BIM。

2）深化设计 BIM 软件应具备空间协调、工程量统计、深化设计图和报表生成等功能。

3）深化设计图应包括二维图和必要的三维模型视图。

4. BIM 技术的应用——施工模拟

1）工程项目施工中的施工组织模拟和施工工艺模拟宜应用 BIM。

2）施工模拟前应确定 BIM 应用内容、BIM 应用成果分阶段或分期交付计划，并应分析和确定工程项目中须基于 BIM 进行施工模拟的重点和难点。

3）当施工难度大或采用新技术、新工艺、新设备、新材料时，宜应用 BIM 进行施工工艺模拟。

针对复杂项目的施工组织设计、专项方案、施工工艺宜优先应用 BIM 技术进行模拟分析、技术核算和优化设计，识别危险源和质量控制难点，提高方案设计的准确性和科学性，并进行可视化技术交底。

5. BIM 技术的应用——预制加工

1）混凝土预制构件生产、钢结构构件加工和机电产品加工等宜应用 BIM。

2）预制加工模型宜从深化设计模型中获取加工依据。预制加工成果信息应附加或关联到模型中。

3）预制加工 BIM 应用应建立编码体系和工作流程。

4）预制加工 BIM 软件应具备加工图生成功能，并支持常用数控加工、预制生产控制系统的数据格式。

5）预制加工模型应附加或关联条形码、电子标签等成品管理物联网标识信息。

预制加工产品可采用条形码、二维码、射频识别等形式贴标。

6）预制加工产品的物流运输和安装等信息宜附加或关联到模型中。

一般预制加工产品物流运输、安装 BIM 应用模式如下：

①预制加工产品运输到达施工现场后，读取其物联网标示信息编码，获取物料清单及装配图。

②现场安装人员根据物料清单检查装配图，确定安装位置。

③安装结束后经过核实检查，安装完成状态信息实时附加或关联到 BIM 模型，有利于预制加工产品的全生命期管理。

6. BIM 技术的应用——进度管理

1）工程项目施工的进度计划编制和进度控制等宜应用 BIM。

项目进度管理包括两大部分内容，即项目进度计划编制和项目进度控制。

①进度计划编制是在既定施工方案的基础上，根据合同工期和各种资源条件，按照施工过程的先后顺序，从施工准备开始，到工程交工验收为止，确定全部施工过程在时间上的安排及相互配合关系。

②进度控制是对工程项目在施工阶段的作业流程和作业时间进行规划、实施、检查、分析等一系列活动的总称，即在工程项目施工实施过程中，按照已经核准的工程进度计划，采用科学的方法，定期追踪和检验项目的实际进度情况，并参照项目先期编制的进度计划，在找出两者之间的偏差后，对产生偏差的各种因素及影响工期的程度进行分析与评估，进而时采取有效措施调整项目进度，使工期在计划执行中不断循环往复，直至该项目按合同约定的工期如期完工，或在保证工程质量和不增加原先预算成本的条件下，使该项目提前完工最终交付使用。

具体实施过程中进度计划往往不能得到准确地执行，BIM 技术的应用使工程人员在对图纸的理解、工程量的计算、计划及控制方案的表达上更为直观明确，对项目进度管理具有很好的借鉴作用。

2）进度计划编制 BIM 应用应根据项目特点和进度控制需求进行。

进度管理 BIM 应用前，需明确具体项目 BIM 应用的目标、企业管理水平、合同履约水平和项目具体需求，并结合实际资源，确定编制计划的详细程度。

建设工程项目施工进度计划从功能划分，可分为控制性施工进度计划、指导性施工进度计划和实施性施工进度计划。

控制性施工进度计划编制的主要目的是通过计划的编制，以对施工承包合同所规定的施工进度目标进行再论证，并对进度目标进行分解，确定施工的总体部署，并确定为实现进度目标的里程碑事件的进度，作为进度控制的依据。控制性施工进度计划是整个项目施工进度控制的纲领性文件，是组织和指挥施工的依据。

项目施工的年度计划、季度计划、月度计划、旬施工作业计划和周施工作业计划是用于直接组织施工作业的计划，它是实施性施工进度计划。周施工作业计划是月度施工计划在一周中的具体安排。实施性施工进度计划的编制应结合工程施工的具体条件，并以控制性施工进度计划所确定的里程碑事件的进度目标为依据。

实际应用中，应根据具体项目特点和进度控制需求，在编制相应不同要求的进度计划过程中创建不同程度的 BIM 模型，录入不同程度的 BIM 信息。

例如，对应控制性施工进度计划，BIM 模型可通过标准层模型快速复制、单体模型快速复制而成，无须过多考虑施工图纸的细部变化，此时参照的图纸未必是最终核准的施工图纸，对应录入的信息相对较少，包括计划开始时间、结束时间等。而对应实施性施工进度计划，BIM 模型应参照具体施工蓝图创建，对应录入的信息相对较多，比如可增加劳务班组信息、劳务人员数量等。

3）进度控制 BIM 应用过程中，应对实际进度的原始数据进行收集、整理、统计和分析，并将实际进度信息附加或关联到进度管理模型。进度管理 BIM 应用应为进度控制提供更切实有效的信息支持。

①将实际进度信息录入模型属性中，方便项目管理人员查询。

②将原进度计划的数据文件按实际施工时间调整为实际进度计划，并将相关任务与对应的模型元素一一关联，方便动态对比，直观显示进度差异。

7. BIM 技术的应用——预算与成本管理

1）工程项目施工中的施工图预算和成本管理等宜应用 BIM。

2）在施工图预算 BIM 应用中，应在施工图设计模型基础上补充必要的施工信息进行施工图预算。

3）在成本管理 BIM 应用中，应根据项目特点和成本控制需求，编制不同层次、不同周期及不同项目参与方的成本计划。

成本计划的不同层次指整体工程、单位工程、单项工程、分部工程、分项工程等。

4）在成本管理 BIM 应用中，应对实际成本的原始数据进行收集、整理、统计和分析，并将实际成本信息附加或关联到成本管理模型。

8. BIM 技术的应用——质量与安全管理

1）工程项目施工质量管理和安全管理等宜应用 BIM。

2）质量管理与安全管理 BIM 应用应根据项目特点和质量与安全管理需求，编制不同范围、不同时间段的质量管理与安全管理计划。

3）在质量管理与安全管理 BIM 应用过程中，应根据施工现场的实际情况和工作计划，对质量控制点和危险源进行动态管理。

基于 BIM 技术，对施工现场重要生产要素的状态进行绘制和控制，有助于实现危险源的辨识和动态管理，有助于加强安全策划工作，使施工过程中的不安全行为或不安全状态得到减少和消除。做到不引发事故，尤其是不引发使人员受到伤害的事故，确保工程项目的效益目标得以实现。

9. BIM 技术的应用——施工监理

1）施工阶段的监理控制、监理管理等宜应用 BIM。

2）在施工监理 BIM 应用中，应遵循工作职责对应一致的原则，按合约规定配合工程项目相关方完成相关工作。

施工准备阶段及施工阶段的监理工作内容，在《建设工程监理规范》（GB/T 50319—2013）中有明确要求，可应用 BIM 技术的监理工作主要以《建设工程监理规范》（GB/T 50319—2013）中的内容为依据，主要包括监理控制的 BIM 应用、监理管理的 BIM 应用两个方面。

①监理控制的 BIM 应用如下：

a. 在施工准备阶段，协助建设单位用 BIM 模型组织开展模型会审和设计交底，输出模型会审和设计交底记录。

b. 在施工阶段，将监理控制的具体工作开展过程中产生的过程记录数据附加或关联到模型中。过程记录数据包括两类：一类是对施工单位录入内容的审核确认信息；另一类是监理工作的过程记录信息。

②监理管理的 BIM 应用如下：

a. 将合同管理的控制要点进行识别，附加或关联至模型中，完成合同分析、合同跟踪、索赔与反索赔等工作内容。

b. 对监理控制的 BIM 信息进行过程动态管理，最终整理生成符合要求的竣工模型和验收记录。

10. BIM 技术的应用——竣工验收

1）竣工验收阶段的竣工预验收和竣工验收宜应用 BIM。

2）竣工验收模型应在施工过程模型上附加或关联竣工验收相关信息和资料，其内容应符合《建筑工程施工质量验收统一标准》（GB 50300—2013）和《建筑工程资料管理规程》（JGJ/T 185—2009）等相关的规定。

竣工验收模型应由分部工程质量验收模型组成，分部工程质量验收模型应由该分部工程的施工单位完成，并确保接收方获得准确、完整的信息。

竣工验收资料宜与具体模型元素相关联，方便快速检索，如无法与具体的模型元素相关联，可以虚拟模型元素的方式设置链接。竣工验收资料应优先满足《建筑工程施工质量验收统一标准》（GB 50300—2013）和《建筑工程资料管理规程》（JGJ/T 185—2009）要求，也应符合相关地方建筑工程资料管理要求。

3）在竣工验收 BIM 应用中，应将竣工预验收与竣工验收合格后形成的验收信息和资料附加或关联到模型中，形成竣工验收模型，如图 12-2 所示。

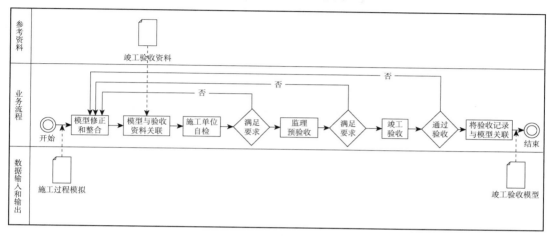

图 12-2　竣工验收 BIM 应用典型流程

4）竣工验收 BIM 软件宜具有下列专业功能：

①将验收信息和资料附加或关联到模型中。

②基于模型的查询、提取竣工验收所需的资料。

③与工程实测数据对比。

第三节　物联网技术基本知识

一、物联网技术的概念

1. 物联网的概念

物联网的英文为"The Internet of Things"，简称 IOT。顾名思义，物联网就是"物物相连的互联网"。这有两层意思：物联网的核心和基础仍然是互联网，是在互联网基础上的延伸和扩展的网络；其用户端延伸和扩展到了任何物体与物体之间，进行信息交换和通信。

因此，物联网的定义是通过射频识别（RFID）、红外感应器、全球定位系统、激光扫描器等信息传感设备，按约定的协议，把任何物体与互联网相连接，进行信息交换和通信，以实现对物体的智能化识别、定位、跟踪、监控和管理的一种网络。其体系构架如图 12-3 所示。

物联网是一场更大的科技创新。这场科技创新的本质是将会使全世界每一个物品存在一个唯一的编码。通过细小却功能强大的 RFID、二维条码等识别技术，将物品的信息采集上来，转换成信息流，并与互联网相结合，以此为基础形成人与物之间、物与物之间全新的通信交流方式。这种全新的通信交流方式，终将彻底改变人们的生活方式和行为模式。

另外，物联网的出现，为政府公共安全监管提供了强有力的技术支持手段，提高了早期发现与防范能力。特别是突发社会安全事件和自然灾害、核安全、生物安全等的监测、预警、预防，能够及时有效地透过物联网及时传达到政府的各个相关决策部门，增强应急救护综合能力。部分城市正在试点公共安全智能视频监控服务平台，也正基于此。

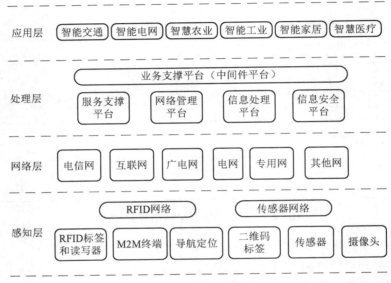

图 12-3　物联网体系构架

2. 物联网关键技术

物联网中的关键技术包括识别和感知技术（二维码、RFID、传感器等）、网络与通信技术、数据挖掘与融合技术等。

二、物联网技术的应用

《物联网"十二五"发展规划》圈定了九大领域重点示范工程，分别为智能工业、智能农业、智能物流、智能交通、智能电网、智慧环保、智能安防、智能医疗和智能家居。

1. 智能工业

智能工业是物理设备、电脑网络、人脑智慧相互融合、三位一体的新型工业体系。

智能工业是将具有环境感知能力的各类终端、基于泛在技术的计算模式、移动通信等不断融入工业生产的各个环节，大幅提高制造效率，改善产品质量，降低产品成本和资源消耗，将传统工业提升到智能化的新阶段。

工业和信息化部制定的《物联网"十二五"发展规划》中将智能工业应用示范工程归纳为生产过程控制、生产环境监测、制造供应链跟踪、产品全生命周期监测，促进安全生产和节能减排。

制造业供应链管理物联网应用于企业原材料采购、库存、销售等领域，通过完善和优化供应链管理体系，提高了供应链效率，降低了成本。空中客车通过在供应链体系中应用传感网络技术，构建了全球制造业中规模最大、效率最高的供应链体系。

生产过程工艺优化物联网技术的应用提高了生产线过程检测、实时参数采集、生产设备监控、材料消耗监测的能力和水平。生产过程的智能监控、智能控制、智能诊断、智能决策、智能维护水平不断提高。钢铁企业应用各种传感器和通信网络，在生产过程中实现对加工产品的宽度、厚度、温度的实时监控，从而提高了产品质量，优化了生产流程。

产品设备监控管理各种传感技术与制造技术融合，实现了对产品设备操作使用记录、设备故障诊断的远程监控。GE Oil&Gas 集团在全球建立了 13 个面向不同产品的 i-Center，通过传感器和网络对设备进行在线监测和实时监控，并提供设备维护和故障诊断的解决方案。

环保监测及能源管理物联网与环保设备的融合实现了对工业生产过程中产生的各种污染源及污染治理各环节关键指标的实时监控。在重点排污企业排污口安装无线传感设备，不仅可以实时监测企业排污数据，还可以远程关闭排污口，防止突发性环境污染事故的发生。电信运营商已开始推广基于物联网的污染治理实时监测解决方案。

工业安全生产管理把感应器嵌入和装备到矿山设备、油气管道、矿工设备中，可以感知危险环境中工作人员、设备机器、周边环境等方面的安全状态信息，将现有分散、独立、单一的网络监管平台提升为系统、开放、多元的综合网络监管平台，实现实时感知、准确辨识、快捷响应、有效控制。

2. 智能农业

智能农业集科研、生产、加工、销售于一体，实现周年性、全天候、反季节的企业化规模生产；集成现代生物技术、农业工程、农用新材料等学科，以现代化农业设施为依托，科技含量高，产品附加值高，土地产出率高和劳动生产率高，是我国农业新技术革命的跨世纪工程。

智能农业产品通过实时采集温室内温度、土壤温度、CO_2 浓度、湿度信号以及光照、叶面湿度、露点温度等环境参数，自动开启或者关闭指定设备。可以根据用户需求，随时进行处理，为设施农业综合生态信息自动监测、对环境进行自动控制和智能化管理提供科学依据。通过模块采集温度传感器等信号，经由无线信号收发模块传输数据，实现对大棚温湿度的远程控制。

智能农业还包括智能粮库系统，该系统通过将粮库内温湿度变化的感知与计算机或手机的连接进行实时观察，记录现场情况以保证量粮库的温湿度平衡。

3. 智能物流

智能物流是利用集成智能化技术，使物流系统能模仿人的智能，具有思维、感知、学习、推理判断和自行解决物流中某些问题的能力。

智能物流的未来发展将会体现出 5 个特点：智能化、一体化、层次化、柔性化和社会化。

在物流作业过程中的大量运筹与决策的智能化；以物流管理为核心，实现物流过程中运输、存储、包装、装卸等环节的一体化和智能物流系统的层次化；智能物流的发展会更加突出"以顾客为中心"的理念，根据消费者需求变化来灵活调节生产工艺的柔性化；智能物流的发展将会促进区域经济的发展和世界资源优化配置，实现社会化。

通过智能物流系统的 4 个智能机理，即信息的智能获取技术、智能传递技术、智能处理技术、智能运用技术。

利用条形码、射频识别技术、传感器、全球定位系统等先进的物联网技术通过信息处理和网络通信技术平台广泛应用于物流业运输、仓储、配送、包装、装卸等基本活动环节，实现货物运输过程的自动化运作和高效率优化管理，提高物流行业的服务水平，降低成本，减少自然资源和社会资源消耗。

物联网为物流业将传统物流技术与智能化系统运作管理相结合提供了一个很好的平台，进而能够更好、更快地实现智能物流的信息化、智能化、自动化、透明化、系统化的运作模式。

智能物流在实施的过程中强调的是物流过程数据智慧化、网络协同化和决策智慧化。

智能物流在功能上要实现 6 个"正确"，即正确的货物、正确的数量、正确的地点、正确的质量、正确的时间、正确的价格；在技术上要实现物品识别、地点跟踪、物品溯源、物品监控、实时响应。

4. 智能交通

智能交通系统（Intelligent Transportation System，ITS）是未来交通系统的发展方向，它是将先进的信息技术、数据通信传输技术、电子传感技术、控制技术及计算机技术等有效地集成运用于整个地面交通管理系统而建立的一种在大范围内、全方位发挥作用的，实时、准确、高效的综合交通运输管理系统。

ITS 可以有效地利用现有交通设施、减少交通负荷和环境污染、保证交通安全、提高运输效率，因而，日益受到各国的重视。

智能交通的发展跟物联网的发展是离不开的，只有物联网技术概念的不断发展，智能交通系统才能越来越完善。智能交通是交通的物联化体现。

21 世纪将是公路交通智能化的世纪，人们将要采用的智能交通系统，是一种先进的一体化交通综合管理系统。在该系统中，车辆靠自己的智能在道路上自由行驶，公路靠自身的智能将交通流量调整至最佳状态，借助这个系统，管理人员对道路、车辆的行踪将掌握得一清二楚。

5. 智能电网

智能电网就是电网的智能化，也被称为"电网 2.0"，它是建立在集成的、高速双向通信网络的基础上，通过先进的传感和测量技术、先进的设备技术、先进的控制方法以及先进的决策支持系统技术的应用，实现电网的可靠、安全、经济、高效、环境友好和使用安全的目标，其主要特征包括自愈、激励和包括用户、抵御攻击、提供满足 21 世纪用户需求的电能质量、容许各种不同发电形式的接入、启动电力市场以及资产的优化高效运行。

6. 智慧环保

智慧环保是"数字环保"概念的延伸和拓展，它是借助物联网技术，把感应器和装备嵌入到各种环境监控对象（物体）中，通过超级计算机和云计算将环保领域物联网整合起来，实现人类社会与环境业务系统的整合，以更加精细和动态的方式实现环境管理和决策的智慧。

"数字环保"是近年来在数字地球、地理信息系统、全球定位系统、环境管理与决策支持系统等技术的基础上衍生的大型系统工程。

"数字环保"可以理解为，以环保为核心，由基础应用、延伸应用、高级应用和战略应用的多层环保监控管理平台集成，将信息、网络、自动控制、通信等高科技应用到全球、国家、省级、地市级等各层次的环保领域中，进行数据汇集、信息处理、决策支持、信息共享等服务，实现环保的数字化。

7. 智能安防

智能化安防技术随着科学技术的发展与进步和 21 世纪信息技术的腾飞已经迈入了一个全新的领域，智能化安防技术与计算机之间的界限正在逐步消失，没有安防技术社会就会显得不安宁，世界科学技术的前进和发展就会受到影响。

物联网技术的普及应用，使城市的安防从过去简单的安全防护系统向城市综合化体系演变，城市的安防项目涵盖众多的领域，有街道社区、楼宇建筑、银行邮局、道路监控、机动车辆、警务人员、移动物体、船只等。

针对重要场所，如机场、码头、水电气厂、桥梁大坝、河道、地铁等场所，引入物联网技术后可以通过无线移动、跟踪定位等手段建立全方位的立体防护，兼顾了整体城市管理系统、环保监测系统、交通管理系统、应急指挥系统等应用的综合体系。

特别是车联网的兴起，在公共交通管理上、车辆事故处理上、车辆偷盗防范上可以更加快捷准确地跟踪定位处理。还可以随时随地通过车辆获取更加精准的灾难事故信息、道路流量信息、车辆位置信息、公共设施安全信息、气象信息等信息来源。

8. 智能医疗

智能医疗是通过打造健康档案区域医疗信息平台，利用最先进的物联网技术，实现患者与医务人员、医疗机构、医疗设备之间的互动，逐步达到信息化。在不久的将来医疗行业将融入更多人工智慧、传感技术等高科技，使医疗服务走向真正的智能化，推动医疗事业的繁荣发展。在中国新医改的大背景下，智能医疗正在走进寻常百姓的生活。

随着人均寿命的延长、出生率的下降和人们对健康的关注，现代社会人们需要更好的医疗系统。这样，远程医疗、电子医疗（e-health）就显得非常急需。借助物联网/云计算技术、人工智能的专家系统、嵌入式系统的智能化设备，可以构建起完美的物联网医疗体系，使全民平等地享受顶级的医疗服务，解决或减少由于医疗资源缺乏，导致看病难、医患关系紧张、事故频发等现象。

早在 2004 年，物联网技术便应用于医疗行业，当时美国食品药品监督管理局（FDA）采取大量实际行动促进 RFID 的实施和推广，政府相关机构通过立法，规范 RFID 技术在药物的运输、销售、防伪、追踪体系中的应用。美国医院采用基于 RFID 技术的新生儿管理系统，利用 RFID 标签和阅读器，确保新生儿和小儿科病人的安全。

2008 年年底，IBM 提出了"智慧医疗"概念，设想把物联网技术充分应用到医疗领域，实现医疗信息互联、共享协作、临床创新、诊断科学以及公共卫生预防等。

9. 智能家居

智能家居（smart home，home automation）是以住宅为平台，利用综合布线技术、网络通信技术、安全防范技术、自动控制技术、音视频技术将家居生活有关的设施集成，构建高效的住宅设施与家庭日程事务的管理系统，提升家居安全性、便利性、舒适性、艺术性，并实现环保节能的居住环境。

智能家居是在互联网影响之下物联化的体现。智能家居通过物联网技术将家中的各种设备（如音视频设备、照明系统、窗帘控制、空调控制、安防系统、数字影院系统、影音服务器、影柜系统、网络家电等）连接到一起，提供家电控制、照明控制、电话远程控制、室内外遥控、防盗报警、环境监测、暖通控制、红外转发以及可编程定时控制等多种功能和手段。与普通家居相比，智能家居不仅具有传统的居住功能，兼备建筑、网络通信、信息家电、设备自动化，提供全方位的信息交互功能，甚至为各种能源费用节约资金。

智能家居的概念起源很早，但一直未有具体的建筑案例出现，直到 1984 年美国联合科技公司将建筑设备信息化、整合化概念应用于美国康涅狄格州哈特佛市的城市广场大厦时，才出现了首栋"智能型建筑"，从此揭开了全世界争相建造智能家居的序幕。

第四节　智慧工地基本知识

一、智慧工地的概念和意义

1. 智慧工地的概念

智慧工地是指运用信息化手段，通过三维设计平台对工程项目进行精确设计和施工模拟，围绕施工过程管理，建立互联协同、智能生产、科学管理的施工项目信息化生态圈，并将此数据在虚拟现实环境下与物联网采集到的工程信息进行数据挖掘分析，提供过程趋势预测及专家预案，实现工程施工可视化智能管理，以提高工程管理信息化水平，从而逐步实现绿色建造和生态建造。

智慧工地将更多人工智慧、传感技术、虚拟现实等高科技技术植入建筑、机械、人员穿戴设施、场地进出关口等各类物体中，并且被普遍互联，形成物联网，再与互联网整合在一起，实现工程管理干系人与工程施工现场的整合。智慧工地的核心是以一种更智慧的方法来改进工程各干系组织和岗位人员相互交互的方式，以便提高交互的明确性、效率、灵活性和响应速度。

2. 智慧工地的意义

建筑行业是我国国民经济的重要物质生产部门和支柱产业之一，同时，建筑业也是一个安全事故多发的高危行业。如何加强施工现场安全管理、降低事故发生频率、杜绝各种违规操作和不文明施工、提高建筑工程质量，是摆在各级政府部门、业界人士和广大学者面前的一项重要研究课题。在此背景下，随着技术的不断发展，信息化手段、移动技术、智能穿戴及工具在工程施工阶段的应用不断提升，智慧工地建设应运而生。建设智慧工地在实现绿色建造、引领信息技术应用、提升社会综合竞争力等方面具有重要意义。

二、智慧工地应用的主要内容和技术特征

1. 智慧工地技术支撑

（1）数据交换标准技术

要实现智慧工地，就必须做到不同项目成员之间、不同软件产品之间的信息数据交换，由于这种信息交换涉及的项目成员种类繁多、项目阶段复杂且项目生命周期时间跨度大，以及应用软件产品数量众多，所以只有建立一个公开的信息交换标准，才能使所有软件产品通过这个公开标准实现互相之间的信息交换，才能实现不同项目成员和不同应用软件之间的信息流动，这个基于对象的公开信息交换标准格式包括定义信息交换的格式、定义交换信息、确定交换的信息和需要的信息。

（2）BIM 技术

BIM 技术在建筑物使用寿命期间可以有效地进行运营维护管理，BIM 技术具有空间定位和记录数据的能力，将其应用于运营维护管理系统，可以快速准确地定位建筑设备组件。对材料进行可接入性分析，选择可持续性材料，进行预防性维护，制订行之有效的维护计划。BIM 与 RFID 技术结合，将建筑信息导入资产管理系统，可以有效地进行建筑物的资产管理。BIM 还可进行空间管理，合理高效使用建筑物空间。

（3）可视化技术

可视化技术能够把科学数据，包括测量获得的数值、现场采集的图像或是计算中涉及、产生的数字信息变为直观的、以图形图像信息表示的、随时间和空间变化的物理现象或物理量呈现在管理者面前，使他们能够观察、模拟和计算。该技术是智慧工地能够实现三维展现的前提。

（4）"3S" 技术

"3S" 技术是遥感技术、地理信息系统和全球定位系统的统称，是空间技术、传感器技术、卫星定位与导航技术和计算机技术、通信技术相结合，多学科高度集成的对空间信息进行采集、处理、管理、分析、表达、传播和应用的现代信息技术，是智慧工地成果的集中展示平台。

（5）虚拟现实技术

虚拟现实技术是利用计算机生成一种模拟环境，通过多种传感设备使用户"沉浸"到该环境中，实现用户与该环境直接进行自然交互的技术。它能够让应用 BIM 的设计师以身临其境的感觉，能以自然的方式与计算机生成的环境进行交互操作，而体验比现实世界更加丰富的感受。

（6）数字化施工系统

数字化施工系统是指依托建立数字化地理基础平台、地理信息系统、遥感技术、工地现场数据采集系统、工地现场机械引导与控制系统、全球定位系统等基础平台，整合工地信息资源，突破时间、空间的局限，而建立一个开放的信息环境，以使工程建设项目的各参与方更有效地进行实时信息交流，利用 BIM 模型成果进行数字化施工管理。

（7）物联网

物联网就是"物物相连的互联网"。物联网通过智能感知、识别技术与普适计算、广泛应用于网络的融合中，也因此被称为继计算机、互联网之后世界信息产业发展的第三次浪潮。

（8）云计算技术

云计算是网格计算、分布式计算、并行计算、效用计算、网络存储、虚拟化和负载均衡等计算机技术与网络技术发展融合的产物。它旨在通过网络把多个成本相对较低的计算实体，整合成一个具有强大计算能力的完美系统，并把这些强大的计算能力分布到终端用户手中。是解决 BIM 大数据传输及处理的最佳技术手段。

（9）信息管理平台技术

信息管理平台技术的主要目的是整合现有管理信息系统，充分利用 BIM 模型中的数据来进行管理交互，以便让工程建设各参与方都可以在一个统一的平台上协同工作。

（10）数据库技术

BIM 技术的应用，将依托能支撑大数据处理的数据库技术为载体，包括对大规模并行处理（MPP）数据库、数据挖掘、分布式文件系统、分布式数据库、云计算平台、互联网和可扩展的存储系统等的综合应用。

（11）网络通信技术

网络通信技术是 BIM 技术应用的沟通桥梁，是 BIM 数据流通的通道，构成了整个 BIM 应用系统的基础网络。可根据实际工程建设情况，利用手机网络、无线 Wi-Fi 网络、无线电通信等方案，实现工程建设的通信需要。

2. 重庆市"智慧工地"推广应用技术

（1）人员实名制管理"智能化应用"技术

1）技术简介：人员实名制管理"智能化应用"，是指在建筑工程施工现场，利用已与"市智慧工地管理平台"人员实名制管理子系统（原平安卡管理子系统）对接的智能考勤设备，对人员到岗情况实施考勤，供项目部、企业、主管部门对人员进行管理的智能化管控措施。

2）技术要求：智能考勤设备应能从人员实名制管理子系统读取本项目已录入实名制信息的人员的信息数据，并按照相应考勤方式进行信息关联、融合。

（2）视频监控"智能化应用"技术

1）技术简介：视频监控"智能化应用"，是指建筑工程施工总包单位在施工现场，利用视频监控设备及其配套监控软件，对现场进行实时视频监控，同时，视频可供"市智慧工地管理平台"远程视频监控子系统进行实时点播的智能化管控措施。

2）技术要求：

①项目视频监控的图像分辨率应达到 D4 标准（1 280×720，水平线 720 线，逐行扫描）。

②具备远程视频直播功能，根据远程视频监控子系统的需要，提供安全的互联网访问通道。

（3）扬尘噪声监测"智能化应用"技术

1）技术简介：扬尘噪声监测"智能化应用"，是指在建筑工程施工现场设置扬尘噪声监测设备及其配套监控软件，实时采集现场 $PM_{2.5}$、PM_{10}、噪声等相关环境数据并进行现场处置，同时，将现场 $PM_{2.5}$、PM_{10}、噪声数据实时传送至"市智慧工地管理平台"扬尘噪声监测子系统的智能化管控措施。

2）技术要求：

①能连续自动准确监测扬尘、噪声等环境数据，具备实时显示功能。

②设备应能在室外环境可靠工作，具备自动校准功能。

（4）施工升降机安全监控"智能化应用"技术

1）技术简介：施工升降机安全监控"智能化应用"，是指在建筑工程施工现场施工升降机内安装安全监控设备，并利用其配套监控软件，实现驾驶员身份识别、升降机运行状态实时监控、预警，同时，将运行状态关键数据实时传送至"市智慧工地管理平台"起重设备安全监控子系统的智能化管控措施。

2）技术要求：

①应具有操作人员指纹识别或人脸识别功能。

②应具有对施工升降机的载重量、提升速度、提升高度等进行实时监视和数据储存的功能。

③安全监控设备应能以图形、图表或文字的方式，显示施工升降机当前主要工作参数及与施工升降机额定能力比对信息，工作参数至少应包括载重量、提升速度、提升高度。

④当单项工作参数超标时，设备能进行声光报警。

（5）塔式起重机安全监控"智能化应用"技术

1）技术简介：塔式起重机安全监控"智能化应用"，是指在建筑工程施工现场塔式起重机内安装安全监控设备，并利用其配套监控软件，实现驾驶员身份识别、塔式起重机运行状态实时监控、预警，同时，将运行状态关键数据实时传送至"市智慧工地管理平台"起重安全监控子系统的智能化管控措施。

2）技术要求：

①应具有操作人员指纹识别或人脸识别功能。

②应具有对塔式起重机的起重量、起重力矩、起升高度、幅度、回转角度、运行行程信息等进行实时监视和数据存储的功能。

③安全监控设备应能以图形、图表或文字的方式，显示塔式起重机当前主要工作参数及与塔式起重机额定能力比对信息，工作参数至少应包括起重量、起重力矩、起升高度、幅度、回转角度、运行行程、倍率。

④当任何一项工作参数超标时，设备能进行声光报警。

（6）工程监理报告"智能化应用"技术

工程监理报告"智能化应用"，是指全市监理企业通过"市智慧工地管理平台"监理行业管理子系统，按照《关于开展房屋建筑和市政基础设施工程监理报告制度试点工作的通知》（渝建〔2017〕540号）的要求，向建设主管部门报送涉及工程质量、施工安全、民工工资拖欠等方面的监理专报、监理急报和监理季报等的智能化管理措施。

（7）工程质量验收管理"智能化应用"技术

工程质量验收管理"智能化应用"，是指通过建立"市智慧工地管理平台"工程质量验收管理子系统，对建设工程重要节点验收过程中的验收组织、验收程序及验收内容等各环节实施有效的动态监管的智能化管理措施。

（8）建材质量监管"智能化应用"技术

建材质量监管"智能化应用"，是指通过建立"市智慧工地管理平台"建材质量监管子系统，对预拌混凝土原材料质量、配合比设计及出厂检验质量实施有效的动态监管的智能化管理措施。

（9）工程质量检测监管"智能化应用"技术

1）技术简介：工程质量监测监管"智能化应用"，是指通过建立"市智慧工地管理平台"工程质量检测监管子系统，对工程质量检测行业，对检测数据、检测报告实施大数据分析运用和对检测行为进行过程监管的智能化管理措施。

2）技术要求：

①取样单位人员应按规定程序进行取样，并将取样样品信息和过程信息，及时录入工程质量检测监管子系统，并打印检测委托书。

②见证单位人员应按规定程序进行见证，并将样品见证信息和样品审核信息，及时录入工程质量检测监管子系统。

③检测机构人员应按规定程序收样检测，将现场检测过程信息、室内样品检测信息、检测数据和检测报告，及时录入工程质量检测监管子系统，并向工程质量监督机构及时推送检测结论不合格的报告信息。

（10）BIM施工"智能化应用"技术

1）技术简介：BIM施工"智能化应用"，是指将深化出的BIM施工阶段模型，有效应用于建筑工程场地布置、施工方案与工艺模拟、施工进度管理、工程质量验收管理、施工安全管理等的智能化管控措施。

2）技术要求：

①场地布置：运用BIM施工阶段模型，进行建筑工程场地布置（包括围墙与大门、场地分区、拟建物、活动板房、基坑与围护、建筑起重机械、脚手架、料场加工棚、道路、标志牌等现场实体），并能实现可视化虚拟演示。

②施工方案与工艺模拟：运用BIM施工阶段模型，进行建筑工程关键施工技术方案、危大工程安全专项施工方案、复杂建（构）筑物施工工艺流程的3D数字模拟，并能实现可视化虚拟演示。

③施工进度管理：运用BIM施工阶段模型，定期对工程施工进度进行模拟。

④工程质量验收管理：运用BIM施工阶段模型，自动生成检验批、检查项目和检查点，利用移动智能设备，完成施工单位自检录入和监理单位复验审核，并自动生成验收资料；实现工程预警、远程巡查；与工程技术资料相关联，能形成可交付归档的数字档案。

⑤施工安全管理：运用BIM施工阶段模型，模拟现场各施工阶段的临边防护、外防护脚手架等重要安全防护措施；在深基坑、高大模板支架、隧道开挖等危大工程施工前，运用BIM

进行专项方案编制、论证和安全交底。

（11）工资专用账户管理"智能化应用"技术

1）技术简介：工资专用账户管理"智能化应用"，是指通过"市智慧工地管理平台"工资专用账户管理子系统，对项目工资款拨付及农民工工资发放情况实行动态监管，自动进行拖欠风险预警提示，及时进行风险处理的智能化管控措施。

2）技术要求：

①施工总包单位应及时将合同备案信息填报，每月报送工资款到账及农民工工资支付情况；建设、监理单位及造价咨询机构应及时登录工资专用账户管理子系统，配合施工总包企业填报或审核相应信息。

②对于存在拖欠风险的项目，施工总包单位应进行重点监控，及时采取风险处理措施。

第五节　大数据和云计算基本知识

一、大数据和云计算的概念和意义

1. 大数据

大数据（Big Data）又称为巨量资料，指需要新处理模式才能具有更强的决策力、洞察力和流程优化能力的海量、高增长率和多样化的信息资产。

大数据技术的战略意义不在于掌握庞大的数据信息，而在于对这些含有意义的数据进行专业化处理。换言之，如果把大数据比作一种产业，那么这种产业实现盈利的关键，在于提高对数据的"加工能力"，通过"加工"实现数据的"增值"。

2. 云计算

云计算（Cloud Computing），是一种基于互联网的计算方式，通过这种方式，共享的软硬件资源和信息可以按需提供给计算机和其他设备。典型的云计算提供商往往提供通用的网络业务应用，可以通过浏览器等软件或者其他 Web 服务来访问，而软件和数据都存储在服务器上。云计算服务通常提供通用的通过浏览器访问的在线商业应用，软件和数据可存储在数据中心。

狭义云计算指 IT 基础设施的交付和使用模式，指通过网络以按需、易扩展的方式获得所需资源；广义云计算指服务的交付和使用模式，指通过网络以按需、易扩展的方式获得所需服务。这种服务可以是 IT 和软件、互联网相关，也可是其他服务，它意味着计算能力也可作为一种商品通过互联网进行流通。对云计算的定义有多种说法，"云计算是通过网络提供可伸缩的廉价的分布式计算能力"。

二、大数据和云计算的应用

1. 大数据的应用

大数据在金融、汽车、零售、餐饮、电信、能源、政务、医疗、体育、娱乐等在内的社会各行各业都得到了日益广泛的应用，深刻地改变着我们的社会生产和日常生活。

（1）生物医学

1）流行病预测。

2）智慧医疗：利用医疗大数据，促进优质医疗资源共享、避免患者重复检查、促进医疗智能化。

（2）城市管理

1）智能交通：利用交通大数据，实现交通实时监控、交通智能诱导、公共车辆管理、旅行信息服务、车辆辅助控制等各种应用。

2）环保监测：监测分析大气和水污染情况，为污染治理提供依据。

3）城市规划：例如，利用住房销售和出租数据，可以评价一个城区的住房分布。

4）安防领域：基于视频监控、人口信息、地理数据信息等，利用大数据技术实现智能化信息分析、预测和报警。

（3）金融

1）高频交易：是指从那些人们无法利用的极为短暂的市场变化中寻求获利的计算机化交易。采用大数据技术决定交易。

2）市场情绪分析和信贷风险分析。

（4）汽车

无人驾驶汽车，实时采集车辆各种行驶数据和周围环境，利用大数据分析系统高效分析，迅速做出各种驾驶动作，引导车辆安全行驶。

（5）零售行业

发现关联购买行为、进行客户群体细分。

（6）餐饮行业

利用大数据为用户推荐消费内容、调整线下门店布局、控制店内人群流量。

（7）电信行业

客户离网分析。

（8）能源行业

智能电网，以海量用户用电信息为基础进行大数据分析，可以更好地理解电力客户用电行为，优化提升短期用电负荷预测系统，提前预知未来 2～3 个月的电网需求电量、用电高峰和低谷，合理设计电力需求响应系统。

（9）体育娱乐

2014 年巴西世界杯，基于海量比赛数据和球员训练数据，制订有针对性的球队训练计划，帮助德国国家队问鼎 2014 年世界杯冠军。

（10）安全领域

应用大数据技术防御网络攻击，警察应用大数据工具预防犯罪。

（11）政府领域

利用大数据改进选举策略。

2. 云计算的应用

（1）政务云上可以部署公共安全管理、容灾备份、城市管理、应急管理、智能交通、社会保障等应用，通过集约化建设、管理和运行，可以实现信息资源整合和政务资源共享，推动政务管理创新，加快向服务型政府转型。

（2）教育云可以有效整合幼儿教育、中小学教育、高等教育以及继续教育等优质教育资源，逐步实现教育信息共享、教育资源共享及教育资源深度挖掘等目标。

（3）中小企业云能够让企业以低廉的成本建立财务、供应链、客户关系等管理应用系统，大大降低企业信息化门槛，迅速提升企业信息化水平，增强企业市场竞争力。

（4）医疗云可以推动医院与医院、医院与社区、医院与急救中心、医院与家庭之间的服务共享，并形成一套全新的医疗健康服务系统，从而有效地提高医疗保健的质量。

第十三章 职业道德及基本知识

第一节 职业道德

一、职业道德及其特点和作用

1. 职业道德及特性

职业道德的概念有广义和狭义之分。广义的职业道德是指从业人员在职业活动中应该遵循的行为准则,涵盖了从业人员与服务对象、职业与职工、职业与职业之间的关系。狭义的职业道德是指在一定职业活动中应遵循的、体现一定职业特征的、调整一定职业关系的职业行为准则和规范。不同的职业人员在特定的职业活动中形成了特殊的职业关系,包括职业主体与职业服务对象之间的关系、职业团体之间的关系、同一职业团体内部人与人之间的关系,以及职业劳动者、职业团体与国家之间的关系。

(1)职业道德具有适用范围的有限性

每种职业都担负着一种特定的职业责任和职业义务。由于各种职业的职业责任和义务不同,从而形成各自特定的职业道德的具体规范。

(2)职业道德具有发展的历史继承性

由于职业具有不断发展和世代延续的特征,不仅其技术世代延续,其管理员工的方法、与服务对象打交道的方法,也有一定历史继承性。

(3)职业道德表达形式的多样性

由于各种职业道德的要求都较为具体、细致,因此其表达形式多种多样。

(4)职业道德兼有强烈的纪律性

纪律也是一种行为规范,但它是介于法律和道德之间的一种特殊的规范。它既要求人们能自觉遵守,又带有一定的强制性。就前者而言,它具有道德色彩;就后者而言,又带有一定的法律色彩。一方面,遵守纪律是一种美德;另一方面遵守纪律又带有强制性,具有法令的要求。

2. 职业道德的作用

职业道德是社会道德体系的重要组成部分,它一方面具有社会道德的一般作用;另一方面它又具有自身的特殊作用,具体表现在以下几方面:

(1)调节职业交往中从业人员内部以及从业人员与服务对象间的关系

职业道德的基本职能是调节职能。它一方面可以调节从业人员内部的关系,即运用职业道德规范约束职业内部人员的行为，促进职业内部人员的团结与合作。如职业道德规范要求各行各业的从业人员，都要团结、互助、爱岗、敬业、齐心协力地为发展本行业、本职业服务。另一方面，职业道德又可以调节从业人员和服务对象之间的关系。如职业道德规定了制造产品的工人要怎样对用户负责；营销人员怎样对顾客负责；医生怎样对病人负责；教师怎样对学生负责等。

（2）有助于维护和提高本行业的信誉

行业的信誉是指企业及其产品与服务在社会公众中的信任程度，提高行业的信誉主要靠产品的质量和服务质量，而从业人员的职业道德水平高是产品质量和服务质量的有效保证。若从业人员的职业道德水平不高，则很难生产出优质的产品和提供优质的服务

（3）促进本行业的发展

行业、企业的发展有赖于高的经济效益，而高的经济效益源于高的员工素质。员工素质主要包含知识、能力、责任心三个方面，其中责任心是最重要的。而职业道德水平高的从业人员有责任心是必要的，因此，职业道德能促进本行业的发展。

（4）有助于提高全社会的道德水平

职业道德是整个社会道德的主要内容。职业道德一方面涉及每个从业者如何对待职业，如何对待工作，同时也是一个从业人员的生活态度、价值观念的表现，是一个人的道德意识、道德行为发展的成熟阶段，具有较强的稳定性和连续性。另一方面，职业道德也是一个职业集体，甚至一个行业全体人员的行为表现，如果每个行业、每种职业集体都具备优良的道德，对整个社会道德水平的提高肯定会发挥重要作用。

二、社会主义职业道德规范的主要内容

社会主义职业道德是社会主义社会各行各业的劳动者在职业活动中必须共同遵守的基本行为准则。它是判断人们职业行为优劣的具体标准，也是社会主义道德在职业生活中的反映。因为集体主义贯穿于社会主义职业道德规范的始终，是正确处理国家、集体、个人关系的最根本的准则，也是衡量个人职业行为和职业品质的基本准则，是社会主义社会的客观要求，是社会主义职业活动获得成功的保证。

《中共中央关于加强社会主义精神文明建设若干问题的决议》规定了我们今天各行各业都应共同遵守的职业道德的五项基本规范，即"爱岗敬业、诚实守信、办事公道、服务群众、奉献社会"。其中，为人民服务是社会主义职业道德的核心规范，它是贯穿于全社会共同的职业道德之中的基本精神。社会主义职业道德的基本原则是集体主义。因为集体主义贯穿于社会主义职业道德规范的始终，是正确处理国家、集体、个人关系的最根本的准则，也是衡量个人职业行为和职业品质的基本准则，是社会主义社会的客观要求，是社会主义职业活动获得成功的保证。

1. 爱岗敬业

爱岗敬业是社会主义职业道德最基本、最起码、最普通的要求。爱岗敬业作为最基本的职业道德规范，是对人们工作态度的一种普遍要求。爱岗就是热爱自己的工作岗位，热爱本职工作，敬业就是要用一种恭敬严肃的态度对待自己的工作。

2. 诚实守信

诚实守信是各行各业的行为准则，是做人的基本准则，也是社会道德和职业道德的一个基本规范。诚实就是表里如一，说实话，办实事。守信就是信守诺言，讲信誉，重信用，忠实履行自己承担的义务。

3. 办事公道

办事公道是指对人和事的一种态度，也是人们所称道的职业道德。它要求人们待人处事要公正、公平。

4. 服务群众

服务群众就是为人民群众服务，是社会全体从业者通过互相服务，促进社会发展、实现共同幸福。服务群众是一种现实的生活方式，也是职业道德要求的一项基本内容。服务群众是社会主义职业道德的核心，它是贯穿于社会共同的职业道德之中的基本精神。

5. 奉献社会

奉献社会就是积极自觉地为社会做贡献。这是社会主义职业道德的本质特征。奉献社会自始至终体现在爱岗敬业、诚实守信、办事公道和服务群众的各种要求之中。奉献社会并不意味着不要个人的正当利益，不要个人的幸福。恰恰相反，一个自觉奉献社会的人，他才真正找到了个人幸福的支撑点。奉献和个人利益是辩证统一的。

第二节　建筑施工企业诚信综合评价管理规定

建筑施工企业诚信综合评价暂行办法

1. 总则

1）为推进工程建设领域诚信体系建设，进一步规范建筑市场秩序，保障工程质量和建筑安全生产，根据《建筑法》《招标投标法》《建设工程质量管理条例》《建设工程安全生产管理条例》《建筑市场诚信行为信息管理办法》等法律法规和政策规定，结合本市实际，制定本办法。

本市行政区域内实施建筑施工企业诚信综合评价及其相关管理活动，运用诚信综合评价成果适用本办法。

本办法所称建筑施工企业诚信综合评价，是指评价实施单位依据本办法和评价标准，对建筑施工企业在本市行政区域内从事房屋建筑和市政基础设施工程施工经营管理活动情况进行的量化评分。

2）市城乡建设主管部门是全市建筑施工企业诚信综合评价的主管部门，负责发布评价标准和管理制度，完善有关数据库和诚信发布平台，对全市建筑施工企业诚信综合评价工作实施监督指导。

区县（自治县）城乡建设主管部门按照项目管理权限，负责对所实施的建筑施工企业诚信综合评价进行监督管理。

市、区县（自治县）城乡建设主管部门应明确相应评价实施单位，具体负责建筑施工企业诚信综合评价工作。

3）评价实施单位应坚持公开、公平、公正的原则，严格遵照本办法、评价标准和相关管理规定实施建筑施工企业诚信综合评价，注重结合日常监督管理工作，维护企业合法权益和社会公共利益。

4）建筑施工企业诚信综合评价依托市级诚信建设管理平台和市工程建设招投标交易平台，实现全市工程项目信息、企业人员信息、监督管理信息的互联互通，建立健全建筑市场和施工现场联动监管机制。

2. 评价体系

1）建筑施工企业诚信综合评价由企业市场行为评价和企业现场行为评价组成，分别占总权重的 60%和 40%。

企业市场行为评价由企业通常行为评价和企业合同履约行为评价组成，分别占总权重的 40%和 20%；企业现场行为评价由企业质量行为评价和企业安全文明施工行为评价组成，各占总权重的 20%。

2）企业通常行为评价是指建筑施工企业在本市行政区域一定时段内的业绩、纳税、奖励、处罚等信息的量化评分。

企业合同履约行为评价是指建筑施工企业在本市行政区域一定周期内的工程项目施工合同备案、农民工工资保障、工程价款结算履约、工程项目施工进度履约情况的量化评分。

企业质量行为评价是指建筑施工企业在本市行政区域一定周期内从事房屋建筑和市政基础设施工程施工期间的现场工程质量管理情况的量化评分。

企业安全文明施工行为评价是指建筑施工企业在本市行政区域一定周期内从事房屋建筑和市政基础设施工程施工期间的现场安全文明施工管理情况的量化评分。

建筑施工企业诚信综合评价的具体内容和时段、周期等在评价标准中明确。

3）企业市场行为评价采取加减累积分制计算，企业现场行为评价采取动态平均分制计算。

加减累积分制是指被评价建筑施工企业一定时段内所有企业市场行为评价分值的加减累计，动态平均分制是指被评价建筑施工企业在一定周期内所有在建工程项目某类企业现场行为评价分值的算术平均。

4）建筑施工企业各类行为评价按实际分数计算，低于 0 分的，按 0 分计算。建筑施工企业诚信综合评价应按各类行为评价权重每日动态计算。

5）建筑施工企业初次评价前的各类行为评价暂定分，以招标文件确定开标之日的全市建筑施工企业各类行为评价平均分确定，直至该类行为评价开始评价为止。

3. 企业市场行为信息采集

1）企业市场行为信息由城乡建设管理相关监督系统自动采集、企业自行申报、城乡建设主管部门评价、司法机关及市级以上监督部门抄送相结合的方式获取。

2）建筑施工企业的业绩，由城乡建设管理相关监督系统自动采集，并实时进入建筑施工企业诚信综合评价系统。

3）建筑施工企业在完税后应持《建筑施工企业诚信信息申报表》和税务机关出具的完税证明，及时向市工程建设招标投标交易中心申报纳税信息。

4）国家级工法、国家和省级科技进步奖、部级工程质量类奖项、部级安全文明示范工地、住房和城乡建设部以及市人民政府通报表扬等奖励信息，建筑施工企业应持《建筑施工企业诚信信息申报表》和获奖文件或其他证明材料，及时向市工程建设招标投标交易中心申报。

5）建筑施工企业违法犯罪信息和市级以上监督部门认定的处罚信息，建筑施工企业应持《建筑施工企业诚信信息申报表》和处罚文书或其他证明材料，及时向市工程建设招标投标交易中心申报。

6）市、区县（自治县）城乡建设主管部门依法认定的奖励信息、处罚信息，由市城乡建设主管部门相关机构汇总填写《建筑施工企业通常行为评价抄告表》报市城乡建设主管部门复核后，按评价标准实施评价并纳入建筑施工企业诚信综合评价系统公示。

7）司法机关及其他市级以上监督部门依法认定的奖励信息、处罚信息，经抄送市城乡建设主管部门复核后，按评价标准实施评价并纳入建筑施工企业诚信综合评价系统公示。

8）建筑施工企业应积极主动如实申报诚信信息。

建筑施工企业主动申报奖励信息的，按评价标准实施评价；应由建筑施工企业申报的奖励信息未申报的，不予评价。

9）鼓励建筑施工企业主动申报处罚信息。

建筑施工企业知道或应当知道司法机关及其他市级以上监督部门依法认定的处罚信息之日起 20 个工作日内，应完成处罚信息的申报；建筑施工企业主动申报该类处罚信息的，按评价标准减半执行；建筑施工企业超过 20 个工作日仍未完成申报的，市工程建设招标投标交易中心获取该类处罚信息后，1 个工作日内发出《建筑施工企业诚信信息责令申报通知书》，建筑施工企业按责令要求申报处罚信息的，按评价标准实施评价。

4. 企业现场行为信息采集

1）企业现场行为信息由评价实施单位以现场评价方式获取。

2）本市行政区域内的房屋建筑和市政基础设施工程自城乡建设主管部门同意开工建设之日起，评价实施单位应指派评价人员对其进行企业现场行为评价。

评价实施单位应在一个评价周期内，对所负责评价的项目完成一轮评价，且每个项目每周期原则上只评价一次。

3）项目因发生质量安全事故、出现质量安全隐患被责令停工整顿，或者发生群访、集访事件导致停工的，评价实施单位应立即按评价标准予以扣分，并在停工整顿期间延续扣分，不受"评价实施单位应在一个评价周期内，对所负责评价的项目完成一轮评价，且每个项目每周期原则上只评价一次"的限制。

4）因故需停止企业现场行为评价的，经评价实施单位审查同意后报市城乡建设主管部门批准。未经市城乡建设主管部门批准同意，不得擅自停止企业现场行为评价。

5）评价实施单位应根据监管职责、监管内容和监管时限，确定企业现场行为评价终止时间。

6）评价实施单位进行企业现场行为评价时，评价人员应不少于 2 人，并主动出示工作证件。

企业现场行为评价过程中，在影响评价的有关证据可能或者以后难以取得的情况下，评价人员应留存影像资料。

7）建设、勘察、设计、施工、监理等单位应协助、配合开展评价工作，如实提供有关资料和回答有关询问，不得干扰阻挠。

8）评价人员进行企业现场行为评价应当场如实填写评价表，并在评价完成后交由建设、施工、监理单位相关项目负责人当场签字。

9）建设、施工、监理单位不认可评价结果的，应在评价表上写明不同意见和理由，视同当场提出异议。

施工单位拒绝在评价表上签字且不陈述不同意见和理由的，由评价人员将此情况记录在评价表上，并由建设、监理单位见证签字，该次评价结果视为有效。

5. 信息审核和管理

1）城乡建设管理相关监督系统采集的企业市场行为信息，由建筑施工企业诚信综合评价系统自动评价。

城乡建设主管部门评价、司法机关及市级以上监督部门抄送采集的企业市场行为信息，由市工程建设招标投标交易中心收到市城乡建设主管部门复核意见当日内，按评价标准实施评价并纳入建筑施工企业诚信综合评价系统公示。

企业自行申报的企业市场行为信息，由市工程建设招标投标交易中心在受理之日起 1 个工作日内，送有关部门核查。有关部门应在 3 个工作日内回复书面核查意见，市工程建设招标投标交易中心在收到书面核查意见当日内，按评价标准实施评价并纳入建筑施工企业诚信综合评价系统公示。

2）评价人员应在评价当日内，将企业现场行为评价录入系统或上交审查。企业现场行为信息自采集之日起 1 个工作日内，由评价实施单位内设部门负责人完成审查并提交本单位负责人审核。评价实施单位负责人应在 2 个工作日内完成审核。

3）区县（自治县）评价实施单位按程序对企业现场行为信息完成审核后，应上报市级评价实施单位。

市级评价实施单位内设部门负责人应在 1 个工作日内完成审查，提出是否抽查复查的建议提交本单位负责人审核。

市级评价实施单位负责人应在 2 个工作日内完成审核，决定不进行抽查复查的，纳入诚信综合评价系统公示。决定进行抽查复查的，应在 5 个工作日内组织抽查复查；发现存在问题的，退回区县（自治县）评价实施单位重新评价、审核后再予以上报。

4）建筑施工企业诚信综合评价应进行公示，公示期为 3 个工作日。

①公示无异议的建筑施工企业诚信综合评价，自公示结束的次日起生效。

②公示有异议的建筑施工企业诚信综合评价，按本办法异议处理相关规定处理，自处

完结的次日起生效。

5）记载建筑施工企业诚信综合评价的纸质、影像等资料由评价实施单位保存，评价生效后保存期不得少于 3 年。建筑施工企业诚信综合评价电子数据由市工程建设招标投标交易中心长期保存。建筑施工企业诚信综合评价电子数据的储存介质，按保密介质管理规定保管。

6）市工程建设招标投标交易中心应每日定时对建筑施工企业诚信综合评价电子数据进行备份，每周对备份数据进行一次恢复测试，并做好维护记录。市城乡建设主管部门应定期组织对建筑施工企业诚信综合评价系统进行复查核验，保证系统按规定程序和标准评价。

7）建筑施工企业诚信综合评价，在"重庆市建设工程信息网"和"重庆市工程建设招标投标交易信息网"上公示和发布。需在其他媒介发布的，内容应相同。

6. 异议处理

1）市、区县（自治县）城乡建设主管部门应对外公布建筑施工企业诚信综合评价异议受理部门和联系方式，并建立健全处理机制。

2）建筑施工企业诚信综合评价的异议由评价实施单位负责处理，原评价人员应当回避。企业市场行为评价的异议处理，以有关法定机关出具的有效文件为依据。企业现场行为评价的异议处理，以留存的评价纸质资料、影像资料和现场事实为依据。

3）建筑施工企业诚信综合评价公示期内，任何组织或个人均可提出异议。异议人应提供真实身份、联系方式和具体事实理由。不符合前款规定的异议，可不予受理回复。

4）公示期内的企业市场行为评价异议，应向市工程建设招标投标交易中心提出。市工程建设招标投标交易中心应在受理当日内将异议在建筑施工企业诚信综合评价系统中予以记录，并自受理之日起 3 个工作日内会同有关部门作出处理意见。处理意见应送达异议人，并自次日起生效。

5）建设、施工、监理单位对企业现场行为评价当场提出异议的，评价实施单位应在 2 个工作日内另行指派人员对异议事项进行核查，并在核查意见送达异议人当日内在建筑施工企业诚信综合评价系统中予以记录。

6）公示期内的企业现场行为评价异议，应向评价实施单位或市、区县（自治县）城乡建设主管部门提出。评价实施单位或市、区县（自治县）城乡建设主管部门应在收到异议当日内将异议在建筑施工企业诚信综合评价系统中予以记录。不属于本单位职责范围内处理的异议，应在收到异议之日起 1 个工作日内转送有权评价实施单位处理。

7）评价实施单位应在 5 个工作日内对公示期内的企业现场行为评价异议作出处理意见，并在处理意见送达异议人当日内在建筑施工企业诚信综合评价系统中予以记录。异议人对处理意见不服的，可在收到处理意见之日起 2 个工作日内向市城乡建设主管部门提出复核。市城乡建设主管部门应在 10 个工作日内组建复核小组作出复核决定送达异议人，并自次日起生效。市城乡建设主管部门做出的复核决定为企业现场行为评价的最终决定。

8）异议处理过程中有关单位和人员涉嫌违纪违法的，由有权部门依法查处。

9）建立异议统计分析制度，市工程建设招标投标交易中心定期将异议处理情况抄送市级评价实施单位，市级评价实施单位汇总分析后上报市城乡建设主管部门。

10）生效的建筑施工企业诚信综合评价数据，任何人不得擅自更改。以下情形确需更改的，应由企业自行申报或评价实施单位填写《建筑施工企业诚信综合评价系统数据更改申报表》并附相关证明材料，经市城乡建设主管部门批准后方可更改。

①有权部门依法撤销或变更建筑施工企业诚信综合评价数据的；

②同一事由产生其他法律后果，按评价标准需更改建筑施工企业诚信综合评价数据的；

③其他法定原因导致已经发布的建筑施工企业诚信综合评价数据需更改的。

11）经批准更改的建筑施工企业诚信综合评价数据，由市工程建设招标投标交易中心在1个工作日内完成更改，并做好见证记录。更改后的建筑施工企业诚信综合评价，不具有溯及效力。

7. 评价运用

1）建筑施工企业诚信综合评价，应在建筑业企业库、人员库和项目库中同步联动记录。

2）建筑施工企业诚信综合评价在国有投资（含国有投资占主导或控股地位）工程的招投标评分中占10%，其他工程参照执行，由招标人在招标文件中予以明确。

①纳入招投标评分的建筑施工企业诚信综合评价，以招标文件确定的开标之日为准。

②联合体参与投标的，其建筑施工企业诚信综合评价按联合体中最低评价认定。

3）建筑施工企业诚信综合评价，应与企业资质资格动态监管、评优评先、政策扶持等相结合，具体办法由市城乡建设主管部门另行制定。

8. 罚则

1）建筑施工企业在资质申报、诚信综合评价、工程招标投标等活动过程中提供虚假信息的，城乡建设主管部门相关机构应予以通报，并按评价标准实施评价。建筑施工企业经责令仍不申报处罚信息的，按评价标准加倍执行。

2）建筑施工企业诚信综合评价工作情况，纳入区县（自治县）城乡建设主管部门年度目标考核。评价实施单位不按规定程序评价、不按规定时限评价、评价情况与实际不符的，责令限期改正，在全市予以通报。由此造成集中投诉或不良影响的，由市城乡建设主管部门约谈其主要负责人，并对单位直接负责的主管人员和其他直接责任人员依照相关规定给予处分。

3）城乡建设主管部门和评价实施单位的工作人员在建筑施工企业诚信综合评价工作中玩忽职守、滥用职权、徇私舞弊的，视其情节轻重，给予警告、通报批评、取消评价资格、调离工作岗位、撤职等处理；涉嫌违纪违法的，移送有权部门依法处理。

4）评价实施单位不按规定程序，擅自修改记载建筑施工企业诚信综合评价的纸质、影像、电子数据等资料的，依照相关规定追究相关责任人员行政责任；涉嫌违纪违法的，移送有权部门依法处理。

5）未按规定保存记载建筑施工企业诚信综合评价的纸质、影像、电子数据等资料，造成丢失、损坏或被篡改的，依照相关规定追究相关责任人员行政责任；涉嫌违纪违法的，移送有权部门依法处理。

参考文献

[1] 陈伟明，杨建民. 注册消防工程师资格考试辅导教材[M]. 北京：机械工业出版社，2018.

[2] 徐惠琴，吴佐民. 全国造价工程师职业资格考试培训教材[M]. 北京：中国计划出版社，2018.

[3] 黄安永. 建设法规[M]. 南京：东南大学出版社，2010.

[4] 丁士昭. 全国一级建造师职业资格考试用书[M]. 北京：中国建筑工业出版社，2018.

[5] 贾致荣. 土木工程材料[M]. 北京：中国电力出版社，2016.

[6] 江峰. 建筑材料[M]. 重庆：重庆大学出版社，2009.

[7] 范红岩，陈立东. 建筑材料[M]. 武汉：武汉理工大学出版社，2014.

[8] 游普元. 建筑工程材料的检测与选择[M]. 天津：天津大学出版社，2011.

[9] 李军. 建筑材料与检测[M]. 武汉：武汉理工大学出版社，2015.

[10] 李庆录，蒋晓曙. 土木工程材料[M]. 北京：中国水利水电出版社，2008.

[11] 张君. 建筑材料[M]. 北京，清华大学出版社，2008.

[12] 廖胜国. 土木工程材料[M]. 北京：冶金工业出版社，2011.

[13] 王雪松，许景峰. 房屋建筑学[M]. 重庆：重庆大学出版社，2018.

[14] 李晓克，孙世民. 房屋建筑学[M]. 北京：航空工业出版社，2012.

[15] 冯美宇. 房屋建筑学[M]. 武汉：武汉理工大学出版社，2004.

[16] 梁春光，冯昆荣. 建筑力学[M]. 武汉：武汉理工大学出版社，2015.

[17] 唐春平. 建筑结构[M]. 北京：北京大学出版社，2018.

[18] 杨太生. 建筑结构基础与识图[M]. 北京：中国建筑工业出版社，2013.

[19] 何培斌. 建筑制图与识图[M]. 重庆：重庆大学出版社，2016.

[20] 胡云杰，庞朝辉，吴桂连. 土木工程制图[M]. 西安：西北工业大学出版社，2017.

[21] 江苏省建设教育协会. 施工员专业基础知识[M]. 北京：中国建筑工业出版社，2016.

[22] 张俊宾，陆广华. 城市轨道交通工程识图[M]. 北京：国防工业出版社，2017.

[23] 江方记. 建筑工程制图与识图[M]. 重庆：重庆大学出版社，2015.

[24] 杨冬霞. 工程制图基础[M]. 哈尔滨：哈尔滨工业大学出版社，2015.

[25] 远方. 画法几何与制图基础[M]. 天津：天津大学出版社，2014.

[26] 刘苏. 工程制图基础教程[M]. 北京：科学出版社，2018.

[27] 叶晓芹，朱建国. 建筑工程制图[M]. 重庆：重庆大学出版社，2005.

[28] 莫章金，毛家华. 建筑工程制图与识图[M]. 北京：高等教育出版社，2006.

[29] 寇方洲. 建筑制图与识图[M]. 北京：化学工业出版社，2008.

[30] 何斌，陈锦昌. 建筑制图[M]. 北京：高等教育出版社，2002.

[31] 孙玉红，李燕. 建筑装饰制图与识图[M]. 北京：机械工业出版社，2009.

[32] 郑贵超，赵庆双. 建筑构造与识图[M]. 北京：北京大学出版社，2009.

[33] 高远，吴运华. 建筑制图与识图[M]. 武汉：武汉理工大学出版社，2008.

[34] 黄水生，李国生. 画法几何及土木建筑制图[M]. 广州：华南理工大学出版社，2003.

[35] 张小平. 建筑识图与房屋构造[M]. 武汉：武汉理工大学出版社，2005.

[36] 马光红，伍培. 建筑制图与识图[M]. 北京：中国电力出版社，2008.

[37] 乐荷清. 土木建筑制图[M]. 武汉：武汉理工大学出版社，2005.

[38] 刘志麟. 建筑制图[M]. 北京：机械工业出版社，2009.

[39] 刘小年，刘庆国. 工程制图[M]. 北京：高等教育出版社，2009.

[40] 薛奕忠，王虹，高树峰. 土木工程制图[M]. 北京：北京理工大学出版社，2009.

[41] 宋兆全. 土木工程制图[M]. 武汉：武汉大学出版社，2000.

[42] 丁宇明. 土建工程制图[M]. 北京：高等教育出版社，2007.

[43] 吴明军，毛辉. 建筑节能工程与施工[M]. 北京：北京大学出版社，2015.

[44] 李继业，蔺菊玲，李明雷. 绿色建筑节能工程施工[M]. 北京：化学工业出版社，2018.

[45] 苏小梅. 建筑施工技术[M]. 北京：北京大学出版社，2012.

[46] 杨正洪. 大数据、物联网和云计算之应用[M]. 北京：清华大学出版社，2013.

[47] 吴俊峰. 关于装配式建筑施工安全管理的思考[J]. 科技创新与应用，2020（10）：191-192.

[48] 刘欢. 基于BIM的装配式混凝土建筑施工安全管理研究[D]. 北京：中国矿业大学，2019.

[49] 沈孝春. 基于模糊综合评价的装配式建筑施工安全风险研究[D]. 扬州：扬州大学，2020.

[50] 李凯强，董金鑫，邱丰，等. 装配式建筑施工安全管控措施[J]. 四川水泥，2021（3）：314-315.

[51] 王峰. 浅谈工程建设项目的技术变更管理[J]. 门窗，2019（22）：208.

[52] 李馨. 装配式建筑PC结构施工技术研究[D]. 淮南：安徽理工大学，2020.

[53] 寇园园，刘凯. 基于BIM技术的装配式建筑精细化施工管理研究[J]. 工程管理学报，2020，34（6）：125-130.

[54] 张天琪. 基于BIM的装配式建筑施工进度计划编制研究[D]. 哈尔滨：哈尔滨工业大学，2019.

[55] 马战旗，刘旭. 基于RFID技术的装配式建筑进度控制研究[J]. 福建建材，2017（11）：17-18.

[56] 姜仁晋. 基于精益建造理论的装配式建筑项目进度控制研究[D]. 广州：广州大学，2020.

[57] 严玉海，叶文启，何超. 装配式建筑施工进度控制的关键性因素分析[J]. 建筑施工，2018，40（9）：1672-1674.

[58] 渠立朋. BIM技术在装配式建筑设计及施工管理中的应用探索[D]. 北京：中国矿业大学，2019.

[59] 杨宇沫. 基于BIM的装配式建筑智慧建造管理体系研究[D]. 西安：西安科技大学，2020.

[60] 刘京. 装配式混凝土建筑质量管理体系研究[D]. 北京：北京建筑大学，2020.

[61] 朱浦宁. 装配式建筑的工程项目管理及发展问题研究[J]. 住宅与房地产，2020（36）：123-133.

[62] 彭丹丹. 装配式建筑工程项目成本管理模式研究[D]. 长春：吉林建筑大学，2020.

[63] 刘鑫. 装配式建筑施工过程质量影响因素评价及应用研究[D]. 成都：西华大学，2020.

[64] 袁建新，张凌云. 装配式混凝土建筑计量与计价[M]. 上海：上海交通大学出版社，2018.

[65] 上海市城市建设工程学校组. 装配式混凝土建筑结构施工[M]. 上海：同济大学出版社，2016.

[66] 张波，王总辉. 装配式混凝土结构工程[M]. 北京：北京理工大学出版社，2016.

[67] 范幸义，张勇. 装配式建筑[M]. 重庆：重庆大学出版社，2016.

[68] 中建科技有限公司. 装配式混凝土建筑设计[M]. 北京：中国建筑工业出版社，2017.

[69] 中国建筑发展有限公司. 装配式混凝土建筑施工技术[M]. 北京：中国建筑工业出版社，2017.

[70] 中建装配式建筑设计研究院有限公司. 装配整体式混凝土结构工程施工组织管理[M]. 北京：中国建筑工业出版社，2017.